ABITUR-TRAINING
MATHEMATIK

Funktionenlehre
Lineare Gleichungssysteme

Technik und Nichttechnik

Reinhard Schuberth

STARK

Autor: Reinhard Schuberth, selbst Absolvent einer Berufsoberschule, ist langjährige Lehrkraft und stellvertretender Schulleiter.
Jahrzehntelange Unterrichtserfahrung an verschiedenen bayerischen Fachoberschulen und Berufsoberschulen, die Mitarbeit an der virtuellen Berufsoberschule (ViBOS) und das Verfassen verschiedener Lehrbücher bilden eine gute Grundlage, um verständliche und schülergerechte Lernhilfen im Bereich Mathematik zu erstellen. Das Herausarbeiten und Einüben von Schlüsselstellen des Mathematikstoffes, die für eine erfolgreiche Teilnahme am Unterricht und der Abschlussprüfung zentrale Bedeutung haben, ist ihm besonders wichtig. Als ausgebildeter Beratungslehrer weiß er aus erster Hand, wo die Nöte von Schülerinnen und Schülern im Mathematikunterreicht liegen. Ihnen über diese Hürden mit hinwegzuhelfen und sie zu einem erfolgreichen Abschluss zu führen, ist ihm ein besonderes Anliegen.

Bildnachweis
Umschlag: © PhotoCase.com
S. 1: © Brandon Seidel/Gimmestock.com
S. 18: Redaktion
S. 28: © BilderBox.com
S. 29: © jr-webdesign
S. 31: © Andrzej Puchta/Dreamstime.com
S. 34: © Photocase.com
S. 38: © Silvia Sperandeo/Dreamstime.com
S. 62: Theater: © Lorenzo Colloreta/Dreamstime.com
Transistoren: © Jozsef Szasz-Fabian/Dreamstime.com
S. 91: © Jens Christensen/www.sxc.hu
S. 127: © Neckermann
S. 129: © BilderBox.com
S. 144: © Deutsches Zentrum für Luft- und Raumfahrt (DLR)
S. 167: © Melissa King/Dreamstime.com

www.stark-verlag.de
1. Auflage 2006

Inhalt

Fortsetzung siehe nächste Seite

Autor: Reinhard Schuberth

Vorwort

Liebe Schülerin, lieber Schüler,

dieser Trainingsband ist für die 11. Jahrgangsstufe der Fachoberschule (FOS) bzw. die Vorklasse und 12. Jahrgangsstufe der Berufsoberschule (BOS) konzipiert und knüpft nahtlos an die **Mittelstufenkenntnisse** in Mathematik an. Alle **grundlegenden Stoffgebiete** für die technische bzw. nichttechnische Ausbildungsrichtung werden abgedeckt. Zusammen mit dem Trainingsband „Training Mathematik, Grundwissen Algebra – FOS" (Stark Verlag, Best.-Nr. 92411) steht Ihnen damit das gesamte **Grundwissen** der beruflichen Oberstufe zur Verfügung.

Die modulare Struktur der Kapitel erlaubt es Ihnen, an vielen Stellen mit dem Lesen zu beginnen, ohne den Kontext zu verlieren. Daher können Sie sich sofort mit genau den Themenbereichen beschäftigen, die Ihnen noch Probleme bereiten. Die folgenden Punkte helfen dabei, das Lernen mit diesem Buch zu erleichtern:

- In den grün umrandeten Kästen finden Sie – präzise und schülergerecht formuliert – die wichtigen **theoretischen Sachverhalte, Rechenregeln und Merksätze,** die Sie sicher beherrschen müssen.
- Anhand passgenauer, kommentierter **Beispiele** lässt sich die Theorie unmittelbar nachvollziehen, verstehen und wiederholen.
- Die **Übungsaufgaben** eines jeden Abschnitts sind im Schwierigkeitsgrad steigend angeordnet und beinhalten auch anwendungsorientierte Aufgaben.
- Wichtige **mathematische Definitionen und Schreibweisen** sind in einem separaten Teil übersichtlich zusammengestellt.
- Am Ende des Buches finden Sie zu jeder Aufgabe eine vollständig ausgearbeitete, kleinschrittige **Lösung** zur Selbstkontrolle.

Bleibt mir nur noch, Ihnen viel Erfolg bei der Arbeit mit diesem Trainingsband und in der Schule zu wünschen!

Ihr

Reinhard Schuberth

Funktionen

Funktionen sind das unentbehrliche Standardwerkzeug der höheren Mathematik. Mit ihrer Hilfe werden beliebige Zusammenhänge und Abhängigkeiten mathematisch erfasst. Der Verlauf von Brückenbögen lässt sich damit ebenso modellieren wie Satellitenbahnen oder Klimaveränderungen.

1 Grundlegende Begriffe

Grundlegend für die gesamte Analysis und für viele Anwendungen ist der Begriff der **Funktion**.

Der Funktionsbegriff

Eine **Zuordnungsvorschrift**, die jedem Element x aus einer Menge D, der **Definitionsmenge**, genau ein Element y aus einer anderen Menge W, der **Wertemenge**, zuordnet, bezeichnet man als **Funktion**.

Demnach lässt sich eine Funktion so veranschaulichen:

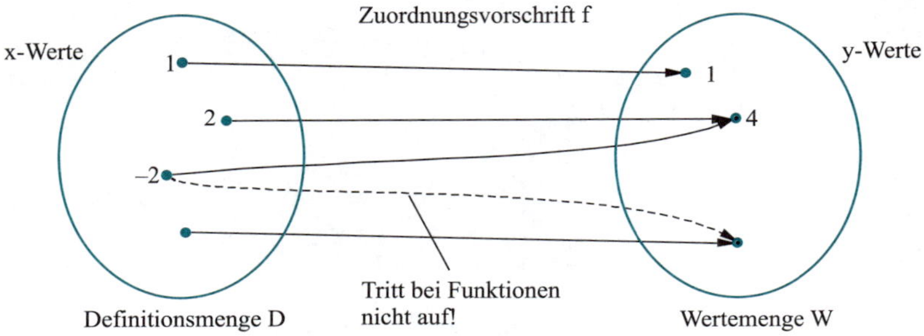

Wie in der Abbildung angedeutet, dürfen bei Funktionen einem x-Wert nicht mehrere y-Werte zugeordnet werden, weil laut Definition jedem x-Wert **genau ein** y-Wert zugeordnet ist.
Funktionen werden mit einem Symbol bezeichnet, üblicherweise mit dem Buchstaben f. Ist f bereits vergeben, so fährt man im Alphabet fort mit g und h. Die oft benutzte Schreibweise **f(x)**, sprich: „f von x", meint den **Funktionswert** der Funktion f an der Stelle x; das ist der y-Wert, der dem x-Wert zugeordnet ist.
Statt von Zuordnung spricht man auch von einer **Abbildung**. In dieser Vorstellung wird jeder x-Wert auf genau einen y-Wert abgebildet. Dies kommt auch in der folgenden Schreibweise für Funktionen zum Ausdruck:

$f\colon\ x \mapsto y = f(x)$ oder einfacher $f\colon\ x \mapsto f(x)$

Dabei heißt x die **unabhängige Variable** oder das **Argument** der Funktion f und y bzw. f(x) die **abhängige Variable**

Die Menge D der x-Werte nennt man **Definitionsmenge** oder **Definitionsbereich**. Will man deutlich machen, dass es sich um den Definitionsbereich der Funktion f handelt, so schreibt man auch D(f) oder D_f.
Wenn der Definitionsbereich einer Funktion eine Teilmenge der reellen Zahlen oder diese selbst ist, also $D \subset \mathbb{R}$, und das Gleiche für die Wertemenge gilt, so spricht man auch von einer **reellen Funktion**. Da im Folgenden nur solche Funktionen auftreten, wird meist auf die Angabe dieses Zusatzes verzichtet.

Beispiele

1. Praktische Beispiele für Funktionen sind u. a. die folgenden Zuordnungen: Die gefahrene Strecke und der verbrauchte Treibstoff, das Datum und der Kurs einer bestimmten Aktie, die produzierte Stückzahl und die Kosten, das Lebensalter und die Körpergröße.

2. In diesem Beispiel ist der Zusammenhang zwischen Uhrzeit und Außentemperatur dargestellt. Wenn man stündlich die Außentemperatur misst, kann man eine Wertetabelle wie folgt aufstellen:

Uhrzeit	9	10	11	12	13	14	15	16
Temperatur in °C	8	11	14	16	17	15	13	11

Hier ist die Uhrzeit die unabhängige Variable und die gemessene Außentemperatur die abhängige Variable.

Anschaulich wird der Temperaturverlauf an diesem Tag, wenn man die **Messwertepaare** grafisch darstellt (das kann man z. B. mit einem Tabellenkalkulationsprogramm machen):

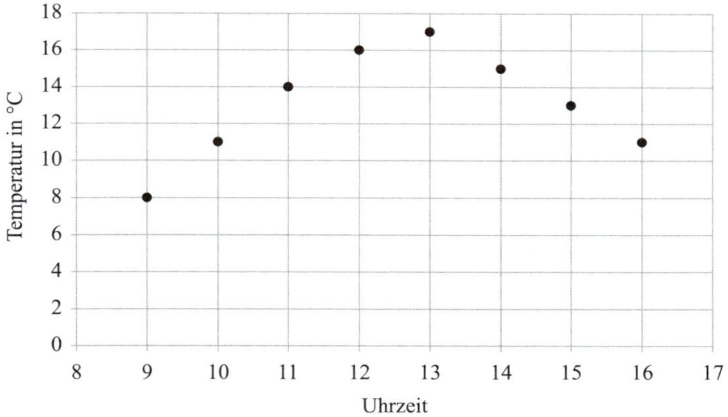

Funktionsterm und Funktionsgleichung

In der Mathematik sind Funktionen gewöhnlich durch einen Rechenausdruck gegeben, der angibt, wie aus den x-Werten des Definitionsbereiches die zugehörigen y-Werte zu berechnen sind. Diese Rechenausdrücke nennt man **Funktionsterme**, sie werden ebenfalls mit **f(x)** bezeichnet.
Manchmal gibt man eine Funktion auch in der Form f: $y = f(x)$ an und bezeichnet $y = f(x)$ als **Funktionsgleichung**.
Funktionen werden meist in Form von Funktionstermen angegeben.
Allgemein ist **f(x)** der Funktionsterm und $\mathbf{y = f(x)}$ die Funktionsgleichung.

Beispiele

1. Die Funktion f: $x \mapsto x^2$ hat den Funktionsterm x^2, den man in der Regel als $f(x) = x^2$ schreibt. Die Funktionsgleichung von f lautet f: $y = x^2$.
2. Entsprechend hat die Funktion g: $x \mapsto x - 2$ den Funktionsterm $g(x) = x - 2$ und die Funktionsgleichung g: $y = x - 2$.
   Wenn klar ist, dass die Funktion g gemeint ist, lässt man den Funktionsbuchstaben gelegentlich auch weg, schreibt also einfach:
   $y = x - 2$

Da mathematische Funktionen in der Regel als Funktionsterm gegeben sind, kann man leicht Funktionswerte der Funktion berechnen.

Berechnen von Funktionswerten

Hat man eine Funktion in Form eines Funktionsterms vorliegen, so können die zu bestimmten x-Werten gehörenden **Funktionswerte** durch Einsetzen der x-Werte in den Funktionsterm berechnet werden.

Beispiele

1. Gegeben ist $f(x) = \frac{1}{2}x^2 - 3x + 2$, $D_f = \mathbb{R}$.
   Berechnen Sie den Funktionswert für $x = 1$.

   Lösung:
   Soll der Funktionswert an der Stelle $x = 1$ berechnet werden, dafür schreibt man f(1), sprich: „f von 1", so wird für sämtliche x eben 1 eingesetzt.
   $f(\mathbf{1}) = \frac{1}{2} \cdot \mathbf{1}^2 - 3 \cdot \mathbf{1} + 2 = -\frac{1}{2}$
   Bemerkung: Wenn die Berechnung der Funktionswerte komplizierter wird, nimmt man den Taschenrechner zur Hilfe.

2. Nicht selten benötigt man von einer Funktion – vor allem, wenn sie gezeichnet werden soll – mehrere Funktionswerte. Diese stellt man dann übersichtlich in einer sogenannten **Wertetabelle** dar.
Beispielsweise sei $g(x)=x^3$; es soll eine Wertetabelle von $x=-2$ bis $x=3$ mit der **Schrittweite** $\Delta x=0{,}5$ (sprich: „Delta x gleich 0,5") erstellt werden. Beginnend mit $x=-2$ wird $g(\mathbf{-2})=(\mathbf{-2})^3=-8$ berechnet, dann $g(\mathbf{-1{,}5})=(\mathbf{-1{,}5})^3=-3{,}375$ usw. bis man zu $x=3$ gelangt.
Die Wertetabelle stellt man übersichtlich so dar:

x	–2	–1,5	–1	–0,5	0	0,5	1	1,5	2	2,5	3
g(x)	–8	–3,375	–1	–0,125	0	0,125	1	3,375	8	15,625	27

In den meisten Fällen genügt es, die Funktionswerte auf zwei Nachkommastellen zu runden.

Aufgaben

1. Berechnen Sie für die Funktion $f(x)=\frac{1}{2}x^2-3x+2$ die Funktionswerte f(0), f(–1), $f(\sqrt{2})$ und $f(3+\sqrt{5})$ sowohl exakt als auch mit dem Taschenrechner.

2. Gegeben ist die Funktion $g(x)=\sqrt{x+2}$.
Berechnen Sie die Funktionswerte an den Stellen $x=-2$, 0 und 4,25.
Lässt sich g(–3) berechnen?

3. Berechnen Sie für die Funktion $h(x)=\frac{1}{x}$ die Funktionswerte h(2), h(1), h(0,5), h(0,1) und h(0).

4. Erstellen Sie für die Funktion $k(x)=\frac{2}{9}x^3-\frac{4}{3}x^2+2x-1$ im Bereich $-1\le x\le 6$ eine Wertetabelle mit Schrittweite $\Delta x=1$.

Maximaler Definitionsbereich

Bei reellen Funktionen wird häufig kein Definitionsbereich angegeben sein. Dann ist automatisch immer der größtmögliche oder **maximale Definitionsbereich** (auch mit D_{max} bezeichnet) in der Grundmenge $\mathbb{R}$ gemeint. Dies bedeutet, dass jede Zahl $x \in \mathbb{R}$ zu D gehört, für die sich beim Funktionsterm ein berechenbarer Funktionswert ergibt.
Gibt es in der Berechenbarkeit der Funktionswerte keinerlei Einschränkungen, so ist der maximale Definitionsbereich ganz $\mathbb{R}$.

Es gibt natürlich Beispiele für Funktionen, bei denen Einschränkungen notwendig sind:

- **Gebrochene Funktionen:** Bei gebrochenen Funktionen muss man alle Zahlen ausschließen, für die im Nenner null herauskommt.
  Man ermittelt den maximalen Definitionsbereich, indem man den Nenner gleich null setzt, die sich ergebende Gleichung löst und diese Lösungen aus $\mathbb{R}$ herausnimmt.
- **Wurzelfunktionen:** Bei Wurzelfunktionen dürfen unter der Wurzel nur Werte ≥ 0 vorkommen.
  Man ermittelt den maximalen Definitionsbereich, indem man den Term unter der Wurzel größer gleich null setzt und die sich ergebende Ungleichung löst. Diese Lösungsmenge ist dann zugleich D_{max}.

Beispiele

1. Betrachtet werden die Funktionen f: $x \mapsto x^2$ und g: $x \mapsto x - 2$ mit den Definitionsbereichen $D_f = \mathbb{R}$ und $D_g = [1; 4]$.
   Die Funktion f hat ihren maximalen Definitionsbereich erhalten, während der Definitionsbereich von g eingeschränkt worden ist, denn in g dürfen nur reelle Zahlen von 1 bis 4 eingesetzt werden.

2. Bestimmen Sie jeweils den maximalen Definitionsbereich der folgenden Funktionen:
   a) $f(x) = \frac{1}{x}$
   b) $g(x) = \sqrt{x}$

   Lösung:
   a) Für $x = 0$ ergibt sich kein berechenbarer Funktionswert. Die Zahl Null gehört folglich nicht zum Definitionsbereich: $D_f = \mathbb{R} \setminus \{0\}$
   b) g kann nur für solche x ausgewertet werden, bei denen unter der Wurzel etwas nicht Negatives herauskommt. Also gilt hier:
   $D_g = \{x \in \mathbb{R} \mid x \geq 0\}$

Aufgabe **5.** Bestimmen Sie jeweils den maximalen Definitionsbereich der folgenden Funktionen.

a) $f(x) = x^3 - 4x^2 + 5x - 1$

b) $g_1(x) = \frac{1}{x+3}$

$g_2(x) = \frac{1}{x^2+1}$

$g_3(x) = \frac{x+1}{x^2-1}$

c) $h_1(x) = \sqrt{x-2}$; $h_2(x) = \sqrt{-3x+4}$

In der Regel kann man eine Funktion in einem **kartesischen** (= rechtwinkligen) Koordinatensystem grafisch darstellen. Das Koordinatensystem teilt die Zeichenebene in vier **Quadranten** ein, der I. Quadrant wird von der positiven x- und y-Achse eingerahmt, die Nummerierung der Quadranten erfolgt entgegen dem Uhrzeigersinn (= mathematisch positiver Drehsinn). Darin kann man dann den sogenannten **Funktionsgraphen** einzeichnen und erhält eine Veranschaulichung der Funktion.

Der Graph einer Funktion

Der **Graph** einer Funktion f (meist mit G_f oder G(f) bezeichnet) ist die Menge aller Punkte P(x; y), wobei $x \in D_f$ und $y = f(x)$. Die Punkte haben jeweils

- eine x-Koordinate (auch **Abszisse** genannt) und
- eine y-Koordinate (auch **Ordinate** genannt).

Die x-Koordinate eines Punktes wird häufig auch als **Stelle** bezeichnet, z. B. Nullstelle, Extremstelle.

Der Graph einer Funktion besteht in der Regel aus einer unendlichen Menge von Punkten. Bevor man den Graphen zeichnet, erstellt man normalerweise eine Wertetabelle. Dazu berechnet man für einige ausgewählte x-Werte die zugehörigen y-Werte.
Zum Zeichnen trägt man die x- und y-Koordinaten der Punkte aus der Wertetabelle in ein kartesisches Koordinatensystem ein und verbindet die Punkte unter Berücksichtigung des Definitionsbereichs von f zu einer (möglichst glatten) Kurve.
Manchmal ist es nötig, die Skalierung auf den Achsen zu ändern. Wenn kein Maßstab angegeben ist, gilt in der Regel: 1 Längeneinheit (LE) = 1 cm.

Beispiele

1. Zeichnen Sie den Graphen der Funktion $f(x) = \frac{1}{2}x^2 - 3x + 2$ im Bereich $0 \le x \le 6$ anhand einer Wertetabelle mit Schrittweite 1.

Lösung:

x	0	1	2	3	4	5	6
f(x)	2	–0,5	–2	–2,5	–2	–0,5	2

Diese Punkte werden in das Koordinatensystem eingezeichnet und zu einer glatten Kurve verbunden (siehe Abbildung).

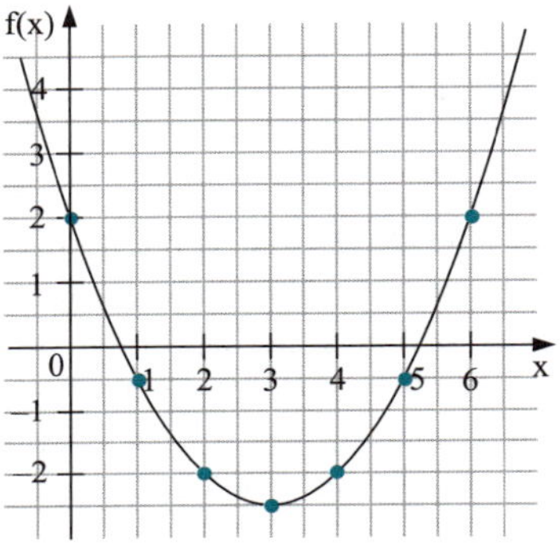

2. Betrachtet werden die Funktionen $f: x \mapsto x^2$ und $g: x \mapsto x - 2$ mit den Definitionsbereichen $D_f = \mathbb{R}$ und $D_g = [1; 4]$.
Erstellen Sie mithilfe von Wertetabellen die Graphen, wobei natürlich die jeweiligen Definitionsmengen zu beachten sind.

Lösung:

x	–3	–2	–1	0	1	2	3
f(x)	9	4	1	0	1	4	9

x	1	2	3	4
g(x)	–1	0	1	2

Natürlich könnte man im jeweiligen Definitionsbereich weitere x-Werte in die Berechnung der Wertetabelle miteinbeziehen. Dazu muss man überlegen, ob sich der zusätzliche Aufwand lohnt. Wenn nichts weiter angegeben ist, wird die Schrittweite 1 gewählt.

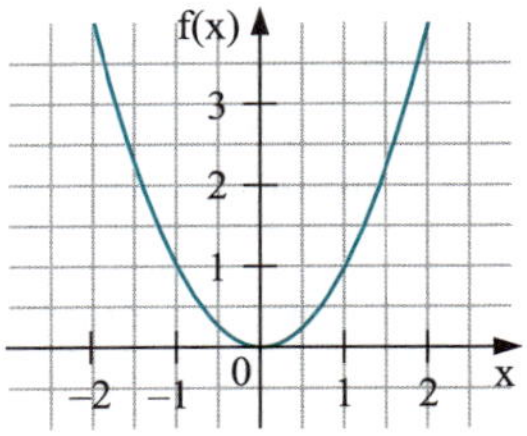

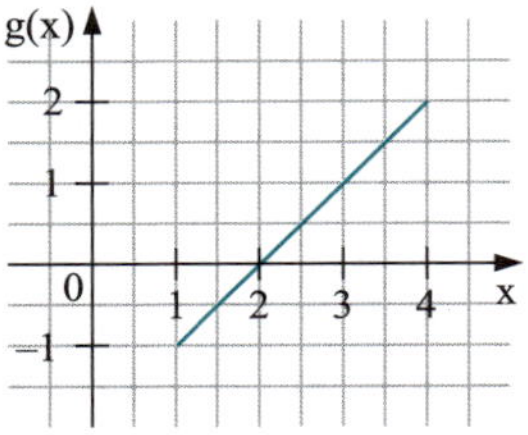

3. Versieht man die vorhin betrachteten Funktionsterme $f^*(x) = x^2$ und $g^*(x) = x - 2$ mit anderen Definitionsmengen, z. B. $D_{f^*} = \{x \in \mathbb{R} \mid x \geq 0\}$ und $D_{g^*} = \{1; 2; 3; 4\}$, so ergeben sich die unten abgebildeten Graphen.

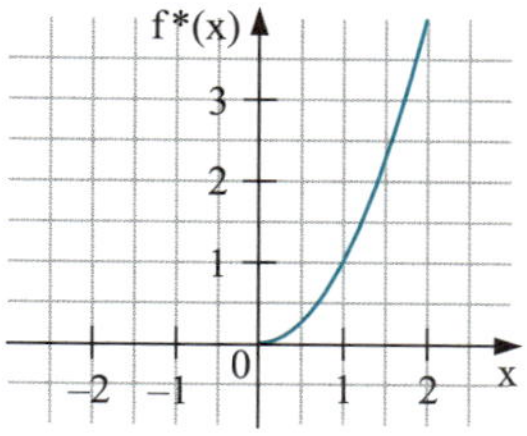

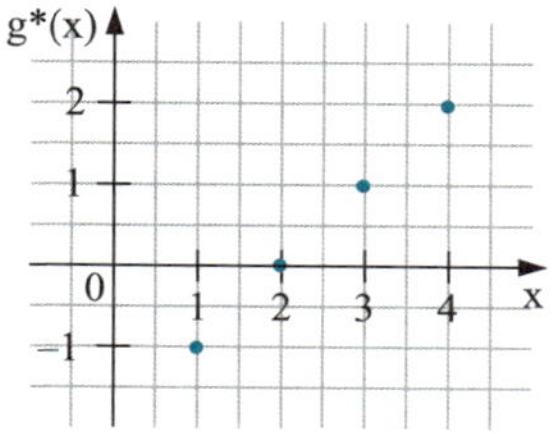

In diesem Beispiel besteht der Graph von g* überhaupt nur aus vier Punkten. Das macht noch einmal deutlich, wie wichtig die Beachtung des Definitionsbereichs ist.

4. Da laut Funktionsdefinition jedem x-Wert nur genau ein y-Wert zugeordnet sein darf, wird bei Funktionsgraphen jede vertikale Gerade höchstens einmal vom Graphen geschnitten.

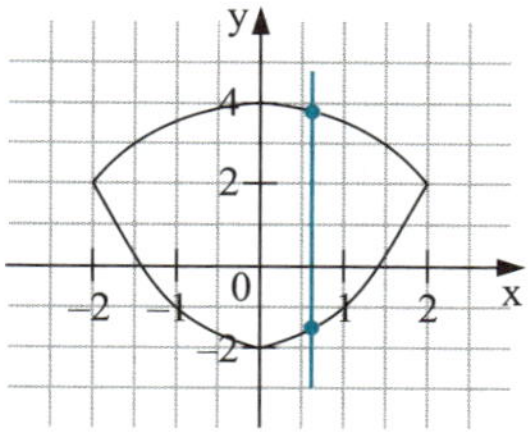

Die vertikale Gerade wird zweimal geschnitten, d. h. einem x-Wert werden zwei y-Werte zugeordnet: Die abgebildete Kurve ist daher nicht Graph einer Funktion.

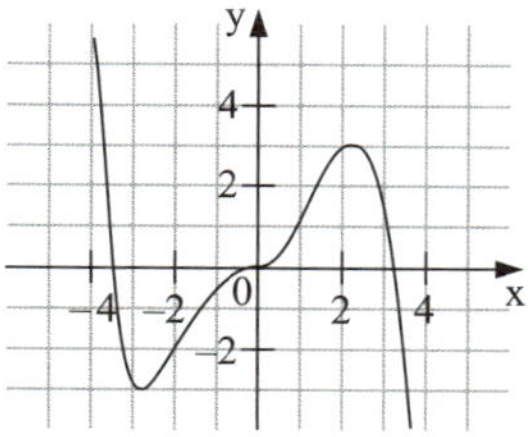

Jede vertikale Gerade schneidet den Graphen höchstens einmal; es handelt sich also um einen Funktionsgraphen.

Aufgaben

6. Zeichnen Sie die Graphen der folgenden Funktionen:

a) $f(x) = \frac{1}{x}$ mit $x \in \mathbb{N} \setminus \{0\}$. Wählen Sie auf der y-Achse: 1 LE = 5 cm

b) $g(x) = \frac{1}{x}$ im größtmöglichen Definitionsbereich

c) $h(x) = x^3$

7. Zeichnen Sie nach dem Erstellen einer geeigneten Wertetabelle die Graphen folgender Funktionen: $f(x) = -x^2 + 2$; $g(x) = 1$; $h(x) = x$

Während die Definitionsmenge die zulässigen x-Werte einer Funktion enthält, sind es beim **Wertebereich** die von der Funktion angenommenen y-Werte.

Wertebereich

Der **Wertebereich** einer Funktion f ist die Menge derjenigen (reellen) Zahlen, welche die Funktion als Funktionswert annimmt. Mathematisch ausgedrückt:
$W_f = \{y \in \mathbb{R} \mid y = f(x) \text{ für ein } x \in D_f\}$

Neben dem Wertebereich verwendet man bei Funktionen auch noch den Begriff der **Zielmenge Z**. Diese umfasst den Wertebereich der Funktion und ist bei reellen Funktionen stets eine Teilmenge von $\mathbb{R}$, sodass gilt: $W_f \subset Z \subset \mathbb{R}$.
Um darzustellen, welche Mengenzuordnungen bei einer Funktion vorkommen, schreibt man symbolisch: f: $D \to Z$. Die Zuordnungsvorschrift muss zusätzlich angegeben werden, z. B. f: $[0;\,1[\ \to \mathbb{R};\ x \mapsto \sqrt{x}$.

Beispiele

1. Der Wertebereich der konstanten Funktion $g(x) = 2$ besteht nur aus einem Element: $W_g = \{2\}$

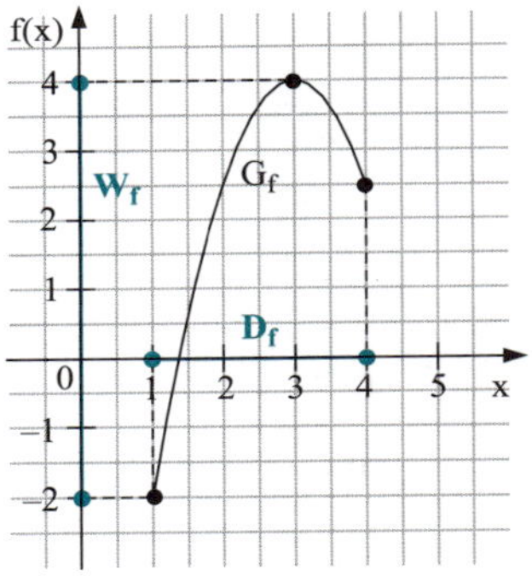

2. Bei der nebenstehend abgebildeten Funktion $f(x) = -\frac{3}{2}x^2 + 9x - \frac{19}{2}$ mit $D_f = [1;\,4]$ kann man den Wertebereich aus der Zeichnung ablesen: Durch die Funktion f werden die $x \in [1;\,4]$ auf das Intervall $W_f = [-2;\,4]$ abgebildet, das damit den Wertebereich dieser Funktion darstellt.
   Wäre für das oben angegebene f(x) der Definitionsbereich ganz $\mathbb{R}$, so würde sich als Wertebereich das Intervall $]-\infty;\,4]$ ergeben.

Aufgabe

8. Zeichnen Sie die Graphen der folgenden Funktionen und geben Sie jeweils ihren Wertebereich an.

a) $f(x) = x$ mit $x \in [0;\,3]$
b) $g(x) = -x^2$
c) $h(x) = \frac{1}{x^2}$
d) $\ell(x) = (x-1)^2 - 1$

Von besonderer Bedeutung sind diejenigen x-Werte, für die sich der Funktionswert null ergibt. Man nennt sie **Nullstellen**.

> **Nullstellen**
>
> Eine Zahl $x_0 \in D_f$ heißt **Nullstelle** der Funktion f, wenn gilt: $f(x_0) = 0$
> Nullstellen werden berechnet, indem man den Funktionsterm gleich null setzt:
> $\mathbf{f(x) = 0}$
> Diese Gleichung muss dann gelöst werden.

Die Berechnung von Nullstellen wird bei den einzelnen Funktionstypen noch ausführlich behandelt.
Stellen, also feste Zahlen auf der x-Achse, werden häufig mit x und einer nachfolgend tiefer gestellten Zahl bezeichnet. x_0 (sprich: „x Null") meint also einen bestimmten x-Wert, während x (ohne Index) alle x-Werte des Definitionsbereiches symbolisiert.

Beispiele

1. Um die Nullstellen der Funktion $f(x) = -\frac{1}{2}x^2 - \frac{3}{2}x + 2$ zu ermitteln, wird der Funktionsterm gleich null gesetzt. Das führt auf die Gleichung:
   $-\frac{1}{2}x^2 - \frac{3}{2}x + 2 = 0$
   Diese quadratische Gleichung muss dann gelöst werden.

2. Berechnen Sie die Nullstellen der Funktion $f(x) = x^2 - 3x$.

   Lösung:

   $f(x) = 0$
   $x^2 - 3x = 0$
   $\mathbf{x(x-3)} = 0$
   $\Rightarrow \quad x_1 = 0;\ x_2 = 3$

   Der Funktionsterm wird gleich null gesetzt. In diesem Fall führt man die entstehende quadratische Gleichung durch Ausklammern von x in eine **Produktform** über.
   Ein Produkt ist null, sobald ein Faktor null ist. Man kann jetzt die Lösungen ablesen.

   $x_1 = 0$ und $x_2 = 3$ sind die beiden Nullstellen von f.

Aufgabe

9. Ermitteln Sie die Nullstellen der folgenden Funktionen:

a) $f(x) = (x+4)(x-1)$
b) $g_1(x) = x^2 - 9$
c) $g_2(x) = x^2 + 9$
d) $h(x) = 3$

Außer den Nullstellen sind häufig noch die Schnittpunkte eines Graphen mit den Koordinatenachsen von Interesse.

Schnittpunkte mit den Koordinatenachsen

- Der Graph einer Funktion f schneidet die **y-Achse** des Koordinatensystems, wenn die Zahl 0 zum Definitionsbereich der Funktion gehört.
  Der **Schnittpunkt S_y** mit der y-Achse hat die x-Koordinate 0, die y-Koordinate erhält man durch Einsetzen von $x = 0$ in den Funktionsterm, also $S_y(0; f(0))$.
- Die Schnittpunkte mit der **x-Achse** (hiervon kann es auch mehrere geben) sind diejenigen Punkte des Graphen, deren y-Koordinate 0 ist. Die x-Koordinaten dieser Punkte entsprechen den Nullstellen von f.

Beispiel

Der abgebildete Funktionsgraph hat den Funktionsterm $f(x) = -\frac{1}{2}x^2 - \frac{3}{2}x + 2$.
Bestimmen Sie sämtliche Schnittpunkte mit den Koordinatenachsen.

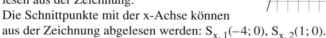

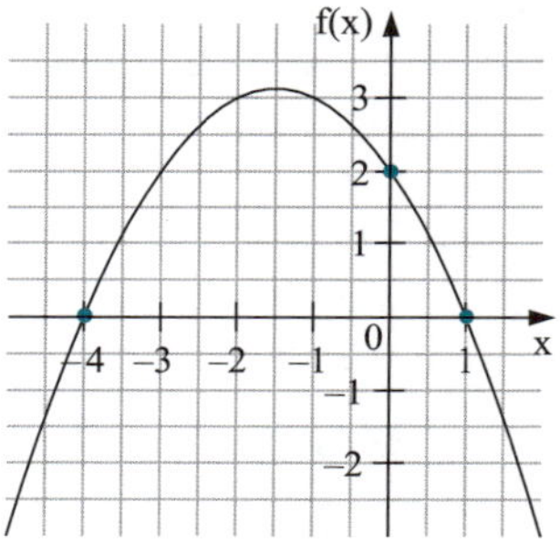

Lösung:
Der Schnittpunkt mit der y-Achse hat wegen $f(0) = -0 - 0 + 2 = 2$ die Koordinaten $S_y(0; 2)$.
Das gleiche Ergebnis erhält man durch Ablesen aus der Zeichnung.
Die Schnittpunkte mit der x-Achse können aus der Zeichnung abgelesen werden: $S_{x,1}(-4; 0)$, $S_{x,2}(1; 0)$.
Rechnerisch lassen sich diese durch Lösen der quadratischen Gleichung $-\frac{1}{2}x^2 - \frac{3}{2}x + 2 = 0$ (Nullstellen von f) ermitteln.

Aufgaben

10. Berechnen Sie jeweils die Schnittpunkte mit den Koordinatenachsen.

a) $f(x) = -2x + 3$

b) $g(x) = -\frac{1}{2}\left(x - \frac{\sqrt{3}}{2}\right) + \frac{2}{3}$

c) $h_1(x) = 1$

d) $h_2(x) = x$

11. a) Ermitteln Sie aus den Darstellungen der Graphen von f und g folgende Punkte bzw. Koordinaten:

- Schnittpunkt des Graphen von f mit der y-Achse
- Nullstelle des Graphen von g
- Funktionswert von f an der Stelle –1, also f(–1)
- Abszisse des Punktes des Graphen von g mit dem y-Wert 1

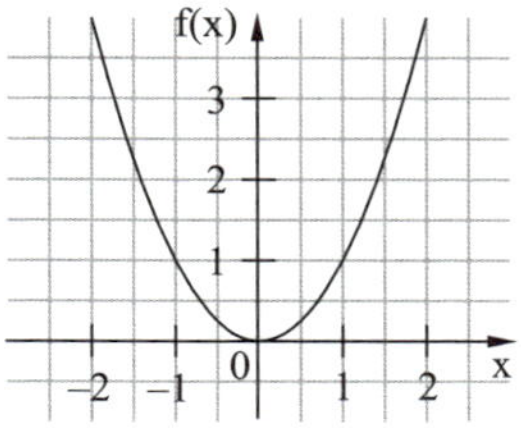

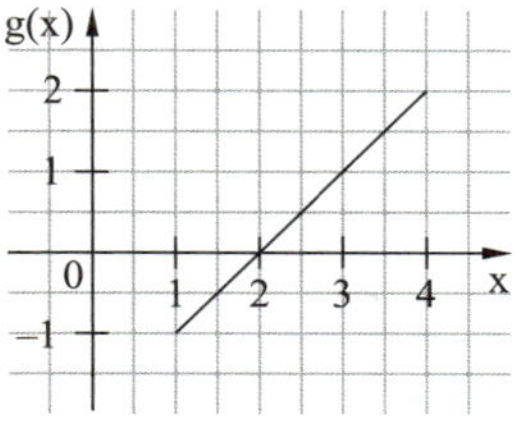

b) Geben Sie die Wertemengen von f und g an.

12. Begründen Sie jeweils, in welchen der nachfolgenden Diagramme Graphen von Funktionen dargestellt sind und in welchen nicht.

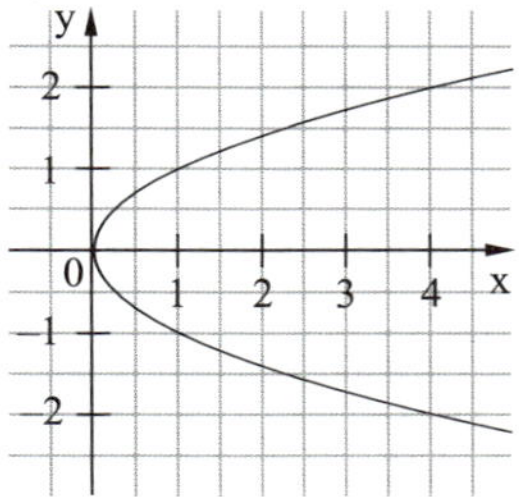

Bild 1

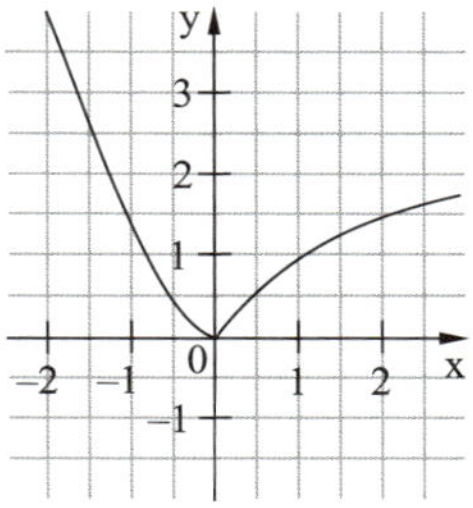

Bild 2

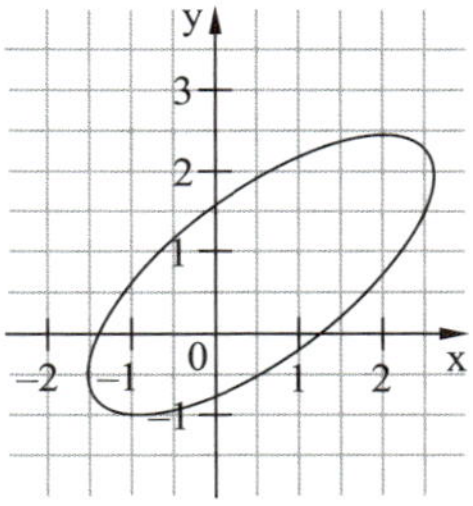

Bild 3

13. Im Folgenden sind drei Funktionen zusammen mit ihren Graphen gegeben.

Ermitteln Sie aus den grafischen Darstellungen jeweils:

- Schnittpunkt mit der y-Achse
- Nullstellen
- Wertemenge

Geben Sie zusätzlich die maximalen Definitionsbereiche von f, g und h an.

a) $f(x) = -x^2 - x + 2$

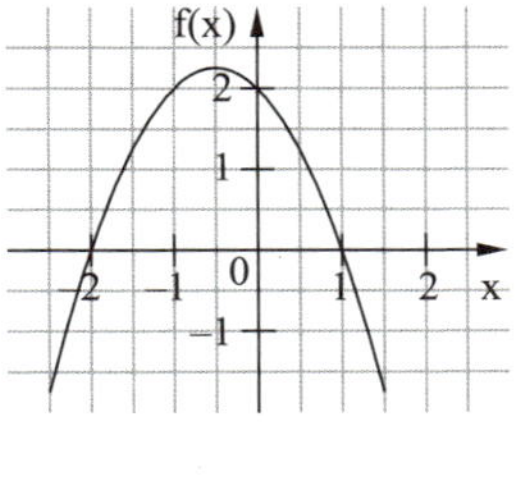

b) $g(x) = x^3 + \frac{1}{2}x^2 - 3x$

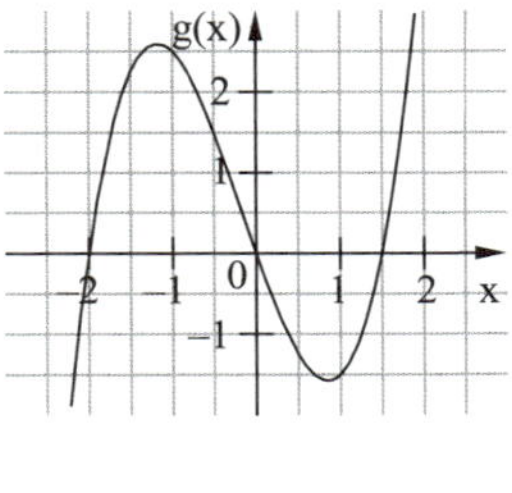

c) $h(x) = 0{,}2x^4 - 2x^2 + 6$

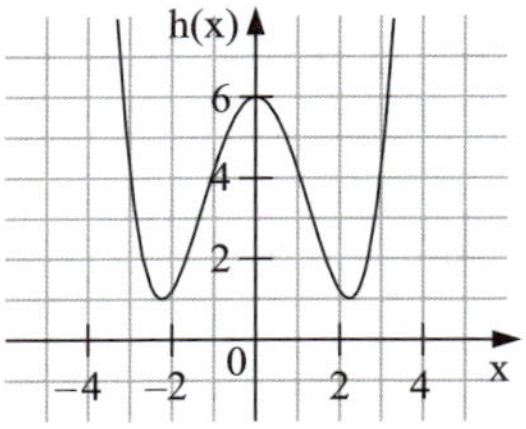

14. Erstellen Sie die Graphen der folgenden Funktionen, geben Sie jeweils die Wertemenge und die Nullstellen an:

a) $f_1(x) = \frac{1}{2}x - 1$

b) $f_2(x) = -x^2 + 4$

c) $f_3(x) = x^4$

2 Lineare Funktionen

Liegen bei einer Funktion alle Punkte des Graphen auf einer **Geraden**, so spricht man von einer linearen Funktion. Im Funktionsterm treten zwei Parameter m und t auf, die bereits **alle** Informationen über die Funktion enthalten.

Lineare Funktionen

Die linearen Funktionen haben die Grundform:

$g: x \mapsto mx + t$

Die unabhängige Variable x kommt nur in der 1. Potenz vor, d. h. es tritt kein x^2, $\sqrt{x}$ oder Ähnliches im Funktionsterm auf. Dabei sind m und t **Parameter** (oder Formvariablen), die folgende Bedeutung haben:

m ist die **Steigung**,

t der **y-Achsenabschnitt** von g.

Lineare Funktionen haben den maximalen Definitionsbereich $D_{max} = \mathbb{R}$.

Beispiele

1. $f(x) = \frac{1}{2}x - 3$ ist eine lineare Funktion mit Steigung $m = \frac{1}{2}$ und y-Achsenabschnitt $t = -3$.

2. $g(x) = x$ ist eine lineare Funktion mit $m = 1$ und $t = 0$.
Diese besondere lineare Funktion heißt **identische Funktion**, weil hier jedes x auf sich selbst abgebildet wird. Die Funktionsschreibweise $g\colon x \mapsto x$ bringt dies noch deutlicher zum Ausdruck.

3. $h(x) = 2$ ist eine lineare Funktion mit $m = 0$ und $t = 2$.
Man nennt solche Funktionen, die immer den gleichen Funktionswert haben, auch **konstante Funktionen**. Ihre Graphen sind parallele Geraden zur x-Achse.

4. $k(x) = 3(x-2)+5$ ist eine lineare Funktion, wenn auch nicht in der Grundform. Sie lässt sich durch einfache algebraische Umformungen jedoch ohne Weiteres in diese umrechnen: $k(x) = 3x-1$, d. h. $m = 3$ und $t = -1$.
Entsprechend ist $\ell(x) = \frac{3-2x}{3}$ eine lineare Funktion mit $m = -\frac{2}{3}$ und $t = 1$.

5. $p_1(x) = x^2$, $p_2(x) = \frac{1}{x}+2$ und $p_3(x) = 3\sqrt{x}+2$ sind *keine* linearen Funktionen, weil x nicht nur in der 1. Potenz auftritt. Diese Funktionen werden deshalb auch als **nichtlineare Funktionen** bezeichnet.
$q(x) = 3(x-2)^2+5$ ist ebenfalls eine nichtlineare Funktion, weil x auch quadratisch vorkommt. Das ist unmittelbar an dem Quadrat bei der Klammer erkennbar, denn ausmultipliziert (2. binomische Formel) und zusammengefasst erhält man $q(x) = 3x^2-6x+17$.

6. **Implizite lineare Funktionen**
Auch eine Gleichung mit zwei Unbekannten x und y wie z. B. $g\colon 3y-4x+1=0$ (Geradengleichung) stellt eine lineare Funktion dar. Man bezeichnet sie als **implizite** Funktion, weil sie nicht nach der abhängigen Funktionsvariablen y aufgelöst ist. In dieser impliziten Form lassen sich m und t nicht direkt ablesen. Dafür muss man die Funktion in die **explizite**, nach y aufgelöste Form bringen, was stets durch einfaches algebraisches Umstellen nach y möglich ist. Im Falle von g führt das auf die explizite Darstellung $g\colon y = \frac{4}{3}x - \frac{1}{3}$.

Aufgabe **15.** Entscheiden Sie, welche der folgenden Funktionen zur Klasse der linearen Funktionen gehören und geben Sie für diesen Fall jeweils die Steigung und den y-Achsenabschnitt an.

a) $f(x) = 3x-4+\frac{1}{x}$

b) $f(x) = 4(1-x)$

c) $f(x) = \frac{x-3}{2}$

d) $f(x) = x(x+1)$

Der Graph einer linearen Funktion

Lineare Funktionen $g(x) = mx + t$ mit Definitionsbereich $D = \mathbb{R}$ haben stets eine **Gerade** als Graph. Aus dem folgenden Schaubild geht hervor, wie die Steigung m und der y-Achsenabschnitt t mit der grafischen Darstellung zusammenhängen:

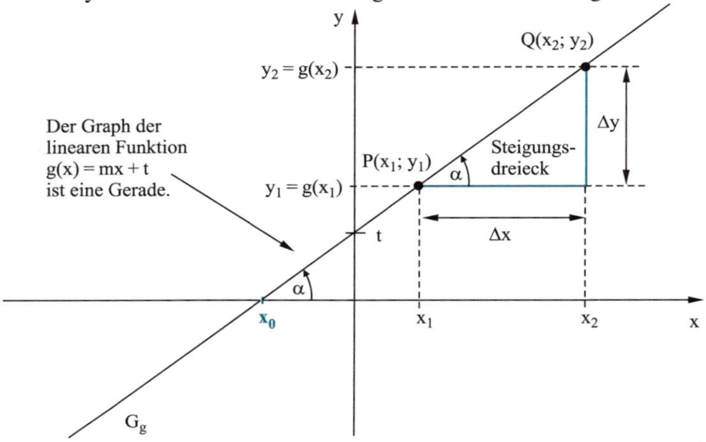

Der **y-Achsenabschnitt t** ist diejenige y-Koordinate, an der die Gerade G_g die y-Achse schneidet. Dies folgt auch aus der Rechnung $y_S = g(0) = m \cdot 0 + t = t$.
Die **Steigung m** einer linearen Funktion ermittelt man mithilfe eines **Steigungsdreiecks** (siehe Abb.). Kennt man zwei Punkte $P(x_1; y_1)$ und $Q(x_2; y_2)$, die auf der Geraden g liegen ($P, Q \in g$), so kann die Steigung mithilfe der folgenden **Differenzenquotienten** ausgerechnet werden:

$$\mathbf{m = \frac{\Delta y}{\Delta x} = \frac{y_2 - y_1}{x_2 - x_1}} \text{ oder } \mathbf{m = \frac{y_1 - y_2}{x_1 - x_2}} \quad \left(\text{Steigung} = \frac{\text{Differenz der y-Werte}}{\text{Differenz der x-Werte}}\right)$$

Es gilt:
$m > 0$: Die Gerade steigt an (verläuft von links unten nach rechts oben).
$m = 0$: Die Gerade verläuft parallel zur x-Achse (horizontal).
$m < 0$: Die Gerade fällt (verläuft von links oben nach rechts unten).

Δy ist die Gegenkathete und Δx die Ankathete zu dem im (rechtwinkligen) Steigungsdreieck eingezeichneten Winkel α. Da das Verhältnis $\frac{\text{Gegenkathete}}{\text{Ankathete}}$ den Tangens ergibt, gilt für den **Neigungswinkel α** einer Geraden mit Steigung m:

$$\tan\alpha = \frac{\Delta y}{\Delta x} = m \quad \text{bzw.} \quad \boldsymbol{\alpha = \arctan(m)}$$

Zur Bestimmung der **Nullstelle x_0** muss die lineare Gleichung $mx + t = 0$ gelöst werden. Für $m \neq 0$ lässt sich diese stets nach x auflösen, die Nullstelle ist dann $\mathbf{x_0 = -\frac{t}{m}}$.

Beispiele

1. *Sonderfälle:* Für $t=0$ geht die zugehörige Gerade durch den Koordinatenursprung, man nennt sie dann eine **Ursprungsgerade**.
   Für $m=0$ und $t \neq 0$ (**horizontale Gerade** parallel zur x-Achse) hat die Gerade **keine Nullstelle**. Sollte t auch noch null sein, dann hat die Gerade die Funktionsgleichung $y=0$ und stellt die x-Achse dar.

2. Wegen $\tan(45°)=1$ hat eine Gerade mit einem Neigungswinkel von 45° die Steigung $m=1$. Das trifft beispielsweise auf die **Winkelhalbierende** des I. und III. Quadranten mit der Geradengleichung $y=x$ (identische Funktion) zu.

3. Geraden mit gleicher Steigung sind **parallel** (oder sogar **identisch**, wenn sie auch noch im y-Achsenabschnitt übereinstimmen).

4. Die Gerade g enthält die Punkte P(2; –3) und Q(4; 1).
   Welche Steigung hat g, was bedeutet diese anschaulich? Wie groß ist der Neigungswinkel?

   Lösung:

   - Steigung von g:
     $$m = \frac{\Delta y}{\Delta x} = \frac{1-(-3)}{4-2} = \frac{4}{2} = 2$$
     Das gleiche Ergebnis erhält man, wenn man die Reihenfolge bei den Differenzbildungen umdreht:
     $$m = \frac{\Delta y}{\Delta x} = \frac{-3-1}{2-4} = \frac{-4}{-2} = 2$$
   - Anschauliche Deutung:
     Wenn man von einem beliebigen Punkt der Geraden g im Koordinatensystem um eine Einheit nach rechts ($\Delta x = 1$) und anschließend um 2 Einheiten nach oben geht ($\Delta y = 2$), dann landet man wieder auf einem Punkt der Geraden g.
   - Neigungswinkel:
     Wegen $\tan\alpha = m = 2$ erhält man $\alpha = \arctan(2)$. Die Berechnung wird mit dem Taschenrechner vorgenommen: 2 eingeben und dann [INV] [TAN] drücken. Es wird dann 63,43… angezeigt, sodass gilt: $\alpha \approx 63{,}4°$.

Aufgaben

16. Im Diagramm ist die Gerade g eingezeichnet. Ermitteln Sie daraus:

a) Nullstelle

b) Schnittpunkt mit der y-Achse

c) y-Koordinate des Punktes $P(-1; y_P) \in g$

d) x-Koordinate des Punktes $Q(x_Q; 1) \in g$

e) Steigung

f) Funktionsgleichung

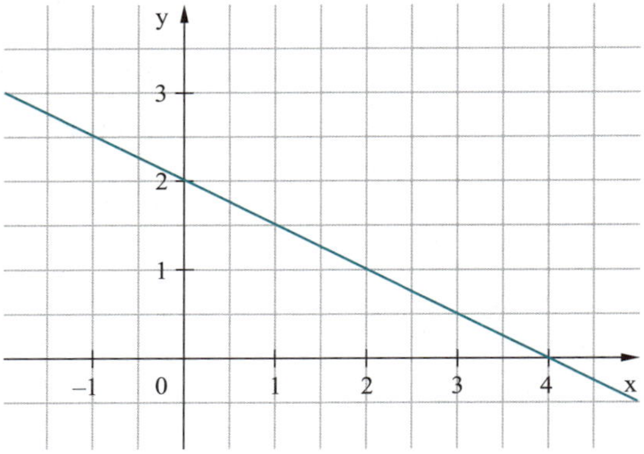

17. Gegeben ist die Geradengleichung g: $y = 2x - 3$.

a) Untersuchen Sie rechnerisch, ob die Punkte A(2; 1) und B(3; 5) auf der Geraden g liegen.

b) Bestimmen Sie die fehlenden Koordinaten so, dass die Punkte $C(3; y_C)$ und $D(x_D; 5)$ auf der Geraden g liegen.

18. Das Verkehrszeichen „14 % Steigung" bedeutet, dass die Straße auf eine horizontale Entfernung von 100 m um 14 Höhenmeter ansteigt:

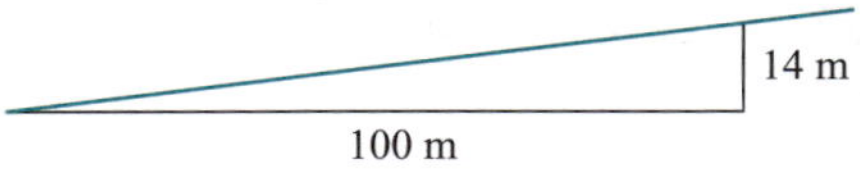

Berechnen Sie die mathematische Steigung und den Neigungswinkel der Straße.

Zeichnen von Geraden

Hat man eine Geradengleichung g: $y = mx + t$ vorliegen und soll der Graph dazu gezeichnet werden, so geht man wie folgt vor:
Man markiert den y-Achsenabschnitt t auf der y-Achse, von diesem Punkt aus geht man um **eine** Einheit nach **rechts** ($\Delta x = 1$) und dann um **$|m|$** Einheiten

- nach **oben**, falls $m > 0$,
- nach **unten**, falls $m < 0$.

Wenn man für $\Delta x = 1$ wählt, dann ist $\Delta y = m$, wie die Formel $m = \frac{\Delta y}{\Delta x}$ zeigt.

Sollte sich das sich ergebende Steigungsdreieck als zu klein erweisen, kann man es um einen beliebigen Faktor vergrößern: Verdoppelt man beispielsweise Δx, so muss man natürlich auch Δy verdoppeln; m verändert sich dadurch nicht.

Beispiele

1. Zeichnen Sie den Graphen der Funktion g: $y = -3x + 2$.

Lösung:
Man markiert zuerst den y-Achsenabschnitt $t = 2$. Im vorliegenden Fall ist $m = -3$, also geht man **eine** Einheit nach **rechts** und **drei** Einheiten nach **unten**.

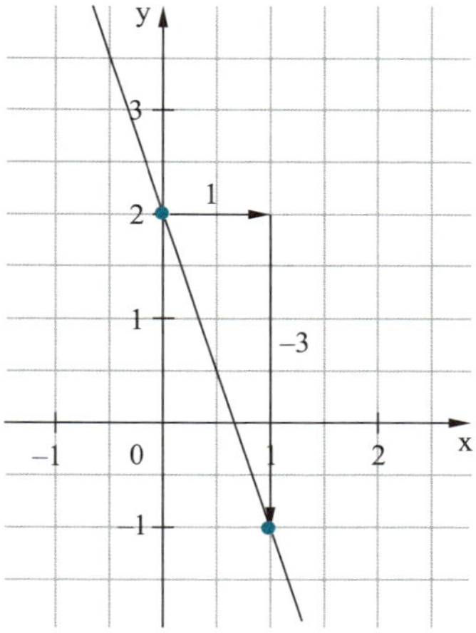

2. Für $m = \frac{1}{3}$ wäre $\Delta x = 1$ und $\Delta y = \frac{1}{3}$ eine ungünstige Wahl für die Größe des Steigungsdreiecks. Stattdessen wird man beide Katheten um den Faktor 3 vergrößern, sodass man mit $\Delta x = 3$ und $\Delta y = 1$ ein gut darstellbares Steigungsdreieck erhält.

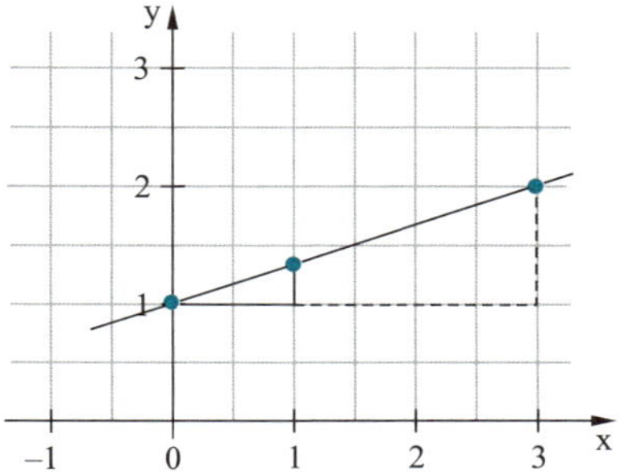

Aufgaben

19. Gegeben sind die Geradengleichungen g_1: $y = -\frac{3}{2}x + \frac{5}{2}$, g_2: $y = x$, g_3: $y = 2$.
a) Zeichnen Sie die Geraden in ein gemeinsames Koordinatensystem ein.
b) Berechnen Sie jeweils den Neigungswinkel.
c) Geben Sie die Wertebereiche an.
d) Untersuchen Sie rechnerisch, ob der Punkt P(2; 2) auf einer der drei Geraden liegt.

20. Gegeben ist die Funktionsgleichung g: $3x - 4y + 1 = 0$ in der impliziten Form.
Bringen Sie g in die explizite (nach y aufgelöste) Form.
Lesen Sie m und t ab und stellen Sie g im Koordinatensystem dar.

Aufstellen von Geradengleichungen

Durch zwei vorgegebene Punkte $P(x_1; y_1)$ und $Q(x_2; y_2)$ wird eine Gerade g festgelegt. Soll die Funktionsgleichung dieser Geraden ermittelt werden, so erreicht man das mit den folgenden zwei Schritten:

1. Mithilfe der Koordinaten der beiden Punkte berechnet man gemäß $m = \frac{\Delta y}{\Delta x}$ die Steigung der Geraden und setzt diese in die allgemeine Geradengleichung g: $y = mx + t$ ein.
2. Da die Punkte P und Q auf g liegen, müssen P und Q die Geradengleichung erfüllen. Man braucht also nur noch die Koordinaten von P oder Q in die Geradengleichung einsetzen und das noch unbekannte t berechnen.

Beispiel

Durch die Punkte P(–2; 4) und Q(5; –1) soll eine Gerade g gelegt werden.
Ermitteln Sie die Geradengleichung von g.

Lösung:

$m = \frac{\Delta y}{\Delta x} = \frac{-1-4}{5-(-2)} = \frac{-5}{7} = -\frac{5}{7}$ — Berechnung der Steigung aus den Koordinaten der Punkte P und Q

$\Rightarrow$ g: $y = -\frac{5}{7}x + t$ — Einsetzen der Steigung $m = -\frac{5}{7}$ in die allgemeine Geradengleichung.

$\mathbf{4} = -\frac{5}{7} \cdot \mathbf{(-2)} + t$ — Einsetzen der Koordinaten von **P** (oder **Q**), auflösen nach t

$4 = \frac{10}{7} + t$

$t = \frac{18}{7}$

$\Rightarrow$ g: $y = -\frac{5}{7}x + \frac{18}{7}$ — Einsetzen von $t = \frac{18}{7}$ in die Geradengleichung

Probe: Nachweis, dass auch $Q \in g$. Einsetzen von **Q** in g ergibt:
$\mathbf{-1} = -\frac{5}{7} \cdot \mathbf{5} + \frac{18}{7}$, also $-1 = -\frac{7}{7}$ (wahre Aussage)
Es gilt tatsächlich $Q \in g$.

Aufgaben

21. Lesen Sie aus der grafischen Darstellung der Funktion f mehrere Punkte ab und berechnen Sie jeweils die Steigung.
Ermitteln Sie den y-Achsenabschnitt. Wie lautet die Funktionsgleichung?

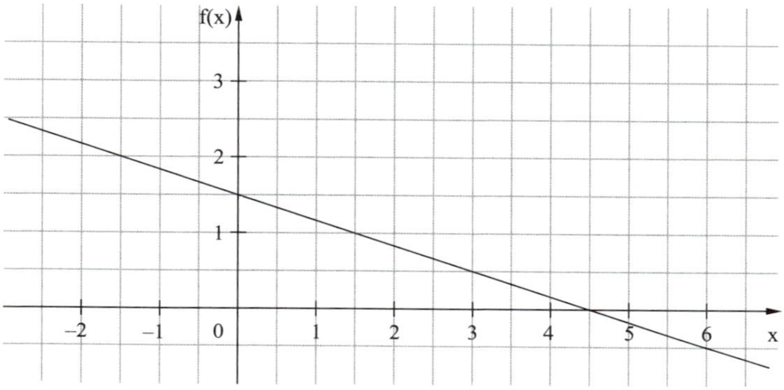

22. Kann die y-Achse als Geradengleichung dargestellt werden?
Begründen Sie Ihre Antwort. Wie sieht das mit der x-Achse aus?

23. a) Die Gerade h soll die Steigung $m = -2$ aufweisen und durch den Punkt P(0; 2) gehen.
Geben Sie die zugehörige Funktionsgleichung von h an.

b) Die Gerade h* verläuft parallel zu h und schneidet die x-Achse an der Stelle 3.
Ermitteln Sie die Funktionsgleichung von h*.

24. Stellen Sie die Geradengleichungen der Geraden g und h auf, wobei g die Punkte P(–2; –1) und Q(3; 2) enthalten soll, h die Nullstelle bei $x = -2$ hat und die y-Achse im Punkt R(0; 3) schneidet.

Schnittpunkte zweier Geraden

Sollen die Schnittpunkte der Graphen zweier linearer Funktionen berechnet werden, so werden die **Funktionsterme gleichgesetzt**. Dies führt auf eine Gleichung mit der Unbekannten x, im Falle von linearen Funktionen handelt es sich um eine lineare Gleichung. Diese muss gelöst werden, sodass man im Allgemeinen die x-Koordinate x_S des **Schnittpunkts S** erhält.
Um die y-Koordinate y_S von S zu erhalten, wird die **Schnittstelle** x_S in eine der beiden Funktionen eingesetzt (in welche ist egal, also nimmt man die einfachere).
Der Schnittpunkt lautet dann $S(x_S; y_S)$.

Beispiele

1. Die Geradengleichungen g: $2x+4y=2$ und h: $y=3x-2$ sind gegeben. Berechnen Sie die Koordinaten des Schnittpunktes.

   Lösung:
   Zunächst wird g in die explizite, nach y aufgelöste Form gebracht: Aus $2x+4y=2$ wird zunächst $4y=-2x+2$ und schließlich g: $y=-\frac{1}{2}x+\frac{1}{2}$.
   Berechnung des Schnittpunktes S von g und h:

$\mathbf{g(x)=h(x)}$	**Gleichsetzen** von g und h
$-\frac{1}{2}x+\frac{1}{2}=3x-2$	
$-\frac{7}{2}x=-\frac{5}{2} \quad \Big\vert \cdot\left(-\frac{2}{7}\right)$	Alle x auf die linke Seite, alle Zahlen auf die rechte Seite bringen.
$\mathbf{x_S=\frac{5}{7}}$	**Auflösen** nach x ergibt x_S.
$\mathbf{y_S}=h\left(\mathbf{\frac{5}{7}}\right)=3\cdot\frac{5}{7}-2$	**Einsetzen** von $x_S=\frac{5}{7}$ in h ergibt y_S.
$=\frac{15}{7}-\frac{14}{7}=\mathbf{\frac{1}{7}}$	

   Schnittpunkt: $\mathbf{S\left(\frac{5}{7};\frac{1}{7}\right)}$

2. Berechnen Sie den Schnittpunkt der Geraden g: $y=-\frac{1}{2}x+2$ und h: $y=x-1$, überprüfen Sie das Ergebnis zeichnerisch.

   Lösung:

$g(x)=h(x)$	Gleichsetzen von g und h
$-\frac{1}{2}x+2=x-1$	
$-\frac{3}{2}x=-3 \quad \Big\vert \cdot\left(-\frac{2}{3}\right)$	Alle x auf die linke Seite, alle Zahlen auf die rechte Seite bringen.
$x_S=2$	Auflösen nach x ergibt x_S.
$y_S=h(2)=2-1=1$	Einsetzen von $x_S=2$ in h ergibt y_S.

   Schnittpunkt: **S(2; 1)**

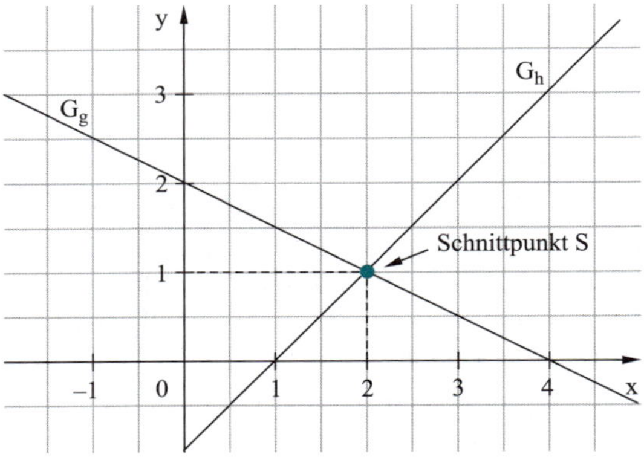

Aufgaben

25. Die Gerade g ist durch die Punkte A(3; 4) und B(2; –1) festgelegt, die Gerade h durch die Punkte C(5; –3) und D(–2; –2).

a) Ermitteln Sie die Funktionsgleichungen von g und h.

b) Wo schneiden g und h die x- bzw. y-Achse?

c) Welche y-Koordinate muss gewählt werden, damit der Punkt P(5; y_P) auf g liegt?

d) Welche x-Koordinate muss gewählt werden, damit der Punkt Q(x_Q; 3) auf h liegt?

e) Wo schneiden sich die Geraden g und h?
Überprüfen Sie das Ergebnis auch zeichnerisch.

26. Gegeben sind die Geraden g: $y = 3x + 4$ und h, wobei h durch die Punkte Q(–1; 0) und P(5; 3) verläuft.

a) Bestimmen Sie die Schnittpunkte von g mit den Koordinatenachsen.

b) Stellen Sie die Funktionsgleichung von h auf.

c) Berechnen Sie den Schnittpunkt von g und h.

d) Ermitteln Sie die Neigungswinkel der beiden Geraden.

27. Vorgegeben sind die Punkte A(–2; 1) und S(1; 2). Dabei ist S der Schnittpunkt zweier Geraden g und h.

a) Die Gerade g verläuft außerdem durch den Punkt A.
Stellen Sie die Funktionsgleichung von g auf.
Hinweis: Keine Näherungswerte verwenden!

b) Berechnen Sie die Schnittpunkte von g mit den Koordinatenachsen.

c) Die Gerade h hat eine Nullstelle bei $x_0 = 3$.
Ermitteln Sie die Funktionsgleichung von h.

d) Stellen Sie die Geradengleichung der Geraden h* auf, wobei h* parallel zu h verläuft und den Punkt A enthält.

e) Überprüfen Sie rechnerisch, ob der Punkt B(200; 76) oberhalb, unterhalb oder auf g liegt.

Zueinander senkrecht stehende Geraden

Wenn zwei Geraden g_1 und g_2 mit den Steigungen m_1 und m_2 zueinander senkrecht stehen, so gilt stets $m_1 \cdot m_2 = -1$. Daher ist bei zueinander senkrecht stehenden Geraden die Steigung der einen Geraden der negative Kehrwert der Steigung der anderen Geraden:

$$\mathbf{m_2 = -\frac{1}{m_1}}$$

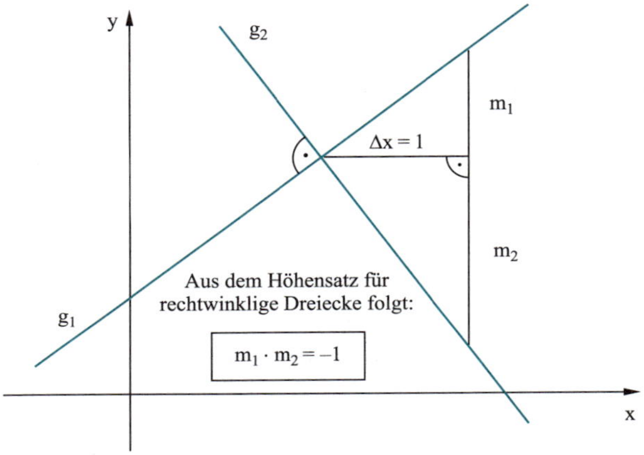

Beispiel

Die Gerade g_1 habe die Steigung $m_1 = 2$.
Welche Steigung muss dann eine zu g_1 senkrecht verlaufende Gerade g_2 besitzen?

Lösung:

$$m_1 = 2 \;\Rightarrow\; m_2 = -\frac{1}{m_1} = -\frac{1}{2}$$

Aufgaben

28. Gegeben sind die Gerade $g\colon y = -\frac{1}{3}x + 2$ und der Punkt P(3; 1).

a) Ermitteln Sie die Funktionsgleichung derjenigen Geraden h, die senkrecht zu g steht und den Punkt P enthält.

b) Berechnen Sie den Schnittpunkt von g und h.

c) Überprüfen Sie Ihre Rechnung zeichnerisch.

29. Eine Gerade g_1 ist festgelegt durch die Punkte $P_1(-25; 52)$ und $P_2(85; -168)$.

a) Ermitteln Sie die Geradengleichung von g_1.

b) Stellen Sie die Funktionsgleichung der Geraden g_2 auf, die senkrecht zu g_1 verläuft und den Punkt Q(2; 3) enthält.

c) Vergleichen Sie die Funktionsgleichungen von g_1 und g_2.
Wo müssen sich diese beiden Geraden schneiden?

d) Zeichnen Sie die Graphen von g_1 und g_2 in ein Koordinatensystem ein.

e) Berechnen Sie den Neigungswinkel von g_2 und schließen Sie über die Winkelsumme im Dreieck auf den Neigungswinkel von g_1 (Zeichnung aus Teilaufgabe d zur Hilfe nehmen).
Berechnen Sie anschließend zum Vergleich auch noch den Neigungswinkel von g_1 anhand der Steigung.

30. Im Punkt P(1; 3) soll eine zur Winkelhalbierenden des I. und III. Quadranten senkrecht stehende Gerade errichtet werden.
Ermitteln Sie deren Funktionsgleichung.

Bislang sind nur Funktionen mit einer unabhängigen Variablen, nämlich x, betrachtet worden. Im Folgenden wird ein weiterer Buchstabe im Funktionsterm auftreten, der auch **Parameter** genannt wird. In den Geradengleichungen können der y-Achsenabschnitt, die Steigung oder beide durch einen Parameter ersetzt werden; man erhält sogenannte **Funktionenscharen**.

Geradenschar

Betrachtet werden die linearen Funktionen g_t: $y = \frac{1}{2}x + t$ mit $t \in \mathbb{R}$.
Für jede Zahl t, die aus dem Wertevorrat für t (hier ganz $\mathbb{R}$) eingesetzt wird, erhält man eine Gerade. Die Gesamtheit dieser (unendlich vielen) Geraden bezeichnet man als **Geradenschar**.
Alle Geraden dieser Schar sind parallel, weil alle die gleiche Steigung $m = \frac{1}{2}$ besitzen. Nebenstehendes Diagramm zeigt einige ausgewählte Geraden aus der Schar g_t, nämlich $g_{-0,5}$, g_0, g_1, $g_{2,5}$.

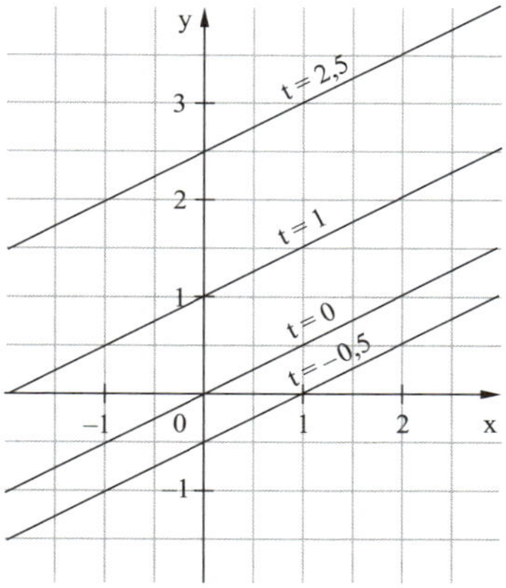

Geradenbüschel

Betrachtet werden die linearen Funktionen b_m: $y = m(x-2)+3$ mit $m \in \mathbb{R}$. Man erkennt, dass sich die Steigung in Abhängigkeit von m verändert. Ferner stellt man fest, dass der Punkt P(2; 3) auf allen Geraden liegt, d. h. alle Geraden gehen durch diesen Punkt. Man spricht daher auch von einem **Geradenbüschel**.
Nebenstehendes Diagramm gibt einige Geraden aus dem Büschel wieder, nämlich b_{-3}, b_{-1}, b_0, $b_{0,5}$, b_2.

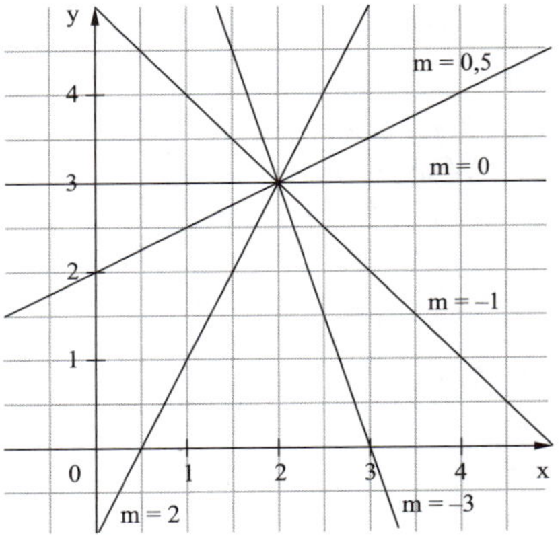

Beispiele

1. Welche Schargerade g_t: $y = \frac{1}{2}x + t$ mit $t \in \mathbb{R}$ enthält den Punkt P(1; 2)?
   Lösung:
   P muss die Geradengleichung erfüllen. Einsetzen von P in g_t: $\mathbf{2} = \frac{1}{2} \cdot \mathbf{1} + t$
   Das ergibt nach t aufgelöst: $t = \frac{3}{2}$
   Demnach enthält die Gerade $g_{\frac{3}{2}}$: $y = \frac{1}{2}x + \frac{3}{2}$ den Punkt P.
2. Berechnen Sie die Nullstellen der Geradenschar g_t: $y = \frac{1}{2}x + t$ mit $t \in \mathbb{R}$.
   Lösung:
   Der Ansatz $g_t(x) = 0$ führt auf eine lineare Gleichung mit Parameter:
   $\frac{1}{2}x + t = 0$
   Diese Gleichung muss nach x aufgelöst werden, man erhält:
   $x = -2t$
   Für jedes t kann damit die Nullstelle der zugehörigen Geraden g_t sofort angegeben werden.
3. Zeigen Sie rechnerisch, dass je zwei unterschiedliche Geraden der Geradenschar g_t: $y = \frac{1}{2}x + t$; $t \in \mathbb{R}$ keinen gemeinsamen Punkt haben.
   Lösung:
   Um diese Aufgabe zu lösen, nimmt man zwei beliebige, aber verschiedene Geraden aus der Geradenschar mit den Parametern t_1 und t_2 $(t_1 \neq t_2)$ heraus:
   $g_{t_1}(x) = \frac{1}{2}x + t_1$
   $g_{t_2}(x) = \frac{1}{2}x + t_2$

Mögliche Schnittpunkte ermittelt man durch Gleichsetzen:

$g_{t_1}(x) = g_{t_2}(x)$

$\frac{1}{2}x + t_1 = \frac{1}{2}x + t_2 \quad \left| -\frac{1}{2}x \right.$

$t_1 = t_2$

Das ist aber eine falsche Aussage, da nach Voraussetzung $t_1 \neq t_2$ gilt. Damit ist nachgewiesen, dass zwei beliebige, unterschiedliche Geraden aus der Schar keinen gemeinsamen Punkt haben, sich also nirgends schneiden (alle Geraden sind zueinander parallel).

Aufgaben

31. Gegeben ist das Geradenbüschel b_m: $y = m(x-2)+3$.

a) Für welchen Wert von m enthält die Gerade b_m den Punkt P(1; 2)?

b) Berechnen Sie sämtliche Nullstellen der Büschelgeraden.
Gibt es Geraden aus dem Büschel, die keine Nullstelle besitzen?
Lässt sich das rechnerisch erkennen?

c) Geben Sie die Funktionsgleichung derjenigen Büschelgeraden an, die senkrecht zur Büschelgeraden $b_{0,5}$ steht.

d) Weisen Sie rechnerisch nach, dass sich je zwei beliebige, verschiedene Geraden aus dem Geradenbüschel stets in genau dem gleichen Punkt schneiden.
Bestimmen Sie auch die Koordinaten dieses Punktes.

32. Gegeben ist die Geradenschar g_k: $y = kx + 2 - 3k$ mit $k \in \mathbb{R}$.

a) Berechnen Sie den Schnittpunkt von g_1 und g_2.

b) Zeichnen Sie g_0, g_1 und g_2 in ein gemeinsames Koordinatensystem ein.

c) Zeigen Sie, dass der Punkt P(3; 2) auf allen Geraden der Schar g_k liegt.
Welche besondere Rolle nimmt demnach P in Bezug auf die Geradenschar ein?

d) Berechnen Sie die Nullstellen von g_k in Abhängigkeit von k.
Für welche k gibt es keine Nullstelle?
Welcher Sonderfall liegt vor?

e) Wie muss k gewählt werden, damit g_k durch den Punkt (1; 4) verläuft?

f) Gehört die Gerade g: $5x - y - 23 = 0$ zu der gegebenen Geradenschar?

33. Gegeben sind die Geradenscharen g_k: $y = kx + 3 - k$ und h_k: $y = x - k$ mit $k \in \mathbb{R}$.

a) Berechnen Sie die Nullstellen der Geraden g_k in Abhängigkeit von k.
Führen Sie bezüglich k eine Fallunterscheidung durch und interpretieren Sie Ihre Ergebnisse geometrisch.

b) Zeigen Sie, dass der Punkt P(1; 3) auf allen Geraden der Schar g_k liegt. Welche besondere Rolle nimmt demnach P in Bezug auf die Geradenschar ein?

c) Beschreiben Sie die Lage der Schar der Geraden h_k möglichst genau mit eigenen Worten.

d) Berechnen Sie die Schnittstellen der beiden Geradenscharen. Diskutieren Sie eventuelle Sonderfälle in Abhängigkeit von k und interpretieren Sie diese geometrisch.

2.1 Anwendungen für lineare Funktionen

Häufig besteht zwischen zwei Größen ein linearer Zusammenhang. Man sagt, die Größen sind **proportional** zueinander. Für lineare Funktionen existieren daher, trotz des einfachen Aufbaus, zahlreiche praktische Anwendungsmöglichkeiten.

Direkte Proportionalität zweier Größen

Zwei Größen x und y heißen **(direkt) proportional** zueinander, wenn es eine Zahl $\mathbf{m \in \mathbb{R}}$ (die sogenannte **Proportionalitätskonstante**) gibt, sodass zwischen x und y der Zusammenhang $\mathbf{y = m \cdot x}$ besteht.
Man schreibt dafür auch kurz: $\mathbf{y \sim x}$ (Das Zeichen **„~“** bedeutet **„proportional“**.)

Direkte Proportionalität bedeutet also: „Wenn man die Größe x verdoppelt, verdreifacht usw. zieht das auch eine Verdoppelung, Verdreifachung usw. der Größe y nach sich.“ Sollen zwei Größen, z. B. anhand einer Messreihe, auf direkte Proportionalität hin untersucht werden, so kann dies mithilfe von grafischen und rechnerischen Mitteln erfolgen.

Beispiele

1. Fährt ein Auto mit konstanter Geschwindigkeit v (gleichförmige Bewegung), so ist die zurückgelegte Strecke s proportional zu der Fahrzeit t: $s \sim t$
Als Proportionalitätskonstante tritt in diesem Beispiel die **Geschwindigkeit v** auf: $s = v \cdot t$

Damit ergibt sich die Formel für die **Berechnung der konstanten Geschwindigkeit** $v = \frac{s}{t}$. Wählt man als Längeneinheit m (Meter) und als Zeiteinheit s (Sekunden), so ergibt sich nach obiger Formel für die Einheit der Geschwindigkeit $\frac{m}{s}$ (Meter pro Sekunde). Wählt man hingegen als Längeneinheit km und als Zeiteinheit h (Stunde), so erhält man die vom Auto her bekannte Einheit $\frac{km}{h}$ (Kilometer pro Stunde).
Demnach ist die Geschwindigkeit nichts anderes als die Steigung der Geraden im nebenstehenden t-s-Diagramm (Zeit-Weg-Diagramm):

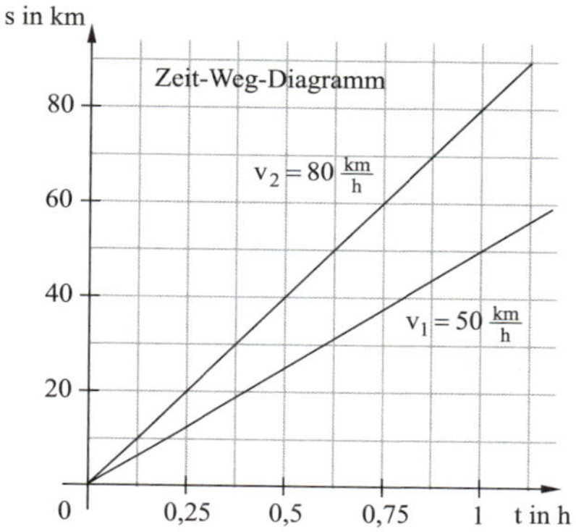

2. An einer Stahlfeder wird mit einer Kraft F gezogen, dabei dehnt sich die Feder um die Strecke s. Man stellt fest: $F \sim s$
   Man nennt dieses Verhalten auch das **Hooke'sche Gesetz**.

3. Legt man an einen ohmschen Widerstand eine Spannung U an, so fließt ein Strom I. Spannung und Strom sind zueinander proportional: $U \sim I$
   Das ist das **Ohm'sche Gesetz**.

Aufgaben

34. Zählen Sie mindestens drei Beispiele aus dem Alltag auf, bei denen eine Größe x direkt proportional zu einer anderen Größe y ist.
Finden Sie ebenso viele Beispiele, wo dies nicht der Fall ist.

35. Für verschiedene Volumina V in Liter (ℓ) und das zugehörige Gewicht m in kg von Heizöl wurden folgende Werte gemessen:

V in ℓ	0,5	1	2	3,5	5
m in kg	0,41	0,83	1,66	2,91	4,15

a) Stellen Sie m in Abhängigkeit von V grafisch dar.
Entscheiden Sie, ob zwischen diesen Größen eine direkte Proportionalität besteht.

b) Berechnen Sie die Quotienten $\frac{m}{V}$ für die Messwertepaare aus der Wertetabelle. Was stellen Sie fest?
Welche Einheit und welche physikalische Bedeutung haben diese Quotienten?

Anfallende Kosten in Wirtschaft und Haushalt, z. B. Stromkosten, setzen sich gewöhnlich aus zwei Anteilen zusammen: einem festen Anteil (hier: Grundgebühr) und einem verbrauchsabhängigen Anteil (hier: Kilowattstunden).

Fixe und variable Kosten

Den festen Anteil, der unabhängig vom Verbrauch anfällt, nennt man **fixe Kosten K_f** und den verbrauchsabhängigen Anteil **variable Kosten K_v**.
Die variablen Kosten sind direkt proportional zu der verbrauchten Menge x, sodass gilt:
$K_v = k_v \cdot x$
Dabei stellt k_v die Kosten für eine Verbrauchseinheit dar. Für die Gesamtkosten K in Abhängigkeit vom Verbrauch x erhält man demzufolge:
$K(x) = K_f + K_v = K_f + k_v \cdot x$

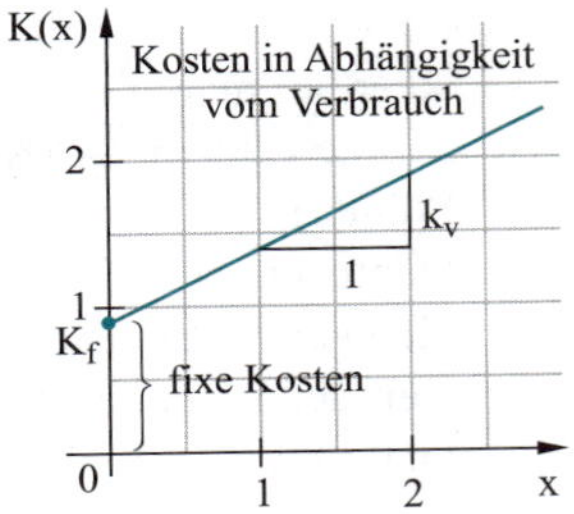

Da üblicherweise kein negativer Verbrauch auftreten wird (außer man speist im obigen Beispiel Strom in das Netz ein), wird man als Definitionsbereich $D_K = \mathbb{R}_0^+$ wählen. Die Berechnungsformel $K(x) = K_f + k_v \cdot x$ ist eine Geradengleichung, bei der die fixen Kosten K_f den y-Achsenabschnitt t und die Kosten pro Verbrauchseinheit k_v die Steigung m darstellen.

Beispiel

Ein Internetprovider verlangt pro Monat eine Grundgebühr von 4,90 € und zusätzlich eine Nutzungsgebühr von 0,49 € pro Stunde. Ein zweiter Anbieter verlangt 9,90 € Grundgebühr und 0,09 € pro Stunde Nutzungsgebühr.

a) Ermitteln Sie die beiden Kostenfunktionen in Abhängigkeit von der Nutzungsdauer in Stunden.

b) Stellen Sie die beiden Kostenfunktionen in einem gemeinsamen Koordinatensystem grafisch dar.

c) Ab welcher Nutzungszeit wird das Angebot des zweiten Anbieters kostengünstiger?

Lösung:
Es werden alle Kosten in € und alle Zeiten in h (Stunden) angegeben. Deshalb wird in den mathematischen Formeln auf die Angabe von Einheiten verzichtet.

a) Die Grundgebühren werden mit t, die Nutzungsgebühren mit m bezeichnet.
1. Anbieter: $t = 4{,}9$; $m = 0{,}49$ $\Rightarrow$ K_1: $y = 0{,}49x + 4{,}9$
2. Anbieter: $t = 9{,}9$; $m = 0{,}09$ $\Rightarrow$ K_2: $y = 0{,}09x + 9{,}9$

b)

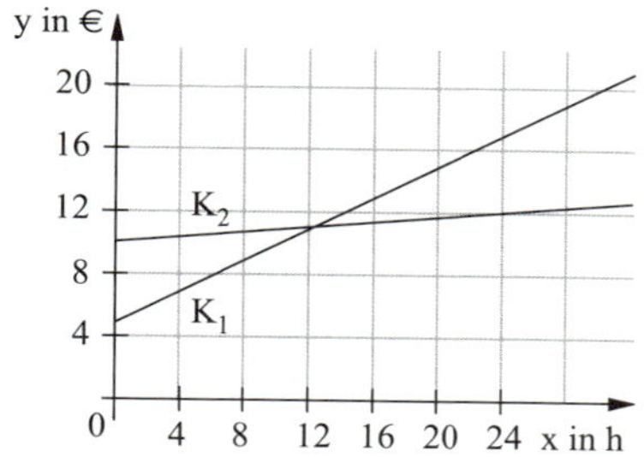

c) Aus der grafischen Darstellung in Teilaufgabe b erkennt man, dass K_2 ab etwas mehr als 12 Stunden günstiger sein müsste. Die Aufgabe lässt sich aber auch rechnerisch lösen: Es muss die Schnittstelle der beiden Graphen berechnet werden.

Ansatz:

$$K_1(x) = K_2(x)$$

$$0,49x + 4,9 = 0,09x + 9,9$$

$$0,4x = 5$$

$$x = \frac{5}{0,4} = 12,5\,[\mathrm{h}]$$

Bei mehr als 12,5 h Nutzungszeit ist der 2. Anbieter günstiger.

Aufgabe **36.** Zu den beiden Internetprovidern aus obigem Beispiel kommen zwei weitere Angebote eines 3. und 4. Anbieters hinzu.

Anbieter	Grundgebühr	Nutzungsgebühr
3. Anbieter	49 €	0 €
4. Anbieter	0 €	0,01 € pro Minute

a) Erstellen Sie auch für Anbieter 3 und 4 die Funktionsgleichungen der Kostenfunktionen.

b) Zeichnen Sie die Kostenfunktionen der vier Anbieter in ein Diagramm ein (geeigneten Maßstab wählen).

c) Entscheiden Sie rechnerisch, welchen Anbieter Sie wählen, wenn Sie monatlich 20 Stunden das Internet nutzen wollen.

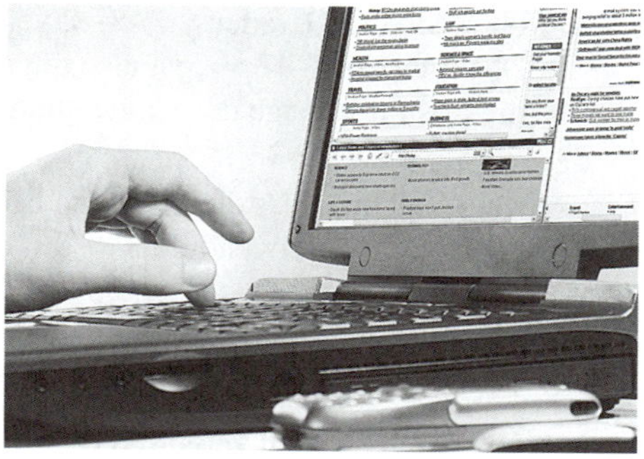

2.2 Lineare Ungleichungen

Im Zusammenhang mit linearen Funktionen treten häufig lineare Ungleichungen auf, beispielsweise $mx + t > 0$. Diese lassen sich nach den gleichen Regeln lösen wie lineare Gleichungen, indem man die Unbekannte x auf die eine Seite und die Zahlen auf die andere Seite der Ungleichung bringt. Es gibt nur einen wesentlichen Unterschied:

> Wird eine Ungleichung mit einer **negativen Zahl** durchmultipliziert oder durch eine negative Zahl dividiert, so **dreht** sich das **Ungleichheitszeichen** um.

Beispiele

1. Bestimmen Sie alle Werte $x \in \mathbb{R}$, für die die lineare Ungleichung $-\frac{1}{2}x + 4 > -x - 2$ eine wahre Aussage ergibt.

   Lösung:

   $$\begin{aligned} -\tfrac{1}{2}x + 4 &> -x - 2 && \mid -4 \\ -\tfrac{1}{2}x &> -x - 6 && \mid +x \\ \tfrac{1}{2}x &> -6 && \mid \cdot 2 \\ x &> -12 \end{aligned}$$

   Die Lösungsmenge ist also **$L =]-12; \infty[$**.

   Man kann diese Aufgabe auch grafisch lösen. Auf jeder Seite der Ungleichung steht der Term einer linearen Funktion, also stellt man deren Graphen dar.

   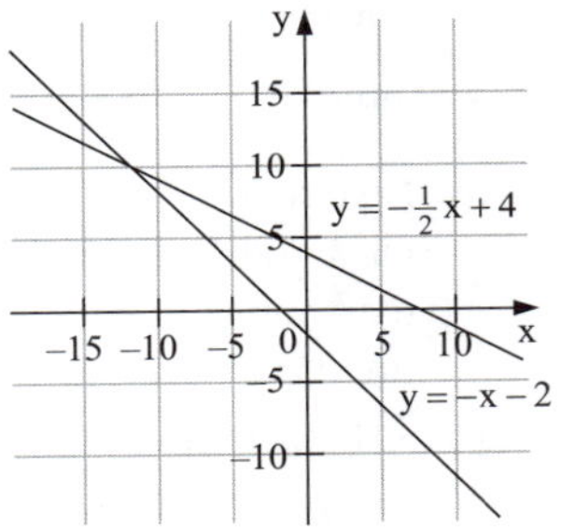

   Aus der Zeichnung ist erkennbar, dass die Gerade $y = -\frac{1}{2}x + 4$ etwa ab $x > -12$ oberhalb der Geraden $y = -x - 2$ verläuft. Das Intervall $]-12; \infty[$ ist also ungefähr die Lösungsmenge der Ungleichung $-\frac{1}{2}x + 4 > -x - 2$.

   Man beachte, dass die grafische Lösung ungenau und aufwendig ist.

2. Für welche x verlaufen die Geraden der Schar g_t: $y = -\frac{1}{2}x + t$ im positiven Bereich?

   Lösung:

   Die Schargeraden verlaufen dort im positiven Bereich, wo $y > 0$ ist, sodass der Ansatz lautet:

   $$\begin{aligned} -\tfrac{1}{2}x + t &> 0 && \mid -t \\ -\tfrac{1}{2}x &> -t && \mid \cdot (-2) \\ x &< 2t \end{aligned}$$

Das Ungleichheitszeichen wurde umgedreht, da mit –2, also einer negativen Zahl, multipliziert wurde.
Für alle $x \in \,]-\infty; 2t[$ verlaufen die Geraden g_t oberhalb der x-Achse, d. h. im positiven Bereich.

3. Für welche x gilt $m(x-2)+3 \geq 2$?

Lösung:

$$m(x-2)+3 \geq 2 \quad | -3$$
$$m(x-2) \geq -1 \quad | :m$$

Nun wird es etwas schwieriger, da m eine beliebige reelle Zahl sein kann. Drei Fälle sind zu unterscheiden: $m>0$, $m<0$ und $m=0$.

Fall 1: $m>0$

In diesem Fall kann man unbekümmert dividieren, es ist nichts weiter zu beachten:

$$x-2 \geq -\frac{1}{m} \quad | +2$$
$$x \geq 2-\frac{1}{m}$$

Fall 2: $m<0$

Bei Division durch eine negative Zahl muss das Ungleichheitszeichen umgedreht werden!

$$x-2 \leq -\frac{1}{m} \quad | +2$$
$$x \leq 2-\frac{1}{m}$$

Fall 3: $m=0$

Man darf nicht dividieren, trotzdem lässt sich die Lösung auch für diesen Fall bestimmen. In die Ungleichung $m(x-2) \geq -1$ wird m für den hier vorliegenden Fall, nämlich $m=0$, eingesetzt. Damit ergibt sich: $0 \cdot (x-2) \geq -1$. Die linke Seite wird ausgerechnet, sie ergibt null, sodass die Ungleichung $0 \geq -1$ lautet. Diese stimmt für alle $x \in \mathbb{R}$, ist also immer richtig.
Die Lösungsmenge ist etwas komplizierter und muss die drei Fälle berücksichtigen:

$$L = \begin{cases} \left[2-\frac{1}{m}; \infty\right[& \text{falls } m>0 \\ \left]-\infty; 2-\frac{1}{m}\right] & \text{falls } m<0 \\ \mathbb{R} & \text{falls } m=0 \end{cases}$$

Solche Fallunterscheidungen sind bei Aufgaben, die Parameter enthalten, häufiger erforderlich.

Aufgaben

37. Es wird der Internetanbieter mit der Kostenfunktion K_1: $y = 0{,}49x + 4{,}9$ ausgewählt (siehe Aufgabe 36).
Wie viele Stunden darf man höchstens im Internet sein, damit 25 € Gesamtkosten nicht überschritten werden?

38. Für den Versorgungsbereich eines Elektrizitätsunternehmens stehen folgende Tarife zur Auswahl:

Tarif	Preis für eine Kilowattstunde	Grundgebühr
I	0,16 €	15 €
II	0,49 €	0 €

a) Stellen Sie für beide Tarife die Kosten in Abhängigkeit vom Verbrauch rechnerisch dar.

b) Berechnen Sie die Kilowattstunden, die man mindestens verbrauchen muss, damit der Tarif I günstiger wird.

c) Wie viele Kilowattstunden dürfen höchstens verbraucht werden, wenn die Stromkosten bei Tarif I nicht mehr als 50 € betragen sollen?

39. Bestimmen Sie, gegebenenfalls mit Fallunterscheidung, die Lösungsmengen der folgenden linearen Ungleichungen. Die Parameter sind, wo nichts angegeben ist, aus ganz $\mathbb{R}$.

a) $\frac{1}{2}\left(x - \frac{3}{2}\right) + \frac{1}{4} > \frac{5}{2}x + \frac{1}{2}$

b) $2x - m \leq m(x+2) + m$

c) $-\frac{1}{3}\left(x - \frac{k}{2}\right) + \frac{k}{4} > \frac{5}{2}x + \frac{1}{2k}$ mit $k \in \mathbb{R} \setminus \{0\}$

d) $t^2x - t \geq t - 1$

40. Gegeben sind die Geradenscharen g_k: $y = kx + 3 - k$ und h_k: $y = x - k$ mit $k \in \mathbb{R}$.
Untersuchen Sie, für welche x gilt: $g_k(x) < h_k(x)$

3 Quadratische Funktionen

Die quadratischen Funktionen sind die einfachsten nichtlinearen Funktionen und besitzen viele interessante mathematische Eigenschaften. Sie spielen u. a. in der Physik eine wichtige Rolle, z. B. beim Beschleunigen eines Fahrzeugs, beim Wurf eines Gegenstandes oder beim freien Fall.

Quadratische Funktionen

Die quadratischen Funktionen haben die Grundform
f: $x \mapsto ax^2 + bx + c$ (mit a, b, $c \in \mathbb{R}$; $a \neq 0$).
Die unabhängige Variable x kommt in der 2. Potenz (also im „Quadrat") vor. Die Parameter a, b und c werden auch **Koeffizienten** genannt. Ferner gilt $D_{max} = \mathbb{R}$.
Der Graph einer quadratischen Funktion heißt **Parabel**, für **a = 1 oder a = –1** auch **Normalparabel**.

Beispiel

$f(x) = x^2$ ist die einfachste quadratische Funktion (mit a = 1 und b = c = 0).
Wertetabelle:

x	–3	–2	–1	0	1	2	3
f(x)	9	4	1	0	1	4	9

Die Normalparabel kann bei der Längeneinheit von 1 cm auf beiden Achsen mit einer handelsüblichen Parabelschablone gezeichnet werden. Die Normalparabel hat die y-Achse als **Symmetrieachse**. Der Punkt S(0; 0) ist der **Scheitel** der Normalparabel.

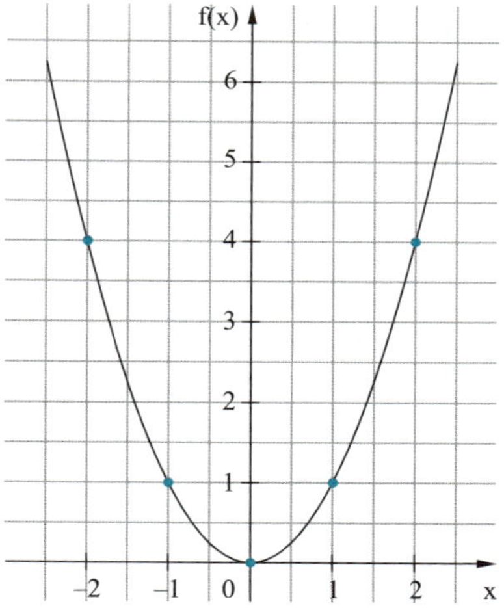

Einfluss der Koeffizienten a und c einer quadratischen Funktion

Das Vorzeichen des Koeffizienten **a** vor x^2 hat folgenden Einfluss:

- **$a > 0$** $\Rightarrow$ Die zugehörige Parabel ist nach **oben geöffnet**.
- **$a < 0$** $\Rightarrow$ Die zugehörige Parabel ist nach **unten geöffnet**.

Eine Veränderung der **additiven Konstante c** bewirkt eine vertikale Verschiebung (Verschiebung entlang der y-Achse) des Graphen der Funktion.

Beispiele

1. Um den Einfluss des Koeffizienten **a** zu erkennen, wird die Funktionenschar $f_a(x) = \mathbf{a}x^2$ mit $a \in \mathbb{R} \setminus \{0\}$ näher untersucht. Im Vergleich mit der Normalparabel $y = x^2$ wird jeder Funktionswert noch mit dem Faktor a multipliziert. Das hat folgende Auswirkungen auf den Graphen:
   - Für **$a > 1$** sind die zugehörigen Parabeln in y-Richtung gestreckt.
   - Für **$0 < a < 1$** sind die Parabeln weiter als die Normalparabel.
   - Für **$a < 0$** sind die Parabeln nach unten geöffnet.

   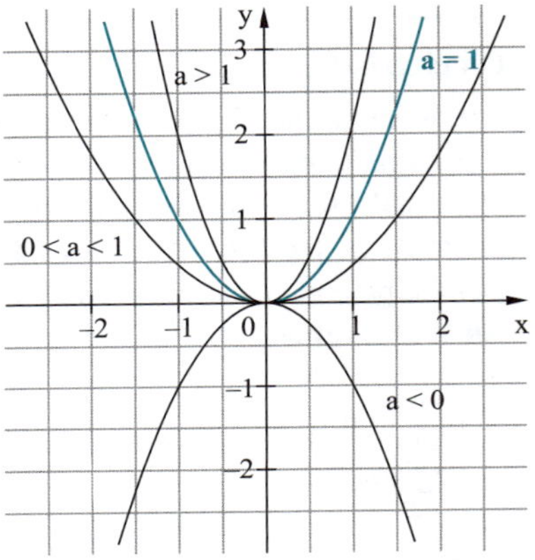

   Im Vergleich zu einer Parabel mit positivem a erscheint eine Parabel mit negativem a an der x-Achse **gespiegelt**.

2. Es wird untersucht, wie sich eine Veränderung von **c** auf das Aussehen der zugehörigen Parabeln auswirkt. Betrachtet wird $f_c(x) = x^2 + \mathbf{c}$ mit $c \in \mathbb{R}$. Im Vergleich zur Normalparabel wird jetzt eine konstante Zahl, die auch negativ sein kann, hinzu addiert. Das verschiebt die Parabel längs der y-Achse
   - um c Einheiten nach **oben**, falls **$c > 0$**, oder
   - um $|c|$ Einheiten nach **unten**, falls **$c < 0$**.

   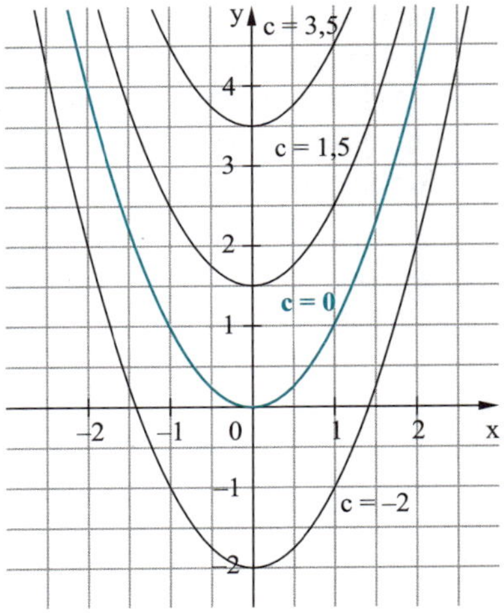

3. Die Einflüsse der Koeffizienten a und c auf das Aussehen und die Lage der zugehörigen Parabeln wurde in den obigen Beispielen untersucht. Bisher war stets $b = 0$, weil das lineare x-Glied „bx“ in den bisherigen Funktionstermen nicht aufgetreten ist. Die zu den Funktionen $x \mapsto ax^2 + c$ gehörenden Parabeln sind alle **symmetrisch zur y-Achse**. Sobald im Funktionsterm einer quadratischen Funktion das lineare x-Glied auftritt, ist die y-Achse keine Symmetrieachse der Parabel mehr.

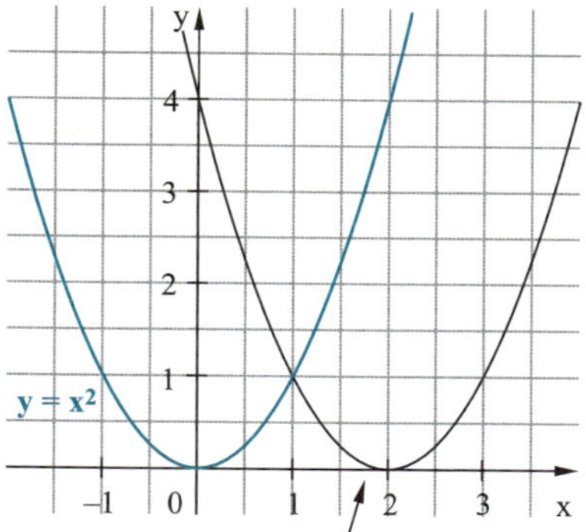

Aufgaben

41. Beschreiben Sie Aussehen und Lage der Parabeln der folgenden quadratischen Funktionen.
Zeichnen Sie die zugehörigen Parabeln in ein Koordinatensystem ein.
Geben Sie zudem die Wertebereiche der Funktionen an und bestimmen Sie rechnerisch den jeweiligen Schnittpunkt der Parabel mit der y-Achse.

a) $f_1(x) = -x^2$

b) $f_2(x) = 2x^2 + 1$

c) $f_3(x) = \frac{x^2}{3}$

d) $f_4(x) = -\frac{1}{2}x^2 - \frac{3}{4}$

42. Gegeben ist $f_p(x) = (x - p)^2$ mit $p \in \mathbb{R}$.

a) Zeichnen Sie die Graphen von f_p für $p = -3, -1, 0$ und 2 in ein Koordinatensystem ein.
Welche allgemeine Erkenntnis lässt sich daraus gewinnen?

b) Obige Funktion wird erweitert zu $f(x) = (x - p)^2 + \mathbf{q}$.
Welche Bedeutung haben die reellen Parameter p und q für die Lage der Parabel?
Zeichnen Sie die Parabeln für die (p; q)-Paare (–3; –2), (–1; 1) und (2; 0) mithilfe einer Parabelschablone in ein Koordinatensystem.

c) Die allgemeine Scheitelpunktsformel lautet $f(x) = a(x - p)^2 + q$.
Bringen Sie diese durch Ausmultiplizieren auf die Form $f(x) = ax^2 + bx + c$ und ermitteln Sie durch Koeffizientenvergleich, wie sich p und q aus den Koeffizienten a, b und c errechnen lassen.

43. Auf der Erde fällt ein Gegenstand unter Vernachlässigung des Luftwiderstandes nach dem folgenden Zeit-Weg-Gesetz zu Boden **(freier Fall)**:

$h(t) = \frac{1}{2}gt^2$ mit $t \geq 0$

Dabei ist t die Fallzeit in Sekunden, $g = 9{,}81\frac{m}{s^2}$ die Fallbeschleunigung auf der Erde und h(t) die durchfallene Höhe in Meter.

a) Zeichnen Sie den Graphen von h in ein nach unten orientiertes Koordinatensystem ein und kennzeichnen Sie, wo sich die Kugel nach 0 s, 1 s bzw. 2 s befindet.

b) Jemand lässt einen Stein in einen Brunnen fallen. Der Aufschlag des Steins erfolgt nach 2,5 s. Wie tief ist der Brunnenschacht?

3.1 Quadratische Gleichungen

Die Berechnung der Nullstellen quadratischer Funktionen $f: x \mapsto ax^2 + bx + c$ führt auf das Problem des Lösens von Gleichungen der Form $ax^2 + bx + c = 0$.

Lösen von quadratischen Gleichungen

Die Gleichung $ax^2 + bx + c = 0$ heißt **Grundform der quadratischen Gleichung** mit den Koeffizienten a, b, $c \in \mathbb{R}$ und $a \neq 0$ (dies stellt sicher, dass tatsächlich nur quadratische Gleichungen vorkommen, keine linearen).

Die **Lösungsmenge** der Gleichung besteht aus sämtlichen reellen Zahlen $x \in \mathbb{R}$, die beim Einsetzen in die Gleichung eine **wahre Aussage** ergeben.

Die **Lösungsformel** für die Grundform der quadratischen Gleichung lautet:

$$x_{1/2} = \frac{-b \pm \sqrt{b^2 - 4ac}}{2a}$$

Der Ausdruck $D = b^2 - 4ac$ unter der Wurzel heißt **Diskriminante** der quadratischen Gleichung und entscheidet über die Anzahl der möglichen Lösungen.

Die Lösungsformel für quadratische Gleichungen ist so wichtig, dass man sie einfach **auswendig kennen muss**! Wenn man diese Formel weiß, kennt man auch die Diskriminante; es ist der Ausdruck unter der Wurzel. Die Wurzel selbst gehört nicht mit zur Diskriminante.

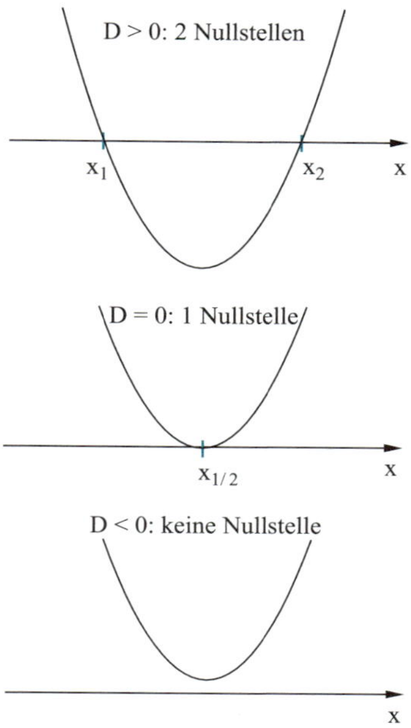

Ist eine quadratische Gleichung durch Nullsetzen einer quadratischen Funktion entstanden, dann sind die Lösungen dieser Gleichung die Nullstellen der quadratischen Funktion.
Eine quadratische Funktion hat je nach Vorzeichen und Wert der Diskriminante D entweder

- **zwei** Nullstellen x_1, x_2, wenn $\mathbf{D > 0}$,
- **eine** Nullstelle $x_{1/2}$, wenn $\mathbf{D = 0}$, oder
- **keine** Nullstelle, wenn $\mathbf{D < 0}$.

Im Falle von zwei Nullstellen, spricht man von zwei **einfachen** Nullstellen. Die Parabel schneidet an diesen Stellen die x-Achse und es findet ein **Vorzeichenwechsel** bei den Funktionswerten statt.
Hat die quadratische Funktion nur 1 Nullstelle, so bezeichnet man diese als **doppelt**, was auch in der Schreibweise $x_{1/2}$ zum Ausdruck kommt. An der doppelten Nullstelle **berührt** die Parabel die x-Achse, es findet **kein Vorzeichenwechsel** statt. Man kann sich die doppelte Nullstelle aus zwei einfachen entstanden denken, die „aufeinander" liegen.
Besitzt eine quadratische Funktion keine Nullstelle, so haben alle Funktionswerte das gleiche Vorzeichen, und zwar

- ein **positives**, wenn die Parabel **nach oben geöffnet** ist bzw.
- ein **negatives** bei nach **unten geöffneter** Parabel.

Beispiele

Bestimmen Sie die Nullstellen der folgenden quadratischen Funktionen:

a) $f_1(x) = \frac{1}{2}x^2 + x - \frac{15}{2}$

b) $f_2(x) = 2{,}5x^2 + 5x + 2{,}5$

c) $f_3(x) = x^2 - 3x + 4$

d) $f_4(x) = x^2 + 3x + 1$

Lösung:

a) Die Koeffizienten $a = \frac{1}{2}$, $b = 1$ und $c = -\frac{15}{2}$ werden in die Lösungsformel eingesetzt:

$$x_{1/2} = \frac{-b \pm \sqrt{b^2 - 4 \cdot a \cdot c}}{2 \cdot a} = \frac{-\mathbf{1} \pm \sqrt{\mathbf{1}^2 - 4 \cdot \frac{\mathbf{1}}{\mathbf{2}} \cdot \left(-\frac{\mathbf{15}}{\mathbf{2}}\right)}}{2 \cdot \frac{\mathbf{1}}{\mathbf{2}}} = \frac{-1 \pm \sqrt{1 + 15}}{1} = -1 \pm 4$$

f_1 hat demnach die zwei einfachen Nullstellen $x_1 = 3$ und $x_2 = -5$.

Probe durch Einsetzen in die Funktion f_1:

$f_1(3) = \frac{1}{2} \cdot 3^2 + 3 - \frac{15}{2} = \frac{9}{2} + 3 - \frac{15}{2} = 0$

$f_1(-5) = \frac{1}{2} \cdot (-5)^2 + (-5) - \frac{15}{2} = \frac{25}{2} - 5 - \frac{15}{2} = 0$

b) $x_{1/2} = \frac{-5 \pm \sqrt{5^2 - 4 \cdot 2{,}5 \cdot 2{,}5}}{2 \cdot 2{,}5} = \frac{-5 \pm \sqrt{25 - 25}}{5} = \frac{-5 \pm 0}{5} = -1$

f_2 hat demnach die doppelte Nullstelle $x_{1/2} = -1$.
Man erkennt, dass in der Lösungsformel unter der Wurzel der Wert null herauskommt. Die Diskriminante dieser Gleichung ist $D = 0$, deshalb gibt es nur eine Lösung.

c) $x_{1/2} = \frac{-(-3) \pm \sqrt{(-3)^2 - 4 \cdot 1 \cdot 4}}{2 \cdot 1} = \frac{3 \pm \sqrt{9 - 16}}{2} \notin \mathbb{R} \Rightarrow$ keine reelle Lösung!

Unter der Wurzel ergibt sich ein negativer Wert, $D = -7$, also existiert keine reelle Lösung. Die zugehörige Funktion hat keine Nullstellen. Da es sich um eine nach oben geöffnete Parabel handelt, gilt $f_3(x) > 0$ für alle $x \in \mathbb{R}$. Wenn zu vermuten ist, dass es keine Lösungen gibt, sollte man zuerst die Diskriminante berechnen.

d) $x_{1/2} = \frac{-3 \pm \sqrt{3^2 - 4 \cdot 1 \cdot 1}}{2 \cdot 1} = \frac{-3 \pm \sqrt{9 - 4}}{2} = \frac{-3 \pm \sqrt{5}}{2} = \frac{1}{2}(-3 \pm \sqrt{5})$

f_4 hat zwei „krumme" (irrationale) Nullstellen. Auf zwei Nachkommastellen gerundet ergibt sich $x_1 = -0{,}38$ und $x_2 = -2{,}61$.

Nullstellen und Scheitelpunkt einer Parabel

Wie aus der Abbildung hervorgeht, liegen die **Nullstellen** einer Parabel $y = ax^2 + bx + c$ immer symmetrisch zu ihrem **Scheitelpunkt S**. Wegen des Ausdrucks $\pm$ ist in der Lösungsformel bereits die x-Koordinate des Scheitelpunkts enthalten. Lässt man den Term $\pm\sqrt{D}$ in der Lösungsformel weg, so erhält man die x-Koordinate des Scheitelpunkts:

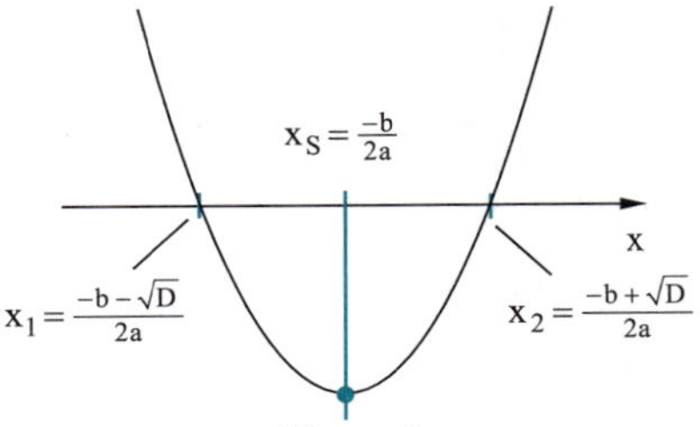

$$x_S = \frac{-b}{2a}$$

Die y-Koordinate des Scheitelpunkts ergibt sich durch Einsetzen von x_S in die Funktionsgleichung, also $y_S = f(x_S)$.
Diese Berechnungsmethode funktioniert im übrigen auch dann, wenn die Parabel bzw. die quadratische Funktion gar keine (reelle) Nullstelle besitzt.

Der Scheitelpunkt S liegt genau in der Mitte zwischen den Nullstellen x_1 und x_2. Sind diese bekannt, so erhält man x_S auch mithilfe der Formel:

$$\mathbf{x_S = \frac{1}{2}(x_1 + x_2)}$$

Beispiel

Ermitteln Sie die Scheitelkoordinaten der Parabel $f(x) = x^2 - 3x + 4$.

Lösung:

Es gilt a = 1, b = –3 und c = 4. Damit folgt:

$$x_S = \frac{-b}{2a} = \frac{-(-3)}{2 \cdot 1} = \frac{3}{2} \text{ und } y_S = f\left(\frac{3}{2}\right) = \left(\frac{3}{2}\right)^2 - 3 \cdot \frac{3}{2} + 4 = \frac{9}{4} - \frac{9}{2} + 4 = \frac{7}{4}$$

$$\Rightarrow S\left(\frac{3}{2}; \frac{7}{4}\right)$$

Aufgaben

44. Bestimmen Sie die Lösungsmengen der folgenden quadratischen Gleichungen:

a) $x^2 + 2x + 1 = 0$

b) $\frac{1}{2}x^2 + 4x + \frac{3}{2} = 0$

c) $\frac{2}{3}m^2 + \frac{4}{3}m = \frac{5}{3}$

d) $5x^2 + 4x = 0$

e) $\frac{2x^2}{3} = 576$

f) $k^2 = 4(k - 3)$

g) $(x + 1)^2 + (x - 1)^2 = 7x - 4$

h) $x + 1 = \frac{2}{x}$

i) $(x - 3)(x + 1) = 0$

j) $\frac{1}{2}t^2 + t = \sqrt{3}$

45. Berechnen Sie die Nullstellen und die Scheitelkoordinaten folgender quadratischer Funktionen:

a) $f(x) = x^2 + 1$

b) $f(x) = x^2 + 6x + 5$

c) $f(x) = 3x^2 + 2x - 5$

d) $f(x) = \frac{1}{3}x^2 + 4x$

e) $f(x) = -\frac{1}{2}(x - 1)^2 + 1$

f) $f(x) = \frac{(x - 2)^2}{\sqrt{3}}$

Zwar lässt sich mithilfe der Lösungsformel die Lösungsmenge jeder quadratischen Gleichung bestimmen, trotzdem kommen häufig einige Sonderformen von quadratischen Gleichungen vor, die sich auf andere Weise schneller lösen lassen.

Rein-quadratische Gleichungen

Die rein-quadratischen Gleichungen enthalten kein lineares x-Glied, d. h. der Koeffizient **b** in der Grundform $ax^2 + \mathbf{b}x + c = 0$ ist null. Die Unbekannte x kommt nur im Quadrat vor, daher lassen sich rein-quadratische Gleichungen stets auf die folgende Form bringen:
$\mathbf{x^2 = k}$ (mit $k \in \mathbb{R}$)

Was die Lösbarkeit einer rein-quadratischen Gleichung anbelangt, so sind drei Fälle zu unterscheiden:

- **$k > 0$:** Es gibt zwei Lösungen: $x_1 = \sqrt{k}$, $x_2 = -\sqrt{k}$
  Dafür schreibt man meist kurz: $x_{1/2} = \pm\sqrt{k}$
- **$k = 0$:** Es gibt genau eine (doppelte) Lösung: $x_{1/2} = 0$
- **$k < 0$:** Es gibt keine reelle Lösung: $L = \varnothing$
  (Die Lösungsmenge L ist die leere Menge.)

Beispiele

1. $x^2 = 81 \quad | \sqrt{}$ — Es wird aus beiden Seiten die Wurzel gezogen.

   $\sqrt{x^2} = \sqrt{81}$ — Diesen Zwischenschritt schreibt man meist nicht an.

   $|x| = 9$ — Die Wurzel aus x^2 ist nicht x, sondern der **Betrag von x,** d. h. $\sqrt{x^2} = |x|$.

   $x_{1/2} = \pm 9$ — Damit hat man die Lösungen. Die zweite und dritte Zeile werden oft weggelassen, sodass man die Lösung in nur einem Rechenschritt erhält.

2. $\frac{1}{3}x^2 - 4 = 0$ — x^2 und Zahlen auf verschiedene Seiten der Gleichung bringen.

   $x^2 = 12$

   $x_{1/2} = \pm\sqrt{12} = \pm 2\sqrt{3}$ — Die ± Lösungen angeben.

3. $4x^2 + 3 = 0$

   $x^2 = -\frac{3}{4}$ — Da links die Unbekannte x zum Quadrat steht (also nie negativ werden kann) und rechts eine negative Zahl steht, kann es keine reelle Lösung geben.

   $L = \varnothing$

Aufgabe **46.** Lösen Sie die folgenden rein-quadratischen Gleichungen zum einen mit der Lösungsformel und zum anderen auf direktem Weg:

a) $x^2+1=0$ b) $x^2+\sqrt{3}=2x^2$

c) $4x^2-0{,}5=0$ d) $\frac{1}{a^2}=9$

e) $\sqrt{5}=\frac{x^2}{\sqrt{5}}$ f) $-\sqrt{2}z^2+\frac{1}{\sqrt{2}}=2$

Gleichungen ohne additive Konstante c

Hat eine quadratische Gleichung keine x-freie Konstante (d. h. $\mathbf{c=0}$), so kann man die entsprechende quadratische Gleichung durch Ausklammern von x lösen. Man erhält dann die Produktform einer Gleichung und diese ist null, sobald ein Faktor null ist:

$$ax^2+bx=0$$
$$x(ax+b)=0$$
$$\Leftrightarrow \quad x=0 \quad \vee \quad ax+b=0$$
$$\Leftrightarrow \quad \mathbf{x_1=0} \quad \vee \quad \mathbf{x_2=-\frac{b}{a}}$$

Eine solche Gleichung hat stets **zwei Lösungen**, eine davon ist immer null.

Beispiele

1. $3x^2-4x=0$

$$x(3x-4)=0$$
$$\Leftrightarrow \quad x=0 \quad \vee \quad 3x-4=0$$
$$\Leftrightarrow \quad \mathbf{x_1=0} \quad \vee \quad \mathbf{x_2=\frac{4}{3}}$$

2. $\frac{2u^2}{3}=4u \quad \left| \cdot \frac{3}{2}\right.$

$$u^2=6u$$
$$u^2-6u=0$$
$$u(u-6)=0$$
$$\Rightarrow \quad u_1=0;\ u_2=6$$

Die Gleichung darf mit einer beliebigen reellen Zahl $\neq 0$ multipliziert werden. Wenn man hierbei geschickt vorgeht, kann sich das Lösen von Gleichungen oft erheblich vereinfachen. Niemals darf durch die Lösungsvariable dividiert werden, denn diese kann auch null werden. Nach dem Ausklammern von u lassen sich die Lösungen direkt ablesen. Wichtig dabei ist, dass auf der rechten Seite tatsächlich eine Null steht.

Aufgabe **47.** Lösen Sie die folgenden Gleichungen zum einen mithilfe der Lösungsformel und zum anderen durch Ausklammern:

a) $x^2=x$ b) $\left(\frac{x}{3}\right)^2+\frac{x}{3}=0$

c) $\frac{w^2}{81}=\frac{w}{9}$ d) $\sqrt{3}x^2+x=0$

Die allgemeine quadratische Gleichung $ax^2 + bx + c = 0$ lässt sich stets auf die **normierte Form** bringen, sodass der Koeffizient a bei x^2 den Wert 1 hat. Man braucht nur die allgemeine Gleichung durch a zu dividieren und erhält die normierte Form $\mathbf{x^2 + px + q = 0}$ mit neuen Koeffizienten $p, q \in \mathbb{R}$.

Normierte quadratische Funktionen in Produktform

Jede normierte quadratische Funktion $f(x) = x^2 + px + q$ mit den reellen Nullstellen $\mathbf{x_1, x_2}$ besitzt die **faktorisierte Darstellung (Produktform)**:

$f(x) = (x - \mathbf{x_1})(x - \mathbf{x_2})$

Dabei heißen $(x - x_1)$ bzw. $(x - x_2)$ die **Linearfaktoren** der Funktion f.

Der Zusammenhang zwischen den Koeffizienten p, q und den Nullstellen x_1, x_2 ist gegebenen durch den **Satz von Vieta**:

$\mathbf{q = x_1 x_2}$ (q ist das Produkt der Nullstellen x_1 und x_2.)

$\mathbf{-p = x_1 + x_2}$ (−p ist die Summe der Nullstellen x_1 und x_2.)

Dadurch können die Nullstellen x_1, x_2 von f bestimmt werden, ohne dass die Lösungsformel verwendet wird.

Der Vorteil der Produktform ist, dass sich daraus die Nullstellen einer quadratischen Funktion f, also die **Lösungen** der Gleichung $f(x) = 0$, direkt ablesen lassen (Satz vom Nullprodukt):

$(x - x_1)(x - x_2) = 0$

$\Leftrightarrow \quad x - x_1 = 0 \quad \vee \quad x - x_2 = 0$

$\Leftrightarrow \quad \mathbf{x = x_1} \quad \vee \quad \mathbf{x = x_2}$

Beispiele

1. Bestimmen Sie alle Nullstellen der Funktion $f(x) = (x - 2)(x - 5)$.

   Lösung:

   $f(x) = 0$

   $(x - \mathbf{2})(x - \mathbf{5}) = 0$

   $\Leftrightarrow \quad x_1 = 2 \vee x_2 = 5$

   Die Nullstellen liegen bei $x_1 = 2$ und $x_2 = 5$.
   Probe: $f(2) = (2 - 2)(2 - 5) = 0 \cdot (-3) = 0$
   $f(5) = (5 - 2)(5 - 5) = 3 \cdot 0 = 0$

2. Bestimmen Sie die faktorisierte Darstellung der Gleichung $x^2 - 5x + 4 = 0$ mit dem Satz von Vieta.

   Lösung:

   $x^2 - 5x + \mathbf{4} = 0$

   Welche **ganzzahligen** Kombinationen $\mathbf{x_1, x_2} \in \mathbb{Z}$ ergeben als Produkt **4**? Solche Zahlenpaare sind z. B. 1 und 4, −1 und −4, 2 und 2 sowie −2 und −2.

   $x^2 \mathbf{- 5}x + 4 = 0$

   Welches Zahlenpaar von oben hat den Summenwert $\mathbf{-(-5) = 5}$?

   Faktorisierte Darstellung:

   $(x - \mathbf{1})(x - \mathbf{4}) = 0$

   Offensichtlich **1** und **4**, das sind die passenden Zahlen für die faktorisierte Darstellung der Gleichung.

3. Lösen Sie die Gleichung $x^2 + 7x - 12 = 0$, wenn möglich mit dem Satz von Vieta.

Lösung:

$x^2 + 7x - 12 = 0$

$$x_{1/2} = \frac{-7 \pm \sqrt{7^2 - 4 \cdot 1 \cdot (-12)}}{2}$$

$$= \frac{-7 \pm \sqrt{49 + 48}}{2} = \frac{-7 \pm \sqrt{97}}{2}$$

$x_1 \approx 1,42$; $x_2 \approx -8,42$

Mögliche Faktorisierungen von **–12** sind $\pm 1; \mp 12, \pm 2; \mp 6$ und $\pm 3; \mp 4$. Mit –3; 4 oder 3; –4 lässt sich aber die Summe **7** nicht erreichen, entsprechendes gilt für die anderen ganzzahligen Kombinationen.
Folgerung: Entweder hat die Gleichung keine Lösung oder keine ganzzahligen Lösungen. In so einem Fall greift man auf die bekannte **Lösungsformel** zurück.

Aufgaben Verwenden Sie zur Lösung der folgenden Aufgaben den Satz von Vieta.

48. Zerlegen Sie die Funktion $f(x) = x^2 - 5x + 6$ in Linearfaktoren und geben Sie die Nullstellen an.

49. Der Graph einer normierten quadratischen Funktion schneidet die x-Achse an den Stellen –2 und 3.
Wie lautet die zugehörige Funktionsgleichung?

50. Schreiben Sie die Gleichung $x^2 + 3x - 10 = 0$ in faktorisierter Darstellung und bestimmen Sie die Lösungsmenge.

51. Bestimmen Sie die Nullstellen der folgenden Funktionen mithilfe der Produktform.

a) $f(x) = 3x^2 - 15x + 18$

b) $g(x) = 2x^2 + 14x + 24$

Hinweis: Durch Ausklammern des Koeffizienten von x^2 erhalten Sie normierte quadratische Funktionsterme in der Klammer.

Auch allgemeine quadratische Funktionen lassen sich mithilfe der Nullstellen faktorisieren, es ist lediglich der Koeffizient a vor x^2 mit zu berücksichtigen.

Zerlegungssatz

Jede quadratische Funktion $f(x) = \mathbf{a}x^2 + bx + c$ mit den reellen Nullstellen $\mathbf{x_1, x_2}$ besitzt die **faktorisierte Darstellung (Produktform)**:

$f(x) = \mathbf{a}(x - \mathbf{x_1})(x - \mathbf{x_2})$

Hat f eine doppelte Nullstelle x_0, so gilt:

$f(x) = a(x - x_0)(x - x_0) = a(x - x_0)^2$

Hat die Funktion f **keine** reelle Nullstelle, so kann sie auch **nicht** in Linearfaktoren zerlegt werden.

Oft lassen sich quadratische Funktionen **ohne** Verwendung der Lösungsformel „im Kopf" faktorisieren:

1. Vorfaktor a **ausklammern**:
   $f(x) = ax^2 + bx + c = \mathbf{a}\left(x^2 + \frac{b}{a}x + \frac{c}{a}\right)$
2. Den normierten quadratischen Funktionsterm $x^2 + \frac{b}{a}x + \frac{c}{a}$ mit dem **Satz von Vieta** in Produktform überführen (nur sinnvoll, wenn die Koeffizienten $\frac{b}{a}$ und $\frac{c}{a}$ ganzzahlig sind).

Diese Methode kann Zeit und Rechenarbeit sparen, sie lässt sich jedoch nicht immer (sinnvoll) anwenden.

Beispiele

1. Stellen Sie die Funktion $f(x) = \frac{1}{2}x^2 - x - 4$ in Produktform dar.

Lösung:

$f(x) = \mathbf{\frac{1}{2}}x^2 - x - 4$ — Der Vorfaktor $\frac{1}{2}$ wird ausgeklammert.

$f(x) = \frac{1}{2}(x^2 \mathbf{- 2}x \mathbf{- 8})$ — Auf die runde Klammer wird der Satz von Vieta angewandt. Mögliche Faktorisierungen von **−8** sind $\pm 1; \mp 8$ und $\pm 2; \mp 4$.

Produktform von f: — Die Summe muss **−(−2) = 2** ergeben, daher ist **−2; 4** das passende Zahlenpaar.

$f(x) = \frac{1}{2} \cdot [x - \mathbf{(-2)}] \cdot (x - \mathbf{4})$

$= \frac{1}{2}(x + 2)(x - 4)$

2. Zerlegen Sie die Funktion $f(x) = 3x^2 - 2x + \frac{1}{3}$ in Linearfaktoren, falls möglich.

Lösung:

Durch das Ausklammern von 3 würden in der Klammer Brüche entstehen. In diesem Fall ist es sinnvoller, die Nullstellen mit der Lösungsformel zu bestimmen:

$$x_{1/2} = \frac{2 \pm \sqrt{4 - 4 \cdot 3 \cdot \frac{1}{3}}}{2 \cdot 3} = \frac{2 \pm 0}{6} = \frac{1}{3}$$

Es liegt eine doppelte Nullstelle vor.
Nach dem Zerlegungssatz lautet die Produktform:

$$f(x) = 3\left(x - \frac{1}{3}\right)\left(x - \frac{1}{3}\right) = 3\left(x - \frac{1}{3}\right)^2$$

3. Faktorisieren Sie die Funktion $f(x) = x^2 + 2$.

Lösung:
Die Funktion $f(x) = x^2 + 2$ nimmt nur positive Werte an und besitzt daher keine reellen Nullstellen (Berechnen der Diskriminante bestätigt dies ebenfalls). Es gibt daher **keine Faktorisierung**.

Aufgaben

52. Zerlegen Sie folgende quadratischen Funktionen – wenn möglich – in Linearfaktoren und geben Sie deren Nullstellen an.

a) $f(x) = x^2 - 3x - 28$
b) $f(x) = 2x^2 - 4x$
c) $f(x) = -x^2 + 8x - 16$
d) $f(x) = x^2 - 4x + 4$
e) $f(x) = 4x^2 - 12x + 9$
f) $f(x) = \frac{1}{2}x^2 - \frac{1}{2}x - 3$
g) $f(x) = -\frac{1}{3}(x - 3)^2 + 2$
h) $f(x) = 2x^2 + 1$

53. Bestimmen Sie jeweils die Lösungsmenge der folgenden quadratischen Gleichungen mit der jeweils günstigsten Lösungsmethode. Schauen Sie zunächst, ob sich x ausklammern lässt oder ob es sich um eine rein-quadratische Gleichung handelt. Falls beides nicht zutrifft, prüfen Sie kurz, ob sich der Satz von Vieta anwenden lässt. Erst wenn nichts von dem zutrifft, verwenden Sie die Lösungsformel.

a) $-0{,}5x^2 + 2x + 6 = 0$
b) $\frac{1}{x^2} + \frac{1}{x} = 1$
c) $u^2 = 4u$
d) $4(x + 3)^2 = 0$
e) $\frac{\sqrt{2}}{x^2 + 1} = \frac{1}{\sqrt{2}}$
f) $\frac{1}{a} = \frac{a}{a + 1}$

3.2 Quadratische Ungleichungen

Möchte man beispielsweise untersuchen, für welche $x \in \mathbb{R}$ eine quadratische Funktion positive Funktionswerte hat, so ergibt sich eine quadratische Ungleichung $ax^2 + bx + c > 0$. Um deren Lösungsmenge zu bestimmen, sind entsprechende Lösungsmethoden erforderlich. Rein-quadratische Ungleichungen löst man am schnellsten wie in nachfolgenden Beispielen dargestellt.

Beispiele

1. $x^2 - 4 > 0 \quad | +4$

   x^2 wird auf einer Seite isoliert.

   $x^2 > 4 \quad | \sqrt{\ }$

   Auf beiden Seiten radizieren.

   $|x| > 2$

   Achtung: Bei Ungleichungen muss der Betrag verwendet werden! Mit ± wie bei den Gleichungen darf hier nicht gearbeitet werden.

   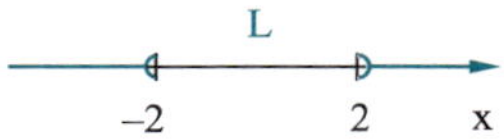

   Die Lösungsmenge bilden also alle Zahlen, die **betragsmäßig** größer als 2 sind, d. h., die kleiner als –2 oder größer als +2 sind.

   $L =]-\infty; -2[\cup]2; \infty[$
   Oder kompakter:
   $L = \mathbb{R} \setminus [-2; 2]$

   Man beachte die geschlossenen Intervallgrenzen des aus $\mathbb{R}$ herausgenommenen Intervalls. Damit die Grenzen ±2 nicht zu L gehören, müssen sie mit **herausgenommen** werden, deshalb [–2; 2] und nicht]–2; 2[.

2. $x^2 + 4 > 0$

   x^2 wird isoliert.

   $x^2 > -4$

   Wurzelziehen geht nicht, da auf der rechten Seite eine negative Zahl (–4) steht.

   $L = \mathbb{R}$

   Die Lösungsmenge muss durch Überlegung gefunden werden:
   Für welche x ist x^2 größer als –4?
   Das ist offensichtlich für alle $x \in \mathbb{R}$ der Fall.

Allgemeine quadratische Ungleichungen löst man mit der folgenden Methode:

Lösen von quadratischen Ungleichungen

Schritt 1:
Die Ungleichung auf die Normalform $ax^2 + bx + c \geq 0$ bringen (anstatt „≥" kann natürlich auch eines der Ungleichheitszeichen ≤, > oder < auftreten).

Schritt 2:
Die zugehörige quadratische Gleichung $ax^2 + bx + c = 0$ lösen. Die Lösungen lauten x_1, x_2.

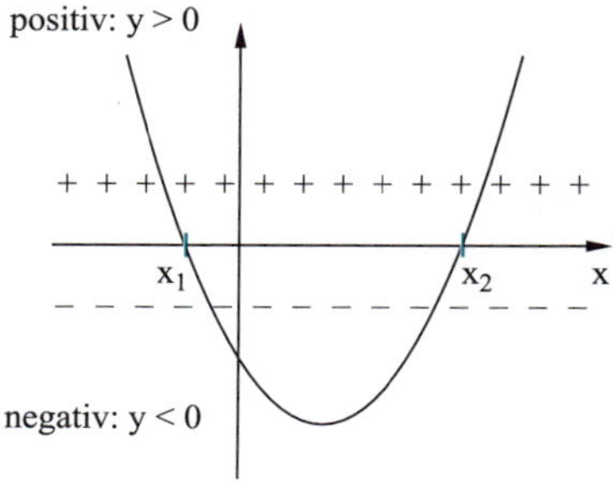

Schritt 3:
Die zugehörige Parabel skizzieren.
Dazu genügt es, die berechneten Nullstellen einzuzeichnen und darauf zu achten, ob die Parabel nach oben oder nach unten geöffnet ist.

Schritt 4:
Die Lösungsmenge aus der Skizze ablesen.

Beispiele

1. Bestimmen Sie die Lösungsmenge der quadratischen Ungleichung $2x^2+3x<2$.

   Lösung:

   Schritt 1:
   Die auf Normalform gebrachte Ungleichung lautet:
   $2x^2+3x-2<0$

   Schritt 2:
   Aufstellen und Lösen der zugehörigen quadratischen Gleichung:
   $2x^2+3x-2=0$

   $$x_{1/2}=\frac{-3\pm\sqrt{9-4\cdot 2\cdot(-2)}}{4}=\frac{-3\pm\sqrt{25}}{4}=\begin{cases}0,5\\-2\end{cases}$$

   Schritt 3:
   $y=2x^2+3x-2$ ist eine nach oben geöffnete Parabel mit Nullstellen bei –2 und 0,5. Die nebenstehende Abbildung zeigt die Skizze des Graphen.

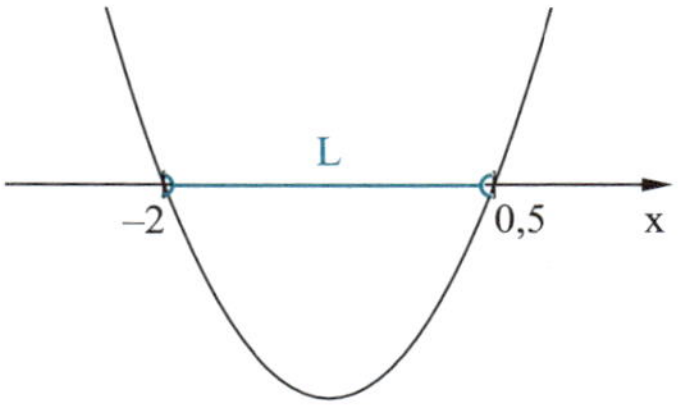

   Schritt 4:
   Wegen $2x^2+3x-2<0$ sind diejenigen x-Werte in der Lösungsmenge enthalten, für welche die Parabel im Negativen, also unterhalb der x-Achse verläuft. Die Lösungsmenge der Ungleichung lautet
   L =]–2; 0,5[.

2. Lösen Sie die Ungleichung $-\frac{1}{2}x+2x-3\geq 0$ über der Grundmenge $\mathbb{R}$.

   Lösung:
   Berechnet man die Diskriminante der zugehörigen quadratischen Gleichung, so ergibt sich:
   $D=2^2-4\cdot\left(-\frac{1}{2}\right)\cdot(-3)=-2<0$

Die quadratische Gleichung hat also keine reellen Lösungen. Die Skizze der zugehörigen, nach unten geöffneten Parabel führt auf die Lösungsmenge **L = ∅** (für kein x verläuft diese Parabel im positiven Bereich).

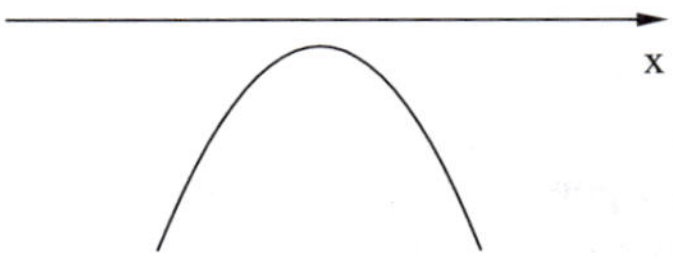

Hätte die Ungleichung $-\frac{1}{2}x + 2x - 3 \leq 0$ gelautet, so wäre die Lösungsmenge ganz $\mathbb{R}$, weil die Parabel unterhalb der x-Achse, also für alle x im Negativen verläuft.

3. Bestimmen Sie die Lösungsmenge der Ungleichung $x^2 - 2x + 1 > 0$. Wie lautet die Lösungsmenge, wenn > durch ≥, ≤ oder < ersetzt wird?

Lösung:
Die Ungleichung kann direkt gelöst werden. Die Umformung mit der zweiten binomischen Formel (Minusformel) ergibt $(x-1)^2 > 0$. Wegen des Quadrats ist die linke Seite immer größer als null, nur für $x = 1$ ist sie null. Zu der Lösungsmenge gehören damit alle reellen Zahlen außer der Eins, **L = $\mathbb{R} \setminus \{1\}$**.
Für $x^2 - 2x + 1 \geq 0$, gleichbedeutend mit $(x-1)^2 \geq 0$, lautet die Lösungsmenge **L = $\mathbb{R}$**. Die Ungleichung $x^2 - 2x + 1 \leq 0$ hat die Lösungsmenge **L = {1}** und die Ungleichung $x^2 - 2x + 1 < 0$ wird von keiner reellen Zahl erfüllt, also **L = ∅**.

Aufgaben

54. Bestimmen Sie die Lösungsmengen der folgenden Ungleichungen:

a) $x^2 - 7x + 12 > 0$
b) $-x^2 + 12x - 26 < 6$
c) $x^2 + 1 \leq 2(x-2)$
d) $x^2 \geq x$
e) $2(x+1) > x(x+1)$
f) $-(3x+2)^2 \geq 0$

55. Lösen Sie die Ungleichungen $2x^2 + 3x \leq 2$, $2x^2 + 3x > 2$ und $2x^2 + 3x \geq 2$ und vergleichen Sie die Lösungsmengen (siehe auch Beispiel 1).

3.3 Quadratische Funktionen mit Parameter

Es werden nun quadratische Funktionen mit Parameter betrachtet. Bei diesen kommt neben der unabhängigen Variablen x ein weiterer Buchstabe im Funktionsterm vor.

Quadratische Funktionenscharen

Im Funktionsterm einer quadratischen Funktion können neben der unabhängigen Funktionsvariable x weitere Variablen (Formvariable oder **Parameter** genannt) auftreten. Dadurch hat man – ähnlich wie bei Geradenscharen – nicht nur eine einzige quadratische Funktion, sondern für jeden Wert des Parameters eine.

Natürlich sind auch bei Funktionenscharen die Nullstellen der in der Schar enthaltenen Funktionen von Interesse, diese hängen dann in der Regel vom Scharparameter ab.

Beispiele

1. Ein einfaches Beispiel ist die quadratische Funktionenschar $f_a: x \mapsto ax^2$ mit $a \in \mathbb{R} \setminus \{0\}$. Für $a \in \{-2; -0{,}3; 0{,}1; 0{,}25; \sqrt{2}\}$ sind die zugehörigen Parabeln im nebenstehenden Koordinatensystem dargestellt. Tatsächlich enthält die Schar natürlich unendlich viele Parabeln; für jedes $a \in \mathbb{R} \setminus \{0\}$ eine. Grafisch muss man sich auf eine Auswahl beschränken. Rechnerisch lassen sich alle auf einmal, ggf. mit Fallunterscheidungen, behandeln.

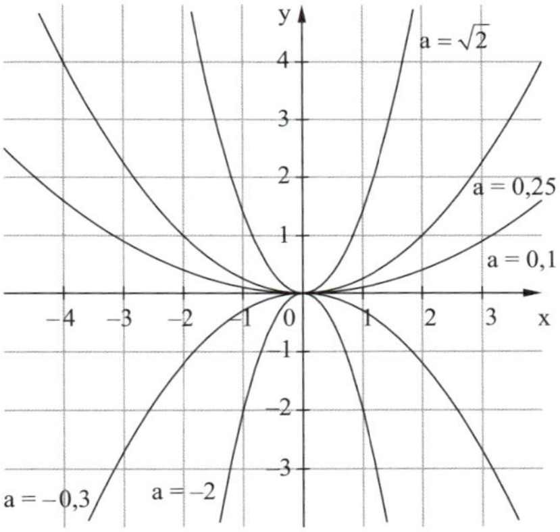

2. Gegeben ist die Funktionenschar $f_k(x) = x^2 - x + k$ mit $k \in \mathbb{R}$. Bestimmen Sie die Lage, Vielfachheit und Anzahl der Nullstellen in Abhängigkeit von k.

   Lösung:
   Ansatz zur Berechnung der Nullstellen: $f_k(x) = 0$
   $x^2 - x + k = 0$
   Über die Vielfachheit und Anzahl der Nullstellen gibt die Diskriminante Auskunft, deshalb wird diese zunächst berechnet:
   $D = b^2 - 4ac = (-1)^2 - 4 \cdot 1 \cdot k = 1 - 4k$

Je nachdem, ob $D>0$, $D=0$ oder $D<0$ ist, sind drei Fälle zu unterscheiden:

Fall 1: $D>0$

$1-4k>0 \Leftrightarrow k<\frac{1}{4}$

Für $k<\frac{1}{4}$ hat f_k zwei einfache Nullstellen:

$x_{1/2}=\frac{1\pm\sqrt{1-4k}}{2}$

Fall 2: $D=0$

$1-4k=0 \Leftrightarrow k=\frac{1}{4}$

Für $k=\frac{1}{4}$ hat f_k eine doppelte Nullstelle:

$x_{1/2}=\frac{1\pm 0}{2}=\frac{1}{2}$

Fall 3: $D<0$

$1-4k<0 \Leftrightarrow k>\frac{1}{4}$

Für $k>\frac{1}{4}$ hat f_k keine Nullstellen.

Man erkennt, dass der Parameter k eine Verschiebung der Parabeln parallel zur y-Achse bewirkt. Das zeigt sich rechnerisch, wenn man die Scheitelkoordinaten berechnet:

$x_S=\frac{-b}{2a}=\frac{-(-1)}{2}=\frac{1}{2}$

Da die x-Koordinate von k unabhängig ist, liegen alle Scheitelpunkte auf einer vertikalen Geraden durch $x=\frac{1}{2}$.

Für y_S gilt:

$$y_S=f_k\left(\tfrac{1}{2}\right)=\left(\tfrac{1}{2}\right)^2-\tfrac{1}{2}+k$$
$$=k-\tfrac{1}{4}$$

Man erkennt, dass sich die y-Koordinaten der Scheitel in Abhängigkeit von k verändern.

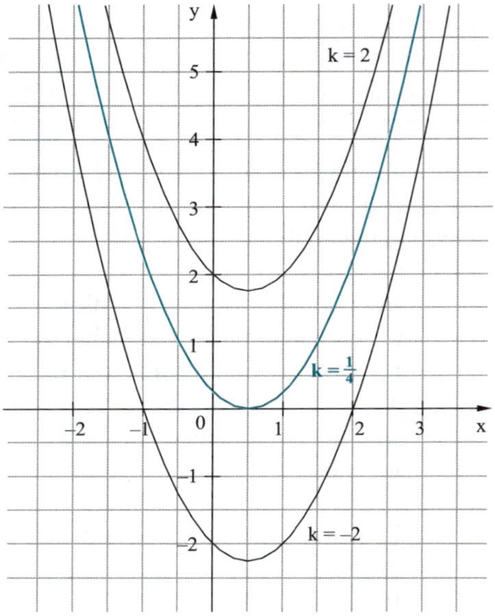

3. **Senkrechter Wurf**

Ein Gegenstand wird von der Erdoberfläche aus mit der Anfangsgeschwindigkeit v_0 senkrecht nach oben geworfen. Bei Vernachlässigung des Luftwiderstandes setzt sich die Geschwindigkeit des Gegenstandes zu jedem Zeitpunkt aus der nach oben wirkenden gleichförmigen Geschwindigkeit v_0 und der nach unten wirkenden, zunehmenden Geschwindigkeit des freien Falles zusammen.

Für das Zeit-Weg-Gesetz des senkrechten Wurfes gilt daher:

$h(t)=-\frac{1}{2}gt^2+v_0t$ mit $0\le t\le t_A$

Dabei sind
h(t): Höhe in Meter
t: Flugzeit in Sekunden
t_A: Aufschlagzeitpunkt
$g = 9{,}81 \frac{m}{s^2}$ (Fallbeschleunigung auf der Erde)
v_0: Startgeschwindigkeit

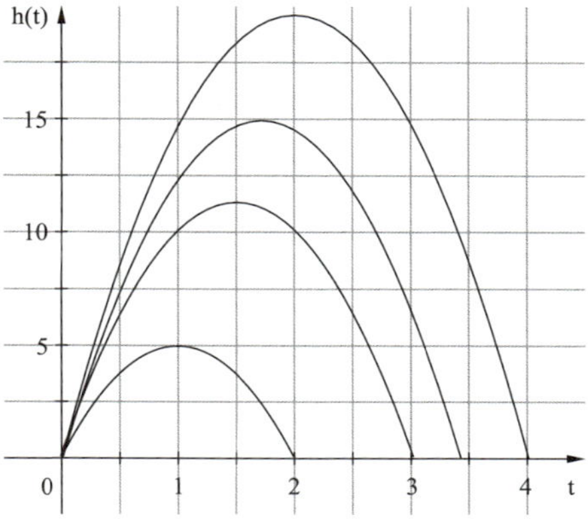

Im Diagramm sind einige Graphen für unterschiedliche Anfangsgeschwindigkeiten eingezeichnet.
Die Nullstellen entsprechen in diesem Fall dem Start- und Aufschlagzeitpunkt, die Scheitelkoordinaten enthalten die Informationen über die Steigzeit und die maximale Höhe, die der Gegenstand erreicht.

Aufgaben

56. Gegeben ist die Funktionenschar $f_t(x) = -x^2 + tx - x$ mit $t \in \mathbb{R}$. Ermitteln Sie die Lage, Vielfachheit und Anzahl der Nullstellen in Abhängigkeit vom Parameter t. Skizzieren Sie die Funktionenschar für $t \in \{-3; -1; 1; 3; 5\}$.

57. Untersuchen Sie die folgenden Funktionenscharen auf Anzahl und Vielfachheit der Nullstellen:

a) $f_t(x) = 2x^2 + 6x + t$

b) $f_a(x) = x^2 - 6ax + 5a^2$

c) $f_k(x) = x^2 - k^2$

d) $f_m(x) = x^2 + mx + \frac{3m+4}{4}$

e) $f_n(x) = -\frac{1}{2}x^2 + (2-n)x + 4n - \frac{9}{2}$

58. Zwei Massen m_1 und m_2 (etwa die Erde und der Mond), die den Abstand d aufweisen, üben auf eine dazwischen liegende Masse (z. B. einen Satelliten) Anziehungskräfte aus.
Gesucht wird die Stelle x zwischen diesen beiden Massen, an der sich die Anziehungskräfte von m_1 und m_2 gegenseitig aufheben (Schwerelosigkeit).

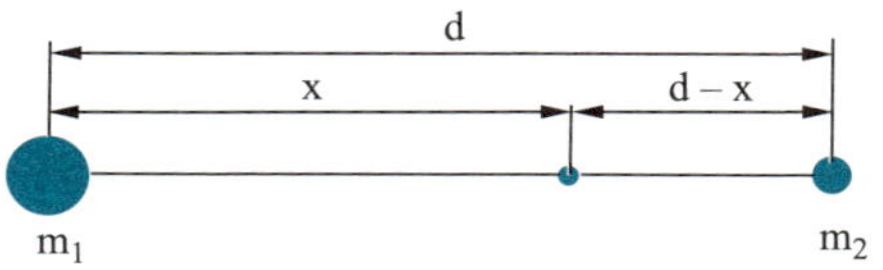

Da die Anziehungskraft nach dem Gravitationsgesetz von Newton proportional zur Masse und indirekt proportional zum Quadrat des Abstandes ist, erhält man den folgenden Ansatz:

$$\frac{m_1}{x^2} = \frac{m_2}{(d-x)^2}$$

a) Bringen Sie diese Bruchgleichung auf die Grundform einer quadratischen Gleichung und identifizieren Sie die Koeffizienten a, b, c der Gleichung.

b) Bestimmen Sie zunächst x für den Fall, dass $m_1 = m_2$.

c) Lösen Sie die quadratische Gleichung für $m_1 \neq m_2$ mithilfe der Lösungsformel und vereinfachen Sie die Lösung so weit wie möglich.

59. Bestimmen Sie allgemein den Zusammenhang, nach welcher Zeit t sich ein Körper beim senkrechten Wurf in einer bestimmten Höhe h befindet.
Wie groß ist die maximale Steighöhe h_{max}?

Bei vielen Aufgaben benötigt man die Schnittpunkte zweier Graphen. Auch diese Aufgabenstellungen führen häufig auf quadratische Gleichungen.

Berechnen von Schnittpunkten zweier Graphen

Um die Schnittpunkte zweier Graphen zu berechnen, geht man wie folgt vor:

1. Funktionsterme gleichsetzen und
2. die so erhaltene Gleichung lösen. Diese Lösungen sind die x-Koordinaten der gesuchten Schnittpunkte, die sogenannten **Schnittstellen**.
3. Die Schnittstellen in eine der Funktionen einsetzen, um die y-Koordinaten der **Schnittpunkte** zu erhalten.

Beispiele

1. Gegeben sind die Funktionen $f(x) = -x^2 - 4x + 2$, $g(x) = -2x - 1$ und $h(x) = -2x + 4$.
   Bestimmen Sie die Schnittpunkte des Graphen von f mit den Geraden g und h.

Lösung:
f(x) = g(x), also
$-x^2-4x+2=-2x-1$
bzw.
$x^2+2x-3=0$
Das ergibt nach Vieta:
$(x+3)(x-1)=0$
Die Lösungen der Gleichung und damit die Schnittstellen sind:
$\mathbf{x_1=-3;\ x_2=1}$
Einsetzen in g:
$y_1=g(\mathbf{-3})=\mathbf{5}$;
$y_2=g(\mathbf{1})=\mathbf{-3}$
Alternativ hätte man x_1 und x_2 auch in die Funktion f einsetzen können. Die Schnittpunkte haben die Koordinaten $\mathbf{S_1(-3;\ 5)}$ und $\mathbf{S_2(1;\ -3)}$.

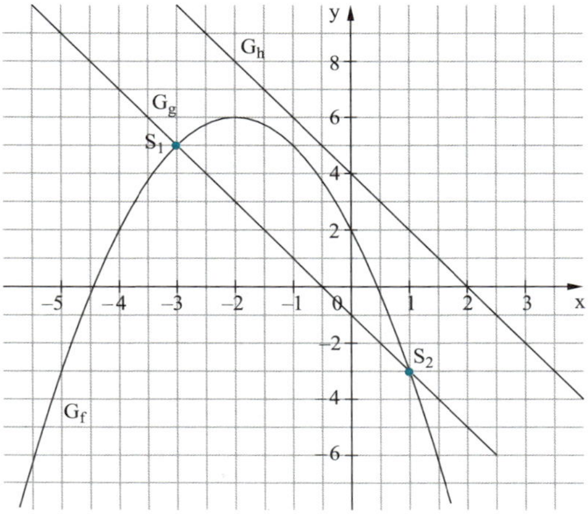

Soll die Parabel statt mit g mit der Geraden h: $y=-2x+4$ geschnitten werden, so führt die Rechnung auf eine quadratische Gleichung mit negativer Diskriminante ($D=-4$). Das bedeutet, dass sich f und h nicht schneiden.

2. Betrachtet werden nun (in Anlehnung an Beispiel 1) die quadratische Funktion $f(x)=-x^2-4x+2$ und die Geradenschar g_t: $y=-2x+t$ mit $t \in \mathbb{R}$. Für welchen Wert von t haben die Graphen von f und g keinen, genau einen bzw. zwei Schnittpunkte?

   Lösung:
   Vorgehensweise wie in Beispiel 1:
   $-x^2-4x+2=-2x+t \quad \Leftrightarrow \quad x^2+2x+t-2=0$
   Die Anzahl der Lösungen und damit der Schnittpunkte hängt von der **Diskriminante** ab:
   $D=b^2-4ac=2^2-4(t-2)=-4t+12$
   Es sind drei Fälle zu unterscheiden:

   Fall 1: $D<0$
   $-4t+12<0$ (Diese lineare Ungleichung wird nach t aufgelöst.)
   $\Leftrightarrow \quad t>3$
   Für $t>3$ ist $D<0$. Für diese t gibt es **keine Schnittpunkte**, die zugehörigen Geraden g_t „gehen“ an der Parabel vorbei.

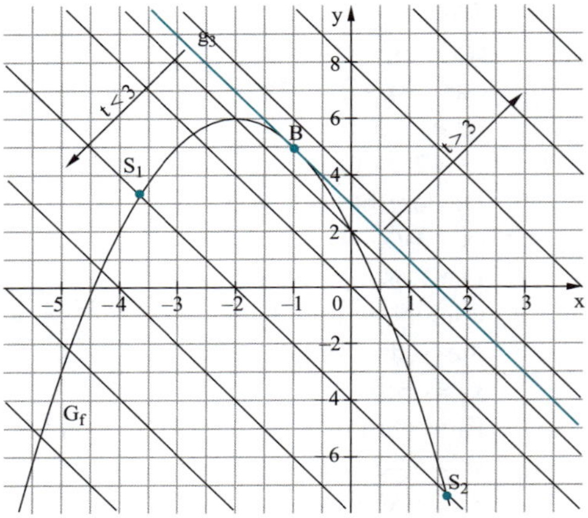

Fall 2: $D = 0$

$-4t + 12 = 0 \quad \Leftrightarrow \quad t = 3$

Für $t = 3$ „berührt" die Gerade g_3 die Parabel. Man nennt eine solche Gerade auch **Tangente**. Die Koordinaten des Schnittpunktes, genauer **Berührpunktes**, werden berechnet, indem man die Gleichung $x^2 + 2x + t - 2 = 0$ für $t = 3$ löst: $x^2 + 2x + 1 = 0$

Also $(x+1)^2 = 0$.

Die doppelte Lösung lautet $x_{1/2} = -1$. Die y-Koordinate erhält man wieder durch einsetzen: $y_1 = f(-1) = 5$. Der Berührpunkt hat die Koordinaten $B(-1;\, 5)$.

Fall 3: $D > 0$

Das trifft zu, wenn $t < 3$. In diesem Fall gibt es jeweils **2 Schnittpunkte** S_1 und S_2 zwischen der Parabel und der jeweiligen Geraden. Die Schnittstellen kann man in Abhängigkeit von t angeben. Mit der Lösungsformel erhält man:

$$x_{1/2} = \frac{-2 \pm \sqrt{4 - 4(t-2)}}{2} = \frac{-2 \pm \sqrt{-4t + 12}}{2} = -1 \pm \sqrt{-t + 3} \quad \text{für } t < 3$$

Aufgaben

60. Gegeben sind das Geradenbüschel h_m: $y = mx + \frac{17}{2}$ $(m \in \mathbb{R})$ und die Funktion $f(x) = -\frac{1}{2}(x+2)(x-4)$. Bestimmen Sie die Art und Anzahl der Schnittpunkte der Graphen von h_m und f in Abhängigkeit von m.

61. Untersuchen Sie rechnerisch, ob sich Parabeln der Funktionenschar f_t: $x \mapsto t^2x^2 - 4tx + 1$; $t \in \mathbb{R} \setminus \{0\}$ schneiden.

62. Gegeben sind die quadratischen Funktionen $f(x) = -\frac{1}{2}x^2 - \frac{3}{2}x + \frac{7}{8}$ und $g(x) = \frac{1}{8}(4x^2 - 12x - 11)$.

a) Berechnen Sie deren Nullstellen und die Scheitelkoordinaten der zugehörigen Parabeln.

b) Stellen Sie die Funktion f in faktorisierter Form dar.

c) Berechnen Sie die Koordinaten der Schnittpunkte der beiden Parabeln.

d) Stellen Sie die Geradengleichung jener Geraden h auf, die durch diese beiden Schnittpunkte geht.

e) Ermitteln Sie die Geradengleichungen derjenigen Geraden h* und h**, die parallel zu h verlaufen und die jeweils den Graphen von f bzw. von g berühren. Berechnen Sie die Koordinaten der Berührpunkte.

f) Zeichnen Sie die fünf Graphen der Funktionen aus den vorhergehenden Teilaufgaben in ein gemeinsames Koordinatensystem ein.

63. Vorgegeben sind die quadratische Funktionenschar $f_k(x) = k(x-2)^2$ mit $k \in \mathbb{R} \setminus \{0\}$ und die Funktion $g(x) = x^2 + 2x$.

a) Zeigen Sie für den Sonderfall $k = 1$, dass die zugehörigen Parabeln genau einen Schnittpunkt haben und bestimmen Sie dessen Koordinaten.

b) Untersuchen Sie, ob es weitere $k \in \mathbb{R} \setminus \{0\}$ gibt, für die sich die Graphen von f_k und g in nur einem Punkt schneiden und berechnen Sie auch hier die Koordinaten der Schnittpunkte.

c) Führen Sie nun eine Fallunterscheidung für k durch, was die Anzahl der Schnittpunkte der Graphen von f_k mit dem Graphen von g anbelangt.

d) Berechnen Sie die Koordinaten der Schnittpunkte der Graphen von $f_{0,5}$ und g auf zwei Nachkommastellen genau.

e) Zeichnen Sie den Graphen von g und die Graphen von f_k für $k \in \left\{-1; -\frac{1}{8}; \frac{1}{2}; 1\right\}$.

64. Es sind die quadratische Funktion $f(x) = (x-1)^2$ und die Funktionenschar g_m: $y = mx + \frac{m}{2} - 4$ gegeben, wobei m eine beliebige reelle Zahl ist.

a) Untersuchen Sie, für welche m sich der Graph von f mit den Graphen von g_m keinmal, einmal oder zweimal schneidet.

b) Bestimmen Sie für diejenigen m, für die es nur einen Schnittpunkt gibt, die Koordinaten dieses Schnittpunktes.

c) Fertigen Sie eine Zeichnung der Graphen von f und g_m für $m = -8$ und $m = 2$ an.

3.4 Extremwertaufgaben

Bei Funktionen ist eine Größe y von einer anderen Größe x abhängig. In vielen Anwendungen geht es darum, herauszufinden, für welchen Wert von x die Größe y den größten Wert (z. B. wenn y den Gewinn darstellt) oder den kleinsten Wert (z. B. wenn y die Kosten sind) annimmt. Solche Fragestellungen nennt man **Extremwertaufgaben**, da sie den absolut größten bzw. kleinsten (also den „extremen") Funktionswert suchen. Mitunter wird auch von Optimierungsproblemen gesprochen.

Extremwertaufgaben bei quadratischen Funktionen

Hängt die Größe y quadratisch von der Größe x ab, d. h. $y = f(x) = ax^2 + bx + c$, so sind Extremwertaufgaben besonders einfach zu lösen. Das liegt daran, weil der Scheitel der zugehörigen Parabel ein sogenannter **Extremalpunkt** ist. Die x-Koordinate des Scheitels mit

$x_S = \frac{-b}{2a}$

wird **Extremstelle** genannt. Die y-Koordinate des Scheitels mit

$y_S = f(x_S)$

ist dann der **Extremwert**. Je nachdem, ob die Parabel nach oben oder nach unten geöffnet ist, handelt es sich um ein **Maximum** (bei nach unten geöffneter Parabel) oder um ein **Minimum** (bei nach oben geöffneter Parabel).

Bei anwendungsorientierten Aufgaben ist der Definitionsbereich in aller Regel nur eine Teilmenge (meist ein Intervall) von $\mathbb{R}$.

Beispiele

1. Für die Hühner auf einem Bauernhof soll an der Hauswand eine Fläche eingezäunt werden (siehe Skizze). Es stehen 30 m Zaun zur Verfügung. Wie müssen die Abmessungen a und b gewählt werden, damit die größtmögliche Rechteckfläche eingezäunt wird?

   Lösung:
   Hilfreich ist es, bei derartigen Aufgaben eine Skizze anzufertigen:

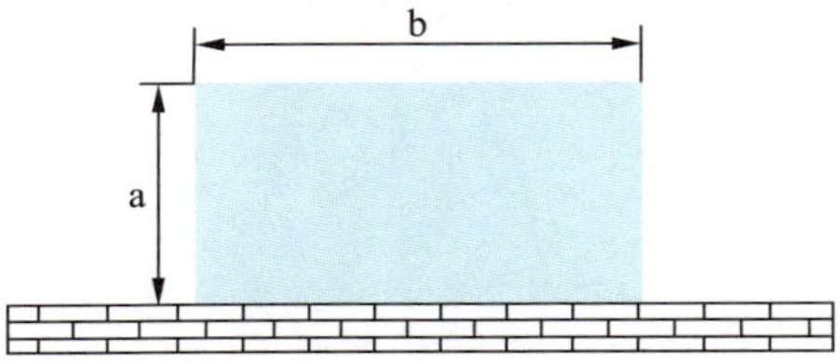

Schritt 1:

Die zu optimierende Größe (hier: Flächeninhalt) wird als Hauptformel aufgestellt:

$A(a; b) = a \cdot b$

Schritt 2:

Formel für Nebenbedingungen (hier: Umfang) angeben:

$U = 2a + b$

Wegen $U = 30$ m folgt:

$2a + b = 30 \quad \Rightarrow \quad b = 30 - 2a$

Schritt 3:

Mithilfe der Nebenbedingungen kann man Variablen (hier b) aus der Hauptformel eliminieren. In der Flächenformel wird b durch $30 - 2a$ ersetzt und man erhält die Flächeninhaltsfunktion in Abhängigkeit von a:

$A(a) = a(30 - 2a) = -2a^2 + 30a$

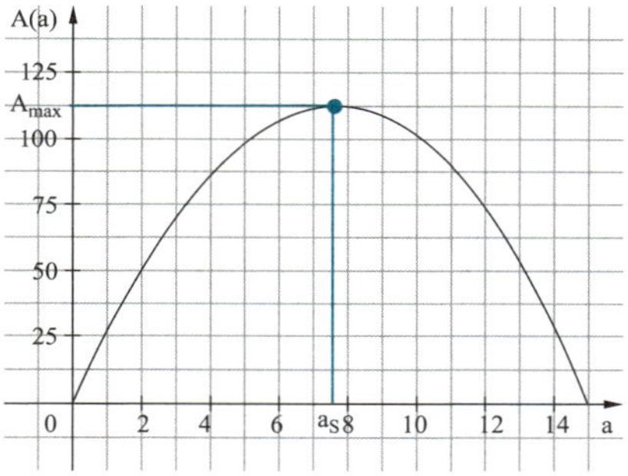

Weil der Umfang 30 m ist, kann a nur zwischen 0 und 15 m liegen, also folgt für den Definitionsbereich von A: $D_A = [0; 15]$

Der Flächeninhalt A in Abhängigkeit von a ist in der grafischen Darstellung eine nach unten geöffnete Parabel.

Für jede Zahl $a \in D_A = [0; 15]$ ist der Funktionswert A(a) der Flächeninhalt, der vom Zaun eingeschlossen wird.

Schritt 4:

Berechnung der Extremstelle; bei quadratischen Funktionen erfolgt dies mit der Formel für die Scheitelkoordinaten:

$$a_S = \frac{-30}{2 \cdot (-2)} = \frac{15}{2} = 7{,}5$$

(Es ist wichtig zu überprüfen, ob $a_S \in D_A$!)

Wählt man $a = 7{,}5$ m und $b = 15$ m, so erhält man die Umzäunung mit dem größten Flächeninhalt. Dieser soll auch noch berechnet werden:

$A_{max} = A(7{,}5) = -2 \cdot 7{,}5^2 + 30 \cdot 7{,}5 = 112{,}5$

Der Flächeninhalt beträgt bei diesen Abmessungen 112,5 m^2. Es ist der größtmögliche bzw. maximale Inhalt, der unter diesen Voraussetzungen erreicht werden kann.

2. Eine 400-Meter-Laufbahn (Tartanbahn) aus zwei parallelen geraden Laufstrecken der Länge ℓ mit zwei angesetzten Halbkreisen (mit Radius r) soll so angelegt werden, dass der Flächeninhalt des Rechteckfeldes zwischen den Geraden (der Rasenplatz) möglichst groß wird.
Wie sind die Abmessungen ℓ und r zu wählen?

Lösung:

Schritt 1:
Zu optimierende Größe: Formel für Flächeninhalt
$A(r;\ \ell) = 2r\ell$

Schritt 2:
Nebenbedingung: Gesamte Laufstrecke = Umfang U
$U = 400 = 2\ell + 2r\pi \quad \Rightarrow \quad r = \frac{200 - \ell}{\pi}$

Schritt 3:
Flächeninhaltsfunktion in Abhängigkeit von ℓ:
$A(\ell) = 2\ell \cdot \frac{200 - \ell}{\pi} = \frac{2}{\pi} \cdot \ell \cdot (200 - \ell)$
Definitionsbereich: $D_A = [0;\ 200]$

Schritt 4:
Berechnung der Extremstelle ℓ_S:
Bei $A(\ell)$ handelt es sich um eine nach unten geöffnete Parabel, die Nullstellen sind $\ell_1 = 0$, $\ell_2 = 200$.
Bekanntlich liegt der Scheitel in der Mitte zwischen den beiden Nullstellen, also $\ell_S = 100$.
Die Seitenlänge ℓ des Rasenplatzes muss 100 m betragen.

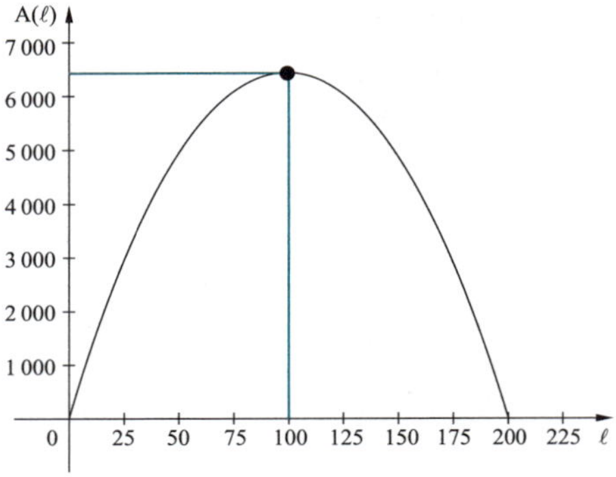

Der zugehörige Radius ist:
$r = \frac{200 - \ell_S}{\pi} = \frac{100}{\pi} \approx 31{,}8\,[\text{m}]$

Maximale Fläche: $A_{max} = A(\ell_S) = \frac{2}{\pi} \cdot 100 \cdot (200 - 100) \approx 6366\,[\text{m}^2]$.

Aufgaben

65. Eine Toreinfahrt, bestehend aus einem Rechteck und einem daran angesetzten Halbkreis, soll bei einem vorgegebenen Umfang von 20 m so bemessen werden, dass der größtmögliche Flächeninhalt entsteht.
Bestimmen Sie die Maße für h und r.

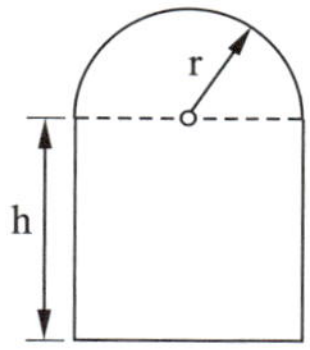

66. Ein Architekt soll für ein Atelierhaus einen voll verglasten Giebelbereich planen. Der Giebel setzt sich aus einem Rechteck und einem darauf aufgesetzten, rechtwinkligen und gleichschenkligen Dreieck zusammen (siehe Skizze).
Der Gesamtumfang des Giebels soll 50 m betragen. Um möglichst viel Lichteinfall zu gewährleisten, soll der Architekt die Glasfront so bemessen, dass sich die maximal mögliche Glasfläche ergibt.

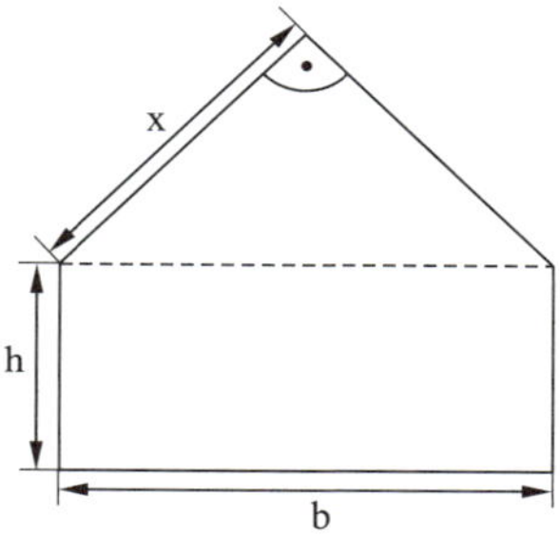

a) Drücken Sie x durch b aus (Satz des Pythagoras!).

b) Stellen Sie die Formel für den Flächeninhalt des Giebels in Abhängigkeit von b und h auf.

c) Formulieren Sie die Nebenbedingung über den Umfang und eliminieren Sie damit h aus der Hauptformel.

d) Ermitteln Sie jene Abmessungen des Giebels, für die er den größtmöglichen Flächeninhalt besitzt.

67. Aus einer fünfeckigen Glasscheibe mit den Eckpunkten A(0; 0), B(4; 0), C(4; 1), D(2,5; 2) und E(0; 2) soll gemäß Skizze eine rechteckige Glasscheibe mit möglichst großem Flächeninhalt herausgeschnitten werden.

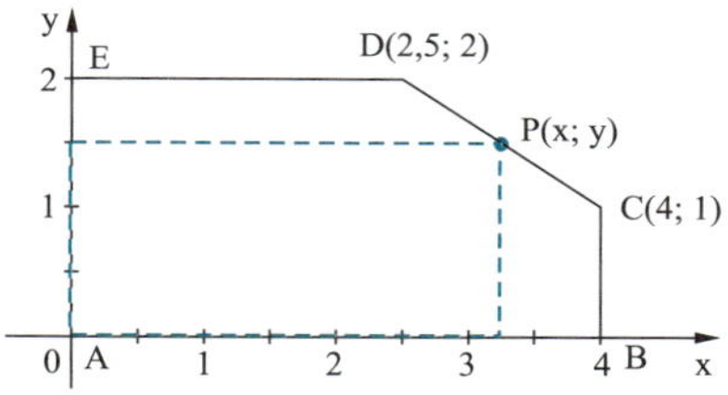

a) Stellen Sie die Geradengleichung für diejenige Gerade auf, welche die Punkte C und D enthält.

b) Bestimmen Sie den Flächeninhalt der zu optimierenden Rechteckscheiben in Abhängigkeit von x.
$\left[A(x) = \frac{1}{3}(-2x^2 + 11x)\right]$

c) Für welche Abmessungen x und y erhält man den größten Flächeninhalt?

d) Wie groß ist in diesem Fall der Flächeninhalt der Rechteckscheibe und wie viel Prozent des ursprünglichen Flächeninhalts sind das?

e) Nun soll berechnet werden, welche Abmessungen die größtmögliche quadratische Scheibe haben müsste und wie viel Prozent ihr Flächeninhalt gegenüber der maximalen Rechteckscheibe beträgt.

68. Ein Theater hat durchschnittlich 300 Theaterbesucher. Als Eintritt werden 15 € pro Besucher verlangt, das Theater nimmt also durchschnittlich $E = 300 \cdot 15$ € $= 4\,500$ € an einem Theaterabend ein. Die Theaterleitung überlegt, wie die Einnahmen zu steigern sind. Eine Befragung ergibt, dass bei einer Preiserhöhung um 1 € die Besucherzahl um 10 Personen abnimmt, bei 2 € sind es 20 Besucher weniger usw. Umgekehrt erhöht sich die Besucherzahl um je 10 Personen pro 1 € Preisnachlass.

a) Mit x werde die Änderung des Eintrittspreis in € bezeichnet. Ermitteln Sie die Funktion der Einnahmen E(x) in Abhängigkeit der Preisänderung x. [Zum Vergleich: $E(x) = -10x^2 + 150x + 4\,500$]

b) Finden Sie einen passenden Definitionsbereich der Erlösfunktion E(x).

c) Für welche Preisänderung x ergeben sich die maximalen Einnahmen? Wie hoch sind in diesem Fall die Eintrittspreise und die Besucherzahl?

d) Um wie viel Prozent steigen die Einnahmen gegenüber der jetzigen Preisgestaltung an?

69. Ein Transistorenhersteller hat ermittelt, dass seine Fertigungskosten k in quadratischer Form von der produzierten Stückzahl x (in tausend Stück) abhängen:
$k(x) = 0{,}8x^2 + 20$, wobei $x \in [0; 10]$
Ferner erzielt er einen Erlös beim Verkauf der Transistoren nach folgender Gesetzmäßigkeit: $e(x) = 8{,}9x$
Die Gewinn-/Verlust-Funktion (Verlust ist negativer Gewinn) ist $g(x) = e(x) - k(x)$.

a) Mit welchen Stückzahlen wird ein Gewinn erwirtschaftet?

b) Bei welcher Stückzahl ist der Gewinn am größten (Gewinnmaximierung)?

c) Zeichnen Sie die Graphen dieser drei Funktionen in ein gemeinsames Koordinatensystem ein.

4 Ganzrationale Funktionen

Die nun ausführlich behandelten linearen und quadratischen Funktionen erweisen sich als ein Spezialfall einer größeren Klasse von Funktionen, nämlich den ganzrationalen Funktionen.

Ganzrationale Funktion (Polynomfunktion)

Eine Funktion der Form
$f: x \mapsto a_n x^n + a_{n-1} x^{n-1} + \ldots + a_1 x + a_0$
mit den **Koeffizienten** $a_n, a_{n-1}, \ldots, a_1, a_0 \in \mathbb{R}$ und $a_n \neq 0$ heißt **ganzrationale Funktion** oder auch **Polynomfunktion**. n ist eine natürliche Zahl und heißt der **Grad** von f, des Weiteren gilt $D_{max} = \mathbb{R}$.

Eine quadratische Funktion ist demnach eine ganzrationale Funktion 2. Grades, und eine lineare Funktion ist eine ganzrationale Funktion 1. Grades.

Beispiele

$f(x) = 3x^2 + 2x - 7$ ist eine ganzrationale Funktion 2. Grades mit den Koeffizienten $a_2 = 3$, $a_1 = 2$ und $a_0 = -7$.

$g(x) = x - 3x^2 + 8x^5$ ist eine ganzrationale Funktion 5. Grades mit den Koeffizienten $a_5 = 8$, $a_4 = 0$, $a_3 = 0$, $a_2 = -3$, $a_1 = 1$ und $a_0 = 0$.

$h(x) = 5x^2 - 2\sqrt{x}$ ist **keine** ganzrationale Funktion, weil $\sqrt{x} = x^{\frac{1}{2}}$ keine ganzzahlige Potenz von x ist.

$k(x) = \frac{2}{3}x^3 - \sqrt{3}x^2 + \frac{x}{2} - \pi$ ist eine ganzrationale Funktion 3. Grades mit $a_3 = \frac{2}{3}$, $a_2 = -\sqrt{3}$, $a_1 = \frac{1}{2}$ und $a_0 = -\pi$.

$\ell(x) = x^3$ ist eine ganzrationale Funktion 3. Grades mit $a_2 = a_1 = a_0 = 0$; eine solche Funktion nennt man auch **Potenzfunktion**.

$m(x) = 1$ ist eine ganzrationale Funktion 0. Grades.

4.1 Polynomdivision

Auch bei ganzrationalen Funktionen höheren Grades ist eine möglichst vollständige Faktorisierung bzw. Zerlegung in Linearfaktoren von Interesse, dabei spielen wieder die Nullstellen des betrachteten Polynoms eine zentrale Rolle.

Zerlegungssatz

Ist $p_n(x) = a_n x^n + a_{n-1} x^{n-1} + \ldots + a_1 x + a_0$ eine ganzrationale Funktion (Polynomfunktion) n-ten Grades und x_0 eine Nullstelle von $p_n(x)$, so gibt es ein Polynom $p_{n-1}(x)$ mit der Eigenschaft:

$p_n(x) = (x - x_0) \cdot p_{n-1}(x)$

Der Term $(x - x_0)$ heißt **Linearfaktor** von $p_n(x)$.

Das **abdividierte Polynom** $p_{n-1}(x)$ ist dabei vom **Grad n – 1**.

Das rechnerische Verfahren, mit dem man das abdividierte Polynom $p_{n-1}(x)$ bestimmt, nennt man **Polynomdivision**. Wie viele Linearfaktoren von einem Polynom „abgespalten" werden können, hängt von der Anzahl der reellen Nullstellen ab.

Zerlegung von Polynomen in Linearfaktoren

- Besitzt ein Polynom $p_n(x)$ genau **k reelle Nullstellen** $x_1, x_2, \ldots, x_k$, so lässt es sich folgendermaßen faktorisieren:
  $p_n(x) = (x - x_1)(x - x_2) \cdot \ldots \cdot (x - x_k) \cdot p_{n-k}(x)$
  Dabei ist das **abdividierte Polynom** $p_{n-k}(x)$ nur noch vom **Grad n – k**.
- Hat ein Polynom $p_n(x) = a_n x^n + a_{n-1} x^{n-1} + \ldots + a_1 x + a_0$ vom Grad n **genau n reelle Nullstellen** $x_1, x_2, \ldots, x_n$, so ist das zuletzt abdividierte Polynom der **Koeffizient a_n**. Die vollständige Zerlegung in Linearfaktoren lautet dann:
  $p_n(x) = a_n(x - x_1)(x - x_2) \cdot \ldots \cdot (x - x_n)$

Eine ganzrationale Funktion n-ten Grades hat also **höchstens n reelle Nullstellen**, weil sich ein Polynom n-ten Grades höchstens n-mal faktorisieren lässt. Bei den linearen und quadratischen Funktionen wurde die Bestimmung der Nullstellen bereits ausführlich behandelt, das führte zum Lösen von linearen bzw. quadratischen Gleichungen. Entsprechend muss zum Bestimmen der Nullstellen einer ganzrationalen Funktion n-ten Grades eine ganzrationale Gleichung n-ten Grades gelöst werden.

Nullstellenbestimmung von ganzrationalen Funktionen höheren Grades (n > 2)

Die Bestimmung der Nullstellen einer ganzrationalen Funktion n-ten Grades führt auf die **ganzrationale Gleichung** n-ten Grades:
$a_n x^n + a_{n-1} x^{n-1} + \ldots + a_1 x + a_0 = 0$

Deren Lösungen können wie folgt bestimmt werden:

1. Zuerst prüfen, ob **Ausklammern von x** möglich ist.
2. Ist das nicht der Fall, dann **ganzzahlige Nullstelle x_0** durch Probieren ermitteln (Teilerregel $x_0 \mid a_0$ beachten). Man probiert in der Regel die Werte ± 1, ± 2 und ± 3. In den meisten Fällen sollte das ausreichen, um eine Nullstelle zu finden.
3. **Polynomdivision** durchführen.
4. Die Schritte 2 und 3 auf das **abdividierte Polynom** anwenden usw.
5. Ist das abdividierte Polynom nur noch vom Grad 2, so können dessen Nullstellen mit Vieta oder Lösungsformel bestimmt werden.

Beispiel

Gegeben ist folgende ganzrationale Funktion 4. Grades:
$f: x \mapsto x^4 - 2x^3 - 23x^2 - 12x + 36$
Bestimmen Sie sämtliche Nullstellen und zerlegen Sie f so weit wie möglich in Linearfaktoren.

Lösung:
Die Methode „x ausklammern“ funktioniert nicht, da die Zahl 36 x-frei ist.
Bestimmung der Nullstellen und Durchführung der **Polynomdivision**:

- Als erstes muss eine ganzzahlige Nullstelle x_0 von f gesucht werden. Diese findet man oft durch „Probieren mit kleinen ganzen Zahlen“ unter Beachtung der Teilerregel, d. h. x_0 muss in diesem Fall ein Teiler von 36 sein. Man fängt mit $\mathbf{x_0 = 1}$ an und hat Glück:

  $f(1) = 1 - 2 - 23 - 12 + 36 = 0$. Demnach ist f(x) durch $\mathbf{(x - 1)}$ teilbar.

  Ansatz: $(x^4 - 2x^3 - 23x^2 - 12x + 36) : \mathbf{(x - 1)}$
- Es muss zunächst der Faktor gefunden werden, der mit dem x von $(\mathbf{x} - 1)$ multipliziert $\mathbf{x^4}$ ergibt. Das ist offensichtlich $\mathbf{x^3}$:

  $(\mathbf{x^4} - 2x^3 - 23x^2 - 12x + 36) : (\mathbf{x} - 1) = \mathbf{x^3}$
- Nun wird $\mathbf{x^3}$ mit $\mathbf{(x - 1)}$ multipliziert. Das Ergebnis $\mathbf{x^4 - x^3}$ wird an der angegebenen Stelle genau unter x^4 angeschrieben:

  $(x^4 - 2x^3 - 23x^2 - 12x + 36) : \mathbf{(x - 1)} = \mathbf{x^3}$
  $\mathbf{x^4 - \ \ x^3}$

- Im nächsten Schritt muss $\mathbf{x^4 - x^3}$ vom darüber stehenden Term $\mathbf{x^4 - 2x^3}$ subtrahiert werden. Das geschieht am einfachsten, indem man beim unteren Term alle Vorzeichen umdreht und ihn dann zum oberen Term hinzuaddiert. Dabei fällt x^4 weg (symbolisch **/**) und $\mathbf{-x^3}$ ist das Ergebnis der Subtraktion:

$$\begin{array}{l}
(\mathbf{x^4 - 2x^3} - 23x^2 - 12x + 36) : (x-1) = x^3 \\
\underline{\mathbf{-x^4 + \;x^3}} \\
\quad / \quad \mathbf{-x^3}
\end{array}$$

- Der Term $\mathbf{-23x^2}$, der im Polynom nach $\mathbf{x^4 - 2x^3}$ steht, wird nach unten geholt und an der angegebenen Stelle angeschrieben:

$$\begin{array}{l}
(x^4 - 2x^3 \mathbf{- 23x^2} - 12x + 36) : (x-1) = x^3 \\
\underline{-x^4 + \;x^3} \\
\quad / \quad \mathbf{-x^3 - 23x^2}
\end{array}$$

- Jetzt beginnt das Verfahren von vorne: An der Stelle $\mathbf{\pm ?}$ muss ein Faktor eingesetzt werden, der mit x multipliziert $\mathbf{-x^3}$ ergibt:

$$\begin{array}{l}
(x^4 - 2x^3 - 23x^2 - 12x + 36) : (x-1) = x^3 \mathbf{\pm ?} \\
\underline{-x^4 + \;x^3} \\
\quad / \quad \mathbf{-x^3 - 23x^2}
\end{array}$$

  Das ist natürlich $\mathbf{-x^2}$. Dies wird wiederum mit $\mathbf{(x-1)}$ multipliziert und das Ergebnis angeschrieben:

$$\begin{array}{l}
(x^4 - 2x^3 - 23x^2 - 12x + 36) : (x-1) = x^3 \mathbf{- x^2} \\
\underline{-x^4 + \;x^3} \\
\quad / \quad -x^3 - 23x^2 \\
\qquad\quad \underline{\mathbf{-x^3 + \quad x^2}}
\end{array}$$

- Es folgt die schon bekannte Subtraktion: Vorzeichen umdrehen und anschließend die gleichartigen Potenzen addieren.

$$\begin{array}{l}
(x^4 - 2x^3 - 23x^2 - 12x + 36) : (x-1) = x^3 - x^2 \\
\underline{-x^4 + \;x^3} \\
\quad / \quad -x^3 - 23x^2 \\
\qquad\quad \underline{x^3 - \quad x^2} \\
\qquad\quad \mathbf{/ \;\; -24x^2}
\end{array}$$

- Und wieder beginnt das Ganze von vorne: $\mathbf{-12x}$ nach unten bringen.

$$\begin{array}{l}
(x^4 - 2x^3 - 23x^2 \mathbf{- 12x} + 36) : (x-1) = x^3 - x^2 \\
\underline{-x^4 + \;x^3} \\
\quad / \quad -x^3 - 23x^2 \\
\qquad\quad \underline{x^3 - \quad x^2} \\
\qquad\qquad \mathbf{-24x^2 - 12x}
\end{array}$$

- Der passende Faktor heißt jetzt **$-24x$**. Mit **$(x-1)$** multipliziert ergibt das **$-24x^2+24x$**. Die Subtraktion wird durch das Minus vor der Klammer des Subtrahenden angedeutet:

$$\begin{array}{l}
(x^4-2x^3-23x^2-12x+36):(x-1)=x^3-x^2-24x \\
\underline{-x^4+\ x^3} \\
\quad / \quad -x^3-23x^2 \\
\qquad\quad \underline{x^3-\quad x^2} \\
\qquad\qquad -24x^2-12x \\
\qquad\quad \underline{-(-24x^2+24x)} \\
\qquad\qquad\quad / \qquad -36x
\end{array}$$

- Die Polynomdivision geht auf; es bleibt kein Rest. Das muss immer so sein, wenn durch „(x – Nullstelle)" dividiert wird.

$$\begin{array}{l}
(x^4-2x^3-23x^2-12x+36):(x-1)=x^3-x^2-24x-36 \\
\underline{-x^4+\ x^3} \\
\quad / \quad -x^3-23x^2 \\
\qquad\quad \underline{x^3-\quad x^2} \\
\qquad\qquad -24x^2-12x \\
\qquad\quad \underline{-(-24x^2+24x)} \\
\qquad\qquad\qquad -36x+36 \\
\qquad\qquad\quad \underline{-(-36x+36)} \\
\qquad\qquad\qquad\quad / \qquad /
\end{array}$$

  Das abdividierte Polynom **$x^3-x^2-24x-36$** ist vom Grade her um eins kleiner als das ursprüngliche.

- **Ergebnis:** $x^4-2x^3-23x^2-12x+36=(x^3-x^2-24x-36)\cdot(x-1)$

Ein Linearfaktor, nämlich $(x-1)$, ist gefunden. Nun wird untersucht, ob das abdividierte Polynom $x^3-x^2-24x-36$ **weitere Nullstellen** besitzt. Eine ganzzahlige Nullstelle muss ein Teiler von 36 sein. Probiert man $x_1=1$, so ergibt sich mit -60 ein Wert, der sehr weit von null entfernt liegt. Nächster Versuch mit $x_1=-1$; das Ergebnis ist -14, was bereits näher bei null liegt. Für **$x_1=-2$** ergibt sich schließlich null:

$(-2)^3-(-2)^2-24\cdot(-2)-36=-8-4+48-36=0$

Polynomdivision:

$$\begin{array}{l}
(x^3-x^2-24x-36):(x+2)=x^2-3x-18 \\
\underline{-(x^3+2x^2)} \\
/ \qquad -3x^2-24x \\
\quad \underline{-(-3x^2-\ 6x)} \\
\qquad\quad / \quad -18x-36 \\
\qquad\quad \underline{-(-18x-36)} \\
\qquad\qquad\quad / \qquad /
\end{array}$$

Mit dem Ergebnis dieser Polynomdivision ergibt sich für f bereits die Darstellung $f(x) = (x-1)(x+2)(x^2-3x-18)$.
Das abdividierte Polynom $x^2-3x-18$ ist nur noch vom Grad 2. Nun greifen alle Lösungsmethoden für quadratische Gleichungen, wie z. B. **Vieta** oder **Lösungsformel**. Mit Vieta findet man die Zerlegung:
$x^2-3x-18 = (x+3)(x-6)$
Alternativ ergeben sich für die Gleichung $x^2-3x-18=0$ mit der Lösungsformel die Lösungen –3 und 6.
In beiden Fällen lässt sich die **vollständige Faktorisierung** von f angeben:
$\mathbf{f(x) = (x-1)(x+2)(x+3)(x-6)}$

Aufgaben

70. Führen Sie folgende Polynomdivisionen durch:

a) $(-12x^3+7x^2+15x-4):(x+1)=$

b) $\left(3x^4-\frac{5}{2}x^3+\frac{13}{2}x^2-5x+1\right):\left(x-\frac{1}{2}\right)=$

c) $(x^3+8):(x+2)=$

d) $(x^3-2ax^2+x-2a):(x-2a)=$

Hinweis: Sie können Ihre Ergebnisse kontrollieren, indem Sie die entsprechenden Multiplikationen ausführen.

71. Die Funktion $f: x \mapsto \frac{1}{4}x^4-\frac{1}{4}x^3-\frac{31}{16}x^2+x+\frac{15}{16}$ hat die Nullstellen $x_1=-\frac{5}{2}$, $x_2=-\frac{1}{2}$, $x_3=1$ und $x_4=3$.

a) Überprüfen Sie das rechnerisch.

b) Geben Sie die Funktion in vollständig faktorisierter Form an.

72. Ermitteln Sie die Nullstellen der angegebenen Funktionen und stellen Sie die Funktionen in faktorisierter Form dar:

a) $f(x) = x^3-3x^2-2x+6$

b) $f(x) = x^4+2x^3-5{,}75x^2-6{,}75x+4{,}5$

c) $f(x) = (x+1)(x^3-3x^2-2x+6)$

d) $f(x) = x^3+2x^2-35x$

e) $f(x) = x^3-1$

f) $f(x) = 4x^3+2x^2-26x+12$

4.2 Ganzrationale Funktionen 3. und 4. Grades

Nachdem die ganzrationalen Funktionen 1. Grades (= lineare Funktionen) und die ganzrationalen Funktionen 2. Grades (= quadratische Funktionen) in den vorherigen Abschnitten sehr ausführlich behandelt worden sind, sollen hier nun die ganzrationalen Funktionen 3. und 4. Grades und deren Graphen näher untersucht werden. Ähnlich wie bei den Parabeln hat das Vorzeichen des Koeffizienten vor der höchsten Potenz von x entscheidenden Einfluss auf den Verlauf des zugehörigen Graphen. Um Indizes zu vermeiden, schreibt man:
$f(x) = ax^3 + bx^2 + cx + d$ für die Funktionen 3. Grades und
$g(x) = ax^4 + bx^3 + cx^2 + dx + e$ für die Funktionen 4. Grades.

Je nachdem, welches Vorzeichen der Koeffizient a (also die Zahl vor der höchsten Potenz von x) hat, zeigen die Graphen unterschiedliches Verhalten:

Funktion 3. Grades mit a > 0
Der Graph verläuft von „links unten nach rechts oben“.

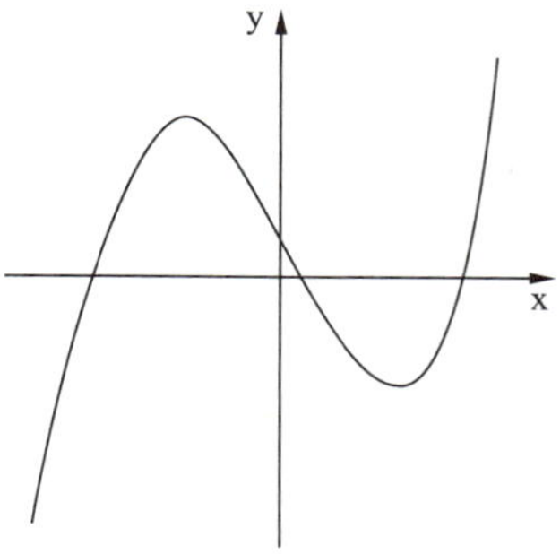

Funktion 3. Grades mit a < 0
Der Graph verläuft von „links oben nach rechts unten“.

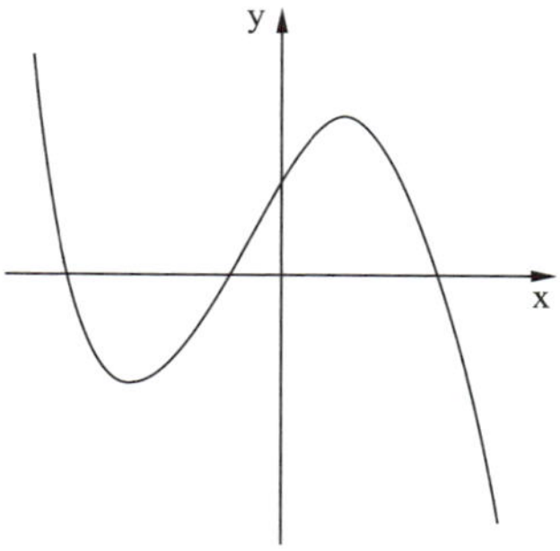

Funktion 4. Grades mit a > 0
Der Graph verläuft von „links oben nach rechts oben“.

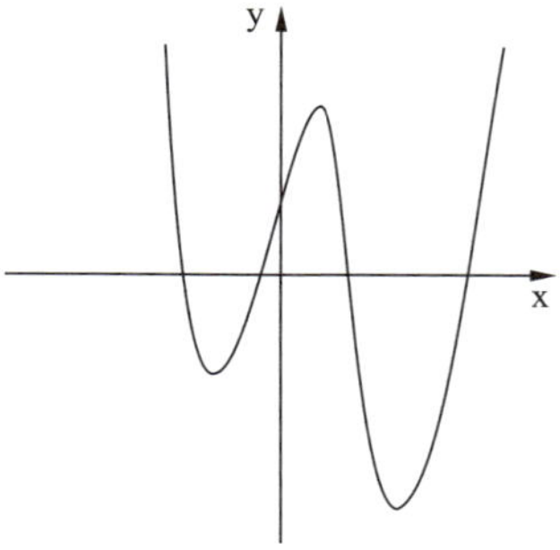

Funktion 4. Grades mit a < 0
Der Graph verläuft von „links unten nach rechts unten“.

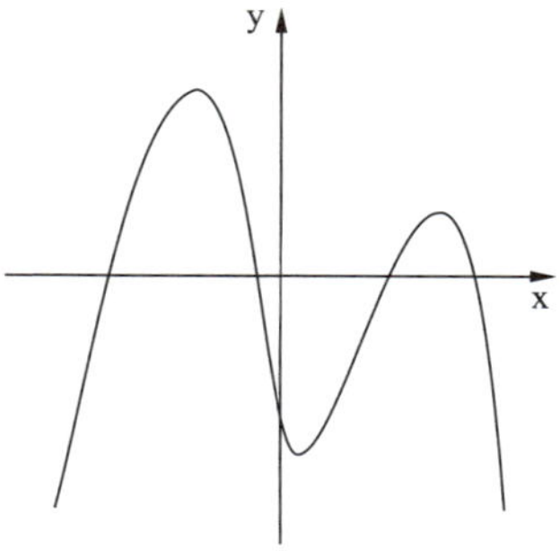

Das Berechnen der Koordinaten der Extrempunkte (vergleichbar dem Scheitel der Parabel) gelingt erst mit Kenntnis der sogenannten **Differenzialrechnung**. Bei den Graphen der Funktionen 3. und 4. Grades treten auch Formen auf, bei denen keine Extrempunkte (3. Grades) oder nur ein Extrempunkt vorkommen.

Graph einer Funktion 3. Grades ($a > 0$) **ohne Extrempunkte**

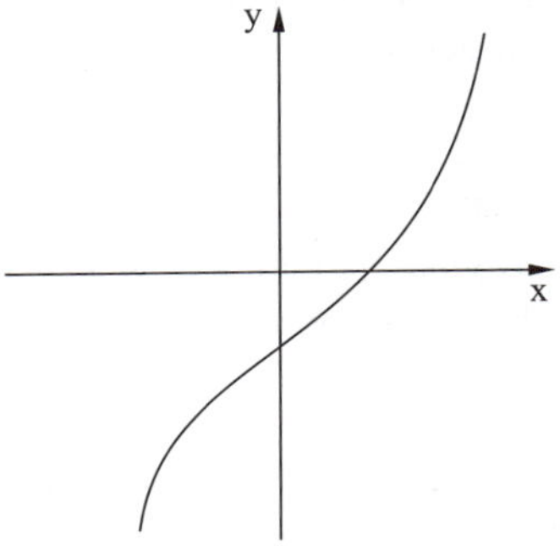

Graph einer Funktion 4. Grades ($a > 0$) mit nur **einem Extrempunkt**

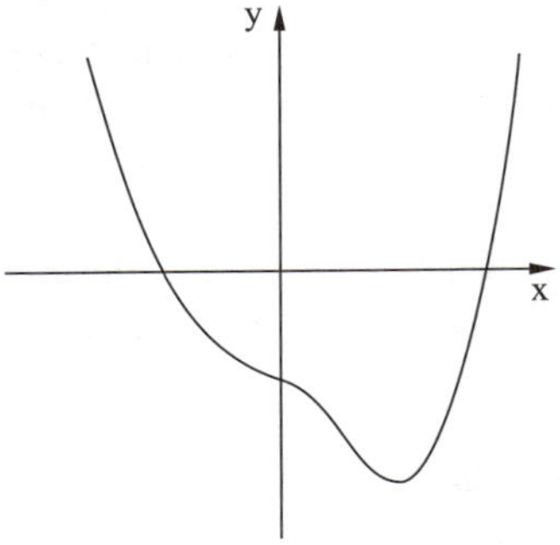

Bei bestimmten ganzrationalen Funktionen 4. Grades kann die Nullstellenberechnung auf das Lösen einer quadratischen Gleichung zurückgeführt werden.

Biquadratische Gleichungen, Substitutionsmethode

Eine ganzrationale Gleichung 4. Grades der Form
$ax^4 + bx^2 + c = 0$
heißt **biquadratische Gleichung**. Diese löst man, indem man x^2 beispielsweise durch $z = x^2$ **substituiert** (ersetzt). Für die sich daraus ergebende quadratische Gleichung $az^2 + bz + c = 0$ bestimmt man $z_{1/2}$ mit den bekannten Methoden und versucht anschließend, die Gleichungen $x^2 = z_1$ und $x^2 = z_2$ nach x aufzulösen **(Rücksubstitution)**.

Die Substitutionsmethode ist, wenn anwendbar, stets der Polynomdivision vorzuziehen, da man nicht auf das Raten einer oder gar mehrerer Nullstellen angewiesen ist.

Beispiele

1. Bestimmen Sie die Nullstellen der Funktion $f\colon\ x \mapsto -\frac{1}{4}x^4 + \frac{3}{2}x^2 - 2$.

   Lösung:

   Die Funktion f ist vom Grad 4. Um ihre Nullstellen zu berechnen, muss die Gleichung

   $-\frac{1}{4}x^4 + \frac{3}{2}x^2 - 2 = 0$

gelöst werden. Da nur die Potenzen x^4 und x^2 vorkommen, kann man x^2 durch einen anderen Buchstaben ersetzen **(= Substitution)**. Man setzt $z=x^2$. Wegen $x^4=(x^2)^2$ gilt außerdem $z^2=x^4$. Nimmt man diese Substitution in obiger Gleichung vor, so ergibt sich folgende quadratische Gleichung mit der Unbekannten z:

$-\frac{1}{4}z^2+\frac{3}{2}z-2=0$

Diese wird mit den bekannten Methoden für quadratische Gleichungen gelöst; man erhält hier zwei Lösungen für z, nämlich: $z_1=2$; $z_2=4$
Gesucht waren die Lösungen für die Unbekannte x. Diese erhält man durch **Rücksubstitution**:

$x^2=2 \Rightarrow x_{1/2}=\pm\sqrt{2}$ und
$x^2=4 \Rightarrow x_{3/4}=\pm 2$

Die Funktion 4. Grades hat also die vier reellen Nullstellen -2, $-\sqrt{2}$, $\sqrt{2}$ und 2. Sie kann damit vollständig in Linearfaktoren zerlegt werden:

$f(x)=-\frac{1}{4}(x+2)(x+\sqrt{2})(x-\sqrt{2})(x-2)$

2. Bestimmen Sie alle Nullstellen der Funktion $f: x \mapsto x^4-2x^2-15$.

   Lösung:
   Die Funktion $f: x \mapsto x^4-2x^2-15$ hat nur zwei reelle Nullstellen, wie die nachfolgende Rechnung zeigt:
   $x^4-2x^2-15=0$
   Substitution: $z=x^2$
   $z^2-2z-15=0$
   Zerlegung nach **Vieta:**
   $(z-5)(z+3)=0$
   $\Rightarrow$ Lösungen für z: $z_1=5$; $z_2=-3$
   Rücksubstitution:
   $x^2=5 \Rightarrow x_{1/2}=\pm\sqrt{5}$
   $x^2=-3 \Rightarrow$ Keine weiteren reellen Lösungen!
   f hat also nur die zwei reellen Nullstellen $x_{1/2}=\pm\sqrt{5}$.

Aufgabe **73.** Bestimmen Sie die Nullstellen der nachfolgend angegebenen Funktionen:

a) $f(x)=\frac{1}{4}x^4-\frac{5}{4}x^2+1$
b) $f(x)=x^4+2x^2+1$
c) $f(x)=x^4-2x^2+1$
d) $f(x)=x^4-2x^2$
e) $f(x)=x^6-4x^3+4$
Hinweis: Substituieren Sie x^3.

4.3 Mehrfache Nullstellen

Geht man zur Nullstellenbestimmung von ganzrationalen Funktionen wie oben beschrieben vor, so kann es passieren, dass eine gefundene Nullstelle mehrmals vorkommt. Diese ist dann nicht nur Nullstelle des ursprünglichen, sondern auch des abdividierten Polynoms.

Vielfachheit einer Nullstelle

Ist x_0 eine Nullstelle des Polynoms n-ten Grades
$p_n(x) = a_n x^n + a_{n-1} x^{n-1} + \ldots + a_1 x + a_0$
und lässt sich zudem der Linearfaktor $(x - x_0)$ genau k-mal $(k \leq n)$ abspalten, sodass sich die Zerlegung
$p_n(x) = (x - x_0)^k \cdot p_{n-k}(x)$
ergibt, dann ist x_0 eine **k-fache Nullstelle / Nullstelle der Vielfachheit k**.

Allgemein zeigen die Graphen ganzrationaler Funktionen in der Umgebung ihrer Nullstellen in Abhängigkeit von der Vielfachheit dieser Nullstellen den unten dargestellten Verlauf. Wie man erkennt, überquert der Graph bei den Nullstellen mit ungeradzahliger Vielfachheit jeweils die x-Achse; man sagt dazu, es findet ein **Vorzeichenwechsel (VZW)** statt. Das liegt daran, weil der Faktor $(x - x_0)^k$ bei ungeradem k an der Stelle x_0 sein Vorzeichen verändert. Bei geradzahliger Vielfachheit einer Nullstelle findet kein VZW bei den Funktionswerten statt.

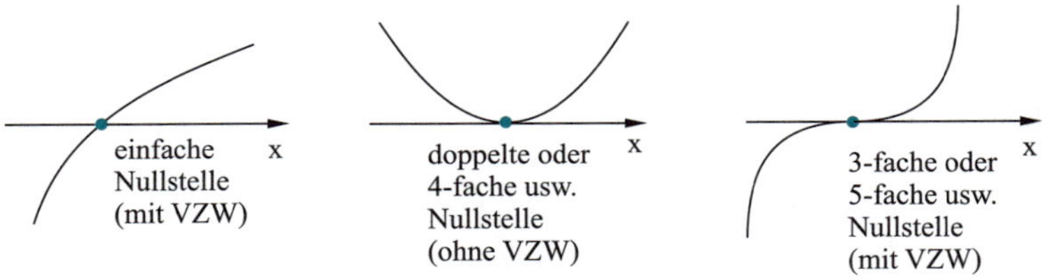

Umgekehrt kann man aufgrund des Graphen und der daraus abzulesenden Nullstellen den Funktionsterm der zugehörigen Funktion bis auf einen konstanten Faktor angeben.

Beispiele

1. Die Potenzfunktion $x \mapsto x^3$ besitzt an der Stelle 0 eine dreifache Nullstelle.

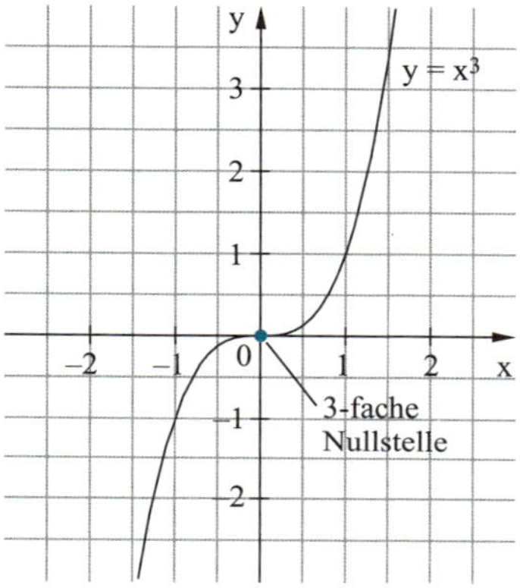

Die Potenzfunktionen $x \mapsto x^2$ und $x \mapsto x^4$ besitzen an der Stelle 0 eine doppelte bzw. eine vierfache Nullstelle.

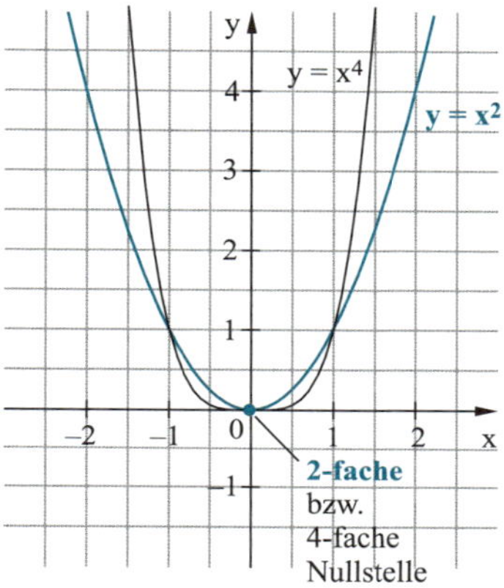

2. Der Graph der Funktion 3. Grades $f(x) = a\,(x+2)^2\,(x-1)$ hat an der Stelle –2 eine doppelte und bei 1 eine einfache Nullstelle.

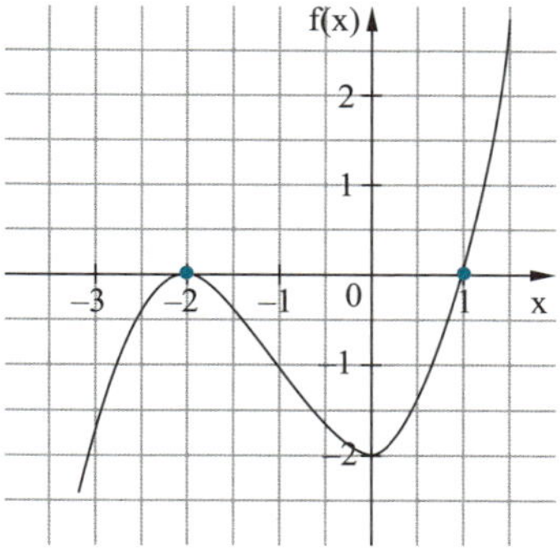

Der Graph der Funktion 4. Grades $g(x) = b\,(x+1)\,(x-2)^3$ hat an der Stelle 2 eine dreifache und bei –1 eine einfache Nullstelle.

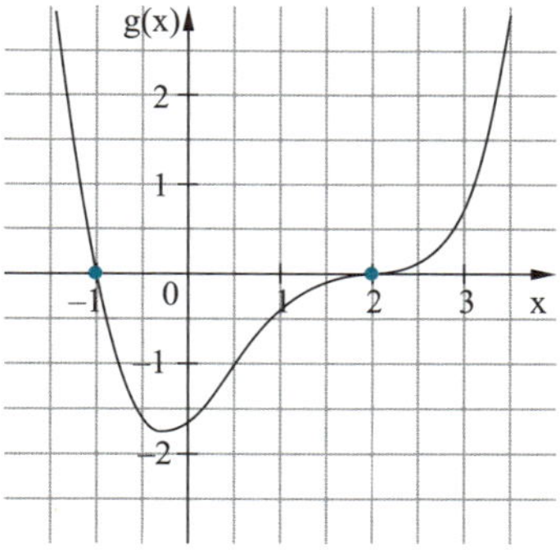

Dabei sind a und b konstante Faktoren, die auf die Lage und Vielfachheit der Nullstellen keinen Einfluss haben.

3. Die ganzrationale Funktion $f: x \mapsto \frac{1}{2}x(x+2)^3(x-1)^2$ hat drei Nullstellen, und zwar bei 0, bei –2 und bei 1. Die Vielfachheiten dieser Nullstellen werden nun untersucht:
   - $\mathbf{x_1 = 0}$ ist aufgrund des Faktors **x** eine einfache Nullstelle (hat die Vielfachheit 1). x kann man sich folgendermaßen geschrieben denken: $x = (x-0) = (x-\mathbf{0})^{\mathbf{1}}$; die **0** und die hoch **1** schreibt man nicht an.

- $x_{2/3/4} = -2$ ist aufgrund des Faktors $(x+2)^3$ eine dreifache Nullstelle (hat die Vielfachheit 3), diesen muss man sich als $(x+2)^3 = (x-(-2))^3$ geschrieben denken.
- $x_{5/6} = 1$ ist eine doppelte Nullstelle.

Es erweist sich als hilfreich, die Nullstellen zu nummerieren, wobei mehrfache Nullstellen auch mehrfach gezählt werden.

4. Gegeben ist die Funktion $f(x) = 2x^3 + x^2 - 4x - 3$.
Bestimmen Sie die Lage und die Vielfachheit der Nullstellen und geben Sie f in faktorisierter Darstellung an.

Lösung:
$f(x) = 0$
$2x^3 + x^2 - 4x - 3 = 0$
Es handelt sich um eine ganzrationale Gleichung 3. Grades. x kann nicht ausgeklammert werden. Somit bleibt nur die Methode „Raten und Polynomdivision". Man findet: $x_1 = -1$. Die Polynomdivision ergibt:
$(2x^3 + x^2 - 4x - 3) : (x+1) = 2x^2 - x - 3$
$2x^2 - x - 3 = 0$ liefert mit der Lösungsformel $x_2 = -1$; $x_3 = 1{,}5$.
Die Nullstellen von f lauten:
$x_{1/2} = -1$; $x_3 = 1{,}5$
$x_{1/2}$ ist eine doppelte und x_3 eine einfache Nullstelle.
f hat die faktorisierte Darstellung
$f(x) = 2(x+1)^2(x-1{,}5)$.

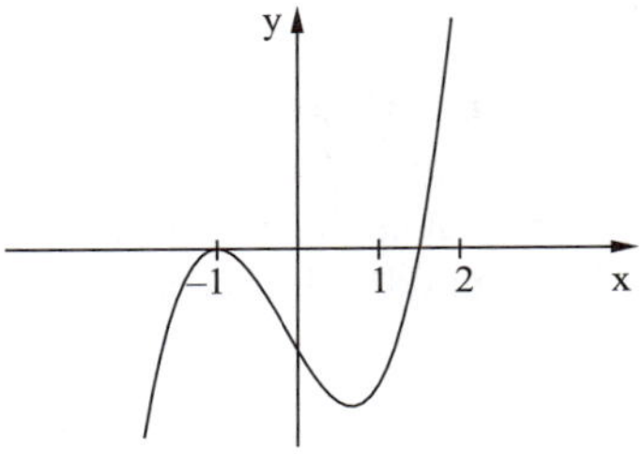

Aufgaben

74. Im Folgenden sind die Graphen ganzrationaler Funktionen 3. oder 4. Grades gegeben.
Finden Sie mithilfe der Nullstellen mögliche Funktionsterme für die zugehörigen Funktionen.

a)
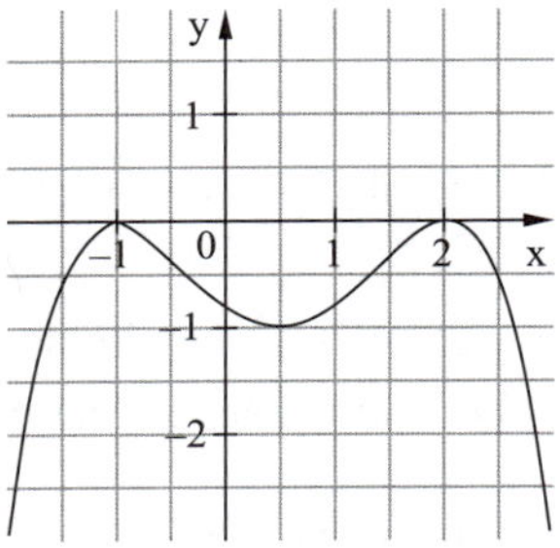

b)
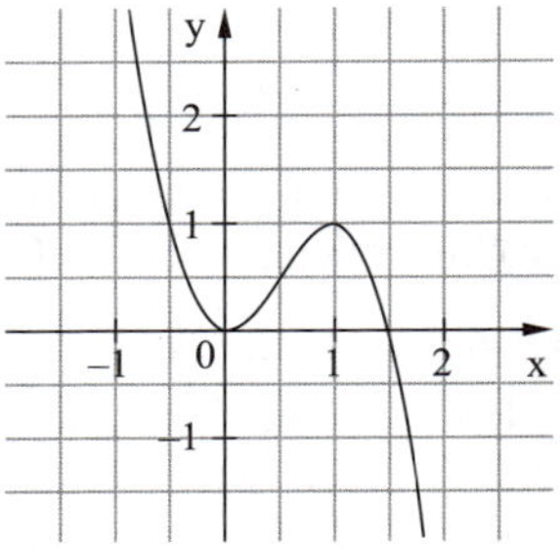

c)

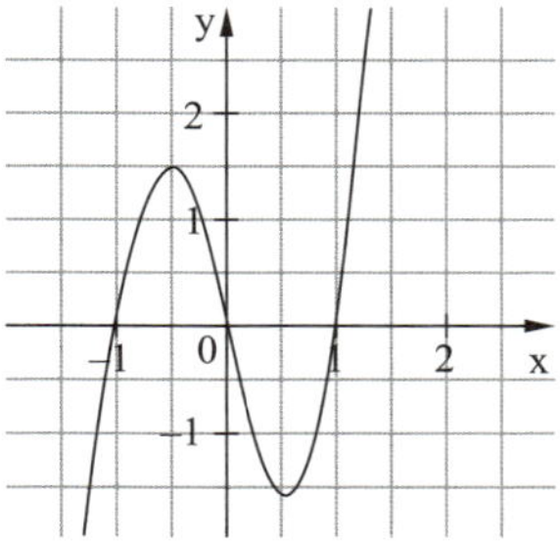

d)

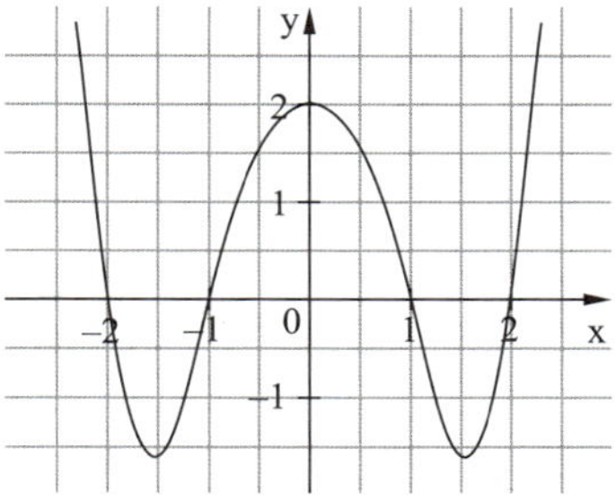

75. Bestimmen Sie für die folgenden Funktionen jeweils die Lage und Vielfachheit der Nullstellen und geben Sie die faktorisierte Form an.

a) $f(x) = x^4 - 4x^3 + 5x^2 - 4x + 4$ b) $f(x) = \frac{1}{4}x^4 - 2x^3 + 6x^2 - 8x + 4$

c) $f(x) = \frac{1}{8}(x^3 - 3x^2 - 3x + 9)$ d) $f(x) = \frac{1}{3}(2x + 5)^2(3 - 2x)$

e) $f(x) = x^5 + 3x^4 + x^3 - 5x^2 - 6x - 2$

76. Skizzieren Sie die Graphen der nachfolgend angegebenen Funktionen.

a) $f(x) = (x + 3)(x - 1)^2$ b) $f(x) = -\frac{1}{4}x(x - 2)^3$

c) $f(x) = x^2(x^2 + 1)$ d) $f(x) = (x - 1)^3$

4.4 Schnittpunkte zweier Graphen

Die Vorgehensweise, wie die Schnittpunkte zweier Graphen berechnet werden, wurde im letzten Abschnitt bereits ausführlich beschrieben. Diese Vorgehensweise gilt für beliebige Funktionen, also auch für ganzrationale höheren Grades. Lediglich die zu lösenden Gleichungen werden anspruchsvoller. Dafür werden jetzt auch die hier vorgestellten Lösungsmethoden der Polynomdivision und der Substitution benötigt.

Beispiel

Gegeben sind f_1: $x \mapsto x^3 - x^2 + 4x + 2$ und f_2: $x \mapsto 2x^3 - 4x^2 + 3x + 5$. Berechnen Sie die Koordinaten der Schnittpunkte ihrer Graphen.

Lösung:

Ansatz zur Bestimmung der Schnittstellen:

$$\mathbf{f_1(x) = f_2(x)}$$

$$x^3 - x^2 + 4x + 2 = 2x^3 - 4x^2 + 3x + 5$$

$$-x^3 + 3x^2 + x - 3 = 0 \quad | \cdot (-1)$$

$$x^3 - 3x^2 - x + 3 = 0$$

Probierlösung: $\mathbf{x_1 = 1}$

$$
\begin{array}{l}
(x^3 - 3x^2 - x + 3) : (x - 1) = x^2 - 2x - 3 \\
\underline{-(x^3 - \ x^2)} \\
\quad / \ -2x^2 - x \\
\quad \underline{-(-2x^2 + 2x)} \\
\qquad / \ -3x + 3 \\
\qquad \underline{-(-3x + 3)} \\
\qquad\quad / \ \ /
\end{array}
$$

$x^2 - 2x - 3 = 0$
Vieta:
$(x - 3)(x + 1) = 0$
$\Rightarrow$ $\mathbf{x_2 = -1;\ x_3 = 3}$
Damit sind sämtliche Schnittstellen berechnet.

Berechnung der y-Koordinaten:
$y_1 = f_1(1) = 6 \quad \Rightarrow \quad \mathbf{S_1(1;\ 6)}$
$y_2 = f_1(-1) = -4 \quad \Rightarrow \quad \mathbf{S_2(-1;\ -4)}$
$y_3 = f_1(3) = 32 \quad \Rightarrow \quad \mathbf{S_3(3;\ 32)}$
Man hätte die Schnittstellen auch in $f_2(x)$ einsetzen können.

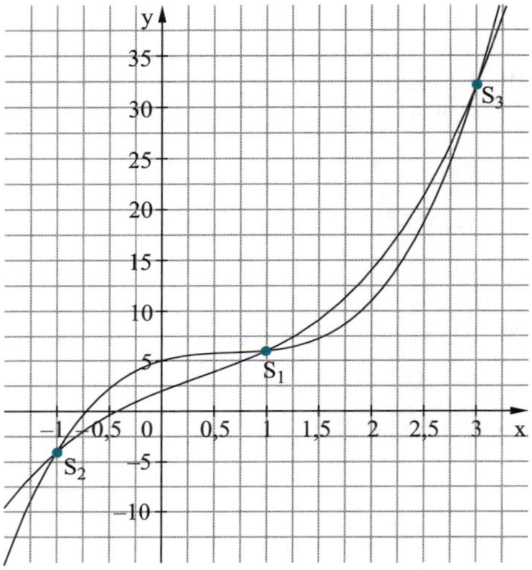

Aufgabe **77.** Berechnen Sie jeweils die Koordinaten der Schnittpunkte der Graphen von f und g:

a) $f(x) = x^3 + x^2 + 5x + 10;\ \ g(x) = -x^3 + 3x^2 - 5x + 20$

b) $f(x) = \frac{1}{4}x^4 - 3x^2 - 2\ ;\ \ g(x) = -2$

c) $f(x) = x^3 - x^2;\ \ g(x) = x\,(x - 1)$

d) $f(x) = \frac{1}{4}(x - 2)^2(x^2 + 1);\ \ g(x) = -x^2 + 2{,}5x - 1$

4.5 Symmetrie

Die Graphen mancher Funktionen zeigen Symmetrieeigenschaften in Bezug auf das Koordinatensystem. Beispielsweise verläuft die Normalparabel $y = x^2$ symmetrisch zur y-Achse, man bezeichnet sie deshalb als achsensymmetrisch zur y-Achse. Wie erkennt man die Symmetrie von Funktionen?

Achsensymmetrie zur y-Achse

Der Graph einer Funktion f ist genau dann symmetrisch zur y-Achse, wenn für alle $x \in D_f$ gilt:

$f(-x) = f(x)$

Solche Funktionen heißen **gerade**.

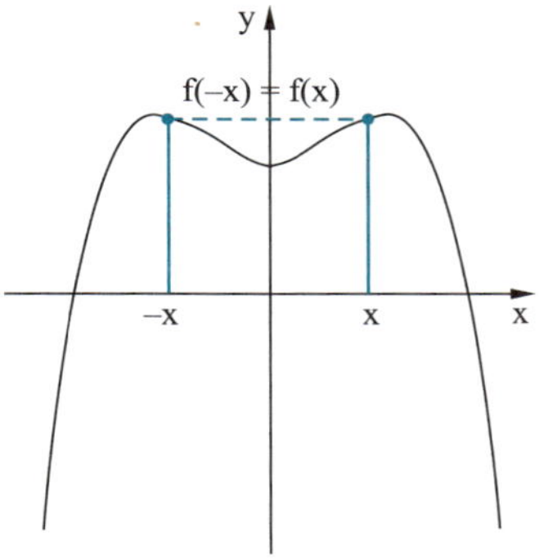

Eine ganzrationale Funktion ist genau dann gerade, wenn nur geradzahlige Potenzen von x auftreten.

Punktsymmetrie zum Ursprung

Der Graph einer Funktion f ist genau dann punktsymmetrisch zum Ursprung, wenn für alle $x \in D_f$ gilt:

$f(-x) = -f(x)$

Solche Funktionen heißen **ungerade**.

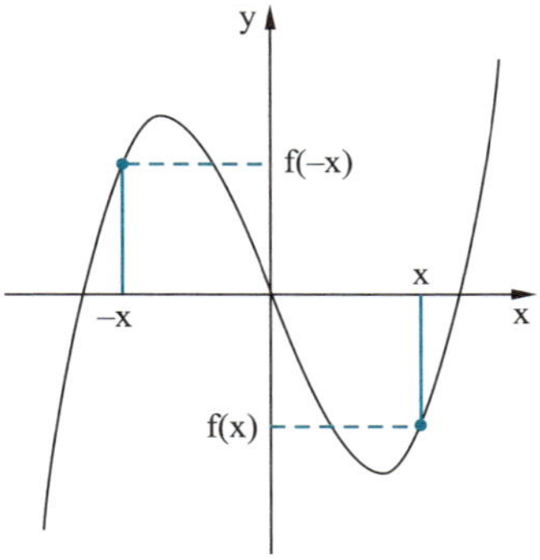

Eine ganzrationale Funktion ist genau dann ungerade, wenn nur ungeradzahlige Potenzen von x (und daher auch kein x-freier Summand) auftreten.

Durch die Kenntnis von Symmetrien kann man viel Rechenarbeit beim Ermitteln von Funktionswerten (wie beispielsweise beim Erstellen von Wertetabellen) einsparen. Hat eine gerade oder ungerade Funktion etwa bei $x_1 = 3$ eine Nullstelle, so muss auch bei $x_2 = -3$ eine Nullstelle vorliegen. Des Weiteren verlaufen ungerade Funktionen stets durch den Ursprung, denn aus $f(0) = -f(0)$ folgt $f(0) = 0$. Demzufolge kann eine ganzrationale ungerade Funktion keinen x-freien Summanden a_0 aufweisen.

Beispiele

1. Die Funktion $f(x)=3x^4-5x^2+2$ enthält nur geradzahlige Potenzen von x.
   Es gilt:
   $f(-x)=3(-x)^4-5(-x)^2+2=3x^4-5x^2+2=f(x)$ für alle $x\in\mathbb{R}$
   $\Rightarrow$ G_f ist symmetrisch zur y-Achse.

   Bemerkung: Wegen der geradzahligen Exponenten ergibt sich mit $n\in\mathbb{N}$ jeweils $(-x)^{2n}=x^{2n}$, d. h. das negative Vorzeichen wird durch das Potenzieren positiv.

2. $g(x)=3x^3-2x$ enthält nur ungeradzahlige Potenzen von x.
   Es gilt:
   $g(-x)=3(-x)^3-2(-x)=-3x^3+2x=-(3x^3-2x)=-g(x)$ für alle $x\in\mathbb{R}$
   $\Rightarrow$ G_g ist symmetrisch zum Ursprung.

   Bemerkung: Wegen der ungeradzahligen Exponenten bleiben die Minuszeichen bei $-x$ erhalten.

3. Im Gegensatz zu den beiden oben angegebenen Beispielen weist der Graph der Funktion $h(x)=-3x^5-4x^3+x^2-2x$ keine der oben definierten Symmetrien auf:
   $h(-x)=-3(-x)^5-4(-x)^3+(-x)^2-2(-x)=3x^5+4x^3+x^2+2x\neq\begin{cases}h(x)\\-h(x)\end{cases}$
   $\Rightarrow$ G_h hat keine der genannten Symmetrieeigenschaften.

Aufgabe

78. Geben Sie an, ob nachfolgende Funktionen eine der genannten Symmetrieeigenschaften besitzen und zeichnen Sie ggf. ihren Graphen.
Nutzen Sie beim Erstellen der Wertetabelle die Kenntnis der Symmetrie aus.

a) $f(x)=\frac{1}{4}x^4-3x^2-2$ b) $f(x)=x^3-x^2$

c) $f(x)=x(x^2-1)$ d) $f(x)=x^3-x+1$

4.6 Ganzrationale Funktionen mit Parameter

Wie schon bei den linearen und quadratischen Funktionen, so können natürlich auch bei ganzrationalen Funktionen höheren Grades Parameter auftreten. Man erhält dann ebenfalls Funktionenscharen.

Beispiele

1. Für $a\in\mathbb{R}$ wird die Funktionenschar
   $f_a\colon\ x\mapsto\frac{1}{4}[x^3+2(a-1)x^2+(1-4a)x+2a]$ betrachtet.
   a) Weisen Sie nach, dass $x_0=1$ eine Nullstelle der Funktionenschar ist.
   b) Berechnen Sie alle weiteren Nullstellen und zerlegen Sie die Funktionenschar so weit wie möglich in Linearfaktoren.

c) Bestimmen Sie die Vielfachheit der Nullstellen in Abhängigkeit vom Scharparameter a.

d) Zeichnen Sie die Graphen der Schar für $a \in \{-2; -0{,}5; 1; 2\}$ in ein Koordinatensystem.

e) Welche Kurve der Schar enthält den Punkt P(–3; 4)?

Lösung:

a) $f_a(1) = \frac{1}{4}[1 + 2(a-1) + (1-4a) + 2a] = \frac{1}{4}(1 + 2a - 2 + 1 - 4a + 2a)$

$= \frac{1}{4} \cdot 0 = 0$

b) Aus Teilaufgabe a ist bekannt, dass $x_0 = 1$ eine Nullstelle von f_a ist. Deshalb wird die Polynomdivision durch $(x-1)$ vorgenommen. Da $\frac{1}{4}$ ein konstanter Faktor ist, genügt es, die Polynomdivision mit dem Term in der Klammer durchzuführen:

$$
\begin{array}{l}
[x^3 + 2(a-1)x^2 + (1-4a)x + 2a] : (x-1) = x^2 + (2a-1)x - 2a \\
\underline{-(x^3 - \quad x^2)} \\
\quad / \quad (2a-1)x^2 + (1-4a)x \\
\quad \underline{-[(2a-1)x^2 - (2a-1)x]} \\
\qquad / \qquad -2ax + 2a \\
\qquad\qquad \underline{-(-2ax + 2a)} \\
\qquad\qquad\quad / \quad /
\end{array}
$$

Wenn die Subtraktionen zu unübersichtlich werden, machen Sie einfach eine Nebenrechnung. Bei der ersten Subtraktion ist $2(a-1)x^2 + x^2$ zu berechnen, das ist $2ax^2 - 2x^2 + x^2$, also $2ax^2 - x^2$, und demzufolge $(2a-1)x^2$. In der zweiten Subtraktion sieht es zunächst noch schwieriger aus: $(1-4a)x + (2a-1)x$ ist auszurechnen. Man rechnet in einer Nebenrechnung leicht nach, dass das $-2ax$ ergibt.

Nun geht es darum, die Gleichung

$x^2 + (2a-1)x - 2a = 0$

zu lösen. Die Diskriminante ergibt:

$D = (2a-1)^2 - 4(-2a) = 4a^2 - 4a + 1 + 8a = 4a^2 + 4a + 1 = (2a+1)^2$.

Die Lösungsformel führt auf:

$$x_{2/3} = \frac{-(2a-1) \pm \sqrt{(2a+1)^2}}{2} = \frac{-2a + 1 \pm (2a+1)}{2} = \begin{cases} 1 \\ -2a \end{cases}$$

Aufgrund der Nullstellen $x_{1/2} = 1$ und $x_3 = -2a$ ergibt sich die Faktorisierung:

$f_a\colon x \mapsto \frac{1}{4}(x-1)^2(x+2a)$

c) Eine feste doppelte Nullstelle, die alle Graphen der Schar gemeinsam haben, liegt bei 1 und eine von a abhängige Nullstelle bei –2a. Wenn allerdings $a = -\frac{1}{2}$ ist, dann liegt die „bewegliche“ Nullstelle auch bei 1, sodass sich dort dann eine dreifache Nullstelle ergibt. Man hat also folgende Fallunterscheidung:

Fall 1: $a \neq -\frac{1}{2} \Rightarrow$ eine doppelte Nullstelle $x_{1/2} = 1$ und eine einfache Nullstelle $x_3 = -2a$

Fall 2: $a = -\frac{1}{2} \Rightarrow$ eine dreifache Nullstelle $x_{1/2/3} = 1$

d) Beachten Sie, dass die Wertetabelle mit dem faktorisierten Funktionsterm viel einfacher zu erstellen ist, als mit dem ursprünglich gegebenen.

x	−4	−3	−2	−1	0	1	2	3	4
$f_{-2}(x)$	−50	−28	−13,5	−5	−1	0	−0,5	−1	0
$f_{-\frac{1}{2}}(x)$	−31,25	−16	−6,75	−2	−0,25	0	0,25	2	6,75
$f_1(x)$	−12,5	−4	0	1	0,5	0	1	5	13,5
$f_2(x)$	0	4	4,5	3	1	0	1,5	7	18

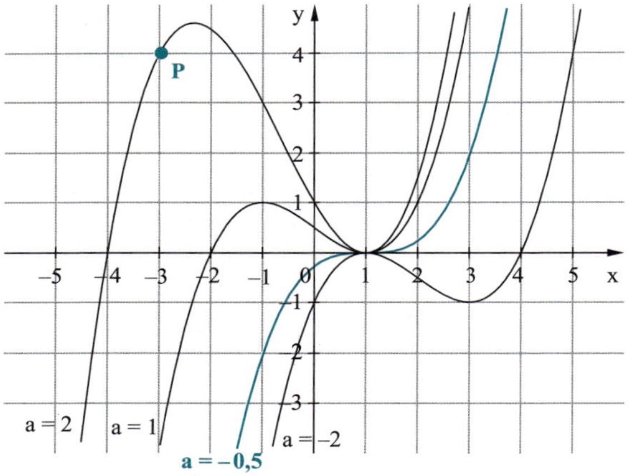

e) Damit P(−3; 4) ein Punkt auf dem Graphen einer Funktion von f_a sein kann, müssen die Koordinaten des Punktes die nachfolgende Gleichung erfüllen:

$$f_a(-3) = 4$$
$$\frac{1}{4}(-3-1)^2(-3+2a) = 4$$
$$4(2a-3) = 4 \quad |:4$$
$$2a - 3 = 1$$
$$a = 2$$

Der Punkt P(−3; 4) liegt auf dem Graphen der Funktion f_2. Vergleichen Sie dazu auch obiges Diagramm.

2. Gegeben sind die Funktionen f_k und g_k mit $k \in \mathbb{R}$ und $k > 0$ durch
$f_k(x) = \frac{1}{2}(x^3 - 2kx^2 + k^2x)$ und $g_k(x) = kx$.

a) Geben Sie $f_k(x)$ in faktorisierter Form an und entnehmen Sie daraus Lage sowie Vielfachheit der Nullstellen von f_k.

b) Beschreiben Sie die Graphen G_{g_k} mit eigenen Worten.

c) Für welchen Wert von k haben die Graphen von f_k und g_k nur zwei gemeinsame Punkte?
Bestimmen Sie die Koordinaten der Schnittpunkte.

d) Stellen Sie die Situation aus Teilaufgabe c in einem geeigneten Diagramm dar.

Lösung:

a) In diesem Fall wird zur Faktorisierung bzw. zur Nullstellenbestimmung keine Polynomdivision benötigt, das Ausklammern von x ist hier die günstigste Methode:

$$f_k(x) = \frac{1}{2}(x^3 - 2kx^2 + k^2x) = \frac{1}{2}x(x^2 - 2kx + k^2) = \frac{1}{2}x(x-k)^2$$

$\Rightarrow$ einfache Nullstelle bei $x_1 = 0$, doppelte Nullstelle bei $x_{2/3} = k$

b) Die Graphen G_{g_k} sind Ursprungsgeraden mit der Steigung k.

c) Ansatz auf Schneiden:

$$f_k(x) = g_k(x)$$

$$\frac{1}{2}(x^3 - 2kx^2 + k^2x) = kx \qquad | \cdot 2$$

$$x^3 - 2kx^2 + k^2x = 2kx \qquad | -2kx$$

$$x^3 - 2kx^2 + (k^2 - 2k)x = 0$$

Ausklammern von x:

$$x(x^2 - 2kx + k^2 - 2k) = 0$$

$\Rightarrow$ $x_1 = 0$, das ist die erste (feste) Schnittstelle.

$$x^2 - 2kx + k^2 - 2k = 0$$

$$D = (-2k)^2 - 4(k^2 - 2k) = 8k$$

$$x_{2/3} = \frac{2k \pm \sqrt{8k}}{2} = \frac{2k \pm 2\sqrt{2k}}{2} = k \pm \sqrt{2k}$$

Damit ergeben sich insgesamt drei Schnittstellen. Die Schnittstelle $x_3 = k - \sqrt{2k}$ fällt jedoch mit der festen Schnittstelle $x_1 = 0$ zusammen, wenn:

$$k - \sqrt{2k} = 0$$

$$k = \sqrt{2k} \qquad | \,^2$$

$$k^2 = 2k$$

$$k^2 - 2k = 0$$

$$k(k-2) = 0$$

Wegen $k>0$ entfällt die Lösung $k=0$. Daraus folgt, dass für $k=2$ nur zwei gemeinsame Punkte der beiden Graphen vorhanden sind.
Die Schnittstellen sind in diesem Fall $x_1=0$ und $x_2=2+\sqrt{2\cdot 2}=4$.
Die Koordinaten der Schnittpunkte ergeben sich zu:
$y_1=g_2(0)=0 \quad\Rightarrow\quad S_1(0;\,0)$
$y_2=g_2(4)=8 \quad\Rightarrow\quad S_2(4;\,8)$

c) 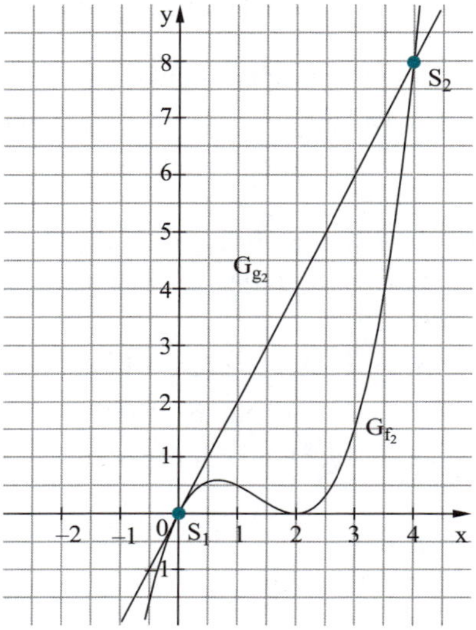

Aufgaben

79. Im Folgenden sind die Lagen und Vielfachheiten der Nullstellen ganzrationaler Funktionen sowie deren Grad angegeben.
Stellen Sie jeweils mögliche Funktionsterme auf und skizzieren Sie je zwei Varianten möglicher Graphen.

a) 3. Grades: $x_1=-2;\ x_2=0;\ x_3=2$

b) 3. Grades: $x_{1/2}=-1;\ x_3=1$

c) 3. Grades: $x_1=-2;\ x_2=2;\ x_3=k$, wobei $k\geq 2$

d) 4. Grades: $x_1=-2;\ x_{2/3}=0;\ x_4=2$

80. Ermitteln Sie bei den nachfolgend gegebenen Funktionen jeweils die Lage und Vielfachheiten der Nullstellen und stellen Sie die Funktionsterme in faktorisierter Form dar.

a) $f_a\colon x \mapsto \frac{1}{80}(8x^3-ax^4)$, mit $a\in\mathbb{R}$ und $a>0$

b) $f_k(x)=\frac{k}{9}x^3-\frac{2k}{3}x^2+kx,\ \ k\in\mathbb{R}\setminus\{0\}$

c) $f(x) = \frac{1}{8}(1-x)^3 + 1$

d) $g(x) = x^4 - x^2 + \frac{1}{4}$

81. Gegeben sind die Funktionen $f_t\colon x \mapsto (x-t)^2(x^2+4x+4)$ mit $t \in \mathbb{R}$.

a) Faktorisieren Sie den Funktionsterm so weit wie möglich.

b) Geben Sie mit Fallunterscheidung Anzahl und Vielfachheit der Nullstellen in Abhängigkeit von t an.

c) Bestimmen Sie sämtliche Schnittpunkte der Graphen von f_t mit den Koordinatenachsen.

d) Bestimmen Sie t so, dass der zugehörige Graph von f_t den Punkt $P(-1;\ 1)$ enthält.

e) Zeichnen Sie den Graphen von f_0 im Intervall $[-2{,}5;\ 1]$.

82. Die Funktionen f_k und g_k mit $k \in \mathbb{R}$, $k > 0$ sind in $\mathbb{R}$ gegeben durch
$f_k(x) = \frac{1}{k}x(kx-1)^2$ und $g_k(x) = 3kx^2 - 4x + \frac{1}{k}$.

a) Geben Sie die Lage und Vielfachheit der Nullstellen von f_k an.

b) Bestimmen Sie die Nullstellen von g_k in Abhängigkeit von k und geben Sie das Intervall an, in dem gilt: $g_k(x) \le 0$

c) Die beiden Funktionen haben eine gemeinsame Nullstelle.
Geben Sie die Koordinaten des zugehörigen Schnittpunktes an und bestimmen Sie k so, dass die Abszisse des Schnittpunktes bei 3 liegt.

d) Zeichnen Sie die Graphen von f_k und g_k für $k = \frac{1}{3}$ im Bereich $-1 \le x \le 4$.
Hinweis: Für beide Achsen gilt 1 LE = 2 cm.

83. Mit $t \in \mathbb{R} \setminus \{0\}$ ist die Funktionenschar f_t in $\mathbb{R}$ gegeben durch
$f_t(x) = t[x^3 + (t-4)x^2 + 4(1-t)x + 4t]$.

a) Zeigen Sie, dass f_t eine Nullstelle bei 2 hat.

b) Stellen Sie f_t in vollständig faktorisierter Form dar.

c) Bestimmen Sie die Anzahl und die Vielfachheit der Nullstellen von f_t in Abhängigkeit von t.

d) Berechnen Sie t so, dass $P(1;\ 2)$ auf G_{f_t} liegt.

e) Zeichnen Sie für $t = 1$ den zugehörigen Graphen.

84. Für $a \in \mathbb{R}$ und $a > 0$ werden in $\mathbb{R}$ die folgenden Funktionen betrachtet:
$f_a\colon x \mapsto \frac{1}{3}(-4x^3 - 6ax^2 + 2a^3)$

a) Weisen Sie rechnerisch nach, dass sämtliche Graphen bei $x = -a$ einen gemeinsamen Punkt mit der x-Achse haben.

b) Berechnen Sie alle weiteren Nullstellen der Funktionen f_a und geben Sie ihre Vielfachheiten an.

c) Stellen Sie den Funktionsterm von f_a in vollständig faktorisierter Form dar.

d) Bestimmen Sie a so, dass der Graph von f_a durch den Punkt $P\left(-1; \frac{4}{3}\right)$ geht.

85. Für welche $k \in \mathbb{R}$ besitzt die ganzrationale Funktion $f_k(x) = \frac{1}{5}(x^4 - kx^3 - 4kx^2)$ genau eine (doppelte) Nullstelle?

86. Gegeben sind die Funktionen $f_a(x) = x^3 - ax^2$ und $g_a(x) = \frac{1}{a}x(x-a)$ mit $a \in \mathbb{R} \setminus \{0\}$.

a) Berechnen Sie die Schnittpunkte der beiden Graphen allgemein.

b) Für welche Werte von a gibt es nur zwei gemeinsame Punkte?

c) Berechnen Sie für $a = 1$ die Schnittpunkte und zeichnen Sie für diesen Fall die zugehörigen Graphen in ein Koordinatensystem ein.
Hinweis: Auf der Abszisse 1 LE = 2 cm, auf der Ordinate 1 LE = 4 cm wählen.

5 Abschnittsweise definierte Funktionen

Bislang wurden stets Funktionen betrachtet, die in ihrem Definitionsbereich (meist ganz $\mathbb{R}$) nur durch einen einzigen Funktionsterm beschrieben worden sind. Gerade bei Anwendungen treten aber häufig Situationen auf, die damit nicht darstellbar sind. So hat etwa eine Diode (= elektronisches Bauteil) einen Durchlass- und einen Sperrbereich mit völlig unterschiedlichen Kennlinien. Will man diese Kennlinien mithilfe einer Funktion nachbilden, so benötigt man, je nachdem welcher Bereich dargestellt werden soll, zwei unterschiedliche Funktionsterme.

Abschnittsweise definierte Funktionen

Sei $x_0 \in \mathbb{R}$ eine vorgegebene Zahl, f_1 eine im Bereich $x \leq x_0$ und f_2 eine im Bereich $x > x_0$ definierte Funktion. Dann wird durch

$$f: x \mapsto f(x) = \begin{cases} f_1(x) & \text{für } x \leq x_0 \\ f_2(x) & \text{für } x > x_0 \end{cases}$$

eine aus den Funktionen f_1 und f_2 zusammengesetzte, **abschnittsweise definierte Funktion** f erklärt. Die Stelle x_0 bezeichnet man auch als **Nahtstelle**, weil hier die beiden Abschnitte aneinandergrenzen.

Der Definitionsbereich $\mathbb{R}$ einer abschnittsweise definierten Funktion f mit Nahtstelle x_0 lässt sich in die zwei Abschnitte $D_1 =]-\infty; x_0]$ und $D_2 =]x_0; \infty[$ aufteilen. Soll für ein $x \in \mathbb{R}$ der zugehörige Funktionswert f(x) bestimmt werden, muss man sich klarmachen, welcher der beiden Funktionsterme $f_1(x)$ oder $f_2(x)$ zur Berechnung heranzuziehen ist. Das hängt ganz alleine davon ab, ob der einzusetzende x-Wert aus D_1 oder D_2 stammt.

Beispiel

Zeichnen Sie den Graphen der abschnittsweise definierten Funktion

$$f(x) = \begin{cases} x^2 - 1 & \text{für } x \leq 2 \\ -x + 4 & \text{für } x > 2 \end{cases}$$

Lösung:

Darstellung des Graphen von f:

- Im Bereich $x \leq 2$ ist die zu $f_1(x) = x^2 - 1$ gehörende Parabel bzw. das Parabelstück zu zeichnen.
- Im Bereich $x > 2$ ist das zu $f_2(x) = -x + 4$ gehörende Geradenstück darzustellen.
- Wichtig ist, dass bei dieser Funktion die Nahtstelle $x_0 = 2$ zu dem Parabelstück gehört, da die Bedingung $x \leq 2$ heißt. Das Geradenstück beginnt erst jenseits der 2, wegen der Bedingung $x > 2$.

Die Wertetabelle, die zum Zeichnen des Graphen erstellt wird, muss natürlich ebenfalls diese Zweiteilung berücksichtigen:

x	–3	–2	–1	0	1	2	2,1	3	4	5	6	7
f(x)	8	3	0	–1	0	3	1,9	1	0	–1	–2	–3

$f_1(x) = x^2 - 1$ (für die Spalten x = –3 bis 2) $\quad$ $f_2(x) = -x + 4$ (für die Spalten x = 2,1 bis 7)

Das führt dann zu der folgenden grafischen Darstellung:

Man beachte besonders die Darstellung an der Nahtstelle: Da das Geradenstück beliebig nahe an die Stelle 2 heranreicht, diese selbst aber nicht mehr dazugehört, wird dort ein offener Halbkreis gezeichnet. Auf dem Parabelast hingegen wird an der Stelle 2 ein ausgefüllter Punkt gezeichnet.

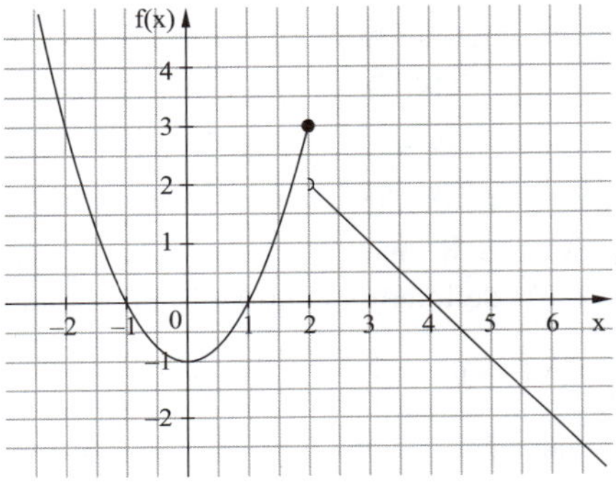

Die folgenden abschnittsweise definierten Funktionen sind besonders wichtig. Bei der Signumfunktion wird der Definitionsbereich in drei Abschnitte zerlegt, wobei der mittlere Abschnitt nur aus einem Punkt, nämlich der Zahl Null, besteht.

Signumfunktion

Die **Signumfunktion (Signum = Vorzeichen)**, die je nach Vorzeichen ihres Arguments die drei Funktionswerte –1, 0 oder 1 besitzt, ist folgendermaßen definiert:

$$\operatorname{sgn}(x) = \begin{cases} -1 & \text{für } x < 0 \\ 0 & \text{für } x = 0 \\ 1 & \text{für } x > 0 \end{cases}$$

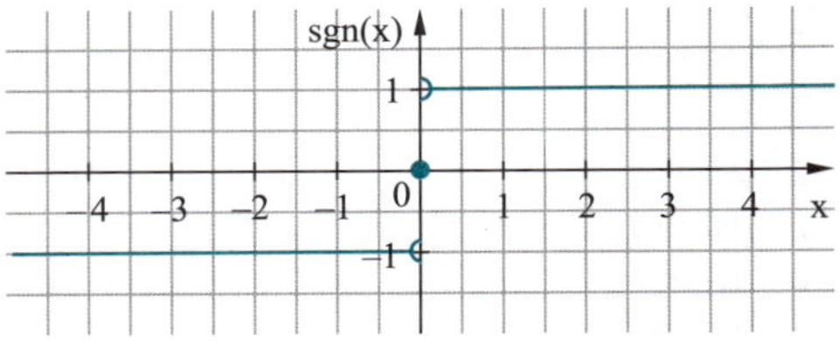

Die Betragsfunktion $x \mapsto |x|$ lässt die Zahl x unverändert, wenn $x \geq 0$ ist. Wenn die Zahl x negativ ist ($x < 0$), so wird dieser Zahl der entsprechende positive Wert zugeordnet (das negative Vorzeichen dieser Zahl wird einfach zu einem positiven Vorzeichen „umgedreht").

Betragsfunktion

Die **Betragsfunktion** ist definiert als

$$f: x \mapsto |x| = \begin{cases} x & \text{für } x \geq 0 \\ -x & \text{für } x < 0 \end{cases}$$

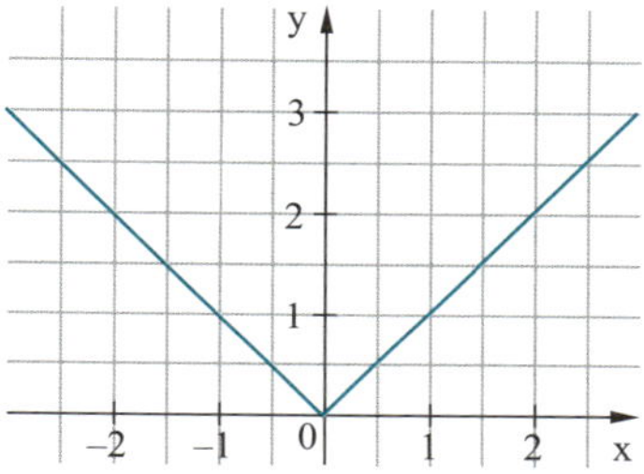

und ordnet einer Zahl $x \in \mathbb{R}$ den **Absolutbetrag $|x|$** von x zu. Der Graph der Betragsfunktion setzt sich aus zwei Teilgeraden zusammen, und zwar aus $y = x$ und $y = -x$ (vgl. obige betragsstrichfreie Angabe).

Treten in einem Funktionsterm Betragsstriche auf, d. h. ist die Betragsfunktion mit weiteren Funktionen **verkettet**, so spricht man ebenfalls von einer **Betragsfunktion**. Solche Funktionen lassen sich stets in betragsstrichfreie, abschnittsweise definierte Funktionen umschreiben.

Die Funktion $h(x) = |g(x)|$ kann als zwei ineinander eingesetzte Funktionen aufgefasst werden. Die **innere Funktion** ist g(x), die **äußere Funktion** ist die Betragsfunktion $f(x) = |x|$. Setzt man g(x) in f(x) ein, so erhält man $f(g(x)) = |g(x)| = h(x)$, d. h. h entsteht durch **Verkettung** von f und g.

Beispiele

1. Erstellen Sie eine Wertetabelle der Betragsfunktion $x \mapsto |x|$ für $x = -3, -2, \ldots, 2$ und 3.

   Lösung:
   $-3 \mapsto |-3| = -(-3) = 3$
   $-2 \mapsto |-2| = -(-2)$
   usw.
   Wertetabelle:

x	–3	–2	–1	0	1	2	3
$\|x\|$	3	2	1	0	1	2	3

2. Bringen Sie die Funktion $f(x) = |2x - 1| + x$ in eine abschnittsweise definierte Darstellung und zeichnen Sie ihren Graphen.

Lösung:
Um den Bereich zu finden, in dem die Betragsstriche entfallen können, setzt man die **innere Funktion**, also den zwischen den Betragsstrichen stehenden Term **$2x - 1$**, größer gleich null:

$$2x - 1 \geq 0$$
$$x \geq \tfrac{1}{2}$$

In diesem Bereich sind die Betragsstriche überflüssig, folglich sind die Werte für die restlichen x (also für $x < \frac{1}{2}$) negativ. Das wird durch das Vorsetzen eines weiteren Minuszeichens korrigiert. Mit diesen Überlegungen ergibt sich:

$$f(x) = |2x - 1| + x = \begin{cases} 2x - 1 + x & \text{für } x \geq \frac{1}{2} \\ -(2x - 1) + x & \text{für } x < \frac{1}{2} \end{cases} = \begin{cases} 3x - 1 & \text{für } x \geq \frac{1}{2} \\ -x + 1 & \text{für } x < \frac{1}{2} \end{cases}$$

Der Graph setzt sich aus zwei Geradenstücken zusammen, die durch die Funktionsgleichungen $y = 3x - 1$ und $y = -x + 1$ in den jeweiligen Abschnitten gegeben sind.

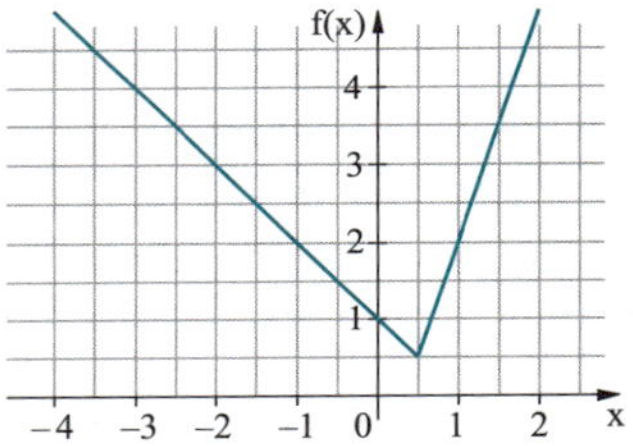

3. Geben Sie die Funktion $f(x) = |x^2 - 4|$ in betragsstrichfreier Schreibweise an und zeichnen Sie ihren Graphen.

Lösung:
Der im Betrag stehende Term **$x^2 - 4$** wird größer gleich null gesetzt:

$$x^2 - 4 \geq 0$$
$$x^2 \geq 4 \quad | \sqrt{} \quad \text{(Achtung: Betrag!)}$$
$$|x| \geq 2$$

Daraus folgt die Darstellung:

$$f(x) = |x^2 - 4| = \begin{cases} x^2 - 4 & \text{für } |x| \geq 2 \\ -x^2 + 4 & \text{für } |x| < 2 \end{cases}$$

Dabei wurden im unteren Funktionsterm einfach alle Vorzeichen umgedreht, das entspricht einem vor die Klammer gesetzten Minuszeichen.

Die grafische Darstellung zeigt, dass der Graph durch den Betrag unverändert gelassen wird, wo er ohnehin schon im positiven Bereich verläuft. Dort hingegen, wo er im negativen Bereich verläuft, wird er an der x-Achse nach oben **gespiegelt**.

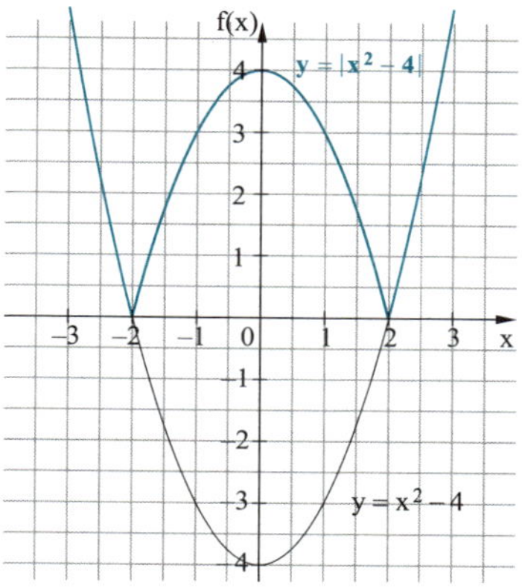

Aufgaben

87. Nachfolgend sind die Graphen einiger abschnittsweise definierter Funktionen abgebildet.
Geben Sie die zugehörigen Funktionsterme an.

a) 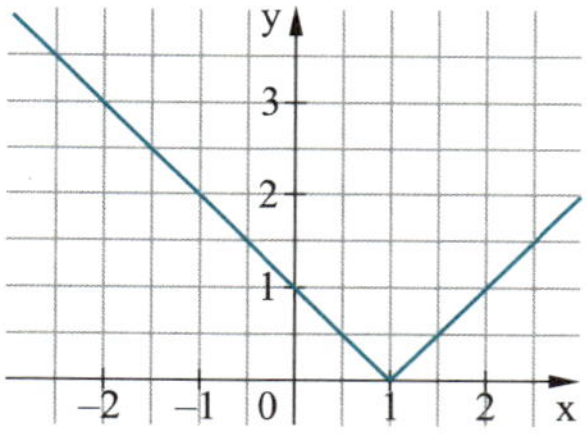

b) 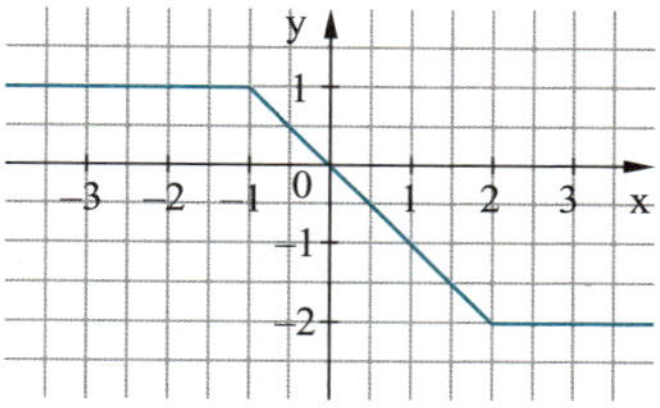

c) 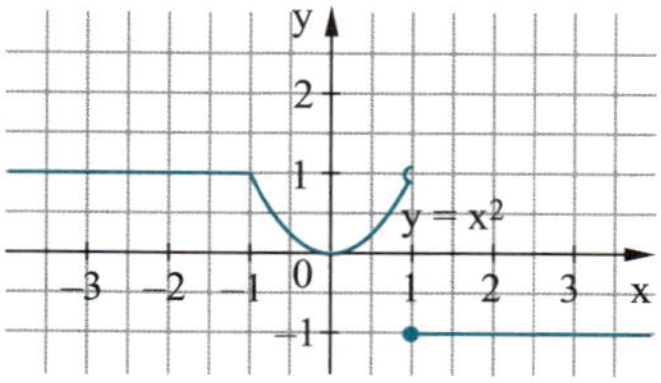

88. Zeichnen Sie die Graphen der angegebenen Funktionen.

a) $f: x \mapsto \begin{cases} -2 & \text{für } x \in [-2; -1[\\ 1 & \text{für } x \in [-1; 1[\\ 3 & \text{für } x \in [1; 3[\end{cases}$

b) $p: x \mapsto \begin{cases} -\frac{1}{3}x^2 + 5 & \text{für } 0 \le x < 3 \\ \frac{1}{2}(x-5)^2 & \text{für } 3 \le x \le 5 \end{cases}$

c) $s: t \mapsto \begin{cases} \frac{3}{2}t & \text{für } t \in [0; 2[\\ \frac{1}{2}t + 2 & \text{für } t \in [2; 3[\\ 3{,}5 & \text{für } t \in [3; 5[\\ -0{,}7t + 7 & \text{für } t \in [5; 10] \end{cases}$

89. Stellen Sie folgende Funktionen ohne Betragsstriche dar und zeichnen Sie ihre Graphen:

a) $f(x) = \left|-\frac{1}{2}x + \frac{3}{2}\right| - x$

b) $g(x) = x \cdot |x|$

c) $h(x) = \frac{|x|}{x}$

d) $p(x) = |1 - x^2|$

90. Der Kolben einer pneumatischen Anlage besitzt das folgende Zeit-Weg-Diagramm:

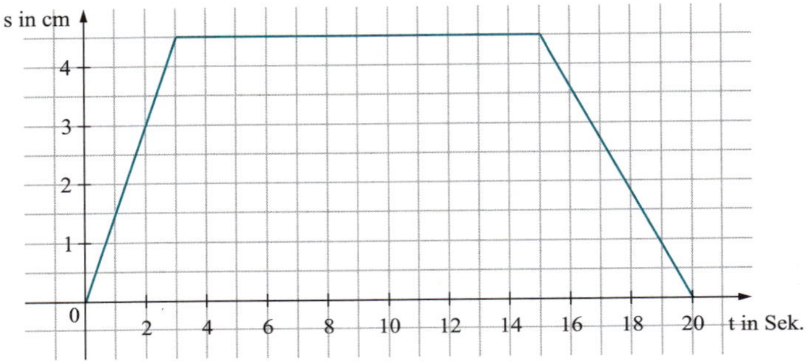

a) Berechnen Sie die Steigungen der Geradenstücke in den 3 Abschnitten.

b) Geben Sie den Weg in Abhängigkeit der Zeit als abschnittsweise definierte Funktion an.

91. Ein Autofahrer steht mit seinem Auto an der Einfahrt zu einem Parkplatz. Von hier aus wird die Zeit t und die Strecke s gemessen, die das Auto bis zum Stellplatz zurücklegt. Dabei ergibt sich das unten stehende Zeit-Weg-Diagramm.

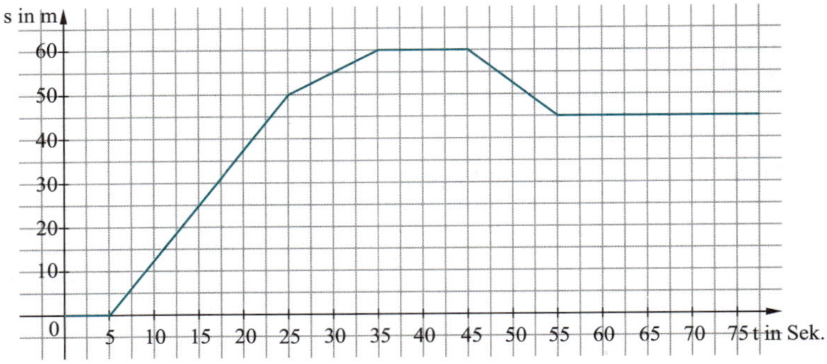

a) Interpretieren Sie die einzelnen Abschnitte des Diagramms im Sinne der vorliegenden Thematik.

b) Stellen Sie die Zeit-Weg-Funktion, das so genannte t-s-Diagramm, als abschnittsweise definierte Funktion dar.

Lineare Gleichungssysteme

Lineare mathematische Objekte werden im Anschauungsraum durch Geraden und Ebenen dargestellt. Ihre Bedeutung für die Praxis geht jedoch weit darüber hinaus. Deshalb hat man effektive Rechenverfahren entwickelt, mit denen sich lineare Gleichungssysteme lösen lassen.

1 Lineare 2×2-Gleichungssysteme

Treten mehrere Gleichungen mit mehreren Unbekannten (Variablen) auf, so liegt ein **Gleichungssystem** vor. Kommen die Variablen darin ausschließlich in der ersten Potenz vor, so heißt das Gleichungssystem **linear**. Das einfachste lineare Gleichungssystem (LGS) besteht aus zwei Gleichungen und zwei Unbekannten, was auch als 2×2-System (sprich: „2 kreuz 2") bezeichnet wird. Die erste Zahl gibt die Anzahl der Gleichungen, die zweite die Anzahl der Unbekannten an.

Lineares 2 × 2-Gleichungssystem

Ein lineares 2×2-Gleichungssystem besteht aus zwei unabhängigen, linearen Gleichungen der Form

(1) $a_{11}x_1 + a_{12}x_2 = b_1$

(2) $a_{21}x_1 + a_{22}x_2 = b_2$

mit den **Unbekannten (Variablen)** $x_1, x_2 \in \mathbb{R}$, den **Koeffizienten** $a_{11}, a_{12}, a_{21}, a_{22} \in \mathbb{R}$ sowie den Zahlen $b_1, b_2 \in \mathbb{R}$.

Ein **Zahlenpaar** $(x_1^*; x_2^*) \in \mathbb{R} \times \mathbb{R}$ heißt eine **Lösung des linearen Gleichungssystems**, wenn das Einsetzen von $x_1 = x_1^*$ und $x_2 = x_2^*$ in die Gleichungen (1) **und** (2) wahre Aussagen liefert.

Die **Lösungsmenge** sind sämtliche Zahlenpaare, die das Gleichungssystem lösen. Diese ändert sich nicht, wenn auf die Gleichungen **Äquivalenzumformungen** (Addieren einer Zahl, Multiplizieren mit einer Zahl $\neq 0$) angewandt werden.

Die Verwendung von **Doppelindizes** a_{11}, a_{12}, a_{21} und a_{22} ist gewöhnungsbedürftig, aber vor allem bei der Behandlung größerer Gleichungssysteme kann darauf nicht verzichtet werden. Dabei gibt der erste Index die Nummer der Gleichung an, in welcher der Koeffizient steht, und der zweite gibt die Unbekannte an, bei welcher der Koeffizient auftritt. So steht z. B. a_{12} (sprich „a-eins-zwei") in Gleichung (1) bei der 2. Unbekannten x_2, und a_{21} in Gleichung (2) bei der 1. Unbekannten x_1.

Lineare 2×2-Gleichungssysteme können mit **grafischen Methoden** gelöst werden, indem die beiden Gleichungen (1) und (2) als Graphen linearer Funktionen (Geraden) und die Lösungen als deren Schnittpunkte interpretiert werden.

Beispiele

1. Ein Baumarkt hat verschiedene Batteriepackungen im Angebot. Darin enthalten sind je zwei Batterieformate I und II. Eine Packung enthält drei Batterien des Formats I und zwei Batterien des Formats II zum Gesamtpreis von 4,80 €. Eine andere Packung beinhaltet sechs Batterien des Formats I und acht des Formats II, sie kostet 14,40 €.
   Ermitteln Sie die (theoretischen) Einzelpreise der Batterien.

Lösung:

Der Einzelpreis für eine Batterie des Formates I wird mit x, der für eine Batterie II mit y bezeichnet. Für jede der Packungen wird eine eigene Gleichung aufgestellt.

(1) $3x + 2y = 4,80$

(2) $6x + 8y = 14,40$

Es handelt sich um ein lineares 2×2-Gleichungssystem. Jede der beiden Gleichungen stellt eine Geradengleichung in der Ebene dar. Um das zu verdeutlichen, werden die Gleichungen jeweils nach y auflöst:

(1) $y = -\frac{3}{2}x + 2,40$

(2) $y = -\frac{3}{4}x + 1,80$

Diejenigen Punkte, die auf beiden Geraden liegen, sind die Lösungen des Gleichungssystems:

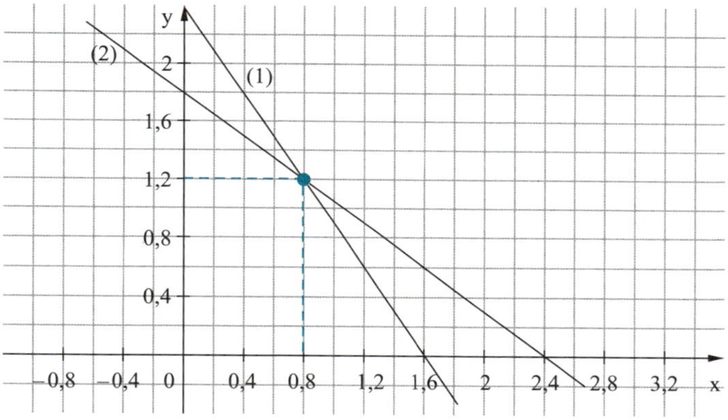

Aus obiger Darstellung lässt sich der Schnittpunkt **S(0,8; 1,2)** ablesen. In Bezug auf die Aufgabenstellung bedeutet das, dass eine Batterie des Formats I **0,80 €** und eine des Formats II **1,20 €** kostet.

2. Im Abschnitt über lineare Funktionen wurde eine Methode vorgestellt, mit der die Gleichung der Geraden durch die Punkte A(–2; 3) und B(3; 1) bestimmt werden kann. Diese Aufgabe lässt sich auch mithilfe eines linearen 2×2-Gleichungssystems lösen.
   Der allgemeine Ansatz für eine Gerade lautet **g: $y = mx + t$** mit den Unbekannten m und t. Setzt man die Koordinaten von A und B ein, so ergeben sich zwei Gleichungen mit zwei Unbekannten:
   A in g: (1) $-2m + t = 3$
   B in g: (2) $3m + t = 1$
   Zur Bestimmung von m und t muss das 2×2-System gelöst werden.

1.1 Elementare Lösungsverfahren

Zum systematischen Lösen von linearen Gleichungssystemen gibt es mehrere Verfahren, im Folgenden werden drei Standardmethoden aufgezeigt. Der Vorteil dabei ist, dass diese sowohl einzeln als auch miteinander kombiniert angewandt werden können. Welche der Methoden bei einem gegebenen Gleichungssystem schneller zum Ziel führt (bzw. weniger Rechenschritte erfordert), lernt man mit der Zeit ganz automatisch. Alle drei Verfahren haben jedoch den Nachteil, unsystematisch zu sein. Man muss daher beim Lösen sehr diszipliniert vorgehen, um die Übersicht zu behalten und Rechenfehler zu vermeiden.

Das Gleichsetzungsverfahren

Schritt 1:
Beide Gleichungen nach derselben Unbekannten umstellen.

Schritt 2:
Die rechten Seiten gleichsetzen und nach der zweiten Unbekannten auflösen, damit ist eine der Variablen bestimmt.

Schritt 3:
Die andere Unbekannte durch Einsetzen der bekannten Variable in eine der beiden Gleichungen bestimmen.

Schritt 4:
Angeben der Lösungsmenge L, dabei werden die ermittelten Variablen als Zahlenpaar (wie Koordinaten eines Punktes) angegeben.

Beispiel

Lösen Sie das folgende Gleichungssystem mit dem Gleichsetzungsverfahren:

(1) $3x_1 + 5x_2 = 9$

(2) $-2x_1 + 4x_2 = 16$

Lösung:

Schritt 1: Umstellen der Gleichungen nach x_1

(1) $3x_1 = 9 - 5x_2 \quad |:3$

(2) $-2x_1 = 16 - 4x_2 \quad |:(-2)$

(1*) $x_1 = 3 - \frac{5}{3}x_2$

(2*) $x_1 = -8 + 2x_2$

Schritt 2: (1*) und (2*) **gleichsetzen** und nach x_2 auflösen

$$3 - \frac{5}{3}x_2 = -8 + 2x_2 \quad |-2x_2; -3$$

$$-\frac{5}{3}x_2 - 2x_2 = -8 - 3$$

$$-\frac{11}{3}x_2 = -11 \quad |\cdot\left(-\frac{3}{11}\right)$$

$$\mathbf{x_2 = 3}$$

$x_1 = -8 + 2 \cdot 3 = -2$

Schritt 3: Einsetzen von $x_2 = 3$ in (2*) ergibt x_1, man könnte auch in (1*) einsetzen.

$\Rightarrow \quad L = \{(-2;\ 3)\}$

Schritt 4: Ergebnis: $x_1 = -2$ und $x_2 = 3$ bilden die Lösung.

Auch bei Gleichungssystemen ist es günstig, die **Probe** zu machen:

(1) $3 \cdot (-2) + 5 \cdot 3 = 9 \quad \Leftrightarrow \quad 9 = 9$ (wahre Aussage)

(2) $-2 \cdot (-2) + 4 \cdot 3 = 16 \quad \Leftrightarrow \quad 16 = 16$ (wahre Aussage)

Aufgabe **92.** Bestimmen Sie die Lösungen mithilfe des Gleichsetzungsverfahrens.

a) (1) $-2m + t = 3$
(2) $3m + t = 1$

b) (1) $\frac{1}{2}x + \frac{1}{3}y = \frac{3}{2}$
(2) $\frac{1}{4}x + \frac{1}{2}y = \frac{3}{4}$

c) Die Differenz zweier Zahlen beträgt 17. Verdreifacht man die eine Zahl, so fehlt noch 1 auf die zweite Zahl. Wie lauten beide Zahlen?

Das Einsetzungsverfahren

Schritt 1:
Eine der beiden Gleichungen nach einer Unbekannten auflösen.

Schritt 2:
Die ermittelte Unbekannte wird dann in der anderen Gleichung durch den im Schritt 1 erhaltenen Ausdruck ersetzt.

Schritt 3:
Durch Auflösen der erhaltenen Gleichung erhält man den Wert einer Unbekannten.

Schritt 4:
Die andere Unbekannte erhält man durch Einsetzen der bekannten Variable in die im Schritt 1 aufgelöste Gleichung.

Schritt 5:
Angeben der Lösungsmenge L.

Auch bei nichtlinearen Gleichungssystemen ist das Einsetzungsverfahren als Lösungsmethode geeignet.

Das Einsetzungsverfahren lässt sich auch bei mehr als zwei Gleichungen verwenden. Man stellt dann eine Gleichung nach einer Unbekannten um und ersetzt in allen restlichen Gleichungen diese Unbekannte. Dies führt zu einem System, das eine Unbekannte und eine Gleichung weniger hat. So verfährt man, bis nur noch eine Gleichung mit einer Unbekannten übrig ist.

Beispiel

Lösen Sie das folgende Gleichungssystem mit dem Einsetzungsverfahren:

(1) $3x_1 + 5x_2 = 9$

(2) $-2x_1 + 4x_2 = 16$

Lösung:

(1) $3x_1 + 5x_2 = 9$ — **Schritt 1:** Auflösen nach x_1

(2) $-2x_1 + 4x_2 = 16 \quad | -4x_2$

$-2x_1 = -4x_2 + 16 \quad | : (-2)$

(2*) $x_1 = 2x_2 - 8$

(2*) in (1): $3 \cdot \mathbf{(2x_2 - 8)} + 5x_2 = 9$ — **Schritt 2: Ersetzen** von x_1 in Gleichung (1) durch die rechte Seite von (2*)

$6x_2 - 24 + 5x_2 = 9$ — **Schritt 3:** Auflösen nach x_2

$11x_2 = 33$

$\mathbf{x_2 = 3}$

$\mathbf{x_1} = 2 \cdot 3 - 8 = \mathbf{-2}$ — **Schritt 4:** Bestimmung von x_1 durch Einsetzen von $\mathbf{x_2 = 3}$ in (2*)

$\Rightarrow \mathbf{L = \{(-2; 3)\}}$ — **Schritt 5:** Ergebnis: $\mathbf{x_1 = -2}$ und $\mathbf{x_2 = 3}$ bilden die Lösung.

Aufgabe

93. Bestimmen Sie die Lösungen mithilfe des Einsetzungsverfahrens.

a) (1) $3x_1 + 2x_2 = 4{,}8$
   (2) $6x_1 + 8x_2 = 14{,}4$

b) (1) $x = 2y$
   (2) $y = \frac{1}{2}x + \frac{1}{2}$

c) Petras Onkel, ein Mathematiker, stellt ihr folgende Aufgabe:
„Vor fünf Jahren war ich dreimal so alt wie du jetzt bist und zusammen sind wir jetzt fünfmal so alt wie du vor zwei Jahren warst.“
Ermitteln Sie das Alter von Petra und ihrem Onkel.

Außer den bekannten Äquivalenzumformungen für eine Gleichung, nämlich dem beidseitigen Addieren einer beliebigen Zahl und dem beidseitigen Multiplizieren mit einer von null verschiedenen Zahl, gibt es bei Gleichungssystemen noch eine weitere Äquivalenzumformung:

Addition von Gleichungen

In einem Gleichungssystem kann zu einer Gleichung eine andere Gleichung addiert werden, ohne dass sich die Lösungsmenge des Gleichungssystems ändert.

Beispiel

Das lineare Gleichungssystem

(1) $3x_1 + 5x_2 = 9$

(2) $-2x_1 + 4x_2 = 16$

ist äquivalent zu

(1) $3x_1 + 5x_2 = 9$

(1) + (2): $x_1 + 9x_2 = 25$

Dabei blieb die erste Gleichung unverändert und zur zweiten Gleichung wurde die erste Gleichung hinzuaddiert, indem die entsprechenden Koeffizienten addiert wurden:

$(3 + (-2))x_1 = x_1$

$(5 + 4)x_2 = 9x_2$

$9 + 16 = 25$

Durch Multiplikation der Gleichungen mit Zahlen ungleich null kann erreicht werden, dass Variablen beim Addieren herausfallen. Dieser Sachverhalt bildet die Grundlage für das **Additionsverfahren**, das ein weiteres Lösungsverfahren für lineare Gleichungssysteme darstellt. Das Additionsverfahren ist von Vorteil, wenn nur wenige Multiplikationen der Gleichungen zur Vorbereitung der Addition erforderlich sind, wenn also beispielsweise nur eine Gleichung durchmultipliziert werden muss. Statt zwei Gleichungen zu addieren, kann man auch zwei Gleichungen subtrahieren. In jedem Fall muss man sich die Koeffizienten genau ansehen und auch etwas Erfahrung haben, die man durch entsprechende Übung bekommt.

Das Additionsverfahren

Schritt 1:

Die Gleichungen so multiplizieren, dass die Koeffizienten von einer der beiden Unbekannten beim Addieren der Gleichungen wegfallen.

Schritt 2:

Die beiden Gleichungen addieren.

Schritt 3:

Durch Auflösen der erhaltenen Gleichung erhält man den Wert der nicht eliminierten Unbekannten.

Schritt 4:

Die andere Unbekannte lässt sich durch Einsetzen der bekannten Variable in eine der beiden Gleichungen bestimmen.

Schritt 5:

Angeben der Lösungsmenge L.

Beispiel

Bestimmen Sie die Lösungsmenge des folgenden Gleichungssystems mithilfe des Additionsverfahrens:

(1) $3x_1 + 5x_2 = 9$
(2) $-2x_1 + 4x_2 = 16$

Lösung:

(1) $3x_1 + 5x_2 = 9 \quad | \cdot 2$
(2) $-2x_1 + 4x_2 = 16 \quad | \cdot 3$

Schritt 1: Die Gleichungen so multiplizieren, dass die Koeffizienten von x_1 beim Addieren **wegfallen**

(1*) $6x_1 + 10x_2 = 18$
(2*) $-6x_1 + 12x_2 = 48$

(1*) + (2*): $22x_2 = 66$ (2)**

Schritt 2: Gleichung (1*) zu Gleichung (2*) **hinzuaddieren**
Dieses Gleichungssystem ist äquivalent zum vorherigen.

(1*) $6x_1 + 10x_2 = 18$
(2**) $22x_2 = 66$

(2**) $x_2 = \frac{66}{22} = 3$

Schritt 3: Aus (2**) wird x_2 berechnet.

$6x_1 + 10 \cdot 3 = 18$
$6x_1 = -12$
$x_1 = -2$

Schritt 4: Man kann $x_2 = 3$ beispielsweise in (1*) einsetzen und damit x_1 bestimmen.

$\Rightarrow$ **$L = \{(-2; 3)\}$**

Schritt 5: Ergebnis: $x_1 = -2$ und $x_2 = 3$ bilden die Lösung.

Aufgabe **94.** Bestimmen Sie die Lösungen mithilfe des Additionsverfahrens.

a) (1) $3x_1 + 2x_2 = 4{,}8$
(2) $6x_1 + 8x_2 = 14{,}4$

b) (1) $3x_1 + 5x_2 = 9$
(2) $x_1 + 9x_2 = 25$

c) Der Feingehalt einer Gold- oder Silberlegierung wird in Teilen von 1 000 angegeben. Reines Gold bzw. Silber hat also den Feingehalt 1 000.
Eine Silberlegierung vom Feingehalt 250 enthält neben anderen Metallen 40 % Kupfer.
Wie viel reines Silber und wie viel reines Kupfer müssen zu 1 000 g dieser Legierung hinzugefügt werden, damit sie nachher den Feingehalt 300 besitzt und außerdem 50 % Kupfer enthält?

1.2 Lösbarkeit

Die bisherigen Beispiele könnten suggerieren, dass Gleichungssysteme stets genau eine Lösung haben. Dem ist nicht so!

Anzahl der Lösungen

Ein lineares 2×2-Gleichungssystem

(1) $a_{11}x + a_{12}y = b_1$

(2) $a_{21}x + a_{22}y = b_2$

kann **genau eine, keine** oder **unendlich viele Lösungen** besitzen.
Im Fall von unendlich vielen Lösungen erfüllen alle Zahlenpaare (x; y), die Gleichung (1) erfüllen, automatisch auch Gleichung (2). Um die Lösungsmenge darzustellen, wählt man sich einen **freien Parameter**, z. B. k, und bezeichnet damit eine der beiden Unbekannten. Ersetzt man z. B. x durch k und löst die entstehende Gleichung nach y auf, so erhält man den zweiten Zahlenwert der jeweiligen Lösung in **Abhängigkeit von k**.

Beispiele

1. Lösen Sie das lineare Gleichungssystem:

   (1) $x - y = 2$

   (2) $-3x + 3y = -5$

   Lösung:
   Mit dem Einsetzungsverfahren ergibt sich:
   Aus (1): $x = 2 + y$
   In (2): $-3(2 + y) + 3y = -5$
   Daraus folgt $-6 - 3y + 3y = -5$, also $\mathbf{-6 = -5}$. Das ist eine **falsche Aussage**, dieses Gleichungssystem besitzt daher **keine Lösung, $L = \varnothing$**.
   Jedes andere Lösungsverfahren käme zum gleichen Ergebnis.

2. Lösen Sie das lineare Gleichungssystem:

   (1) $x - y = 2$

   (2) $-3x + 3y = -6$

   Lösung:
   Anwendung des Einsetzungsverfahrens:
   Aus (1): $x = 2 + y$
   In (2): $-3(2 + y) + 3y = -6$
   Zusammengefasst ergibt das $-6 - 3y + 3y = -6$, also $\mathbf{-6 = -6}$. Das ist eine **allgemeingültige Aussage**, d. h. dieses Gleichungssystem hat **unendlich viele** Lösungen.
   Ersetzt man in Gleichung (1) die Unbekannte x durch k, so erhält man $\mathbf{k} - y = 2$, nach y aufgelöst ergibt das $y = \mathbf{k - 2}$.

Somit kann man die Lösungsmenge angeben: $L = \{(\mathbf{k; k-2}) \mid k \in \mathbb{R}\}$
Für jedes $k \in \mathbb{R}$, das man in das Tupel $(k; k-2)$ einsetzt, erhält man eine konkrete Lösung des Gleichungssystems. Für $k = 0$ ergibt sich z. B. die Lösung $(0; -2)$, für $k = -1{,}5$ hat man $(-1{,}5; -3{,}5)$ usw.

Ein lineares 2×2-Gleichungssystem lässt sich geometrisch interpretieren als zwei Geraden in der Ebene. Die Lösungsmenge eines solchen Systems besteht aus denjenigen Punkten, die auf beiden Geraden zugleich liegen.

Geometrische Deutung der Lösungen

Fall 1: genau eine Lösung
$L = \{(x_0; y_0)\}$
g_1 und g_2 **schneiden sich** im Punkt $P(x_0; y_0)$.

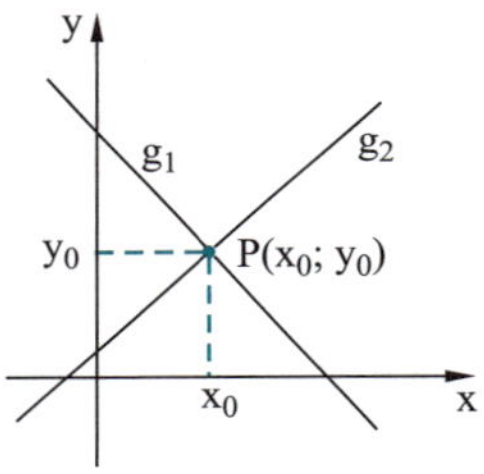

Fall 2: keine Lösung
$L = \emptyset$
g_1 und g_2 sind **parallel**; sie haben keinen gemeinsamen Punkt.

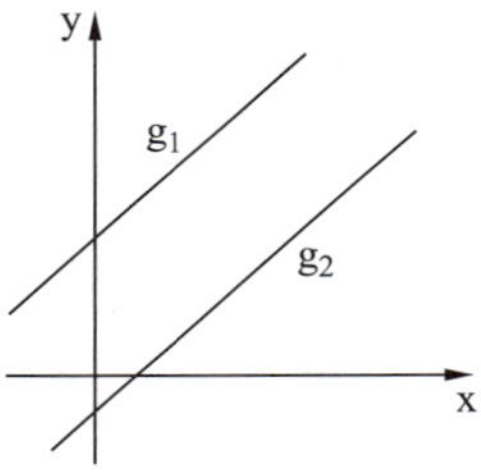

Fall 3: unendlich viele Lösungen
$L = \{\text{alle Geradenpunkte}\}$
g_1 und g_2 sind **identisch**; sie haben alle Geradenpunkte gemeinsam.

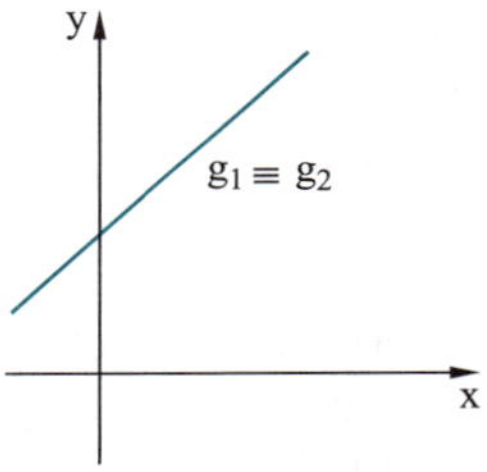

Beispiele

(1) $x + y = 3$
(2) $x - y = -0{,}5$

Bei (1) handelt es sich um die Gerade g_1: $y = -x + 3$ und bei (2) um g_2: $y = x + 0{,}5$.
Es ergibt sich rechnerisch mit den oben eingeführten Verfahren genau eine Zahl für die Unbekannte x und eine für die Unbekannte y.

(1) $2x - 2y = -3$
(2) $4x - 4y = 1$

Bei (1) handelt es sich um die Gerade g_1: $y = x + 1{,}5$ und bei (2) um g_2: $y = x - 0{,}25$.
Das sind zwei parallele Geraden.
Bei der rechnerischen Lösung eines solchen Gleichungssystems erhält man ein falsche Aussage.

(1) $2x - 2y = -3$
(2) $x - y = -1{,}5$

Bei (1) handelt es sich um die Gerade g_1: $y = x + 1{,}5$ und bei (2) um g_2: $y = x + 1{,}5$.
Die Geraden sind identisch, man hat im Prinzip nur eine Gleichung (die zweite Gleichung ergibt sich aus der ersten durch Multiplikation mit der Zahl 2).

In Gleichungssystemen können, wie in Einzelgleichungen auch, ein oder mehrere Parameter vorkommen.

Beispiel

Lösen Sie das Gleichungssystem

(1) $x + 2y = -1$

(2) $-2x + ay = 4$

wobei $a \in \mathbb{R}$ ein reeller Parameter ist.

Lösung:

Es bietet sich das Additionsverfahren an, nachdem Gleichung (1) mit dem Faktor 2 multipliziert wurde:

(1*) $2x + 4y = -2$

(2) $-2x + ay = 4$

(2*) $(a+4)y = 2$

Es müssen zwei Fälle unterschieden werden:

Fall 1: Der Koeffizient $(a+4)$ in der Gleichung (2*) ist gleich null, dann lautet (2*):

$0 = 2$

Das ist eine falsche Aussage und es gibt keine Lösung, falls $a = -4$:

$\mathbf{L = \varnothing}$

Fall 2: Der Koeffizient $(a+4)$ ist ungleich null, d. h. $a \neq -4$, dann wird (2*) nach y aufgelöst:

$$y = \frac{2}{a+4}$$

Um x zu bestimmen, wird das bekannte y in (1) eingesetzt:

$$x + 2\frac{2}{a+4} = -1$$

Schließlich wird noch nach x aufgelöst:

$$x = -\frac{4}{a+4} - 1 = \frac{-4-(a+4)}{a+4} = \frac{-a-8}{a+4}$$

Die Lösungsmenge lautet:

$$\mathbf{L} = \left\{\left(-\frac{a+8}{a+4}; \frac{2}{a+4}\right) \middle| a \in \mathbb{R}\setminus\{-4\}\right\}$$

Aufgaben

95. Untersuchen Sie die Lösbarkeit der nachfolgenden Gleichungssysteme und geben Sie ihre Lösungsmengen an:

a) (1) $2x_1 = 1 + x_2$
   (2) $6x_1 - 3x_2 - 3 = 0$

b) (1) $x_1 - x_2 = 1$
   (2) $x_1 - x_2 = k;\quad k \in \mathbb{R}$

c) (1) $\frac{2}{3}x - \frac{1}{2}y = 6$
   (2) $\frac{1}{3}x - \frac{1}{4}y = 4$

d) (1) $x + y = 2$
   (2) $ax + y = 1;\quad a \in \mathbb{R}$

96. Markus kauft sich in der ersten Pause ein Käsebrötchen und eine Safttüte für 2,10 €. In der zweiten Pause, sein Hunger und sein Durst haben wegen zwischenzeitlicher Mathe-Schulaufgabe zugenommen, kauft er sich zwei Käsebrötchen und zwei Safttüten. Dafür zahlt er 4,20 €. Sein Freund Thomas möchte wissen, wie viel ein Käsebrötchen bzw. eine Safttüte kostet. Versuchen Sie den beiden zu helfen, indem Sie ein Gleichungssystem ansetzen. Welche Erkenntnis gewinnen Sie daraus?

1.3 Determinantenverfahren

Determinanten spielen bei der Lösung von linearen Gleichungssystemen eine wichtige Rolle, sie liefern u. a. Aussagen über die Lösbarkeit und können zur Bestimmung der Lösung herangezogen werden.

Zweireihige Determinanten

Hat man reelle Zahlen a, b, c und d, so heißt der Ausdruck

$$\begin{vmatrix} \mathbf{a} & \mathbf{b} \\ \mathbf{c} & \mathbf{d} \end{vmatrix} = \mathbf{a} \cdot \mathbf{d} - \mathbf{c} \cdot \mathbf{b}$$

eine **zweireihige Determinante**. Diese wird meist mit dem Buchstaben D bezeichnet. Dabei bilden die Zahlen a und d die **Hauptdiagonale**, c und b die **Nebendiagonale**. Der Wert einer zweireihigen Determinante ergibt sich, indem man die Elemente der Hauptdiagonalen miteinander multipliziert und davon das Produkt der Elemente der Nebendiagonalen subtrahiert.

Beispiel

Berechnen Sie die zweireihigen Determinanten $\begin{vmatrix} 2 & 5 \\ 3 & 1 \end{vmatrix}$ und $\begin{vmatrix} -4 & 2 \\ 2 & -1 \end{vmatrix}$.

Lösung:

$$\begin{vmatrix} 2 & 5 \\ 3 & 1 \end{vmatrix} = 2 \cdot 1 - 3 \cdot 5 = 2 - 15 = -13$$

$$\begin{vmatrix} -4 & 2 \\ 2 & -1 \end{vmatrix} = -4 \cdot (-1) - 2 \cdot 2 = 4 - 4 = 0$$

Aufgaben

97. Berechnen Sie die folgenden Determinanten:

a) $\begin{vmatrix} -1 & 0 \\ 2 & 3 \end{vmatrix}$ b) $\begin{vmatrix} \frac{1}{3} & -\frac{1}{2} \\ \frac{3}{2} & -\frac{3}{4} \end{vmatrix}$

c) $\begin{vmatrix} \sqrt{2} & -1 \\ 1 & 1 \end{vmatrix}$ d) $\begin{vmatrix} a^2 & 2 \\ a & \frac{1}{a} \end{vmatrix}$

98. Bestimmen Sie allgemein $\begin{vmatrix} a_{11} & a_{12} \\ a_{21} & a_{22} \end{vmatrix}$, $\begin{vmatrix} b_1 & a_{12} \\ b_2 & a_{22} \end{vmatrix}$ und $\begin{vmatrix} a_{11} & b_1 \\ a_{21} & b_2 \end{vmatrix}$.

Determinanten sind ein vorzügliches Hilfsmittel, um lineare Gleichungssysteme systematisch zu lösen. Diese „Determinantenmethode“ geht auf den Schweizer Mathematiker Gabriel Cramer (1704–1752) zurück.

Determinantenverfahren (Cramer'sche Regel)

Zu einem allgemeinen linearen 2×2-Gleichungssystem

(1) $a_{11}x_1 + a_{12}x_2 = b_1$

(2) $a_{21}x_1 + a_{22}x_2 = b_2$

betrachtet man die folgenden Determinanten:

$D = \begin{vmatrix} a_{11} & a_{12} \\ a_{21} & a_{22} \end{vmatrix}$ **(Koeffizientendeterminante)**

$D_1 = \begin{vmatrix} \mathbf{b_1} & a_{12} \\ \mathbf{b_2} & a_{22} \end{vmatrix}$ und $D_2 = \begin{vmatrix} a_{11} & \mathbf{b_1} \\ a_{21} & \mathbf{b_2} \end{vmatrix}$

Im Fall $D \neq 0$ ist die Lösung des linearen Gleichungssystems gegeben durch

$\mathbf{x_1 = \frac{D_1}{D}}$ und $\mathbf{x_2 = \frac{D_2}{D}}$.

Beispiel

Bestimmen Sie die Lösung des Gleichungssystems

(1) $3x_1 + 5x_2 = 9$

(2) $-2x_1 + 4x_2 = 16$

mit dem Determinantenverfahren.

Lösung:

$D = \begin{vmatrix} 3 & 5 \\ -2 & 4 \end{vmatrix}$

$= 3 \cdot 4 - (-2) \cdot 5 = 12 + 10 = 22$

Die Koeffizienten vor den Unbekannten werden in die **Determinante D** geschrieben und D wird berechnet.

$$D_1 = \begin{vmatrix} \mathbf{9} & 5 \\ \mathbf{16} & 4 \end{vmatrix}$$
$$= 9 \cdot 4 - 16 \cdot 5 = 36 - 80 = -44$$
$$D_2 = \begin{vmatrix} 3 & \mathbf{9} \\ -2 & \mathbf{16} \end{vmatrix}$$
$$= 3 \cdot 16 - (-2) \cdot 9 = 48 + 18 = 66$$
$$\Rightarrow \quad x_1 = \frac{D_1}{D} = \frac{-44}{22} = -2$$
$$\Rightarrow \quad x_2 = \frac{D_2}{D} = \frac{66}{22} = 3$$

$\mathbf{D_1}$ bzw. $\mathbf{D_2}$ ergeben sich aus der Koeffizientendeterminante D, indem man die Koeffizienten vor der 1. bzw. der 2. Unbekannten jeweils durch die Zahlen der rechten Seite des Gleichungssystems **ersetzt**.

Aus D, D_1 bzw. D_2 ergeben sich die **Lösungen** $\mathbf{x_1}$ und $\mathbf{x_2}$ durch Bildung der entsprechenden **Quotienten**.

Das Determinantenverfahren eignet sich auch sehr gut, um die Lösbarkeit eines Gleichungssystems zu beurteilen. Ist $D \neq 0$, so besitzt das Gleichungssystem eine eindeutige Lösung (die zugehörigen Geraden schneiden sich). Ist jedoch $D = 0$, so kann nicht nach den Unbekannten aufgelöst werden.

Lösbarkeit und Determinanten

Für die Lösbarkeit eines linearen 2×2-Gleichungssystems gilt:

- $D \neq 0 \quad \Rightarrow \quad$ **genau eine Lösung**
- $D = 0;\ D_1 \neq 0 \vee D_2 \neq 0 \quad \Rightarrow \quad$ **keine Lösung; $L = \varnothing$**
- $D = 0;\ D_1 = 0 \wedge D_2 = 0 \quad \Rightarrow \quad$ **unendlich viele Lösungen**

Beispiele

Untersuchen Sie die Lösbarkeit der folgenden Gleichungssysteme, führen Sie ggf. eine Fallunterscheidung durch!

1. (1) $2x - y = 1$
   (2) $2x - y = 2$

2. (1) $2x - y = 1$
   (2) $4x - 2y = 2$

3. (1) $x + y = 2$
   (2) $ax + y = 1; \quad a \in \mathbb{R}$

Lösung:

1. $D = \begin{vmatrix} 2 & -1 \\ 2 & -1 \end{vmatrix} = 2 \cdot (-1) - 2 \cdot (-1) = -2 + 2 = 0$

   $D_1 = \begin{vmatrix} 1 & -1 \\ 2 & -1 \end{vmatrix} = 1 \cdot (-1) - 2 \cdot (-1) = -1 + 2 = 1 \neq 0$

Damit steht bereits fest, dass $L=\varnothing$ ist, und D_2 braucht gar nicht mehr berechnet zu werden!

2. $D=\begin{vmatrix} 2 & -1 \\ 4 & -2 \end{vmatrix}=2\cdot(-2)-4\cdot(-1)=-4+4=0$

$D_1=\begin{vmatrix} 1 & -1 \\ 2 & -2 \end{vmatrix}=1\cdot(-2)-2\cdot(-1)=-2+2=0$

$D_2=\begin{vmatrix} 2 & 1 \\ 4 & 2 \end{vmatrix}=2\cdot 2-4\cdot 1=4-4=0$

Da alle drei Determinanten den Wert null haben, hat dieses Gleichungssystem unendlich viele Lösungen. In diesem Fall hat man nicht wirklich zwei Gleichungen, sondern nur eine (die 2. Gleichung ist lediglich ein Vielfaches der 1. Gleichung).

3. $D=\begin{vmatrix} 1 & 1 \\ a & 1 \end{vmatrix}=1\cdot 1-a\cdot 1=1-a$

$D_1=\begin{vmatrix} 2 & 1 \\ 1 & 1 \end{vmatrix}=2\cdot 1-1\cdot 1=1\neq 0$

$D_2=\begin{vmatrix} 1 & 2 \\ a & 1 \end{vmatrix}=1\cdot 1-a\cdot 2=1-2a$

Fall 1: $a\neq 1 \Leftrightarrow D\neq 0$

Es gibt genau eine Lösung:

$x=\frac{1}{1-a}$; $y=\frac{1-2a}{1-a}$

Fall 2: $a=1 \Leftrightarrow D=0$

Außerdem ist auf jeden Fall $D_1\neq 0$.

$\Rightarrow L=\varnothing$

Aufgabe 99. Untersuchen Sie die Lösbarkeit der folgenden Gleichungssysteme und bestimmen Sie evtl. Lösungen mithilfe von Determinanten (führen Sie eine Fallunterscheidung durch, falls notwendig).

a) (1) $3x_1+2x_2=4{,}8$
(2) $6x_1+8x_2=14{,}4$

b) (1) $3x_1+5x_2=9$
(2) $x_1+9x_2=25$

c) (1) $\frac{2}{3}x-\frac{1}{2}y=6$
(2) $\frac{1}{3}x-\frac{1}{4}y=3$

d) (1) $x_1-x_2=1$
(2) $x_1-x_2=k;\quad k\in\mathbb{R}$

2 Gleichungssysteme höherer Ordnung

Die Lösungsmethoden für lineare 2×2-Gleichungssysteme sind ganz bewusst so ausführlich dargestellt worden, weil diese auch auf Systeme höherer Ordnung, z. B. 3×3-Systeme, übertragbar sind.

2.1 Lineare 3×3-Gleichungssysteme

Ein lineares 3×3-Gleichungssystem enthält im Vergleich zu einem 2×2-Gleichungssystem 1 Gleichung und 1 Unbekannte mehr.

Lineares 3×3-Gleichungssystem

Ein lineares 3×3-Gleichungssystem besteht aus drei linearen Gleichungen der Form

(1) $a_{11}x_1 + a_{12}x_2 + a_{13}x_3 = b_1$

(2) $a_{21}x_1 + a_{22}x_2 + a_{23}x_3 = b_2$

(3) $a_{31}x_1 + a_{32}x_2 + a_{33}x_3 = b_3$

mit den Unbekannten $x_i \in \mathbb{R}$, den Koeffizienten $a_{ij} \in \mathbb{R}$ und $b_i \in \mathbb{R}$ $(i, j = 1, 2, 3)$.

Zur Lösungsfindung können wieder die elementaren Methoden Gleichsetzungs-, Einsetzungs- und Additionsverfahren herangezogen und damit das Gleichungssystem schrittweise aufgelöst werden.

Beispiel

Bestimmen Sie die Lösung des 3×3-Gleichungssystems:

(1) $x_1 + x_2 + x_3 = 9$

(2) $x_1 - x_2 + 2x_3 = 5$

(3) $x_1 + 3x_2 - 3x_3 = 7$

Lösung:

Das System kann mit einer Kombination aus Einsetzungs- und Additionsverfahren gelöst werden.

- Zunächst wird das Einsetzungsverfahren verwendet:

  Aus (1): $x_1 = 9 - x_2 - x_3$ (1*)

  In (2): $\mathbf{9 - x_2 - x_3} - x_2 + 2x_3 = 5$ (2*)

  In (3): $\mathbf{9 - x_2 - x_3} + 3x_2 - 3x_3 = 7$ (3*)

- Zusammengefasst ergeben sich zwei Gleichungen mit zwei Unbekannten:
  (2*) $-2x_2+x_3=-4$
  (3*) $2x_2-4x_3=-2$
  Bei diesem reduzierten System bietet sich das Additionsverfahren an, weil ohne weitere Multiplikationen beim Addieren die Unbekannte x_2 herausfällt:
  (2*)+(3*): $-3x_3=-6 \Rightarrow \mathbf{x_3=2}$
- Nachdem eine Unbekannte ermittelt ist, geht man im Lösungsweg zurück und setzt nach und nach die bereits bestimmten Unbekannten ein:
  $x_3=2$ in (2*): $-2x_2+\mathbf{2}=-4 \Rightarrow \mathbf{x_2=3}$
- Schließlich werden diese Lösungen in die bereits nach x_1 umgestellte Gleichung (1*) eingesetzt:
  $x_2=3,\ x_3=2$ in (1*): $x_1=9-\mathbf{3}-\mathbf{2} \Rightarrow \mathbf{x_1=4}$
- Die Lösungsmenge für das gegebene 3×3-Gleichungssystem lautet **L = {(4; 3; 2)}**. Es handelt sich um ein geordnetes Zahlentripel, das beim Einsetzen in das Gleichungssystem alle drei Gleichungen in wahre Aussagen überführt.

Hinweis: Es wäre rechentechnisch ungünstig gewesen, beim obigen System die 3. Gleichung nach x_2 oder x_3 aufzulösen, weil sich dann Brüche ergeben hätten. Auf solche Dinge sollte man besonders achten, um sich die Arbeit nicht unnötig zu erschweren.

Aufgabe 100. Bestimmen Sie die Lösungen der nachfolgenden Gleichungssysteme:

a) (1) $4x+3y-2z=-9$
(2) $-x+4y-2z=4$
(3) $5x-2y+2z=6$

b) (1) $x_1-4x_2-3x_3=-1$
(2) $-2x_1+12x_2+8x_3=8$
(3) $-2x_1+8x_2+6x_3=2$

c) (1) $x+y+z=10$
(2) $2x-4y-15z=5$
(3) $2y+5z=1$

d) (1) $-6x+6y+2z=13$
(2) $2x-2y-z=7$
(3) $3x-y-4z=-17$

2.2 Dreireihige Determinanten

Zur Lösung von linearen 3×3-Gleichungssystemen eignet sich ebenfalls die Cramer'sche Regel, vorher muss jedoch der Begriff der Determinante noch entsprechend erweitert werden.

Dreireihige Determinanten, Regel von Sarrus

Hat man reelle Zahlen a_i, b_i und c_i ($i = 1, 2, 3$), so heißt der Ausdruck

$$\begin{vmatrix} a_1 & b_1 & c_1 \\ a_2 & b_2 & c_2 \\ a_3 & b_3 & c_3 \end{vmatrix} = a_1b_2c_3 + b_1c_2a_3 + c_1a_2b_3 - a_3b_2c_1 - b_3c_2a_1 - c_3a_2b_1$$

eine **dreireihige Determinante**. Schreibt man die erste und zweite Spalte nochmals hinter die Determinante, dann bilden die Zahlen a_1, b_2, c_3 bzw. b_1, c_2, a_3 bzw. c_1, a_2, b_3 die drei **Hauptdiagonalen** (von links oben nach rechts unten)

$$\left|\begin{matrix} a_1 & b_1 & c_1 \\ a_2 & b_2 & c_2 \\ a_3 & b_3 & c_3 \end{matrix}\right| \begin{matrix} a_1 & b_1 \\ a_2 & b_2 \\ a_3 & b_3 \end{matrix}$$

und a_3, b_2, c_1 bzw. b_3, c_2, a_1 bzw. c_3, a_2, b_1 die drei **Nebendiagonalen** (von links unten nach rechts oben).

$$\left|\begin{matrix} a_1 & b_1 & c_1 \\ a_2 & b_2 & c_2 \\ a_3 & b_3 & c_3 \end{matrix}\right| \begin{matrix} a_1 & b_1 \\ a_2 & b_2 \\ a_3 & b_3 \end{matrix}$$

Der Wert einer dreireihigen Determinante ergibt sich, indem man die Elemente der jeweiligen Hauptdiagonalen miteinander multipliziert, aufsummiert und davon die Produkte der Elemente der Nebendiagonalen subtrahiert **(Regel von Sarrus)**.

Beispiel

Berechnen Sie die Determinante $\begin{vmatrix} 2 & 3 & -2 \\ 1 & 2 & 0 \\ -1 & -4 & 5 \end{vmatrix}$.

Lösung:

Es wird der Wert der angegebenen Determinante berechnet:

$$\left|\begin{matrix} 2 & 3 & -2 \\ 1 & 2 & 0 \\ -1 & -4 & 5 \end{matrix}\right| \begin{matrix} 2 & 3 \\ 1 & 2 \\ -1 & -4 \end{matrix} =$$

$$= 2 \cdot 2 \cdot 5 + 3 \cdot 0 \cdot (-1) + (-2) \cdot 1 \cdot (-4) - (-1) \cdot 2 \cdot (-2) - (-4) \cdot 0 \cdot 2 - 5 \cdot 1 \cdot 3$$

$$= 20 + 0 + 8 - 4 - 0 - 15 = 9$$

Man erkennt, dass die Rechnung stark vereinfacht wird, wenn die Zahl 0 auftritt (dann ist das Produkt insgesamt null und braucht nicht extra angeschrieben zu werden).

Die Cramer'sche Regel zum Bestimmen der Unbekannten kann nun direkt übertragen werden.

Lösbarkeit und Cramer'sche Regel für 3 × 3-Gleichungssysteme

Zu einem allgemeinen linearen 3 × 3-Gleichungssystem

(1) $a_{11}x_1 + a_{12}x_2 + a_{13}x_3 = b_1$

(2) $a_{21}x_1 + a_{22}x_2 + a_{23}x_3 = b_2$

(3) $a_{31}x_1 + a_{32}x_2 + a_{33}x_3 = b_3$

betrachtet man die folgenden Determinanten:

$$D = \begin{vmatrix} a_{11} & a_{12} & a_{13} \\ a_{21} & a_{22} & a_{23} \\ a_{31} & a_{32} & a_{33} \end{vmatrix} \quad \textbf{(Koeffizientendeterminante)}$$

$$D_1 = \begin{vmatrix} \mathbf{b_1} & a_{12} & a_{13} \\ \mathbf{b_2} & a_{22} & a_{23} \\ \mathbf{b_3} & a_{32} & a_{33} \end{vmatrix}, D_2 = \begin{vmatrix} a_{11} & \mathbf{b_1} & a_{13} \\ a_{21} & \mathbf{b_2} & a_{23} \\ a_{31} & \mathbf{b_3} & a_{33} \end{vmatrix} \text{ und } D_3 = \begin{vmatrix} a_{11} & a_{12} & \mathbf{b_1} \\ a_{21} & a_{22} & \mathbf{b_2} \\ a_{31} & a_{32} & \mathbf{b_3} \end{vmatrix}$$

Für die Lösbarkeit eines linearen 3 × 3-Gleichungssystems gilt:

- $D \neq 0 \Rightarrow$ **genau eine Lösung**
- $D = 0;\ D_1 \neq 0 \vee D_2 \neq 0 \vee D_3 \neq 0 \Rightarrow$ **keine Lösung; $L = \varnothing$**
- $D = 0;\ D_1 = 0 \wedge D_2 = 0 \wedge D_3 = 0 \Rightarrow$ **unendlich viele Lösungen** oder **keine Lösung**

Im Fall $D \neq 0$ ist die Lösung des linearen Gleichungssystems gegeben durch

$x_1 = \frac{D_1}{D}$, $x_2 = \frac{D_2}{D}$ und $x_3 = \frac{D_3}{D}$, also $\mathbf{L = \left\{\left(\frac{D_1}{D}; \frac{D_2}{D}; \frac{D_3}{D}\right)\right\}}$ **(Cramer'sche Regel).**

Wenn alle vier Determinanten D, D_1, D_2, D_3 gleich null sind, kann mithilfe des Gauß'schen Algorithmus (siehe 2.4) oder der Matrizenränge (siehe 2.5) entschieden werden, ob das Gleichungssystem unendlich viele oder keine Lösungen hat.

Beispiele

1. Lösen Sie das folgende Gleichungssystem:

(1) $2x + 3y - 2z = -1$

(2) $x + 2y = 2$

(3) $-x - 4y + 5z = -2$

Lösung:

Das Gleichungssystem wird mithilfe von Determinanten gelöst:

$$D = \begin{vmatrix} 2 & 3 & -2 \\ 1 & 2 & 0 \\ -1 & -4 & 5 \end{vmatrix} = 9 \quad \text{(vgl. vorhergehendes Beispiel)}$$

$$D_1 = \begin{vmatrix} -1 & 3 & -2 \\ 2 & 2 & 0 \\ -2 & -4 & 5 \end{vmatrix} = -10 + 16 - 8 - 30 = -32$$

$$D_2 = \begin{vmatrix} 2 & -1 & -2 \\ 1 & 2 & 0 \\ -1 & -2 & 5 \end{vmatrix} = 20 + 4 - 4 + 5 = 25$$

$$D_3 = \begin{vmatrix} 2 & 3 & -1 \\ 1 & 2 & 2 \\ -1 & -4 & -2 \end{vmatrix} = -8 - 6 + 4 - 2 + 16 + 6 = 10$$

Damit ergibt sich:

$x = \frac{D_1}{D} = -\frac{32}{9}$; $y = \frac{D_2}{D} = \frac{25}{9}$; $z = \frac{D_3}{D} = \frac{10}{9}$

$\Rightarrow$ **$L = \left\{\left(-\frac{32}{9}; \frac{25}{9}; \frac{10}{9}\right)\right\}$**

2. Für welche $k \in \mathbb{R}$ hat das folgende Gleichungssystem keine eindeutig bestimmte Lösung?

   (1) $4x_1 - 3x_2 - kx_3 = 0$

   (2) $-x_1 + 7x_2 + kx_3 = 5$

   (3) $kx_1 \quad - 4x_3 = 1$

   Lösung:

   Das Gleichungssystem hat keine eindeutige Lösung, wenn seine Koeffizientendeterminante null ist:

   $$D = \begin{vmatrix} 4 & -3 & -k \\ -1 & 7 & k \\ k & 0 & -4 \end{vmatrix} = -112 - 3k^2 + 7k^2 + 12 = 4k^2 - 100$$

   $4k^2 - 100 = 0 \quad \Leftrightarrow \quad k^2 = 25 \quad \Leftrightarrow \quad k = \pm 5$

   Wenn $k = 5$ oder $k = -5$ ist, dann gilt $D = 0$. In diesen Fällen hat das Gleichungssystem entweder **keine Lösung** oder **unendlich viele Lösungen**.

Aufgabe **101.** Untersuchen Sie mithilfe von Determinanten, ob die nachfolgenden Gleichungssysteme eindeutig lösbar sind, und bestimmen Sie ggf. die Lösung mithilfe der Cramer'schen Regel:

a) (1) $4x + 3y - 2z = -9$
(2) $-x + 4y - 2z = 4$
(3) $5x - 2y + 2z = 6$

b) (1) $x_1 - 4x_2 - 3x_3 = -1$
(2) $-2x_1 + 12x_2 + 8x_3 = 8$
(3) $-2x_1 + 8x_2 + rx_3 = 2$; $r \in \mathbb{R}$

2.3 Allgemeine Gleichungssysteme, m × n-Matrizen

In den vorherigen Abschnitten haben Sie sich intensiv mit 2×2- und 3×3-Gleichungssystemen beschäftigt und sind damit gut auf die folgende Verallgemeinerung vorbereitet. Je nach Komplexität der Problemstellung können in der „mathematischen Praxis" auch große Gleichungssysteme mit vielen Unbekannten auftreten, die Anzahl der Gleichungen m muss aber nicht unbedingt mit der Anzahl der Unbekannten n übereinstimmen. Im Allgemeinen betrachtet man also lineare Gleichungssysteme mit m Gleichungen und n Unbekannten, dabei sind m und n beliebige natürliche Zahlen ungleich null.

Lineare m × n-Gleichungssysteme

Seien m und n natürliche Zahlen ungleich null. Ein lineares m×n-Gleichungssystem besteht aus m linearen Gleichungen der Form

$$\begin{array}{llcccccccc}
(1) & a_{11}x_1 & + & a_{12}x_2 & + \ldots + & a_{1n}x_n & = & b_1 \\
(2) & a_{21}x_1 & + & a_{22}x_2 & + \ldots + & a_{2n}x_n & = & b_2 \\
\vdots & \vdots & & \vdots & & \vdots & & \vdots \\
(m) & a_{m1}x_1 & + & a_{m2}x_2 & + \ldots + & a_{mn}x_n & = & b_m
\end{array}$$

mit den **Unbekannten** $x_j \in \mathbb{R}$, den **Koeffizienten** $a_{ij} \in \mathbb{R}$ und beliebigen Zahlen $b_i \in \mathbb{R}$ $(i = 1, \ldots, m; j = 1, \ldots, n)$. Dabei heißt der Vektor

$$\vec{x} = \begin{pmatrix} x_1 \\ x_2 \\ \vdots \\ x_n \end{pmatrix} \quad \text{bzw.} \quad \vec{b} = \begin{pmatrix} b_1 \\ b_2 \\ \vdots \\ b_m \end{pmatrix}$$

auch **Vektor der Unbekannten** $\vec{x}$ bzw. **Vektor der rechten Seite** $\vec{b}$, und das rechteckige Schema

$$A = \begin{pmatrix} a_{11} & a_{12} & \cdots & a_{1n} \\ a_{21} & a_{22} & \cdots & a_{2n} \\ \vdots & \vdots & & \vdots \\ a_{m1} & a_{m2} & \cdots & a_{mn} \end{pmatrix} \quad \text{bzw.} \quad A_e = (A; \vec{b}) = \left(\begin{array}{cccc|c} a_{11} & a_{12} & \cdots & a_{1n} & b_1 \\ a_{21} & a_{22} & \cdots & a_{2n} & b_2 \\ \vdots & \vdots & & \vdots & \vdots \\ a_{m1} & a_{m2} & \cdots & a_{mn} & b_m \end{array}\right)$$

auch **Koeffizientenmatrix A** bzw. **erweiterte Koeffizientenmatrix A_e** (der senkrechte Strich deutet das „="-Zeichen an). Das Gleichungssystem heißt **überbestimmt**, falls $m > n$ (mehr Gleichungen als Unbekannte), und **unterbestimmt**, falls $m < n$ (weniger Gleichungen als Unbekannte). Das Gleichungssystem ist **homogen**, wenn $b_1 = b_2 = \ldots = b_m = 0$ gilt und besitzt dann zumindest die **triviale Lösung** $(0; 0; \ldots; 0)$.

Die Koeffizienten eines linearen m×n-Gleichungssystems sind wieder mit Doppelindizes versehen, mit deren Hilfe die Koeffizientenmatrix A festgelegt wird (der Koeffizient a_{ij} steht in der i-ten Zeile und in der j-ten Spalte).

Beispiel

Klassifizieren Sie das folgende lineare Gleichungssystem und bestimmen Sie den Vektor der rechten Seite, die Koeffizientenmatrix sowie die erweiterte Koeffizientenmatrix.

$$\begin{array}{ll} (1) & x_1 + x_2 + x_3 = 9 \\ (2) & x_1 - x_2 + 2x_3 = 5 \\ (3) & x_1 + 3x_2 - 3x_3 = 7 \\ (4) & 2x_1 - 4x_2 - x_3 = -2 \end{array}$$

Lösung:

Das System enthält **m = 4** Gleichungen und **n = 3** Unbekannte, es ist somit **überbestimmt**. Der Vektor der rechten Seite ist

$$\vec{b} = \begin{pmatrix} 9 \\ 5 \\ 7 \\ -2 \end{pmatrix}$$

und die Koeffizientenmatrix bzw. die erweiterte Koeffizientenmatrix lauten:

$$A = \begin{pmatrix} 1 & 1 & 1 \\ 1 & -1 & 2 \\ 1 & 3 & -3 \\ 2 & -4 & -1 \end{pmatrix} \text{ bzw. } A_e = \left(\begin{array}{rrr|r} 1 & 1 & 1 & 9 \\ 1 & -1 & 2 & 5 \\ 1 & 3 & -3 & 7 \\ 2 & -4 & -1 & -2 \end{array}\right)$$

Die Koeffizientenmatrix A kann mit dem Vektor $\vec{x}$ der Unbekannten multipliziert werden, dadurch erhält man die linke Seite des ursprünglichen Gleichungssystems zurück. Ein allgemeines Gleichungssystem lässt sich also mithilfe von **Matrizen** und **Vektoren** übersichtlicher darstellen.

Lineares Gleichungssystem in Matrizenschreibweise

Ein lineares Gleichungssystem mit der Koeffizientenmatrix A, dem Vektor der Unbekannten $\vec{x}$ und dem Vektor der rechten Seite $\vec{b}$ kann dargestellt werden durch die Matrizenschreibweise:

$$\mathbf{A \cdot \vec{x} = \vec{b}}$$

Ausführliche Schreibweise:

$$\underbrace{\begin{pmatrix} a_{11} & a_{12} & \cdots & a_{1n} \\ a_{21} & a_{22} & \cdots & a_{2n} \\ \vdots & \vdots & & \vdots \\ a_{m1} & a_{m2} & \cdots & a_{mn} \end{pmatrix}}_{\text{Koeffizienten-matrix A}} \cdot \underbrace{\begin{pmatrix} x_1 \\ x_2 \\ \vdots \\ x_n \end{pmatrix}}_{\text{Vektor der Unbekannten } \vec{x}} = \underbrace{\begin{pmatrix} b_1 \\ b_2 \\ \vdots \\ b_m \end{pmatrix}}_{\text{Vektor der rechten Seite } \vec{b}}$$

Beispiel

Gegeben sind $A = \begin{pmatrix} 1 & -1 & \frac{1}{3} \\ 0 & -3 & -1 \\ 3 & -3 & 2 \end{pmatrix}$ und $\vec{b} = \begin{pmatrix} 1 \\ 3 \\ 2 \end{pmatrix}$.

Wie lautet das ausgeschriebene Gleichungssystem $A \cdot \vec{x} = \vec{b}$?

Lösung:

$$A \cdot \vec{x} = \begin{pmatrix} 1 & -1 & \frac{1}{3} \\ 0 & -3 & -1 \\ 3 & -3 & 2 \end{pmatrix} \cdot \begin{pmatrix} x_1 \\ x_2 \\ x_3 \end{pmatrix} = \begin{pmatrix} x_1 - x_2 + \frac{1}{3}x_3 \\ -3x_2 - x_3 \\ 3x_1 - 3x_2 + 2x_3 \end{pmatrix} \text{ und } \vec{b} = \begin{pmatrix} 1 \\ 3 \\ 2 \end{pmatrix}$$

Damit erhält man:

(1) $x_1 - x_2 + \frac{1}{3}x_3 = 1$

(2) $-3x_2 - x_3 = 3$

(3) $3x_1 - 3x_2 + 2x_3 = 2$

Aufgaben

102. Wie lautet das zu $A = \begin{pmatrix} 2 & 1 & 3 \\ -4 & 2 & -1 \end{pmatrix}$ und $\vec{b} = \begin{pmatrix} 1 \\ -2 \end{pmatrix}$ gehörige Gleichungssystem $A \cdot \vec{x} = \vec{b}$?

103. Geben Sie das zur erweiterten Koeffizientenmatrix $\left(\begin{array}{ccc|c} 1 & 4 & 1 & 2 \\ 2 & 2 & 2 & -4 \\ 1 & 1 & 1 & 0 \\ 3 & 0 & 3 & 1 \end{array}\right)$ gehörende lineare Gleichungssystem vollständig an.

2.4 Der Gauß'sche Algorithmus

C. F. Gauß (1777–1855) war ein sehr bedeutender deutscher Mathematiker. Auf ihn geht u. a. das im Folgenden behandelte Verfahren zur Lösung linearer Gleichungssysteme zurück. Es liefert neben der Lösung auch einen vollständigen Überblick über die Lösbarkeit von Systemen. Insofern können damit beliebige lineare Gleichungssysteme (egal ob über- oder unterbestimmt) auf ihre Lösbarkeit untersucht und ggf. ihre Lösung ermittelt werden – auch dann, wenn es unendlich viele Lösungen gibt.

Ziel des Gauß'schen Algorithmus ist es, ein beliebiges lineares $m \times n$-Gleichungssystem durch äquivalente Umformungen auf Stufenform zu bringen, denn diese Art von Gleichungssystemen lässt sich dann besonders einfach lösen. Der Vorteil liegt ganz klar darin, dass man sehr systematisch zu einem Ergebnis kommt.

Lineares Gleichungssystem in Stufen- oder Dreiecksform

Ein lineares Gleichungssystem ist in **Stufen- oder Dreiecksform**, wenn es die nebenstehende Gestalt hat:

$$\begin{array}{ll}(1) & a_{11}x_1 + a_{12}x_2 + a_{13}x_3 + \ldots + a_{1n}x_n = b_1 \\ (2) & \qquad\quad a_{22}x_2 + a_{23}x_3 + \ldots + a_{2n}x_n = b_2 \\ (3) & \qquad\qquad\qquad a_{33}x_3 + \ldots + a_{3n}x_n = b_3 \\ \vdots & \qquad\qquad\qquad\qquad\qquad\qquad \vdots \quad \vdots \\ (m) & \qquad\qquad\qquad\qquad\qquad\quad \ldots = b_m \end{array}$$

d. h. wenn in der erweiterten Koeffizientenmatrix unter der „Hauptdiagonalen" nur **Nullen** stehen. Man sagt dann auch, die Koeffizientenmatrix hat Stufen- oder Dreiecksform.

$$\left(\begin{array}{ccccc|c} a_{11} & a_{12} & a_{13} & \cdots & a_{1n} & b_1 \\ \mathbf{0} & a_{22} & a_{23} & \cdots & a_{2n} & b_2 \\ \vdots & \mathbf{0} & a_{33} & \cdots & a_{3n} & b_3 \\ & \vdots & \mathbf{0} & & \vdots & \vdots \\ \vdots & \vdots & \vdots & & & \vdots \\ \mathbf{0} & \mathbf{0} & \mathbf{0} & \cdots & & b_m \end{array}\right)$$

Beispiel

Versuchen Sie, das folgende Gleichungssystem auf möglichst einfache Art und Weise zu lösen, und geben Sie die (erweiterte) Koeffizientenmatrix an.

$$\begin{array}{ll}(1) & x_1 + x_2 + x_3 = -6 \\ (2) & \quad\;\; x_2 + 2x_3 = -4 \\ (3) & \qquad\quad -2x_3 = -2\end{array}$$

Lösung:

Das Gleichungssystem befindet sich bereits in Stufenform und kann „von unten nach oben" aufgelöst werden.

- Aus (3) kann x_3 direkt ermittelt werden: $\mathbf{x_3 = 1}$
- Einsetzen des Ergebnisses in (2): $x_2 + 2 \cdot \mathbf{1} = -4 \;\Rightarrow\; \mathbf{x_2 = -6}$
- Einsetzen in (1) liefert: $x_1 + \mathbf{(-6)} + \mathbf{1} = -6 \;\Rightarrow\; \mathbf{x_1 = -1}$

Lösungsmenge: $\mathbf{L = \{(-1; -6; 1)\}}$

Die Koeffizientenmatrix A und die erweiterte Koeffizientenmatrix A_e dieses Systems lauten:

$$A = \begin{pmatrix} 1 & 1 & 1 \\ 0 & 1 & 2 \\ 0 & 0 & -2 \end{pmatrix}; \quad A_e = \left(\begin{array}{ccc|c} 1 & 1 & 1 & -6 \\ 0 & 1 & 2 & -4 \\ 0 & 0 & -2 & -2 \end{array}\right)$$

Die Matrizen befinden sich in Stufenform (Dreiecksform).

Der Gauß'sche Algorithmus

Um ein allgemeines lineares Gleichungssystem auf Stufenform (Dreiecksform) zu bringen, geht man wie folgt vor:

Schritt 1:
Das lineare Gleichungssystem wird in das sogenannte **Gauß-Schema** umgeschrieben, d. h. man übernimmt nur die erweiterte Koeffizientenmatrix des Gleichungssystems (die Unbekannten $x_1, \ldots, x_n$ werden dabei nicht mitgeführt).

$$\begin{array}{lcccc|c}
(1) & a_{11} & a_{12} & \cdots & a_{1n} & b_1 \\
(2) & a_{21} & a_{22} & \cdots & a_{2n} & b_2 \\
(3) & a_{31} & a_{32} & \cdots & a_{3n} & b_3 \\
\vdots & \vdots & \vdots & & \vdots & \vdots \\
(m) & a_{m1} & a_{m2} & \cdots & a_{mn} & b_m
\end{array}$$

Schritt 2:
Durch **elementare Zeilenumformungen** bringt man die erweiterte Koeffizientenmatrix schrittweise auf **Stufenform**. Diese elementaren Zeilenumformungen umfassen drei, jeweils die gesamte Zeile betreffende Operationen:

$$\begin{array}{lcccc|c}
(1) & a_{11} & a_{12} & \cdots & a_{1n} & b_1 \\
(2) & 0 & a_{22}^* & \cdots & a_{2n}^* & b_2^* \\
(3) & \vdots & 0 & & a_{3n}^* & b_3^* \\
\vdots & \vdots & \vdots & & \vdots & \vdots \\
(m) & 0 & 0 & \cdots & & b_m^*
\end{array}$$

- **Vertauschen** von zwei Zeilen
- **Multiplikation** einer Zeile mit einer Zahl $k \in \mathbb{R} \setminus \{0\}$
- **Addition** des k-fachen einer Zeile zu einer anderen Zeile, wobei $k \in \mathbb{R}$

Schritt 3:
Das auf Stufenform gebrachte System wird dann schrittweise von unten nach oben gelöst, man sagt dazu auch **Rücksubstitution**.

Die Elemente, unter denen Nullen erzeugt werden, heißen **Pivotelemente**, die zugehörigen Zeilen werden auch **Pivotzeilen** genannt. Das erste Pivotelement ist $a_{11} \neq 0$ (hätte man dort 0 stehen, so müsste man zuerst Zeilen tauschen). Jedes unterhalb von a_{11} stehende Element, z. B. $\mathbf{a_{21}}$, soll durch Addition zu **0** werden:

$$\begin{array}{lccc|c}
(1) & a_{11} & \cdots & a_{1n} & b_1 \\
(2) & \mathbf{a_{21}} & \cdots & a_{2n} & b_2 \\
(3) & a_{31} & \cdots & a_{3n} & b_3 \\
\vdots & \vdots & & \vdots & \vdots \\
(m) & a_{m1} & \cdots & a_{mn} & b_m
\end{array}
\;\left|\; \cdot \frac{-a_{21}}{a_{11}}\right.
\;\cong\;
\begin{array}{lccc|c}
(1) & a_{11} & \cdots & a_{1n} & b_1 \\
(2) & \mathbf{a_{21}} - a_{21} & \cdots & a_{2n} - \frac{a_{21}a_{1n}}{a_{11}} & b_2 - \frac{a_{21}b_1}{a_{11}} \\
(3) & a_{31} & \cdots & a_{3n} & b_3 \\
\vdots & \vdots & & \vdots & \vdots \\
(m) & a_{m1} & \cdots & a_{mn} & b_m
\end{array}
\;\cong\;
\begin{array}{lccc|c}
(1) & a_{11} & \cdots & a_{1n} & b_1 \\
(2) & \mathbf{0} & \cdots & a_{2n}^* & b_2^* \\
(3) & a_{31} & \cdots & a_{3n} & b_3 \\
\vdots & \vdots & & \vdots & \vdots \\
(m) & a_{m1} & \cdots & a_{mn} & b_m
\end{array}$$

Beispiele

1. Lösen Sie das lineare 3×3-Gleichungssystem

   (1) $x_1 + x_2 + x_3 = 9$
   (2) $x_1 - x_2 + 2x_3 = 5$
   (3) $x_1 + 3x_2 - 3x_3 = 7$

   mithilfe des Gauß'schen Algorithmus.

Lösung:

Das Gleichungssystem wird in das **Gauß-Schema** (linke Seite) übertragen und mit elementaren Zeilenumformungen auf Stufenform gebracht.

(1)	1	1	1	9	
(2)	**1**	–1	2	5	$\vert -1\cdot(1)+(2)$
(3)	1	3	–3	7	

Im 1. Schritt werden unter dem Pivotelement $a_{11}=1$ lauter Nullen erzeugt. Zunächst wird $\mathbf{a_{21}=1}$ zu null gemacht. Dazu wird die 1. Zeile mit –1 multipliziert und anschließend zur 2. Zeile addiert. Die vier Elemente in der „neuen" 2. Zeile berechnen sich der Reihe nach:
$-1+1=\mathbf{0}$; $-1+(-1)=-2$;
$-1+2=1$ und $-9+5=-4$

(1)	1	1	1	9	
(2)	**0**	–2	1	–4	
(3)	1	3	–3	7	$\vert -1\cdot(1)+(3)$

Damit ist in der 2. Zeile die erste Null erzeugt worden. Genauso wird jetzt mit dem ersten Element in der 3. Zeile verfahren. Die erste Zeile wird wieder mit –1 multipliziert und zur 3. Zeile hinzuaddiert.

(1)	1	1	1	9	
(2)	**0**	–2	1	–4	
(3)	**0**	2	–4	–2	$\vert (2)+(3)$

Damit ist die erste Spalte fertig: Unter dem Element a_{11} stehen nur noch **Nullen**. Jetzt muss das Gleiche unter $a_{22}=-2$ hergestellt werden. Weil die Zahlen (–2 und 2) passen, muss nicht weiter multipliziert werden.

(1)	1	1	1	9
(2)	**0**	–2	1	–4
(3)	**0**	**0**	–3	–6

Zeile 2 und Zeile 3 addiert, ergibt die Stufenform des Gleichungssystems. Daraus wird jetzt, von unten beginnend, schrittweise die Lösung ermittelt.

Von unten nach oben in die Stufenform eingesetzt, ergibt sich (ab hier werden die Unbekannten wieder mitgeschrieben):

- Aus (3): $-3x_3=-6 \quad\Rightarrow\quad \mathbf{x_3=2}$
- In (2): $-2x_2+1\cdot\mathbf{2}=-4 \quad\Rightarrow\quad \mathbf{x_2=3}$
- In (1): $x_1+1\cdot\mathbf{3}+1\cdot\mathbf{2}=9 \quad\Rightarrow\quad \mathbf{x_1=4}$

Demnach lautet die Lösungsmenge: $\mathbf{L=\{(4;\,3;\,2)\}}$

2. Bestimmen Sie die Lösungsmenge des überbestimmten 4×3-Systems
   (1) $x_2+x_3=9$
   (2) $x_1-x_2+2x_3=5$
   (3) $x_1-3x_3=7$
   (4) $2x_1-4x_2=2$

Lösung:

Das Gleichungssystem wird ins Gauß-Schema übertragen und in Stufenform umgewandelt:

(1)	0	1	1	9		Weil a_{11} gleich null ist, kann es nicht als Pivotelement verwendet werden. Um diesem Mangel abzuhelfen, werden 1. und 2. Zeile vertauscht.
(2)	1	−1	2	5		
(3)	1	0	−3	7		
(4)	2	−4	0	2		

(1)	1	−1	2	5		Das Element a_{21} ist nun bereits null. Die darunterliegenden Zahlen werden mittels elementarer Zeilenumformungen ebenfalls zu null gemacht.
(2)	0	1	1	9		
(3)	1	0	−3	7	$\mid -1\cdot(1)+(3)$	
(4)	2	−4	0	2	$\mid -2\cdot(1)+(4)$	

(1)	1	−1	2	5		Jetzt werden die unter a_{22} stehenden Zahlen zu null gemacht.
(2)	0	1	1	9		
(3)	0	1	−5	2	$\mid -1\cdot(2)+(3)$	
(4)	0	−2	−4	−8	$\mid 2\cdot(2)+(4)$	

(1)	1	−1	2	5		Um die Stufenform herzustellen, wird nun unter dem Pivotelement a_{33} die Zahl Null erzeugt.
(2)	0	1	1	9		
(3)	0	0	−6	−7		
(4)	0	0	−2	10	$\mid -\frac{1}{3}\cdot(3)+(4)$	

(1)	1	−1	2	5	An der letzten Zeile erkennt man, dass dieses System keine Lösung besitzt. Die letzte Zeile besagt nämlich: $0\cdot x_3=\frac{37}{3}$. Es gibt keine Zahl für x_3, die das in eine wahre Aussage überführen könnte.
(2)	0	1	1	9	
(3)	0	0	−6	−7	
(4)	0	0	0	$\frac{37}{3}$	

Dieses überbestimmte System hat die Lösungsmenge $L=\emptyset$. Es hätte nur dann eine Lösung gehabt, wenn sich an Stelle der Zahl $\frac{37}{3}$ ebenfalls die Zahl Null ergeben hätte.

Aufgaben

104. Bestimmen Sie die Lösungen der nachfolgenden Gleichungssysteme mithilfe des Gauß'schen Algorithmus:

a) (1) $2x-y=4$

(2) $x+3y=1$

b) (1) $x_1 + 3x_2 - 4x_3 = 10$
(2) $3x_1 + 10x_2 - 6x_3 = 40$
(3) $4x_1 + 12x_2 - 12x_3 = 48$

c) (1) $2x_1 + 3x_2 + 6x_3 = -18$
(2) $x_1 + x_2 + x_3 = -6$
(3) $x_1 + 2x_2 + 3x_3 = -10$

d) (1) $2x = 2 - y - 2z$
(2) $x + z = 3y + 1$
(3) $2z = 3 - y$

e) (1) $x_1 + 2x_2 - x_3 + 6x_4 = 33$
(2) $2x_1 - 4x_2 + 2x_3 - 2x_4 = -6$
(3) $-x_1 + 4x_2 + x_3 + 4x_4 = 13$
(4) $3x_1 - 2x_2 + 3x_3 + x_4 = 11$

f) $$\begin{pmatrix} 2 & 3 & 0 & -1 \\ 1 & 4 & 2 & 0 \\ 0 & -2 & 1 & 3 \\ 1 & 2 & 3 & 0 \end{pmatrix} \cdot \begin{pmatrix} x_1 \\ x_2 \\ x_3 \\ x_4 \end{pmatrix} = \begin{pmatrix} 0 \\ 0 \\ 0 \\ 0 \end{pmatrix}$$

105. Ein lineares Gleichungssystem ist durch die zugehörige erweiterte Koeffizientenmatrix gegeben:

$$A_e = \left(\begin{array}{cccc|c} 1 & -1 & 2 & -3 & 7 \\ 4 & 0 & 3 & 1 & 9 \\ 2 & -5 & 1 & 0 & -2 \\ 3 & -1 & -1 & 2 & -2 \end{array}\right)$$

Bestimmen Sie die Lösungsmenge.

106. Bestimmen Sie die Lösungsmenge des folgenden homogenen Gleichungssystems in Abhängigkeit vom Parameter $t \in \mathbb{R}$.

$$\begin{pmatrix} 4 & -3 & -t \\ -1 & 7 & t \\ t & 0 & -4 \end{pmatrix} \cdot \begin{pmatrix} x_1 \\ x_2 \\ x_3 \end{pmatrix} = \begin{pmatrix} 0 \\ 0 \\ 0 \end{pmatrix}$$

2.5 Lösbarkeit

Ein weiterer Vorteil des Gauß'schen Algorithmus ist, dass man eine Aussage über die Lösbarkeit eines beliebigen linearen Gleichungssystems machen kann. Dazu wird der Begriff des Ranges einer Matrix benötigt.

Rang einer Matrix

Der **Rang** einer $m \times n$-Matrix A ist die Anzahl der Zeilen der Matrix, in denen nicht nur Nullen stehen, nachdem A auf Stufenform gebracht worden ist.
Man schreibt für diese Zahl **rg(A)** und es gilt $0 \leq \text{rg}(A) \leq m$.

Beispiele

1. Bestimmen Sie den Rang der Matrix $A = \begin{pmatrix} 1 & 2 & 3 & -10 & 11 \\ 1 & 5 & 9 & -22 & 20 \\ 1 & -1 & -3 & 2 & 2 \\ 2 & 4 & 6 & -20 & 22 \end{pmatrix}$.

   Lösung:
   Nachdem die Matrix A mit dem Gauß-Algorithmus auf Stufenform gebracht worden ist, besitzt sie die folgende Darstellung:
   $$\begin{pmatrix} 1 & 2 & 3 & -10 & 11 \\ 0 & 3 & 6 & -12 & 9 \\ 0 & 0 & 0 & 0 & 0 \\ 0 & 0 & 0 & 0 & 0 \end{pmatrix}$$
   Man erkennt leicht, dass nur die ersten zwei Zeilen nicht komplett null sind. Deshalb hat diese Matrix den Rang 2, also **rg(A) = 2**.

2. Bestimmen Sie den Rang der Matrix $B = \begin{pmatrix} 2 & 1 & 2 & 2 \\ 1 & -3 & 1 & 1 \\ 0 & 1 & 2 & 3 \end{pmatrix}$.

   Lösung:
   Die Matrix B stellt sich umgewandelt so dar:
   $$\begin{pmatrix} 2 & 1 & 2 & 2 \\ 0 & -\frac{7}{2} & 0 & 0 \\ 0 & 0 & 2 & 3 \end{pmatrix}$$
   Alle drei Zeilen sind nicht komplett null, daher **rg(B) = 3**.

3. Bestimmen Sie die Ränge von $C = \begin{pmatrix} 2 & -1 & 3 \\ 0 & 4 & 2 \\ 0 & 0 & 0 \end{pmatrix}$ und $C_e = \left(\begin{array}{ccc|c} 2 & -1 & 3 & 3 \\ 0 & 4 & 2 & -1 \\ 0 & 0 & 0 & 2 \end{array}\right)$.

   Besitzt das zugehörige lineare Gleichungssystem ein Lösung?

   Lösung:
   Hier gilt **rg(C) = 2** und **rg(C_e) = 3**. Dieses Gleichungssystem hat keine Lösung, da die letzte Gleichung $0 \cdot x_3 = 2$ nicht erfüllbar ist.

Mit dem Gauß'schen Algorithmus bestimmt man den Rang der Koeffizientenmatrix eines Gleichungssystems und erhält damit vollständigen Aufschluss über die Lösbarkeit.

Lösbarkeit linearer m × n-Gleichungssysteme

Für ein beliebiges lineares Gleichungssystem $A \cdot \vec{x} = \vec{b}$ mit m Gleichungen und n Unbekannten gelten folgende Lösbarkeitsaussagen:

1. $rg(A_e) > rg(A)$ $\Rightarrow$ Es gibt **keine Lösung, $L = \varnothing$**.
2. $rg(A_e) = rg(A)$. Man sagt, es besteht **Ranggleichheit**.
   $\Rightarrow$ Das Gleichungssystem ist **lösbar**.
   Genauer gilt:
   - $rg(A_e) = rg(A) = n$ $\Rightarrow$ Es gibt **genau eine Lösung**.
   - $rg(A_e) = rg(A) < n$ $\Rightarrow$ Es gibt **unendlich viele Lösungen**.

Dabei bezeichnet A die Koeffizientenmatrix und $A_e = (A; \vec{b})$ die erweiterte Koeffizientenmatrix des $m \times n$-Gleichungssystems.

Hat das System unendlich viele Lösungen, so führt man zur Bestimmung der Lösungsmenge **freie Parameter** ein. Die Anzahl der freien Parameter, die in der Lösungsmenge vorkommen, ist dann $\mathbf{n - rg(A)}$.

Beispiel

Untersuchen Sie das zur erweiterten Koeffizientenmatrix $\left(\begin{array}{ccc|c} -3 & 6 & -9 & 3 \\ -1 & 2 & -3 & 1 \\ -2 & 4 & -6 & 2 \end{array}\right)$ gehörige lineare Gleichungssystem auf Lösbarkeit und bestimmen Sie die vollständige Lösungsmenge.

Lösung:
Die Stufenform lautet:

$$\left(\begin{array}{ccc|c} -3 & 6 & -9 & 3 \\ 0 & 0 & 0 & 0 \\ 0 & 0 & 0 & 0 \end{array}\right)$$

Das System ist lösbar, da Ranggleichheit besteht: $rg(A_e) = rg(A) = 1$
Es gibt unendlich viele Lösungen, weil der gemeinsame Rang kleiner ist als die Anzahl der Unbekannten $(1 < 3)$.
Die Lösungsmenge enthält also insgesamt $\mathbf{n - rg(A) = 2}$ freie Parameter.
Man setzt $x_3 = k_1$ und $x_2 = k_2$ in die verbliebene Gleichung ein:
$-3x_1 + 6\mathbf{k_2} - 9\mathbf{k_1} = 3$
Auflösen nach x_1 ergibt $x_1 = -3k_1 + 2k_2 - 1$. Die Lösungsmenge mit den zwei freien Parametern lautet dann $\mathbf{L = \{(-3k_1 + 2k_2 - 1;\ k_2;\ k_1) \mid k_1, k_2 \in \mathbb{R}\}}$.
Für jede Kombination von k_1 und k_2, die man in die Lösungsmenge einsetzt, erhält man jeweils eine Lösung des Gleichungssystems.

Aufgaben

107. Bestimmen Sie die Anzahl der Lösungen der Gleichungssysteme

$$\left(\begin{array}{ccc|c} 1 & 3 & -5 & 2 \\ 0 & 5 & -1 & 3 \\ 0 & 0 & 0 & -2 \end{array}\right), \left(\begin{array}{ccc|c} 1 & 3 & -5 & 2 \\ 0 & 5 & -1 & 3 \\ 0 & 0 & 7 & -2 \end{array}\right) \text{ und } \left(\begin{array}{ccc|c} 1 & 3 & -5 & 2 \\ 0 & 5 & -1 & 3 \\ 0 & 0 & 0 & 0 \end{array}\right).$$

108. Untersuchen Sie die Lösbarkeit der folgenden Gleichungssysteme und geben Sie deren Lösungsmengen ggf. mit Fallunterscheidung an:

a) (1) $-2x + 3y + 5z = 1$
(2) $7x + 3y - 22z = 7$
(3) $x + 3y - 4z = 3$

b) (1) $4x = 10 - 2y$
(2) $1 = 3x + 8y$
(3) $y = 14 - 5x$

c) (1) $3x_1 + 9x_2 + 6x_3 = 12$
(2) $5x_1 + 17x_2 + 16x_3 = 30$

d) $$\begin{pmatrix} 0 & 1 & 3 & 2 \\ 1 & 5 & 2 & 3 \\ 4 & 18 & 2 & 8 \\ 3 & 11 & -6 & 1 \end{pmatrix} \cdot \begin{pmatrix} x_1 \\ x_2 \\ x_3 \\ x_4 \end{pmatrix} = \begin{pmatrix} 2 \\ 4 \\ 12 \\ 3 \end{pmatrix}$$

e) $$\begin{pmatrix} 1 & 2 & 2-t \\ 1 & 3 & 3-t \\ 0 & 2-t & t^2 \end{pmatrix} \cdot \begin{pmatrix} x_1 \\ x_2 \\ x_3 \end{pmatrix} = \begin{pmatrix} t^2 \\ t^2+2 \\ t^2+t+6 \end{pmatrix}$$

f) (1) $-2x + 4y + 2z = 12a$
(2) $2x + 12y + 7z = 12a + 7$
(3) $x + 10y + 6z = 7a + 8$

g) $$\begin{pmatrix} 1 & 2 & 0 & 4 \\ 4 & 8 & 1 & 18 \\ -1 & -2 & -1 & -6 \\ 2 & 4 & 1 & 10 \end{pmatrix} \cdot \begin{pmatrix} x_1 \\ x_2 \\ x_3 \\ x_4 \end{pmatrix} = \begin{pmatrix} 3 \\ 17 \\ -8 \\ 11 \end{pmatrix}$$

h) (1) $x_1 + x_2 + ax_3 = 0$
(2) $2x_1 + x_2 + x_3 = 0$
(3) $ax_1 + x_2 + x_3 = 0$

109. Bestimmen Sie die Anzahl der Lösungen des folgenden Gleichungssystems in Abhängigkeit von $t \in \mathbb{R}$ (Fallunterscheidung erforderlich!):

$$\left(\begin{array}{ccc|c} 1 & 3 & -5 & 2 \\ 0 & 5 & -1 & 3 \\ 0 & 0 & t(t-1) & t-1 \end{array}\right)$$

3 Anwendungen

Viele Problemstellungen in und außerhalb der Mathematik lassen sich mithilfe von linearen Gleichungssystemen beschreiben und lösen.

Beispiel

Lagerbestände

Eine Firma stellt drei verschiedene elektronische Platinen P-1, P-2 und P-3 her. Zu deren Fertigung werden jeweils drei elektronische Bauelemente A, B und C in der unten angegebenen Anzahl benötigt:

Platine	A	B	C
P-1	12	23	30
P-2	18	15	20
P-3	17	33	28

Der Lagerbestand weist 6 400 A-, 8 790 B- und 10 340 C-Bauelemente auf. Bestimmen Sie die Anzahlen der verschiedenen Platinen, die mit diesem Lagerbestand gefertigt werden können.

Lösung:

Die Platinenzahl von P-1 wird mit x_1, die von P-2 mit x_2 und die P-3 mit x_3 bezeichnet. Aufgrund der Platinen-Bauelemente-Tabelle und der Lagerbestände ergibt sich folgendes Gleichungssystem:

$$\begin{array}{lll} (1) & 12x_1 + 18x_2 + 17x_3 = 6\,400 & (A) \\ (2) & 23x_1 + 15x_2 + 33x_3 = 8\,790 & (B) \\ (3) & 30x_1 + 20x_2 + 28x_3 = 10\,340 & (C) \end{array}$$

Das 3×3-Gleichungssystem wird mit dem Gauß-Algorithmus gelöst:

$$\begin{array}{lrrr|r} (1) & 12 & 18 & 17 & 6\,400 \\ (2) & 23 & 15 & 33 & 8\,790 \\ (3) & 30 & 20 & 28 & 10\,340 \end{array} \qquad \left| -\tfrac{23}{12}\cdot(1)+(2) \right.$$

$$\begin{array}{lrrr|r} (1) & 12 & 18 & 17 & 6\,400 \\ (2) & 0 & -\frac{39}{2} & \frac{5}{12} & -\frac{10\,430}{3} \\ (3) & 30 & 20 & 28 & 10\,340 \end{array} \qquad \left| -\tfrac{30}{12}\cdot(1)+(3) \right.$$

$$\begin{array}{lrrr|r} (1) & 12 & 18 & 17 & 6\,400 \\ (2) & 0 & -\frac{39}{2} & \frac{5}{12} & -\frac{10\,430}{3} \\ (3) & 0 & -25 & -\frac{29}{2} & -5\,660 \end{array} \qquad \left| -\frac{2\cdot 25}{39}\cdot(2)+(3) \right.$$

$$\begin{array}{llll|l} (1) & 12 & 18 & 17 & 6\,400 \\ (2) & 0 & -\frac{39}{2} & \frac{5}{12} & -\frac{10\,430}{3} \\ (3) & 0 & 0 & -\frac{1\,759}{117} & -\frac{140\,720}{117} \end{array}$$

Aus (3) folgt: $\mathbf{x_3} = \frac{140\,720}{117} \cdot \frac{117}{1\,759} = \mathbf{80}$

Einsetzen in (2): $-\frac{39}{2} x_2 = -\frac{10\,430}{3} - \frac{5}{12} \cdot 80 = -3\,510$

$$\mathbf{x_2} = \frac{2}{39} \cdot 3\,510 = \mathbf{180}$$

Einsetzen in (1): $12 x_1 = 6\,400 - 17 \cdot 80 - 18 \cdot 180 = 1\,800$

$$\mathbf{x_1 = 150}$$

Es können also 150 Platinen vom Typ P-1, 180 vom Typ P-2 und 80 vom Typ P-3 gefertigt werden. Dann sind die Lagerbestände restlos aufgebraucht.

Aufgaben

110. Metall-Legierungen

Eine Legierung besteht aus verschiedenen Metallen und gegebenenfalls auch Nichtmetallen, die in einem bestimmten Verhältnis im flüssigen Zustand gemischt werden.
Es soll eine neue Legierung, die aus 42 % Nickel, 21 % Kupfer und 37 % Zinn bestehen soll, hergestellt werden. Und zwar soll diese neue Legierung aus zwei alten Legierungen, die noch in ausreichender Menge vorrätig sind, und aus reinem Zinn gemischt werden. Die beiden alten Legierungen haben folgende Zusammensetzungen:
Legierung 1: 50 % Nickel, 20 % Kupfer, 30 % Zinn
Legierung 2: 40 % Nickel, 30 % Kupfer, 30 % Zinn
Bestimmen Sie die benötigten Anteile der Legierungen 1 und 2 sowie des reinen Zinns.

111. Marktanteile

Drei Waschpulvermarken A, B und C teilen sich den Gesamtmarkt an Waschpulver. Ein Erhebung über das Kaufverhalten brachte die nachfolgenden Ergebnisse:

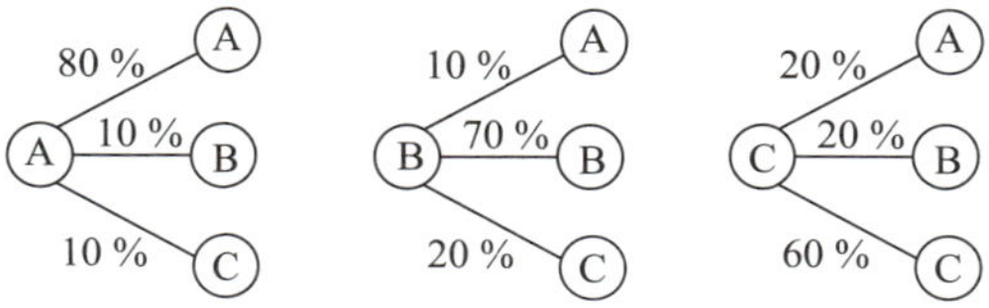

Das erste Diagramm besagt, dass die Verbraucher, die A gekauft haben, beim nächsten Kauf dieser Marke zu 80 % treu bleiben, während je 10 % beim nächsten Kauf B bzw. C kaufen. Entsprechend sind die anderen Angaben zu interpretieren.

Nimmt man dieses Kaufverhalten als stabil an, so sollten sich für die drei Anbieter feste Marktanteile herausbilden. Bezeichnet man den Marktanteil von A mit a, den von B mit b und den von C mit c, dann müssen die Marktanteile dem folgenden linearen Gleichungssystem genügen:

$$\begin{pmatrix} 0{,}8 & 0{,}1 & 0{,}2 \\ 0{,}1 & 0{,}7 & 0{,}2 \\ 0{,}1 & 0{,}2 & 0{,}6 \end{pmatrix} \cdot \begin{pmatrix} a \\ b \\ c \end{pmatrix} = \begin{pmatrix} a \\ b \\ c \end{pmatrix}$$

Das bedeutet, dass die Marktanteile bei einem neuen Kauf die gleichen bleiben wie vorher. Lösen Sie dieses Gleichungssystem unter der Nebenbedingung, dass die Summe der Marktanteile gleich 1 (≙ 100 %) sein muss.

Häufig treten lineare Gleichungssysteme auch bei der Bestimmung von ganzrationalen Funktionen auf.

Aufstellen ganzrationaler Funktionen

Ganzrationale Funktionen n-ten Grades lauten in ihrer allgemeinen Form
$f\colon x \mapsto a_n x^n + a_{n-1} x^{n-1} + \ldots + a_1 x + a_0$
mit den n + 1 reellen Koeffizienten $a_n, a_{n-1}, \ldots, a_1, a_0$, wobei $a_n \neq 0$.
Zum Aufstellen einer solchen Funktion benötigt man n + 1 lineare Gleichungen, um die n + 1 Koeffizienten bestimmen zu können.

Beispiele

1. Die Parabel einer quadratischen Funktion soll die y-Achse bei y = 3 schneiden, bei x = 4 eine Nullstelle haben und durch den Punkt P(2; 5,5) verlaufen. Wie lautet die Funktionsgleichung?

   Lösung:
   Ansatz: $\mathbf{f(x) = ax^2 + bx + c}$
   In diese Funktion werden nun drei Bedingungen eingesetzt, sodass sich drei lineare Gleichungen für a, b und c ergeben. Im Prinzip sind drei Punkte gegeben, durch die der Graph verlaufen soll:
   - Schnitt mit der y-Achse: S(0; 3)
   - Nullstelle, also Schnitt mit der x-Achse: N(4; 0)
   - P(2; 5,5)

   Da diese Punkte auf dem Graphen liegen sollen, müssen sie die Funktionsgleichung erfüllen:
   (1) $f(0) = 3 \quad \Rightarrow \quad a \cdot 0 + b \cdot 0 + c = 3$
   (2) $f(4) = 0 \quad \Rightarrow \quad a \cdot 4^2 + b \cdot 4 + c = 0$
   (3) $f(2) = 5{,}5 \quad \Rightarrow \quad a \cdot 2^2 + b \cdot 2 + c = 5{,}5$

Auf diese Weise erhält man das 3×3-System:

(1) $\quad c = 3$

(2) $\quad 16a + 4b + c = 0$

(3) $\quad 4a + 2b + c = 5{,}5$

Als Lösungsmethode bietet sich zunächst das Einsetzungsverfahren an, da (1) schon nach c aufgelöst ist:

(1) in (2): $\quad 16a + 4b + 3 = 0$

(1) in (3): $\quad 4a + 2b + 3 = 5{,}5$

Damit bleibt noch zu lösen:

(2*) $\quad 16a + 4b = -3$

(3*) $\quad 4a + 2b = 2{,}5$

Man erhält:

$-2 \cdot (3^*) + (2^*)$: $\quad 8a = -8 \quad \Rightarrow \quad \mathbf{a = -1}$

In (3*): $\quad 2b = 6{,}5 \quad \Rightarrow \quad \mathbf{b = 3{,}25}$

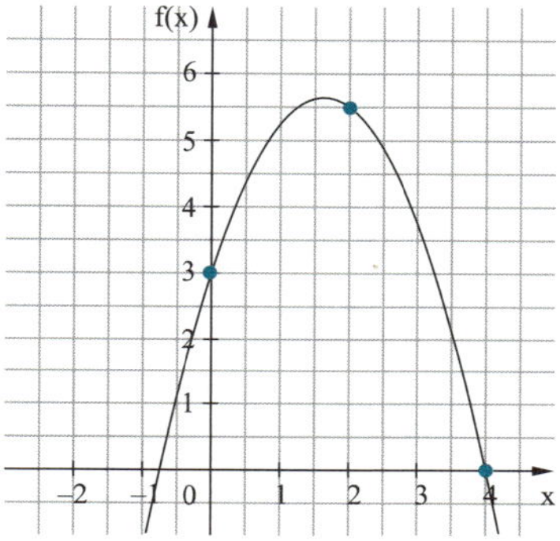

Die gesuchte quadratische Funktion lautet demnach $f(x) = -x^2 + 3{,}25x + 3$.

2. Der Graph einer ganzrationalen Funktion vierten Grades ist symmetrisch zur y-Achse und geht durch die Punkte A(–3; 0), B(1; 3) und C(4; –2). Ermitteln Sie den zugehörigen Funktionsterm.

   Lösung:

   Im Allgemeinen hat eine ganzrationale Funktion vierten Grades fünf Koeffizienten, die zu bestimmen sind. Der Graph der gesuchten Funktion hat jedoch die Symmetrieeigenschaft, sodass die Potenzen x^3 und x^1 gar nicht auftreten können. Diese Symmetrieeigenschaft führt zu dem Ansatz:

   $\mathbf{f(x) = ax^4 + bx^2 + c}$

   Die drei Bestimmungsgleichungen lauten:

   (1) $\quad f(-3) = 0 \quad \Rightarrow \quad a \cdot (-3)^4 + b \cdot (-3)^2 + c = 0$

   (2) $\quad f(1) = 3 \quad \Rightarrow \quad a \cdot 1^4 + b \cdot 1^2 + c = 3$

   (3) $\quad f(4) = -2 \quad \Rightarrow \quad a \cdot 4^4 + b \cdot 4^2 + c = -2$

   Zusammengefasst ergibt sich das folgende Gleichungssystem:

$$\begin{pmatrix} 81 & 9 & 1 \\ 1 & 1 & 1 \\ 256 & 16 & 1 \end{pmatrix} \cdot \begin{pmatrix} a \\ b \\ c \end{pmatrix} = \begin{pmatrix} 0 \\ 3 \\ -2 \end{pmatrix}$$

Lösung mit dem Gauß'schen Algorithmus:

$$\begin{array}{lrrr|r}
(1) & 81 & 9 & 1 & 0 \\
(2) & 1 & 1 & 1 & 3 \\
(3) & 256 & 16 & 1 & -2
\end{array}$$

Zeile (1) und (2) werden vertauscht, um als Pivotelement $a_{11} = 1$ zu erhalten.

$$\begin{array}{lrrr|rl}
(1) & 1 & 1 & 1 & 3 & \\
(2) & 81 & 9 & 1 & 0 & |-81\cdot(1)+(2) \\
(3) & 256 & 16 & 1 & -2 & |-256\cdot(1)+(3)
\end{array}$$

$$\begin{array}{lrrr|rl}
(1) & 1 & 1 & 1 & 3 & \\
(2) & 0 & -72 & -80 & -243 & \\
(3) & 0 & -240 & -255 & -770 & |-\frac{240}{72}\cdot(2)+(3)
\end{array}$$

$$\begin{array}{lrrr|r}
(1) & 1 & 1 & 1 & 3 \\
(2) & 0 & -72 & -80 & -243 \\
(3) & 0 & 0 & \frac{35}{3} & 40
\end{array}$$

Durch schrittweises Einsetzen von unten nach oben erhält man:

$\mathbf{c = \frac{24}{7}; b = -\frac{73}{168}; a = \frac{1}{168}}$

Die gesuchte Funktion lautet:

$f(x) = \frac{1}{168}x^4 - \frac{73}{168}x^2 + \frac{24}{7}$

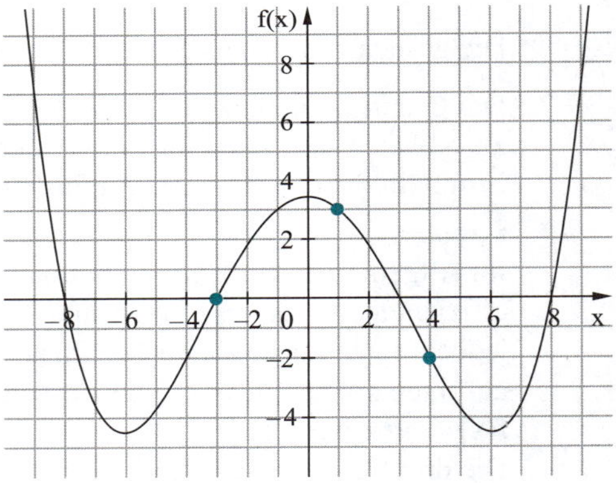

Aufgaben **112.** Ermitteln Sie die folgenden ganzrationalen Funktionen.

a) Der Graph einer ganzrationalen Funktion dritten Grades hat an der Stelle 3 eine Nullstelle, schneidet die y-Achse bei $y = 3$ und enthält die Punkte A(–2; –3) und B(2; 2).
Bestimmen Sie den zugehörigen Funktionsterm.

b) Der Graph einer zur y-Achse symmetrischen Funktion vierten Grades verläuft durch die Punkte $P\left(1; -\frac{2}{5}\right)$, $Q\left(2; \frac{1}{2}\right)$ und R(3; 6).
Wie lautet die Funktionsgleichung?

113. Handy-Verkauf

Ein Handy-Hersteller hat für ein neues Modell folgende Absatzzahlen ermittelt:

Zeit in Jahren	0	1	2	3	4
Absatz in Mio. Stück	0	1	5	9	10

Modellieren Sie diese Absatzzahlen mithilfe einer ganzrationalen Funktion.

114. Eisenbahnbrücke

Der Trägerbogen AB einer Eisenbahnbrücke (siehe Figur) soll so konstruiert werden, dass der obere Bogen ein symmetrisches Stück einer Parabel ist. Es gilt $\overline{AB} = 48$ m und $h = 6$ m.

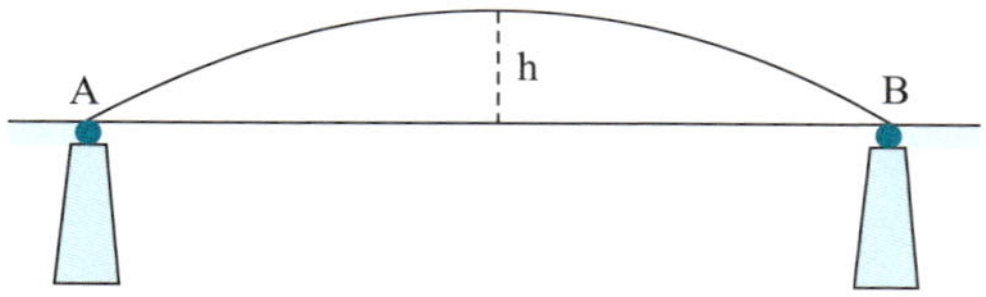

Ermitteln Sie die zugehörigen Funktionsgleichungen, wenn Sie

a) das Koordinatensystem in die Symmetrieachse legen,

b) den Koordinatenursprung in den Punkt A legen.

115. Die im abgebildeten Koordinatensystem dargestellten Punkte sollen durch den Graphen einer ganzrationalen Funktion verbunden werden.

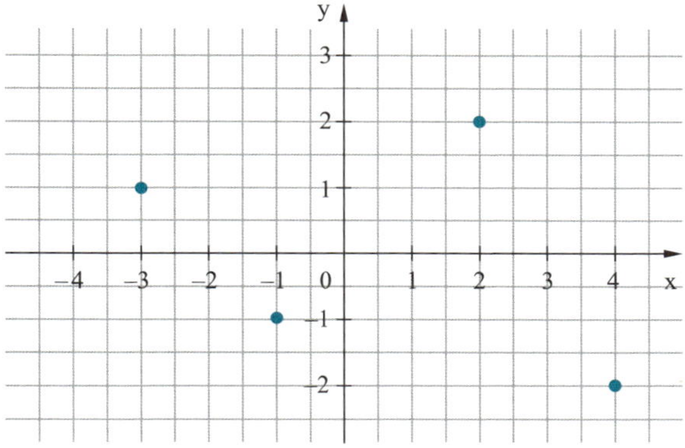

a) Bestimmen Sie den dazu passenden Funktionsterm.

b) Erstellen Sie eine Wertetabelle und zeichnen Sie den Graphen in ein Koordinatensystem ein.
Überzeugen Sie sich auf diese Weise, dass er tatsächlich die angegebenen Punkte enthält.

Grenzwerte und Stetigkeit

Lässt sich ein Funktionsgraph „in einem Zug“ durchzeichnen, so deutet dies auf eine stetige Funktion hin. Ein solcher Graph darf durchaus Knicke oder Löcher, aber keine Sprünge aufweisen und lässt sich gut mit einer Kette vergleichen.

1 Grenzwerte

1.1 Grenzwertbegriff

Der Grenzwertbegriff ist die Grundlage der Differenzial- und Integralrechnung. Dessen exakte mathematische Definition erscheint auf den ersten Blick relativ abstrakt, daher wird zunächst die anschauliche Bedeutung näher behandelt.

Anschaulicher Grenzwertbegriff, Konvergenz und Divergenz

Eine reelle Zahl c heißt **Grenzwert** der Funktion f für $\mathbf{x \to x_0}$, falls sich die Funktionswerte f(x) dieser Zahl nähern, wenn x **beliebig nahe** an x_0 heranrückt.

Man schreibt $\mathbf{f(x) \to c}$ **für** $\mathbf{x \to x_0}$ bzw. $\lim\limits_{x \to x_0} f(x) = c$ und sagt: „f(x) geht gegen c für x gegen x_0".

Besonders wichtig dabei ist, dass sich die Funktionswerte f(x) für $x \to x_0$ stets der Zahl c annähern, und zwar **unabhängig** davon, auf welche **Art und Weise** sich x der zu untersuchenden Stelle x_0 nähert.

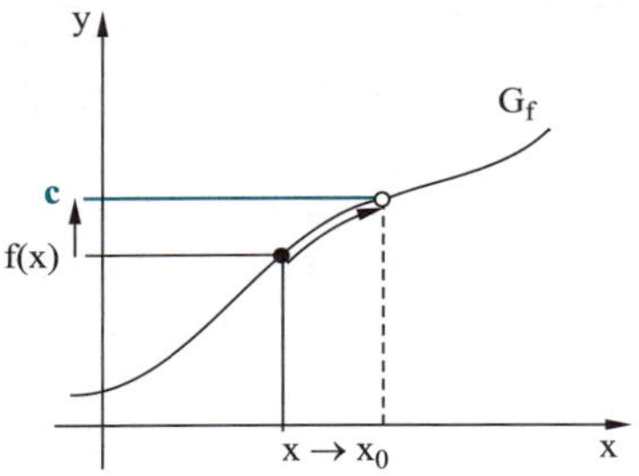

Die grafisch dargestellte Funktion besitzt an der Stelle x_0 den **Grenzwert c**, weil sich f(x) an c annähert, wenn x an x_0 angenähert wird. Man sagt, die Funktion f **strebt** oder **konvergiert** gegen (den Wert) c für $x \to x_0$.

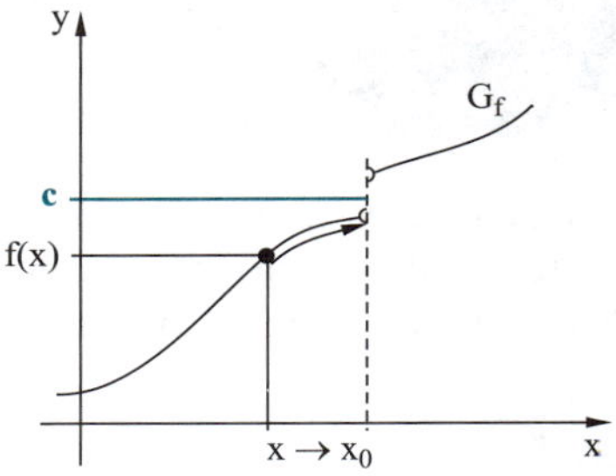

Die grafisch dargestellte Funktion besitzt an der Stelle x_0 **keinen Grenzwert**, weil sich f(x) nicht (beidseitig) an c annähert, wenn x an x_0 angenähert wird. Man sagt, die Funktion f **divergiert** an der Stelle x_0.

Häufig sind es die **Definitionslücken** einer Funktion, an denen Grenzwerte bestimmt werden sollen. Im Gegensatz zum Funktionswert $f(x_0)$, der nur für $x_0 \in D_f$ **punktuell** an der Stelle x_0 gebildet werden kann, beschreibt der Grenzwert

$\lim\limits_{x \to x_0} f(x)$ das Verhalten der Funktion f in **unmittelbarer Nähe** einer Stelle x_0, die selbst nicht unbedingt zu D_f gehören muss (z. B. x_0 Definitionslücke).

Beispiele

1. Betrachtet werden die drei Funktionen

$$h(x) = \begin{cases} 3 & \text{für } x = 2 \\ \frac{1}{2}x^2 - 1 & \text{für } x \neq 2 \end{cases}$$

$$h^*(x) = \frac{1}{2}x^2 - 1\,;\; D_{h^*} = \mathbb{R}$$

$$h^{**}(x) = \frac{1}{2}x^2 - 1\,;\; D_{h^{**}} = \mathbb{R} \setminus \{2\}$$

Bestimmen Sie die Grenzwerte für $x \to 2$ und, falls möglich, die Funktionswerte an der Stelle $x_0 = 2$.

Lösung:

Der Graph von h ist im nebenstehenden Diagramm abgebildet. Die Funktion h hat an der Stelle 2 den Funktionswert 3, kurz $h(2) = 3$. Sie hat an der Stelle 2 jedoch den Grenzwert **1**, kurz $h(x) \to 1$ für $x \to 2$, weil sich die Funktionswerte h(x) an die Zahl 1 annähern, wenn sich die x-Werte an die Stelle 2 annähern. Die Funktion h* stimmt mit der Funktion h bis auf die Stelle 2 überein. Sie hat dort den Funktionswert $h^*(2) = 1$.

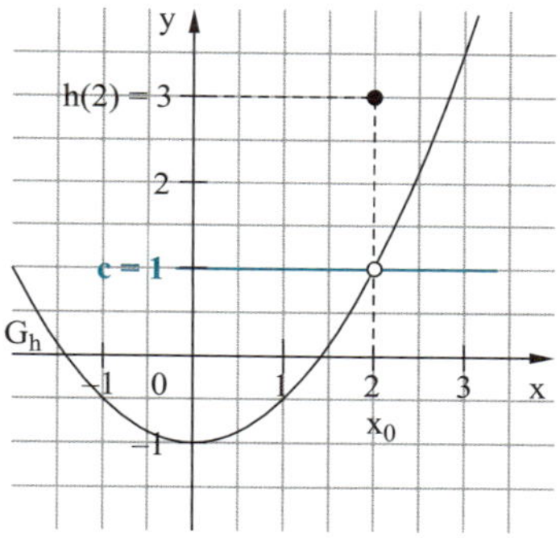

Der Grenzwert von h* an der Stelle 2 ist ebenfalls 1, $h^*(x) \to 1$ für $x \to 2$. Die Funktion h** hat den Grenzwert 1 an der Stelle 2, einen Funktionswert an der Stelle 2 besitzt h** jedoch nicht.

2. Bestimmen Sie die Grenzwerte der Funktionen $f(x) = \frac{x-1}{x^2-1}$ und $g(x) = \frac{1}{x+1}$ für $x \to 1$.

Lösung:

Betrachtet wird die Funktion $f(x) = \frac{x-1}{x^2-1}$. Sie hat u. a. an der Stelle $x_0 = 1$ eine Definitionslücke. Für $x \neq 1$ kann man f wie folgt **kürzen**:

$$f(x) = \frac{x-1}{x^2-1} = \frac{\cancel{x-1}}{(\cancel{x-1})(x+1)} = \frac{1}{x+1} = g(x)$$

Die Funktionen f und g sind also bis auf die Definitionslücke von f identisch.

Aus den folgenden Wertetabellen kann abgelesen werden, wie sich die Funktionswerte verhalten, wenn sich x der Stelle $x_0 = 1$ nähert.

x ⟶ x_0 ⟵ x

x	0,9	0,95	0,98	0,99	0,999	**1**	1,001	1,01	1,1	1,15	1,2
f(x)	0,52632	0,51282	0,50505	0,50251	0,50025	–	0,49975	0,49751	0,47619	0,46512	0,45455

f(x) ⟶ c ⟵ f(x)

						x →	x_0	← x			
x	0,9	0,95	0,98	0,99	0,999	**1**	1,001	1,01	1,1	1,15	1,2
g(x)	0,52632	0,51282	0,50505	0,50251	0,50025	**0,5**	0,49975	0,49751	0,47619	0,46512	0,45455
					g(x) →	c	← g(x)				

Aus den Wertetabellen wird ersichtlich:

- Obwohl es den Funktionswert f(1) gar nicht gibt, gilt $f(x) \to 0{,}5$ für $x \to 1$. Die Funktion hat deshalb an der Stelle 1 den Grenzwert 0,5. Dafür darf man aber nicht $f(1) = 0{,}5$ schreiben, denn $1 \notin D_f$!
- Die Funktion g besitzt an der Stelle 1 den Grenzwert 0,5, d. h. es gilt $g(x) \to 0{,}5$ für $x \to 1$. Zudem gilt $g(1) = 0{,}5$, da $1 \in D_g$.

Die Funktion g besitzt also an der Stelle 1 einen Grenzwert und einen Funktionswert, beide stimmen in diesem Fall überein.

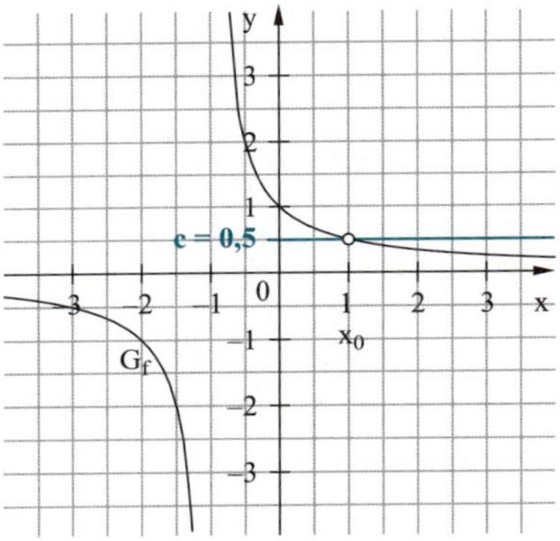

Graph der Funktion f:
$f(x) \to 0{,}5$ für $x \to 1$ und $1 \notin D_f$

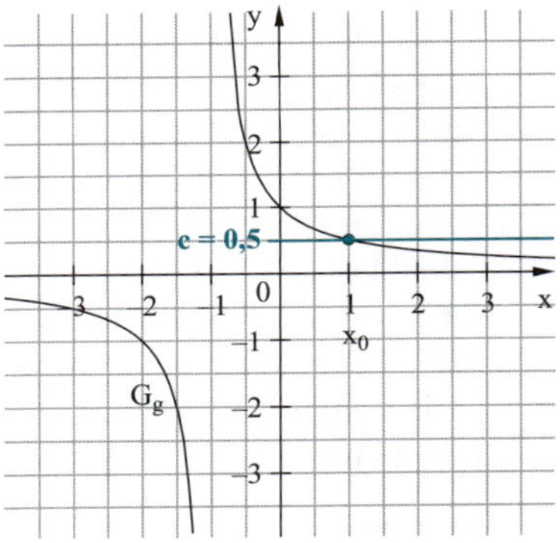

Graph der Funktion g:
$g(x) \to 0{,}5$ für $x \to 1$ und $1 \in D_g$, wobei $g(1) = 0{,}5$

Wichtige Grenzwerte für $x \to x_0$

- Der Graph der **konstanten Funktion** $x \mapsto k$ ($k \in \mathbb{R}$ konstant) ist eine parallele Gerade zur x-Achse in der Höhe k. Da die Funktionswerte an jeder Stelle den Wert k haben, ist auch der Grenzwert an jeder Stelle k:

  $$\lim_{x \to x_0} k = k$$

- Der Graph der **identischen Funktion** $x \mapsto x$ ist die winkelhalbierende Gerade des I. und III. Quadranten. Wenn sich x einem x_0 annähert, so nähern sich wegen $y = x$ auch die Funktionswerte an x_0 an:

  $$\lim_{x \to x_0} x = x_0$$

Beispiel

Bestimmen Sie den Grenzwert der Funktion $f(x)=3$ für $x \to -1$ und den Grenzwert der Funktion $g(x)=x$ für $x \to -3$.

Lösung:

$$\lim_{x \to -1} f(x) = \lim_{x \to -1} 3 = 3; \quad \lim_{x \to -3} g(x) = \lim_{x \to -3} x = -3$$

Die folgende mathematisch exakte Grenzwertdefinition präzisiert das „Annähern" der Funktionswerte an den Grenzwert bei Annäherung der x-Werte an x_0.

Grenzwert einer Funktion (ε-δ-Definition)

Die Funktion f sei in einer Umgebung von x_0, eventuell mit Ausnahme von x_0 selbst, definiert. Man sagt, f hat an der Stelle x_0 den **Grenzwert (oder Limes)** $c \in \mathbb{R}$, wenn es für jede (noch so kleine) Zahl $\varepsilon > 0$ ein $\delta > 0$ gibt, sodass gilt:

$|f(x) - c| < \varepsilon$ für alle $x \neq x_0$

mit $|x - x_0| < \delta$

Man schreibt dafür

$$\lim_{x \to x_0} f(x) = c$$

oder

$f(x) \to c$ für $x \to x_0$.

Veranschaulichung mithilfe von **ε- und δ-Streifen:**

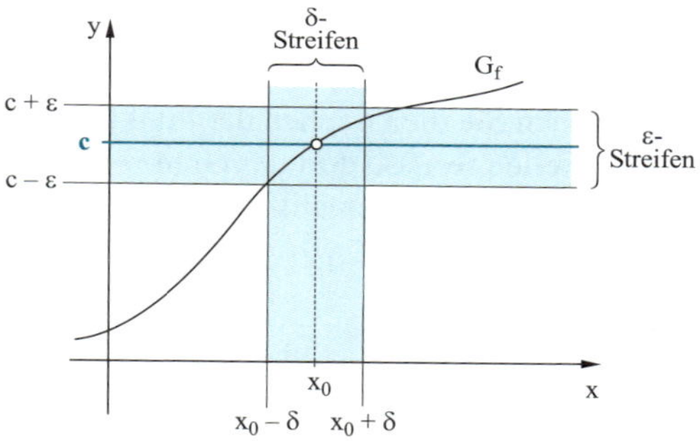

Der **ε-Streifen** um c (siehe Abb.) kann beliebig schmal sein. Besitzt f(x) an der Stelle x_0 den Grenzwert c, dann muss es (gemäß der Definition) auf der x-Achse einen **δ-Streifen** um x_0 geben, sodass für alle x aus dem δ-Streifen die zugehörigen Funktionswerte f(x) im ε-Streifen um c liegen.

Aufgaben

116. Skizzieren Sie den Graphen einer Funktion f, die an der Stelle –2 eine Definitionslücke sowie den Grenzwert 2 besitzt und die an der Stelle 1 den Funktionswert 2, aber keinen Grenzwert besitzt.

117. In folgendem Diagramm ist der Graph einer Funktion f dargestellt.

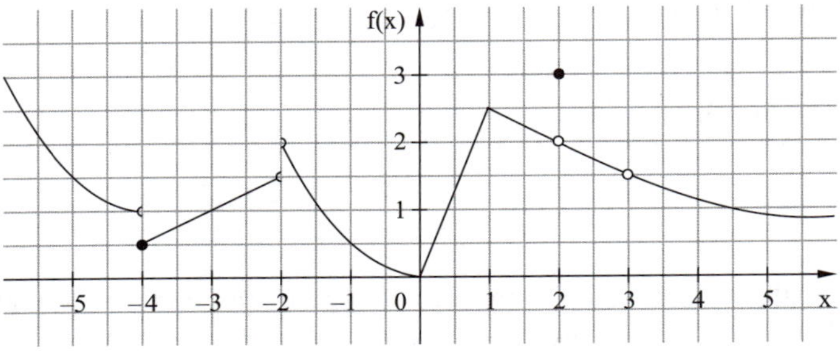

a) Geben Sie den Definitionsbereich von f an.

b) Stellen Sie fest, ob die Funktion an den Stellen –4, –3, –2, –1, 0, 1, 2 und 3 einen Grenzwert besitzt. Falls ja, geben Sie diesen in der Limes-Schreibweise an.

c) Bestimmen Sie, soweit möglich, die Funktionswerte an den Stellen –4, –3, –2, –1, 0, 1, 2 und 3.

118. Zeichnen Sie die Graphen der Funktionen und stellen Sie an den angegebenen Stellen fest, ob dort der Grenzwert existiert. Falls ja, geben Sie den Grenzwert in mathematisch korrekter Schreibweise an.

a) $f(x)=\frac{1}{x}$; $x_0 \in \{-1; 0; 2\}$

b) $g_1(x)=\begin{cases} x+1 & \text{für } x<1 \\ -x^2+1 & \text{für } x>1 \end{cases}$; $g_2(x)=\begin{cases} x+1 & \text{für } x<1 \\ 1 & \text{für } x=1 \\ -x^2+1 & \text{für } x>1 \end{cases}$; $x_0 \in \{0; 1; 2\}$

c) $h(x)=\begin{cases} -1 & \text{für } x \le 2 \\ x^2-4x+3 & \text{für } x>2 \end{cases}$; $x_0 \in \{-2; 1{,}5; 2\}$

119. Gegeben sind die Funktionen $f(x)=\frac{x^2-1}{x+1}$ und $g(x)=\frac{x^2+1}{x+1}$, diese haben beide jeweils an der Stelle $x_0=-1$ eine Definitionslücke.
Berechnen Sie mithilfe einer Wertetabelle durch Annäherung an diese Stelle jeweils das Grenzverhalten dieser Funktionen.
Beurteilen Sie, ob ein Grenzwert vorliegt, und geben Sie diesen wenn möglich an.
Zeichnen Sie auch die Graphen der beiden Funktionen.

1.2 Einseitige und uneigentliche Grenzwerte

In manchen Situationen, insbesondere bei abschnittsweise definierten Funktionen, ist es notwendig, die Annäherung $x \to x_0$ danach zu unterscheiden, ob diese von der linken oder von der rechten Seite (in Bezug auf x_0) erfolgt.

Rechtsseitiger- und linksseitiger Grenzwert

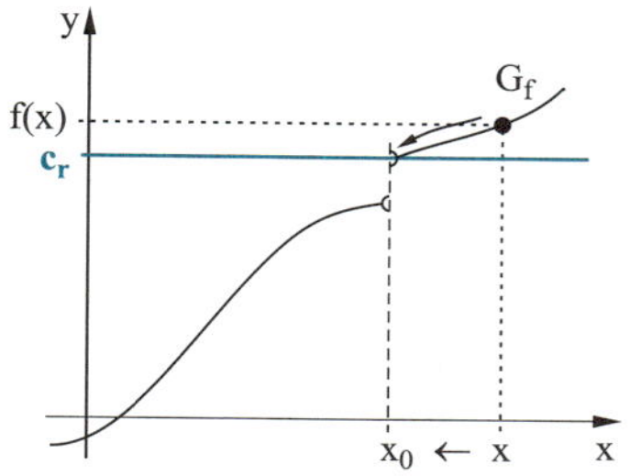

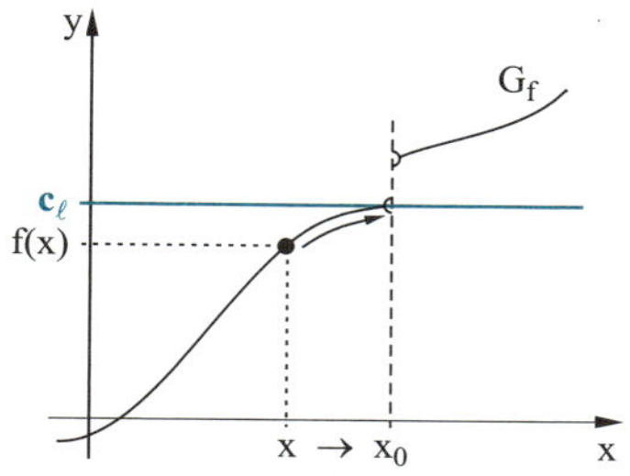

Rechtsseitiger Grenzwert:

$$\lim_{x \to x_0+} f(x) = c_r$$

Dass die Annäherung nur von rechts erfolgt, wird durch das **„+“** hinter x_0 symbolisiert.

Linksseitiger Grenzwert:

$$\lim_{x \to x_0-} f(x) = c_\ell$$

Dass die Annäherung nur von links erfolgt, wird durch das **„–“** hinter x_0 symbolisiert.

Die Funktion f besitzt an der Stelle x_0 genau dann einen **Grenzwert**, wenn linksseitiger und rechtsseitiger Grenzwert existieren und **übereinstimmen**, d. h. wenn $c_r = c_\ell$.

Beispiel

Die abschnittsweise definierte Funktion

$$g(x) = \begin{cases} \frac{1}{2}x^2 - 1 & \text{für } x < 2 \\ x - 1 & \text{für } x > 2 \end{cases}$$

hat die Nahtstelle $x_0 = 2$, die zugleich Definitionslücke ist. Bestimmen Sie die einseitigen Grenzwerte an der Stelle x_0. Besitzt g dort auch einen Grenzwert?

Lösung:

- Rechtsseitiger Grenzwert:

$$\lim_{x \to 2+} g(x) = \lim_{x \to 2+} (x-1) = 2 - 1 = 1$$

Wegen der **rechtsseitigen** Annäherung an die Nahtstelle $x_0 = 2$ wird g(x) durch den für den Bereich $x > 2$ „zuständigen“ Term $x - 1$ ersetzt. Im nächsten Schritt kann für x der Wert 2 ohne Probleme in den Term $x - 1$ eingesetzt werden, der Grenzübergang ist durchgeführt.

- Linksseitiger Grenzwert:

$$\lim_{x \to 2-} g(x) = \lim_{x \to 2-} \left(\frac{1}{2}x^2 - 1\right) = \frac{1}{2} \cdot 2^2 - 1 = 1$$

Vorgehensweise wie beim rechtsseitigen Grenzwert, wegen der **linksseitigen** Annäherung wird g(x) jedoch durch den für den Bereich $x < 2$ zuständigen Term $\frac{1}{2}x^2 - 1$ ersetzt.

Weil rechts- und linksseitiger Grenzwert existieren und übereinstimmen, existiert auch der (gemeinsame) Grenzwert der Funktion g an der Stelle 2. Es gilt: $\lim_{x \to 2} g(x) = 1$

Die grafische Darstellung der Funktion g bestätigt die Rechnungen.

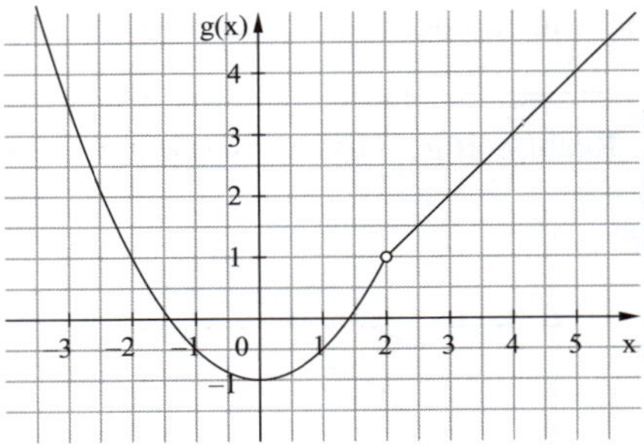

Aufgaben

120. Betrachtet wird die Funktion $f(x) = \frac{|x|}{x}$.

a) Bestimmen Sie den maximalen Definitionsbereich und schreiben Sie f betragsstrichfrei als abschnittsweise definierte Funktion.

b) Zeichen Sie den Graphen von f und bestimmen Sie den rechts- bzw. linksseitigen Grenzwert von f für $x \to 0$.

c) Überprüfen Sie, ob f an der Stelle 0 einen Grenzwert besitzt.

121. Geben Sie für die unten abgebildete Funktion f die einseitigen Grenzwerte an den Stellen −4, −2, 0, 2 und 3 in formal korrekter Schreibweise an.

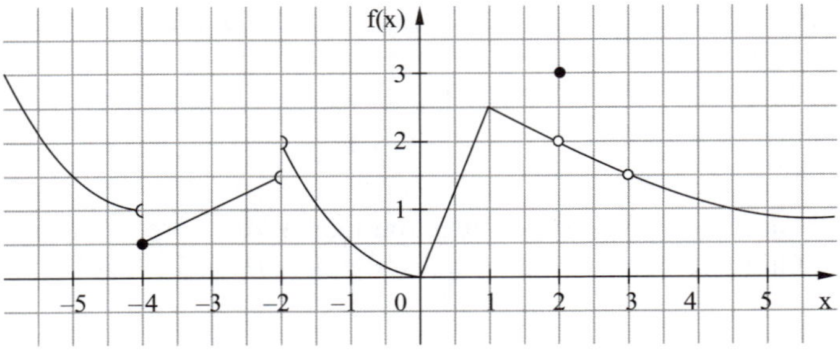

122. Berechnen Sie für die folgenden Funktionen zunächst die einseitigen Grenzwerte an den Nahtstellen und entscheiden Sie dann, ob dort ein Grenzwert vorliegt.
Fertigen Sie eine Zeichnung des jeweiligen Funktionsgraphen an.

a) $f(x)=\begin{cases} x^2-1 & \text{für } x \le 2 \\ -x+4 & \text{für } x > 2 \end{cases}$

b) $g(x)=\begin{cases} x^2-1 & \text{für } x < 2 \\ 0 & \text{für } x = 2 \\ -x+4 & \text{für } x > 2 \end{cases}$

c) $h(x)=\begin{cases} x^2-1 & \text{für } x < 2 \\ -x+5 & \text{für } x \ge 2 \end{cases}$

Wenn die Funktionswerte f(x) einer Funktion f bei der Annäherung $x \to x_0$ immer größer werden, d. h. über alle Schranken wachsen, dann besitzt f an dieser Stelle keinen Grenzwert im bisherigen Sinne. Dies führt zu folgender Erweiterung des Grenzwertbegriffs.

Uneigentliche Grenzwerte

Überschreiten die Funktionswerte f(x) bei der Annäherung $x \to x_0$ beliebig große Zahlenwerte, dann strebt f bei x_0 gegen **unendlich (∞)** (vgl. Abbildung).
Man sagt: f besitzt an der Stelle x_0 den **uneigentlichen Grenzwert ∞**, d. h. $f(x) \to +\infty$ für $x \to x_0$ bzw. $\lim\limits_{x \to x_0} f(x) = +\infty$.
Ganz entsprechend verfährt man, wenn die Funktionswerte unter alle Schranken fallen (nach **minus unendlich** gehen). Die Schreibweise dafür lautet: $\lim\limits_{x \to x_0} f(x) = -\infty$

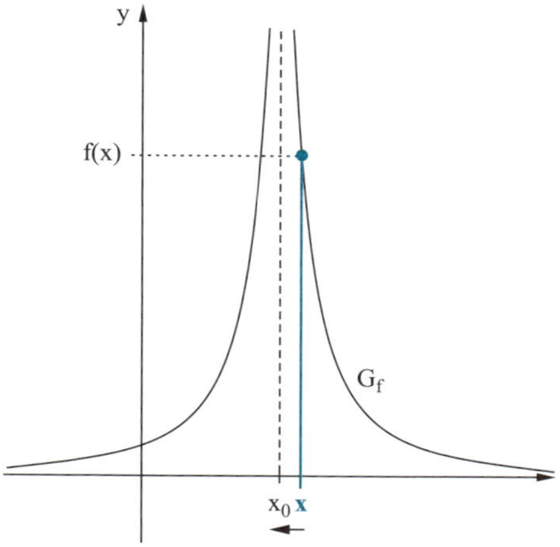

Die Funktion f besitzt an der Stelle x_0 genau dann einen uneigentlichen Grenzwert, wenn links- und rechtsseitiger Grenzwert uneigentlich sind und übereinstimmen, d. h. wenn gilt: $\lim\limits_{x \to x_0-} f(x) = \lim\limits_{x \to x_0+} f(x) = \pm\infty$

Obwohl es sich bei „$+\infty$" oder „$-\infty$" eigentlich um keinen „echten" Grenzwert handelt, wird an der **Limes-Schreibweise** festgehalten.

Beispiel

Die Funktion $f(x) = \frac{1}{x-1}$ mit $D_f = \mathbb{R} \setminus \{1\}$ wird an der Stelle $x_0 = 1 \notin D_f$ untersucht. Wie verhalten sich die Funktionswerte f(x), wenn $x \to 1$ geht?

Lösung:

Man muss rechts- und linksseitige Annäherung getrennt behandeln:

$$\lim_{x \to 1+} f(x) = \lim_{x \to 1+} \frac{1}{\underbrace{x-1}_{\substack{\text{gegen } 0,\\ \text{aber } > 0}}} = +\infty$$

$$\lim_{x \to 1-} f(x) = \lim_{x \to 1-} \frac{1}{\underbrace{x-1}_{\substack{\text{gegen } 0,\\ \text{aber } < 0}}} = -\infty$$

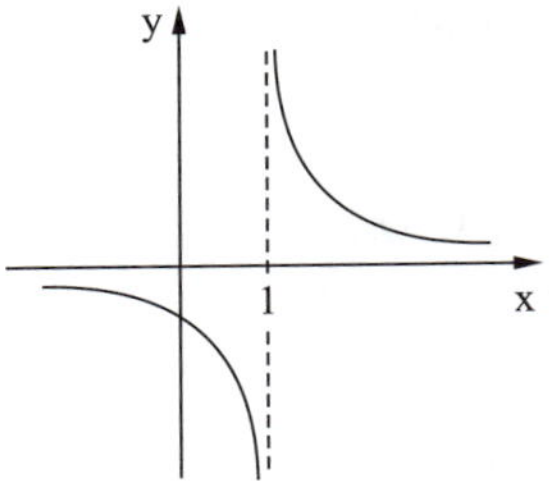

Treten bei einer Funktion uneigentliche Grenzwerte auf, so erhalten die entsprechenden Stellen eine eigene Bezeichnung.

Polstellen, vertikale Asymptoten

Diejenigen Stellen x_0, an denen eine Funktion f den (uneigentlichen) Grenzwert $+\infty$ oder $-\infty$ besitzt, d. h. an denen

$$\lim_{x \to x_0} f(x) = \pm\infty$$

gilt, bezeichnet man als **Polstellen** (oder **Unendlichkeitsstellen**) **ohne Vorzeichenwechsel (VZW)**.

Sind hingegen an einer Stelle x_0 die Bedingungen

$$\lim_{x \to x_0-} f(x) = -\infty \quad \text{und} \quad \lim_{x \to x_0+} f(x) = +\infty$$

bzw.

$$\lim_{x \to x_0-} f(x) = +\infty \quad \text{und} \quad \lim_{x \to x_0+} f(x) = -\infty$$

erfüllt, so bezeichnet man x_0 als **Polstellen mit VZW**.

An einer Polstelle kann eine vertikale Gerade eingezeichnet werden, an der der Graph in Richtung $+\infty$ oder $-\infty$ geht. Diese Gerade heißt **vertikale Asymptote**, ihre Lage gibt man mit $x = x_0$ an.

Polstellen sind **immer** Definitionslücken, weil es dort keinen Funktionswert gibt. Sie treten z. B. bei **gebrochenen** Funktionen auf, wenn sich Nennernullstellen nicht gegen entsprechende Zählernullstellen „kürzen" lassen.

Beispiel

Untersuchen Sie die Funktionen $f(x)=\frac{1}{x}$ und $g(x)=\frac{1}{x^2}$ auf Polstellen und bestimmen Sie das Verhalten der Funktionen an den Polstellen mithilfe geeigneter Grenzwerte.

Lösung:
Die Funktionen f und g haben beide die Definitionslücke 0. An dieser Stelle gibt es keinen Funktionswert. Die Wertetabellen geben Aufschluss:

x	–1	–0,5	–0,2	–0,1	–0,01	–0,001	**0**	0,001	0,01	0,1	0,2	0,5	1
f(x)	–1	–2	–5	–10	–100	–1 000	–	1 000	100	10	5	2	1

x	–1	–0,5	–0,2	–0,1	–0,01	–0,001	**0**	0,001	0,01	0,1	0,2	0,5	1
g(x)	1	4	25	100	10 000	1 000 000	–	1 000 000	10 000	100	25	4	1

Alle gesuchten Information können nun abgelesen werden.

- Die Funktion f hat an der Stelle 0 eine Nennernullstelle, der Zähler ist ungleich null. Deshalb liegt dort eine Polstelle vor. Aus der Wertetabelle geht hervor, dass bei Annäherung von rechts ($x \to 0+$) gilt: $f(x) \to +\infty$ Bei Annäherung von links ($x \to 0-$) gilt: $f(x) \to -\infty$. Kurzschreibweise:
  $\lim\limits_{x \to 0+} \frac{1}{x} = +\infty$ und $\lim\limits_{x \to 0-} \frac{1}{x} = -\infty$ (Polstelle **mit VZW**)
- Auch g hat an der Stelle 0 eine Polstelle. Jedoch macht es keinen Unterschied, ob die Annäherung von rechts oder von links erfolgt, denn es gilt:
  $\lim\limits_{x \to 0+} \frac{1}{x^2} = +\infty$ und $\lim\limits_{x \to 0-} \frac{1}{x^2} = +\infty$ (Polstelle **ohne VZW**)

  In diesem Fall kann man die einseitigen uneigentlichen Grenzwerte zu einem uneigentlichen Grenzwert zusammenfassen: $\lim\limits_{x \to 0} \frac{1}{x^2} = +\infty$

Veranschaulichung und Zusammenfassung:

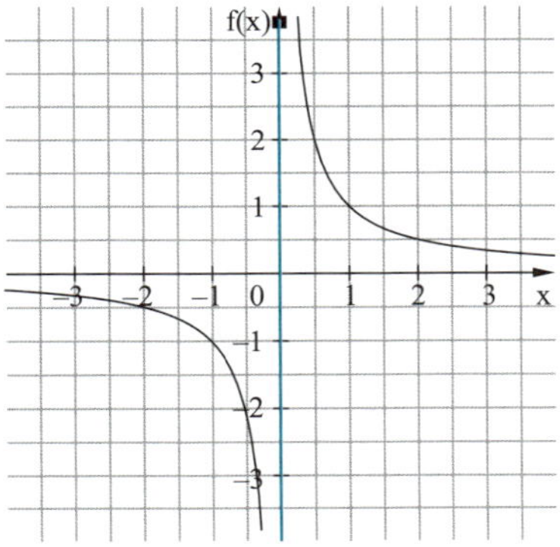

$f(x)=\frac{1}{x}$ hat an der Stelle $x_0=0$ eine Polstelle **mit VZW**.
Vertikale Asymptote: $x=0$

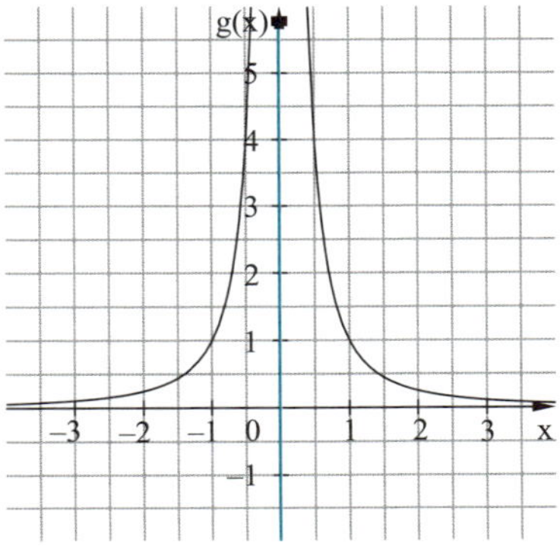

$g(x)=\frac{1}{x^2}$ hat an der Stelle $x_0=0$ eine Polstelle **ohne VZW**.
Vertikale Asymptote: $x=0$

Aufgaben

123. Untersuchen Sie das Verhalten der angegebenen Funktionen an ihren Definitionslücken (Wertetabelle!).
Geben Sie das Grenzverhalten in symbolischer Schreibweise an und zeichnen Sie die Graphen der Funktionen.

a) $f(x)=\frac{x+1}{x^2-1}$ b) $g(x)=\frac{x+1}{x-1}$

c) $h(x)=\frac{x+1}{x^2+1}$ (Achtung!)

124. Geben Sie für die grafisch dargestellte Funktion f die uneigentlichen Grenzwerte in mathematisch korrekter Schreibweise an.

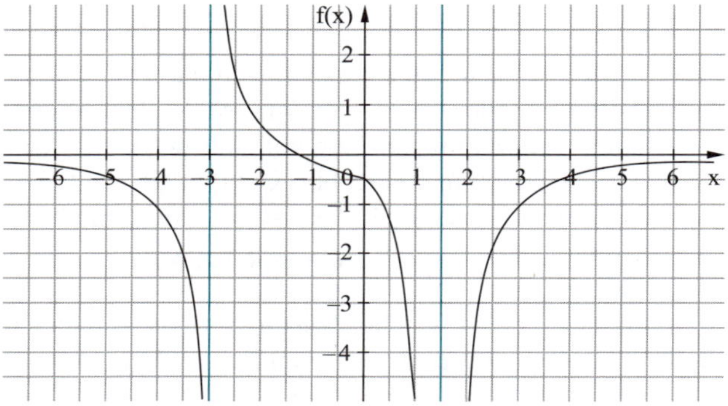

1.3 Grenzwerte für $x \to \pm\infty$

Bisher wurden Grenzwerte nur an „endlichen“ Stellen $x_0 \in \mathbb{R}$ gebildet. Oft interessiert man sich aber dafür, welches Verhalten eine Funktion für „sehr große“ bzw. „sehr kleine“ x-Werte aufweist. Dies entspricht dem Fall „$x_0 = \pm\infty$“, d. h. x strebt gegen unendlich ($x \to \infty$) bzw. gegen minus unendlich ($x \to -\infty$).

Grenzwerte von Funktionen für $x \to \pm\infty$

Die Funktion f ist auf einem **rechtsseitig** unbegrenzten Intervall definiert. Man sagt f hat für x gegen unendlich den **Grenzwert c**, wenn es für jede (noch so kleine) Zahl $\varepsilon > 0$ eine Zahl S gibt, sodass gilt: $|f(x)-c| < \varepsilon$ für alle $x > S$

Man schreibt dafür:

$f(x) \to c$ für $x \to \infty$

oder

$$\lim_{x \to \infty} f(x) = c$$

In der Abbildung wird dies mithilfe eines **ε-Streifens** veranschaulicht.

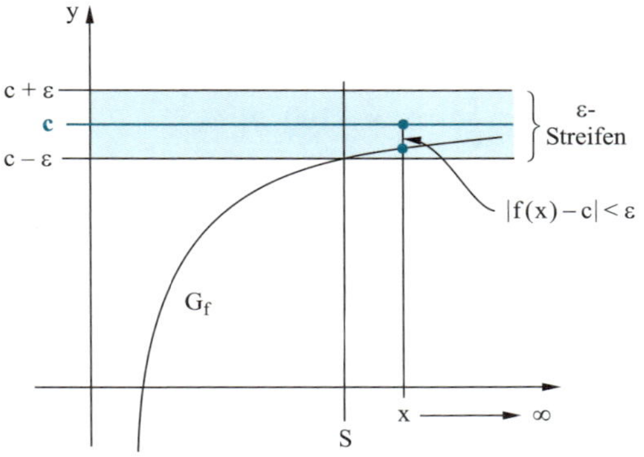

Entsprechend gilt:

Ist f auf einem **linksseitig** unbegrenzten Intervall definiert und gibt es zu jedem $\varepsilon > 0$ eine Zahl s, sodass $|f(x) - c| < \varepsilon$ gilt für alle $x < s$, so schreibt man: $\lim\limits_{x \to -\infty} f(x) = c$

Beispiel

Bestimmen Sie die Grenzwerte der Funktion $y = -x^2$ für $x \to \pm\infty$.

Lösung:

$\lim\limits_{x \to \infty} (-x^2) = -\infty$ und $\lim\limits_{x \to -\infty} (-x^2) = -\infty$, also $\lim\limits_{x \to \pm\infty} (-x^2) = -\infty$, oder kurz:

$\lim\limits_{|x| \to \infty} (-x^2) = -\infty$ ($|x|$ geht gegen ∞, wenn x gegen **+∞ oder −∞** geht)

Horizontale Asymptoten

Besitzt eine Funktion f für x gegen plus oder minus unendlich den **Grenzwert c**, so nähern sich die Funktionswerte, je weiter x in Richtung $+\infty$ bzw. $-\infty$ verschoben wird, immer mehr der **horizontalen Geraden** mit der Gleichung $y = c$. Eine solche Gerade nennt man (rechtsseitige bzw. linksseitige) **horizontale Asymptote**.

Beispiel

Gegeben sind die Funktionen $f(x) = \frac{1}{x}$ und $g(x) = \frac{1}{x^2}$.

a) Bestimmen Sie alle horizontalen Asymptoten der Funktionen f und g.
b) Bestimmen Sie diejenige Zahl, ab welcher sich die Funktionswerte f(x) und g(x) dem Wert 0 soweit genähert haben, dass sie sich davon nur noch um weniger als ein Hundertstel unterscheiden.

Lösung:

a) Die Funktionen f bzw. g gehen beide gegen null für $x \to \pm\infty$, da die Nenner gegen $-\infty$ bzw. $+\infty$ streben und die Zähler den konstanten Wert 1 besitzen. Damit besitzen f und g die gemeinsame horizontale Asymptote $y = 0$.

b) Ansatz für f: $|f(x)-c|<\varepsilon$

$$\left|\frac{1}{x}-0\right|=\left|\frac{1}{x}\right|<\frac{1}{100}$$

$$\frac{1}{x}<\frac{1}{100} \Rightarrow \mathbf{x>100}$$

In die Betragsungleichung werden $f(x)=\frac{1}{x}$, $c=0$ und $\varepsilon=\frac{1}{100}$ eingesetzt. Wegen $x \to +\infty$ ist $x>0$, sodass die Betragsstriche entfallen können. Multipliziert man noch „über Kreuz" aus, so erhält man $\mathbf{x>100}$.

Ansatz für g: $|g(x)-c|<\varepsilon$

$$\left|\frac{1}{x^2}-0\right|=\left|\frac{1}{x^2}\right|=\frac{1}{x^2}<\frac{1}{100}$$

$$\Rightarrow x^2>100$$

$$\Rightarrow |x|>10, \text{ also } \mathbf{x>10}$$

In die Betragsungleichung werden $g(x)=\frac{1}{x^2}$, $c=0$ und $\varepsilon=\frac{1}{100}$ eingesetzt. Wegen $x^2>0$ können die Betragsstriche entfallen. Multipliziert man „über Kreuz" aus, so erhält man $x^2>100$, also $\mathbf{x>10}$ wegen $x \to +\infty$.

Während f(x) sich erst ab $x=100$ dem Wert 0 bis auf weniger als 0,01 angenähert hat, sind die Funktionswerte von g(x) bereits ab $x=10$ soweit an den Wert 0 herangerückt. Dass g „schneller" gegen null geht als f, erkennt man auch in den folgenden Diagrammen:

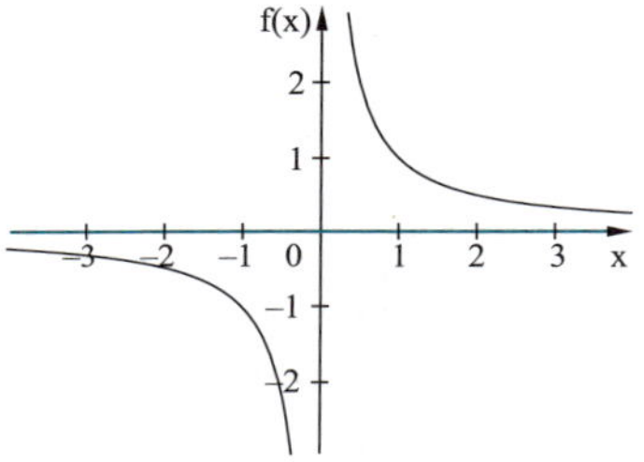

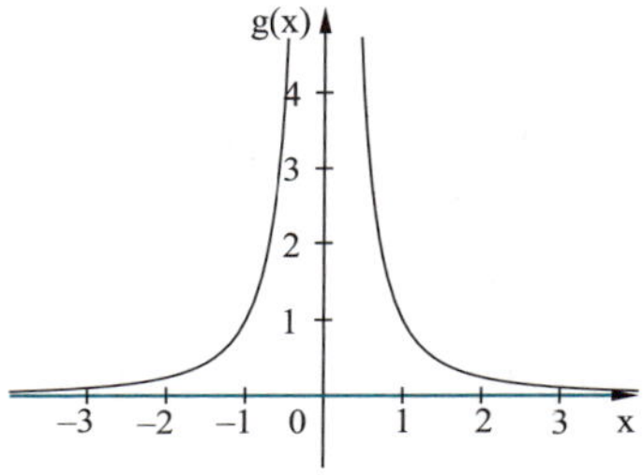

Wichtige Grenzwerte für $x \to \pm\infty$

- Für eine beliebige konstante Zahl $k \in \mathbb{R}$ und $n \in \mathbb{N}^* = \mathbb{N}\setminus\{0\}$ gilt stets:

$$\lim_{x \to \pm\infty} \frac{k}{x^n}=0$$

- Bei den Potenzfunktionen gilt für $n \in \mathbb{N}^*$:

$$\lim_{x \to \infty} x^n=\infty \quad \text{und} \quad \lim_{x \to -\infty} x^n=\begin{cases} +\infty & \text{falls n geradzahlig} \\ -\infty & \text{falls n ungeradzahlig} \end{cases}$$

- Der Grenzwert für $x \to \pm\infty$ einer ganzrationalen Funktion vom Grad n wird wegen

$$a_n x^n + a_{n-1}x^{n-1}+\ldots+a_1 x+a_0 = a_n x^n\left(1+\frac{a_{n-1}}{a_n}\cdot\frac{1}{x}+\frac{a_{n-2}}{a_n}\cdot\frac{1}{x^2}+\ldots+\frac{a_0}{a_n}\cdot\frac{1}{x^n}\right)$$

alleine von der höchsten Potenz x^n und ihrem Koeffizienten a_n bestimmt:

$$\lim_{x \to \pm\infty}(a_n x^n + a_{n-1}x^{n-1}+\ldots+a_1 x+a_0)=\lim_{x \to \pm\infty} a_n x^n$$

(Die untergeordneten Potenzen $x, x^2, \ldots, x^{n-1}$ spielen also für das „Verhalten von f bei $\pm\infty$" keine Rolle.)

Beispiele

1. Bestimmen Sie den Grenzwert $\lim\limits_{x \to \pm\infty} \frac{5}{x^3}$.

Lösung:

Nach Punkt 1 (siehe Merkkasten) folgt mit k = 5 und n = 3:

$$\lim_{x \to \pm\infty} \frac{5}{x^3} = 0$$

2. Bestimmen Sie die Grenzwerte $\lim\limits_{x \to -\infty} x^3$ und $\lim\limits_{x \to -\infty} x^4$.

Lösung:

Nach Punkt 2 (siehe Merkkasten) folgt mit n = 3 (ungerade) bzw. n = 4 (gerade):

$$\lim_{x \to -\infty} x^3 = -\infty \quad \text{und} \quad \lim_{x \to -\infty} x^4 = +\infty$$

3. Bestimmen Sie das Verhalten von $f(x) = 2x^3 + 4x^2 - x + 12$ für $x \to \pm\infty$.

Lösung:

Nach Punkt 3 (siehe Merkkasten) folgt mit n = 3, $a_3 = 2$:

$$\lim_{x \to \infty} f(x) = \lim_{x \to \infty} 2x^3 = +\infty \quad \text{und} \quad \lim_{x \to -\infty} f(x) = \lim_{x \to -\infty} 2x^3 = -\infty$$

Aufgaben

125. Bestimmen Sie die folgenden Grenzwerte.

a) $\lim\limits_{x \to \pm\infty} \frac{-2}{x^3}$

b) $\lim\limits_{x \to -1} x$

c) $\lim\limits_{x \to \pm\infty} \left(-\frac{1}{4}x^3 - 5x^2 + x\right)$

d) $\lim\limits_{x \to -\infty} -5$

e) $\lim\limits_{x \to -\infty} \frac{a}{x}$

f) $\lim\limits_{x \to \pm\infty} (2x^4 - 4x^3 + 3x^2 - 10)$

126. Geben Sie jeweils die (uneigentlichen) Grenzwerte an, indem Sie überlegen, wie der Graph der Funktionen verläuft.

a) $\lim\limits_{x \to \infty} (2x - 1)$

b) $\lim\limits_{x \to -\infty} (2x - 1)$

c) $\lim\limits_{|x| \to \infty} \left(\frac{1}{4}x^2 - 5x + 1\right)$

d) $\lim\limits_{x \to -\infty} -x^3$

e) $\lim\limits_{x \to \infty} -x^3$

f) $\lim\limits_{x \to \pm\infty} x^4$

127. Zeichnen Sie die Graphen dieser vier Funktionen und geben Sie dann ihr Verhalten für $|x| \to \infty$ an.
Überprüfen Sie Ihre Angaben, indem Sie Funktionswerte für $x = \pm 100$ ausrechnen.
Geben Sie außerdem noch die (horizontalen) Asymptoten der Graphen an.

a) $f_1(x) = \frac{2}{x^2+1}$ b) $f_2(x) = \frac{2x}{x^2+1}$

c) $f_3(x) = \frac{2x^2}{x^2+1}$ d) $f_4(x) = \frac{2x^3}{x^2+1}$

e) Können Sie eine Regel aufstellen, wie sich der Grad der ganzrationalen Funktion im Zähler im Vergleich zum Grad der ganzrationalen Funktion im Nenner auf das Verhalten der gesamten Funktion für $x \to \pm\infty$ auswirkt?

128. Die Anziehungskraft zwischen zwei Massen (Gravitationskraft), die wir auf der Erde als Erdanziehungskraft spüren, nimmt mit zunehmender Entfernung gemäß der Funktion $x \mapsto \frac{1}{x^2}$ ab. Wirkt also auf einen Körper, z. B. einen Satelliten, auf der Erdoberfläche die Schwerkraft F_0, so hat diese Kraft nur noch den Wert $F(r) = \frac{F_0}{r^2}$, wenn r den Abstand zum Erdmittelpunkt in Erdradien angibt.

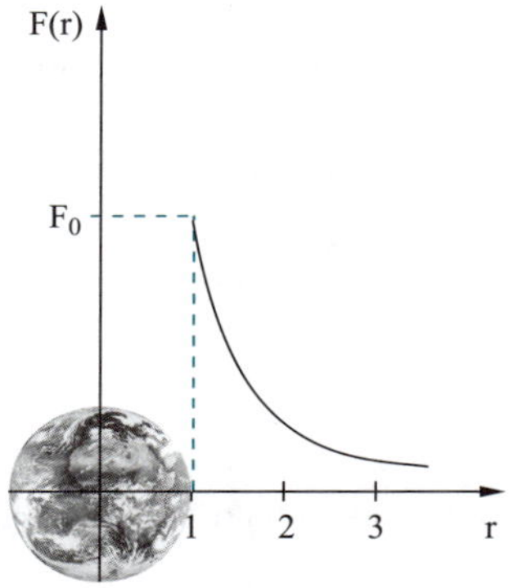

a) Berechnen Sie, in welchen Abständen von der Erdoberfläche die Erdanziehungskraft nur noch 50 %, 10 % und 1 % ihres ursprünglichen Wertes hat.
Hinweis: Der Abstand r ist als Vielfaches des Erdradius r_E angegeben. Es gilt $r_E = 6\,370$ km.

b) Welchen Wert hat $\lim\limits_{r \to \infty} F(r)$? Welche Bedeutung hat dieser Grenzwert?

1.4 Grenzwertsätze

Aus einfachen Funktionen kann man mithilfe der Grundrechenarten **„+“, „–“, „·“** und **„:“** komplexere Funktionen zusammensetzen. Die Grenzwertsätze sagen aus, dass die Grenzwertbildung mit den Grundrechenarten „verträglich“ ist und man Grenzwerte von zusammengesetzten Funktionen aus den Grenzwerten der einzelnen Funktionen bestimmen kann.

Grenzwertsätze

Vorausgesetzt wird, dass die Grenzwerte der Funktionen f und g für $x \to x_0$ existieren ($x_0 \in \mathbb{R}$ oder $x_0 = \pm\infty$) und bekannt sind, d. h.

$$\lim_{x \to x_0} f(x) = c_1 \quad \text{und} \quad \lim_{x \to x_0} g(x) = c_2 \quad \text{mit} \quad c_1, c_2 \in \mathbb{R}.$$

Dann existieren auch die Grenzwerte der folgenden zusammengesetzten Funktionen und lassen sich wie folgt berechnen:

$$\lim_{x \to x_0} [f(x) \pm g(x)] = \lim_{x \to x_0} f(x) \pm \lim_{x \to x_0} g(x) = c_1 \pm c_2$$ **(Summe / Differenz)**

$$\lim_{x \to x_0} [f(x) \cdot g(x)] = \lim_{x \to x_0} f(x) \cdot \lim_{x \to x_0} g(x) = c_1 \cdot c_2$$ **(Produkt)**

$$\lim_{x \to x_0} \frac{f(x)}{g(x)} = \frac{\lim\limits_{x \to x_0} f(x)}{\lim\limits_{x \to x_0} g(x)} = \frac{c_1}{c_2}, \quad \text{falls} \lim_{x \to x_0} g(x) = c_2 \neq 0$$ **(Quotient)**

$$\lim_{x \to x_0} [\mathbf{k} \cdot f(x)] = \mathbf{k} \cdot \lim_{x \to x_0} f(x) = \mathbf{k} \cdot c_1; \quad k \in \mathbb{R}$$ **(konstanter Faktor)**

Veranschaulichung für den Fall „+":

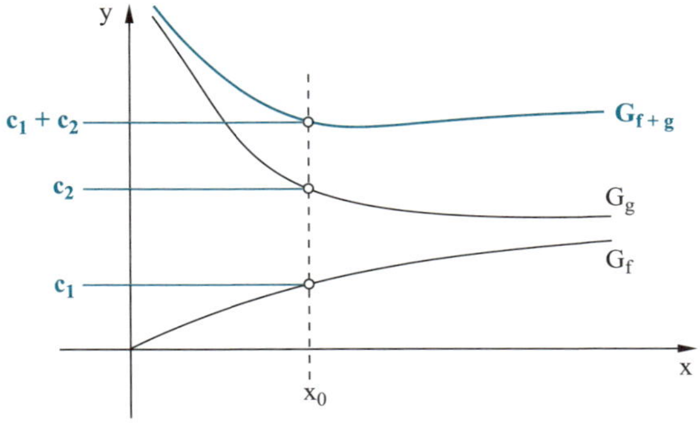

Die Grenzwertsätze gelten auch für **einseitige Grenzwerte**, im Allgemeinen jedoch **nicht** für uneigentliche Grenzwerte.

Beispiele

1. Gegeben ist die Funktion $f(x) = x^2 - 1$. Beschreiben Sie, aus welchen „elementaren" Funktionen f zusammengesetzt ist und berechnen Sie $\lim\limits_{x \to 3} f(x)$.

   Lösung:

   Die Funktion $f(x) = x^2 - 1$ ist aufgebaut aus der konstanten Funktion $x \mapsto -1$ und der identischen Funktion $x \mapsto x$. Multipliziert man nämlich die identische Funktion mit sich selbst, so hat man schon $x \mapsto x \cdot x = x^2$.

Addiert man noch die konstante Funktion $x \mapsto -1$, so ergibt sich die Funktion f. Nach den Grenzwertsätzen gilt demnach:

$$\lim_{x \to 3} f(x) = \lim_{x \to 3} (x^2 - 1) = \lim_{x \to 3} x^2 - \lim_{x \to 3} 1$$
$$= \lim_{x \to 3} x \cdot \lim_{x \to 3} x - \lim_{x \to 3} 1 = 3 \cdot 3 - 1 = 8$$

Kurzschreibweise:

$$\lim_{x \to 3} f(x) = \lim_{x \to 3} (x^2 - 1) = 3^2 - 1 = 8$$

Hinweis: Sobald x gegen 3 gegangen ist, wird der Ausdruck „lim" weggelassen. Solange im Funktionsterm x auftritt, muss auch „lim" davor stehen, weil der Grenzübergang noch nicht vollzogen worden ist.

2. Berechnen Sie die Grenzwerte $\lim_{x \to 2} (x+3)$ und $\lim_{x \to -3} x^2$.

Lösung:

Es gilt $\lim_{x \to 2} x = 2$ und $\lim_{x \to 2} 3 = 3$, mit dem Grenzwertsatz „+" folgt:

$$\lim_{x \to 2} (x+3) = \lim_{x \to 2} x + \lim_{x \to 2} 3 = 2 + 3 = 5$$

Wegen $\lim_{x \to -3} x = -3$ folgt mit dem Grenzwertsatz „·":

$$\lim_{x \to -3} x^2 = \lim_{x \to -3} (x \cdot x) = \lim_{x \to -3} x \cdot \lim_{x \to -3} x = -3 \cdot (-3) = 9$$

Aufgaben

129. Berechnen Sie die folgenden Grenzwerte:

a) $\lim_{x \to -2} (-2x^2 + x - 1)$

b) $\lim_{x \to 3} \frac{x+1}{x^2}$

c) $\lim_{x \to \infty} \left(1 - \frac{1}{x}\right)$

d) $\lim_{x \to -\infty} \frac{2x}{x-1}$

130. Berechnen Sie zunächst die einseitigen Grenzwerte an den Nahtstellen und entscheiden Sie dann, ob auch die (gemeinsamen) Grenzwerte an den jeweiligen Stellen existieren.

Hinweis: Schreiben Sie Betragsfunktionen zunächst in abschnittsweise definierte Funktionen um.

a) $f(x) = \begin{cases} \frac{1}{x} & \text{für } x > 0 \\ -x & \text{für } x < 0 \end{cases}$

b) $g(x) = x \cdot |x|$

c) $h(x) = \begin{cases} -\frac{1}{2}x^2 + 1 & \text{für } x > 2 \\ x & \text{für } 0 \le x < 2 \\ 1 & \text{für } x < 0 \end{cases}$

d) $k(x) = |x - 2|$

131. Bestimmen Sie $\lim\limits_{x \to \infty} \frac{3x^2 - 4x}{2x^2 - 1}$.

Hinweis: Die Grenzwertsätze lassen sich anwenden, wenn Sie Zähler und Nenner durch eine geeignete Potenz von x dividieren.

1.5 Berechnungsmethoden für Grenzwerte

Um Grenzwerte bei gebrochenen Funktionen an Definitionslücken zu berechnen, verwendet man die Kürzungsmethode.

Die Kürzungsmethode

Liegt eine gebrochenrationale Funktion $f(x) = \frac{p(x)}{q(x)}$ vor, so gilt:

- Lässt sich eine Nennernullstelle $(x - x_0)$ mit $x_0 \notin D_f$ vollständig aus dem Nenner wegkürzen, d. h. es gibt Polynomfunktionen $p^*(x)$ und $q^*(x)$ mit $f(x) = \frac{p(x)}{q(x)} = \frac{(x-x_0)^k \cdot p^*(x)}{(x-x_0)^k \cdot q^*(x)}$; ($k \triangleq$ Vielfachheit der Nennernullstelle x_0)

  so existiert der Grenzwert der Funktion f für $x \to x_0$ und kann mit der **Kürzungsmethode** berechnet werden:

  $$\lim_{x \to x_0} f(x) = \lim_{x \to x_0} \frac{\cancel{(x-x_0)^k} \cdot p^*(x)}{\cancel{(x-x_0)^k} \cdot q^*(x)} = \lim_{x \to x_0} \frac{p^*(x)}{q^*(x)} = \frac{p^*(x_0)}{q^*(x_0)}$$

  Der Graph von f hat im entsprechenden Punkt an der Stelle x_0 ein **Loch**.
- Wenn sich eine Nennernullstelle $(x - x_0)$ mit $x_0 \notin D_f$ nicht vollständig aus dem Nenner wegkürzen lässt, so hat die Funktion f für $x \to x_0$ eine **Polstelle**, d. h. die Funktionswerte f(x) gehen gegen $+\infty$ oder $-\infty$ für $x \to x_0$.

Beispiele

1. Ermitteln Sie den maximalen Definitionsbereich der Funktion $f(x) = \frac{x-1}{x^2-1}$ und untersuchen Sie, ob $\lim\limits_{x \to 1} \frac{x-1}{x^2-1}$ existiert.

   Lösung:
   Die Funktion
   $f(x) = \frac{x-1}{x^2-1}$
   hat den maximalen Definitionsbereich $D_f = \mathbb{R} \setminus \{-1; 1\}$, an der Stelle $x_0 = 1$ existiert also kein Funktionswert. Man kann aber untersuchen, ob der Grenzwert $\lim\limits_{x \to 1} f(x)$ existiert.

Dazu müssen zunächst Zähler und Nenner faktorisiert werden (dritte binomische Formel!):

$$\frac{x-1}{x^2-1}=\frac{x-1}{(x-1)(x+1)}$$

Wegen $x_0=1\notin D_f$ und der Tatsache, dass sich die Nennernullstelle $(x-1)$ vollständig aus dem Nenner **wegkürzen** lässt, kann der Grenzwert mit der Kürzungsmethode bestimmt werden:

$$\lim_{x\to 1}\frac{x-1}{x^2-1}=\lim_{x\to 1}\frac{\cancel{x-1}}{\cancel{(x-1)}(x+1)}=\lim_{x\to 1}\frac{1}{x+1}$$

$$=\frac{1}{1+1}=\frac{1}{2}$$

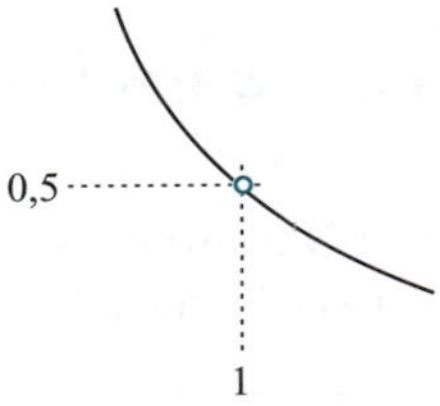

Der Graph der Funktion f hat im Punkt (1; 0,5) ein **Loch**, an das der Graph von beiden Seiten unmittelbar „andockt".

2. Untersuchen Sie, ob für die Funktion f aus Beispiel 1 der Grenzwert $\lim\limits_{x\to -1} f(x)$ existiert.

Lösung:

Es handelt sich um die gleiche Funktion wie in Beispiel 1, jedoch wird die zweite Definitionslücke untersucht. Die Nennernullstelle bei $x_0=-1$ entsteht durch den Faktor $(x+1)$ im Nenner, dieser lässt sich aber nicht gegen einen entsprechenden Faktor im Zähler wegkürzen. Die Funktion f hat deshalb bei –1 keinen Grenzwert, sie besitzt an dieser Stelle eine Polstelle (Nenner wird null für $x\to -1$, Zähler ist ungleich null) und die Funktionswerte gehen gegen unendlich. Das Vorzeichen hängt davon ab, von welcher Seite die Annäherung erfolgt, daher liegt bei $x_0=-1$ eine Polstelle mit Vorzeichenwechsel vor:

$$\lim_{x\to(-1)+}\frac{x-1}{x^2-1}=\lim_{x\to(-1)+}\frac{1}{x+1}=+\infty$$

$$\lim_{x\to(-1)-}\frac{x-1}{x^2-1}=\lim_{x\to(-1)-}\frac{1}{x+1}=-\infty$$

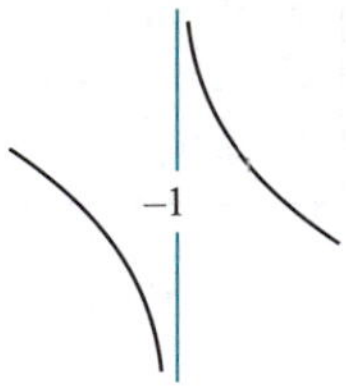

Der Graph von f hat an der Stelle $x_0=-1$ eine **vertikale Asymptote**.

Aufgabe **132.** Berechnen Sie die nachfolgenden Grenzwerte mit der Kürzungsmethode.

a) $\lim\limits_{x\to 5}\frac{x^2-x-20}{x-5}$

b) $\lim\limits_{x\to 2}\frac{x^2+x-6}{x-2}$

c) $\lim\limits_{x\to 2}\frac{x^2-4}{2-x}$

d) $\lim\limits_{x\to 0}\frac{x^3+x^2-12x}{x^2-3x}$

e) $\lim\limits_{x\to -3}\frac{(x+3)(x-2)}{x^2+6x+9}$

Mit der sogenannten „h-Methode“ kann man in vielen Fällen Grenzwerte ausrechnen, wobei man einiges an Rechenarbeit zu leisten hat. Die Kürzungsmethode ist in der Regel schneller und eleganter, erfordert aber in der Regel mehr mathematisches Hintergrundwissen.

Die h-Methode

Man kann sich einer festen Stelle x_0 auch nähern, indem man $\mathbf{x_0 + h}$ oder $\mathbf{x_0 - h}$ mit einer kleinen positiven Zahl **h** bildet.

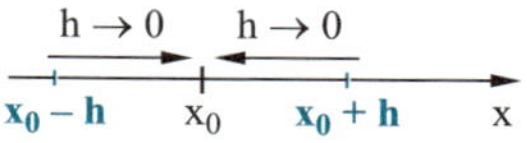

Anschließend lässt man h gegen null gehen und realisiert auf diese Weise die Annäherung an x_0 **von rechts** mit $x_0 + h$ oder **von links** mit $x_0 - h$. Durch diese Methode lassen sich einseitige Grenzwerte in vielen Fällen rechnerisch ermitteln. Dazu setzt man:

Rechtsseitiger Grenzwert: $\lim\limits_{x \to x_0+} f(x) = \lim\limits_{h \to 0} f(x_0 + \mathbf{h})$

Linksseitiger Grenzwert: $\lim\limits_{x \to x_0-} f(x) = \lim\limits_{h \to 0} f(x_0 - \mathbf{h})$

Man beachte, dass immer h gegen null geht. Die Annäherung von rechts oder von links an die Stelle x_0 realisiert man in der Funktion mit der Ersetzung von **x** durch $\mathbf{x_0 \pm h}$.

Beispiel

Berechnen Sie den Grenzwert $\lim\limits_{x \to -2} \frac{x+2}{x^3+8}$ mit der h-Methode.

Lösung:

- Grenzwert von rechts an der Stelle –2:

$$\lim_{x \to (-2)+} \frac{x+2}{x^3+8}$$

$$= \lim_{h \to 0} \frac{(-2+h)+2}{(-2+h)^3+8}$$

x wird durch **–2 + h**, der Ausdruck $x \to (-2)+$ durch $\mathbf{h \to 0}$ ersetzt.

$$= \lim_{h \to 0} \frac{-2+h+2}{-8+12h-6h^2+h^3+8}$$

Anschließend wird ausmultipliziert und zusammengefasst.

$$= \lim_{h \to 0} \frac{h}{h^3-6h^2+12h}$$

$$= \lim_{h \to 0} \frac{h}{h(h^2-6h+12)}$$

Ausklammern von h im Nenner

$$= \lim_{h \to 0} \frac{\not h}{\not h(h^2-6h+12)}$$

Kürzen von $h \neq 0$

$$= \lim_{h \to 0} \frac{1}{h^2-6h+12}$$

Anwenden des Grenzwertsatzes **„Quotient“**

$$= \frac{1}{0-0+12} = \frac{1}{12}$$

- Linksseitiger Grenzwert an der Stelle –2:

$$\lim_{x \to (-2)-} \frac{x+2}{x^3+8}$$
$$= \lim_{h \to 0} \frac{1}{(-\mathbf{h})^2 - 6(-\mathbf{h}) + 12}$$
$$= \lim_{h \to 0} \frac{1}{h^2 + 6h + 12}$$
$$= \frac{1}{0+0+12} = \frac{1}{12}$$

Die Variable h in der vorletzten Zeile der vorhergehenden Rechnung wird einfach durch **–h** ersetzt und der Grenzwertsatz **„Quotient"** angewendet.

Es ergeben sich in beiden Fällen die gleichen Grenzwerte, sodass gilt:

$$\lim_{x \to -2} \frac{x+2}{x^3+8} = \frac{1}{12}$$

Aufgaben

133. Berechnen Sie an den Definitionslücken der Funktion $f(x) = \frac{x-1}{x^2-1}$ sämtliche Grenzwerte mit der h-Methode.
Vergleichen Sie die Ergebnisse mit den Beispielen zur Kürzungsmethode.

134. Skizzieren Sie den Graphen einer Funktion f mit $D_f = \mathbb{R} \setminus \{-3; 1; 4\}$ und den Grenzwerten:

- $\lim_{|x| \to \infty} f(x) = \infty$
- $\lim_{x \to (-3)+} f(x) = 1; \quad \lim_{x \to (-3)-} f(x) = -2$
- $\lim_{x \to 1+} f(x) = \infty; \quad \lim_{x \to 1-} f(x) = -\infty$
- $\lim_{x \to 4} f(x) = 3$

135. Berechnen Sie die nachfolgenden Grenzwerte mit der h-Methode.

a) $\lim_{x \to 0\pm} \frac{x^2}{2x}$

b) $\lim_{x \to (-2)+} \frac{2(x+2)^2}{x^2+4x+4}$

c) $\lim_{x \to 0\pm} \frac{x^3+x^2-12x}{x^2-3x}$

d) $\lim_{x \to (-1)\pm} \frac{1}{x(x+1)}$

2 Stetigkeit

Schon im Abschnitt über Grenzwerte kristallisierten sich zwei unterschiedliche Arten von Funktionen heraus: solche, die sich an manchen Stellen „sprunghaft" veränderten und solche, die „glatt" verliefen. Wird z. B. ein Auto mit einer Geschwindigkeit von $80\frac{km}{h}$ bis zum Stillstand heruntergebremst, so ändert sich seine Geschwindigkeit **stetig**. Bei einem Crashtest hingegen kommt das Auto abrupt zum Stillstand, wenn es mit der Barriere zusammentrifft. Seine Geschwindigkeit ändert sich dabei **unstetig**. Es lassen sich zahlreiche praktische Beispiele finden, so wird z. B. in der Analogtechnik mit stetigen Signalen gearbeitet, in der Digitaltechnik mit unstetigen. Es soll nun mathematisch präzisiert werden, was Stetigkeit bei Funktionen bedeutet.

2.1 Lokale Stetigkeit

Stetigkeit an einer Stelle

Eine Funktion f heißt **stetig** an der **Stelle $x_0 \in D_f$**, wenn an dieser Stelle der Grenzwert existiert und mit dem Funktionswert übereinstimmt, d. h. wenn gilt:

$$\lim_{x \to x_0} f(x) = f(x_0)$$

Ist f stetig bei x_0, so verläuft der Graph durch den Punkt $(x_0; f(x_0))$ und hat dort insbesondere **keinen Sprung**.

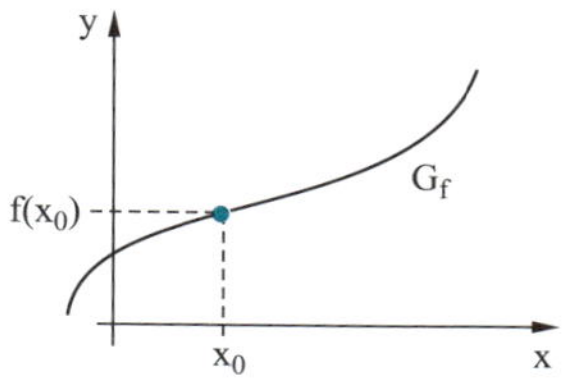

Eine **Stetigkeitsaussage** kann nur an solchen Stellen gemacht werden, an denen die Funktion definiert ist. An Definitionslücken ist eine Funktion weder stetig noch unstetig, sie ist dort einfach nicht vorhanden. Das ist auch der Unterschied zum Grenzwert: den Grenzwert gibt es auch an Definitionslücken!

Eine **Stetigkeitsuntersuchung** an der Stelle x_0 besteht aus drei Schritten:

Schritt 1: Rechts- und linksseitigen **Grenzwert** bei x_0 berechnen und prüfen, ob **beide** Werte gleich sind.

Schritt 2: Den Funktionswert $f(x_0)$ bestimmen.

Schritt 3: Stimmen rechts- und linksseitiger Grenzwert mit dem Funktionswert $f(x_0)$ **überein**, so ist f an der Stelle x_0 **stetig**.

Falls Punkt 3 nicht zutrifft, so ist f an der jeweiligen Stelle **unstetig**.

Beispiel

Untersuchen Sie rechnerisch, ob die Funktion $f(x) = x^2$ an der Stelle $x_0 = 2$ stetig ist.

Lösung:

Schritt 1:

$$\lim_{x \to 2+} f(x) = \lim_{x \to 2+} x^2 = 2^2 = \mathbf{4}$$

$$\lim_{x \to 2-} f(x) = \lim_{x \to 2-} x^2 = 2^2 = \mathbf{4}$$

$\Rightarrow$ Grenzwert existiert und hat den Wert 4.

Schritt 2:

Funktionswert: $f(2) = 2^2 = \mathbf{4}$

Schritt 3:

Der Grenzwert ist gleich dem Funktionswert.

$\Rightarrow$ $f(x) = x^2$ ist an der Stelle $x_0 = 2$ stetig.

Aufgaben

136. Überprüfen Sie die folgenden Graphen auf Stetigkeit an der Stelle x_0.

a)

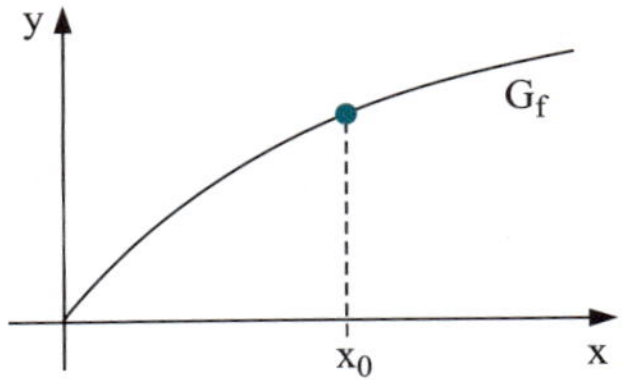

b)

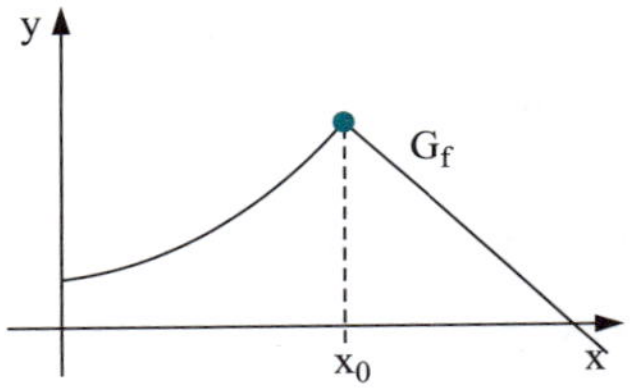

c)

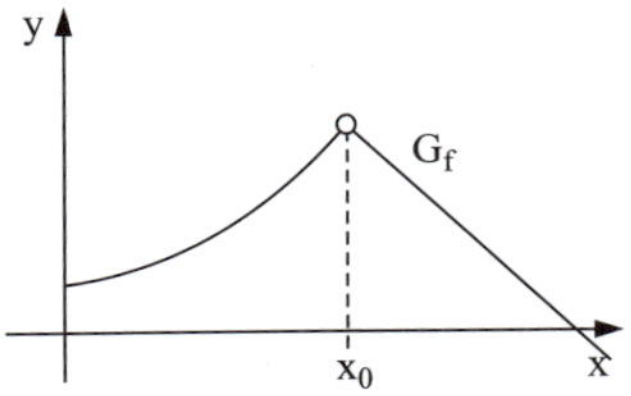

d)

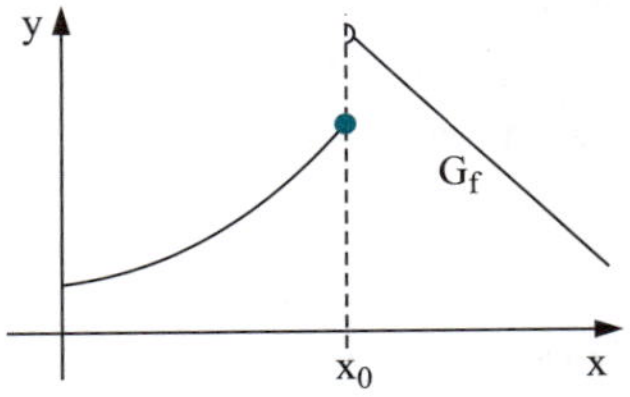

e)

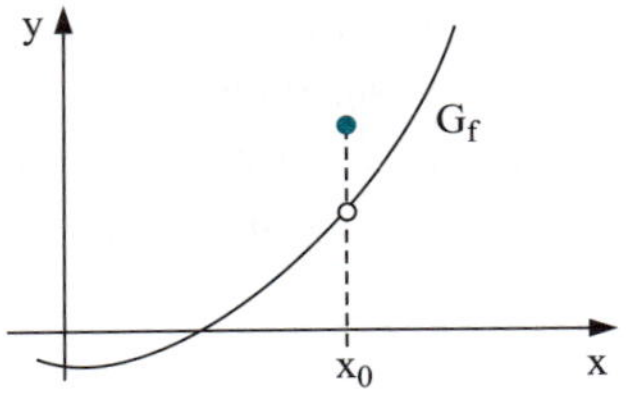

f)

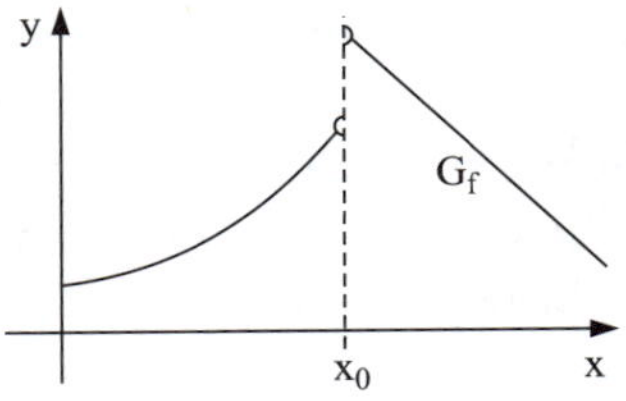

137. Untersuchen Sie jeweils rechnerisch, ob die folgenden Funktionen an ihren Nahtstellen stetig sind und skizzieren Sie die Graphen.

a) $g_1(x) = \begin{cases} x^2 & \text{für } x > -1 \\ x+1 & \text{für } x \le -1 \end{cases}$ b) $g_2(x) = \begin{cases} x^2 & \text{für } x > -1 \\ x+2 & \text{für } x \le -1 \end{cases}$

c) $g_3(x) = \begin{cases} x^2 & \text{für } x > -1 \\ x+2 & \text{für } x < -1 \end{cases}$

138. Bestimmen Sie den Parameter $t \in \mathbb{R}$ so, dass die gegebene Funktionenschar an der Nahtstelle stetig ist.

$$f_t(x) = \begin{cases} \frac{1}{x+2} & \text{für } x \le 1 \wedge x \ne -2 \\ \frac{1}{2}x + t & \text{für } x > 1 \end{cases}$$

Hinweis: Die Zeichnung zeigt, dass t so bestimmt werden soll, dass die beiden Teilgraphen an der Nahtstelle stetig (also ohne Sprung) ineinander übergehen.

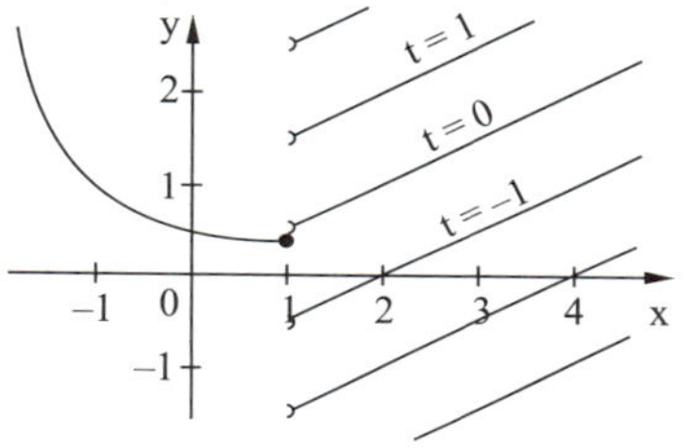

Es wurde bereits darauf hingewiesen, dass es an Definitionslücken weder Stetigkeit noch Unstetigkeit gibt. Man kann jedoch Definitionslücken danach unterscheiden, ob sie sich „stetig beheben" lassen oder nicht.

> **Klassifikation von Definitionslücken**
>
> Eine Definitionslücke $x_0 \notin D_f$ einer Funktion f heißt **stetig behebbare Definitionslücke**, wenn die Funktion f an der Stelle x_0 einen Grenzwert besitzt.
> Ist $x_0 \notin D_f$ und gilt $\lim\limits_{x \to x_0} f(x) = c$, dann nennt man die Funktion
>
> $$f^*(x) = \begin{cases} f(x) & \text{für } x \ne x_0 \\ c & \text{für } x = x_0 \end{cases}$$
>
> die **stetige Fortsetzung** (oder **stetige Ergänzung**) der Funktion f an der Stelle x_0.

Beispiel

Untersuchen Sie die Funktion $f(x) = \frac{x-1}{x^2-1}$ auf stetig behebbare Definitionslücken, ermitteln Sie die stetige Fortsetzung f^* von f und zeichnen Sie den Funktionsgraphen G_f.

Lösung:

Es gilt: $f(x) = \frac{x-1}{x^2-1} = \frac{x-1}{(x-1)(x+1)}$

f hat den maximalen Definitionsbereich $D_f = \mathbb{R} \setminus \{-1; 1\}$. Bei –1 liegt eine Polstelle vor und bei 1 eine stetig behebbare Definitionslücke, es gilt

$\lim\limits_{x \to 1} f(x) = \frac{1}{2}$.

Die stetige Fortsetzung von f an der Stelle 1 lautet damit:

$$f^*(x) = \begin{cases} \frac{x-1}{x^2-1} & \text{für } x \in \mathbb{R} \setminus \{-1; 1\} \\ \frac{1}{2} & \text{für } x = 1 \end{cases}$$

Das entspricht genau dem gekürzten Funktionsterm $f^*(x) = \frac{1}{x+1}$.

Der Graph von f ist nebenstehend abgebildet. An der Stelle $x = -1$ kann die Funktion nicht stetig ergänzt werden. Ganz anders sieht es an der Stelle $x = 1$ aus. Weist man f dort den Funktionswert $\frac{1}{2}$ zu, so ist die Lücke stetig geschlossen.
Dementsprechend geht der Graph von f* aus dem abgebildeten Graphen von f dadurch hervor, dass das Loch an der Stelle $x = 1$ geschlossen wird.

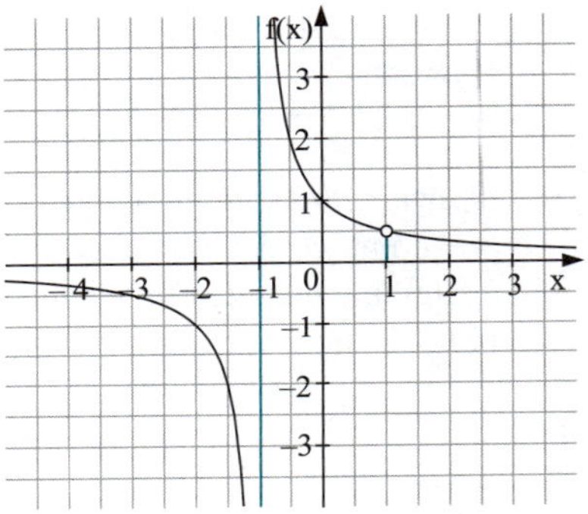

Aufgaben

139. Untersuchen Sie die folgenden Funktionen an der jeweils angegebenen Stelle x_0 rechnerisch auf Stetigkeit.

a) $f(x) = -x^2;\; x_0 = 0$
b) $f(x) = \frac{1}{x};\; x_0 = 0$
c) $f(x) = -x^3 + 2x;\; x_0 = \frac{1}{3}$
d) $f(x) = \frac{x^2-1}{x+1};\; x_0 = -1$

140. Schreiben Sie die folgenden Betragsfunktionen in abschnittsweise definierte Funktionen um und untersuchen Sie diese jeweils an der Nahtstelle rechnerisch auf Stetigkeit.

a) $f_1(x) = x \cdot |x|$
b) $f_2(x) = |2x - 3|$
c) $f_3(x) = \frac{|x|}{x}$

141. Untersuchen Sie die folgenden Funktionen jeweils an der Nahtstelle rechnerisch auf Stetigkeit.

a) $g_1(x) = \begin{cases} x + 2 & \text{für } x \in \,]2; \infty[\\ x^2 & \text{für } x \in \,]-\infty; 2[\end{cases}$

b) $g_2(x) = \begin{cases} x+2 & \text{für } x \in]2; \infty[\\ 0 & \text{für } x = 2 \\ x^2 & \text{für } x \in]-\infty; 2[\end{cases}$

c) Was müsste verändert werden, damit die Funktion g_2 stetig wird?

142. a) Bestimmen Sie den Parameter a so, dass die Funktion an der Nahtstelle stetig wird.

$$f_a(x) = \begin{cases} x^2 & \text{für } x > 2 \\ ax^2 - 2 & \text{für } x \leq 2 \end{cases}$$

b) Die Funktionen der Schar

$$g_k(x) = \begin{cases} kx^2 + x & \text{für } |x| \leq 2 \\ -\frac{1}{2}x + k & \text{für } |x| > 2 \end{cases}$$

haben zwei Nahtstellen. Bestimmen Sie zunächst k so, dass die Funktion g_k an der negativen Nahtstelle stetig ist. Überprüfen Sie dann, ob sich für diesen Fall auch an der anderen Nahtstelle Stetigkeit ergibt.

143. Untersuchen Sie rechnerisch, ob sich bei der Funktion

$$f(x) = \begin{cases} \frac{1}{x} & \text{für } x > 2 \\ \frac{1}{4}x & \text{für } x < 2 \end{cases}$$

die Definitionslücke stetig beheben lässt. Falls dies möglich ist, geben Sie die stetige Fortsetzung von f an.

144. a) Beurteilen Sie, ob im unten abgebildeten Graphen an den Stellen –1, 1, 2 und 3 Stetigkeit vorliegt.

b) Die abgebildete Funktion hat zwei Definitionslücken. Welche könnten Sie so schließen, dass f an der Lücke stetig wird? Was müssten Sie dazu tun?

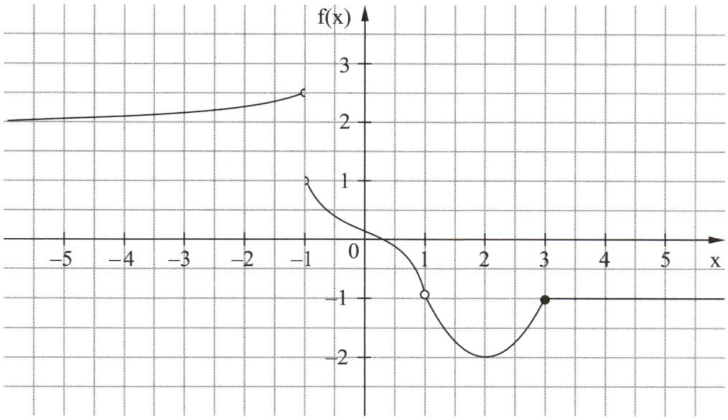

2.2 Globale Stetigkeit, Stetigkeitssätze

Der Stetigkeitsbegriff wird nun erweitert, indem von der Stetigkeit an einer bestimmten Stelle x_0 (= lokale Stetigkeit) zur Stetigkeit im gesamten Definitionsbereich (= globale Stetigkeit) übergegangen wird.

Globale Stetigkeit

Eine Funktion f heißt (global) **stetig**, wenn sie an jeder Stelle ihres Definitionsbereichs (lokal) stetig ist. Man sagt dann einfach, dass f stetig ist.

Um den Nachweis zu erbringen, dass eine Funktion global stetig ist, muss also an **jeder Stelle** ihres Definitionsbereiches eine Stetigkeitsuntersuchung durchgeführt werden.

Beispiele

1. Zeigen Sie, dass die konstante Funktion $f: x \mapsto k$ ($k \in \mathbb{R}$) in ganz $\mathbb{R}$ stetig ist.

   Lösung:
   Für den Nachweis wählt man für x_0 keine bestimmte Zahl mehr aus, sondern lässt x_0 eine beliebige reelle Zahl sein.
   Also: Sei $x_0 \in \mathbb{R}$ beliebig.
   - Grenzwert: $\lim\limits_{x \to x_0} f(x) = \lim\limits_{x \to x_0} k = k$
   - Funktionswert: $f(x_0) = k$

   $\Rightarrow$ Grenzwert und Funktionswert stimmen für alle $x_0 \in \mathbb{R}$ überein, eine konstante Funktion ist also in ganz $\mathbb{R}$ stetig.

2. Zeigen Sie, dass die identische Funktion $g: x \mapsto x$ in ganz $\mathbb{R}$ stetig ist.

   Lösung:
   Sei $x_0 \in \mathbb{R}$ beliebig.
   - Grenzwert: $\lim\limits_{x \to x_0} g(x) = \lim\limits_{x \to x_0} x = x_0$
   - Funktionswert: $g(x_0) = x_0$

   $\Rightarrow$ Die identische Funktion ist in ganz $\mathbb{R}$ stetig.

Stetige Funktionen können mithilfe der Grundrechenarten oder durch Verketten zu größeren Funktionen zusammengesetzt werden, diese sind dann in der Regel wiederum stetig.

Stetigkeitssätze

Sind f und g zwei in einem gemeinsamen Definitionsbereich D stetige Funktionen, dann sind auch **f + g** (Summe), **f − g** (Differenz) und **f · g** (Produkt) stetig.

Gilt $g(x) \neq 0$ für alle $x \in D$, so ist der Quotient $\frac{f}{g}$ definiert und ebenfalls stetig.

Werden zwei stetige Funktionen f und g **verkettet**, d. h. ineinander eingesetzt, so sind auch die verketteten Funktionen f(g(x)) und g(f(x)) wiederum stetig.

Damit ist prinzipiell jede Funktion, die aus stetigen Grundfunktionen aufgebaut ist, ebenfalls wieder stetig, z. B. jede **ganzrationale** Funktion in $\mathbb{R}$ und jede **gebrochenrationale** Funktion in D_{max}. Lediglich an den Nahtstellen von abschnittsweise definierten Funktionen können Unstetigkeitsstellen auftreten.

Beispiele

1. Zeigen Sie, dass die folgenden Funktionen stetig sind:
   $h_1(x) = x + 3$
   $h_2(x) = 3x$
   $h_3(x) = \frac{3}{x}$ in $D_{max} = \mathbb{R} \setminus \{0\}$

   Lösung:
   Die Grundfunktionen $f(x) = 3$ und $g(x) = x$ sind stetig, daher folgt die Behauptung direkt aus den Stetigkeitssätzen „Summe“, „Produkt“ und „Quotient“.

2. Zeigen Sie, dass die quadratische Funktion $x \mapsto x^2$ stetig ist.

   Lösung:
   Die identische Funktion $x \mapsto x$ ist stetig. Multipliziert man diese mit sich selbst, so erhält man die genannte quadratische Funktion, die nach dem Stetigkeitssatz „Produkt“ ebenfalls stetig sein muss. (In der Tat, die Normalparabel hat nirgends einen Sprung.)

Aufgaben

145. Begründen Sie, warum jede lineare Funktion $x \mapsto mx + t$ und jede quadratische Funktion $x \mapsto ax^2 + bx + c$ in ganz $\mathbb{R}$ stetig sind.

146. Gemäß der nebenstehenden Abbildung soll eine schräge Auffahrt (schiefe Ebene) für die farbig dargestellt Rampe entworfen werden. Dabei soll natürlich die stetige Variante gewählt werden.

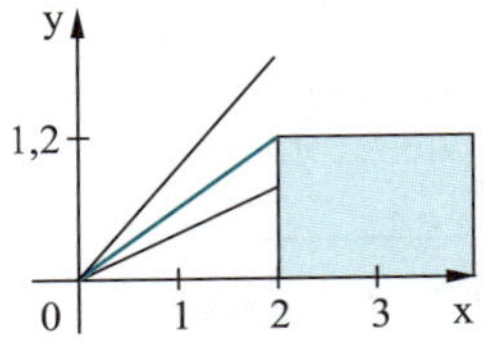

a) Beschreiben Sie die Auffahrt mit einer passenden Funktionsgleichung.
b) Geben Sie den Neigungswinkel des Geradenstücks an.
c) Beschreiben Sie Auffahrt und Rampe mithilfe einer geeigneten Funktion.
d) Ermitteln Sie die Funktionsgleichung für eine parabelförmige Auffahrt (Skateboardauffahrt), wobei die Parabel ihren Scheitel im Ursprung haben soll.

147. Betrachtet wird die in $\mathbb{R}$ stetige Funktion

$$f(x)=\begin{cases} -x^2-4x-3 & \text{für} \quad x<-2 \\ L(x) & \text{für} \ -2\le x<1 \\ -x^2-\frac{11}{3}x+\frac{2}{3} & \text{für} \quad x\ge 1 \end{cases}.$$

Dabei ist L(x) eine lineare Funktion.
a) Bestimmen Sie L(x).
b) Zeichnen Sie den Graphen von f.

2.3 Eigenschaften stetiger Funktionen

Entfernt man sich bei einer stetigen Funktion von einer bestimmten Stelle x_0 nur wenig, so werden sich auch die Funktionswerte nur wenig von $f(x_0)$ unterscheiden. Bei einer unstetigen Funktion hingegen könnten sie sich völlig unberechenbar und sprunghaft ändern. Eine auf einem Intervall [a; b] stetige Funktion hat einen zusammenhängenden Graphen, der sich in „einem Zug" zeichnen lässt, weil er keine Sprünge und keine Unterbrechungen aufweist. Ferner gilt:

Nullstellensatz

Sei f auf dem abgeschlossen Intervall [a; b] stetig. Haben die Funktionswerte an den Intervallgrenzen unterschiedliche Vorzeichen, d. h. gilt $f(a)\cdot f(b)<0$, so hat f im Inneren des Intervalls [a; b] mindestens eine Nullstelle x_0.

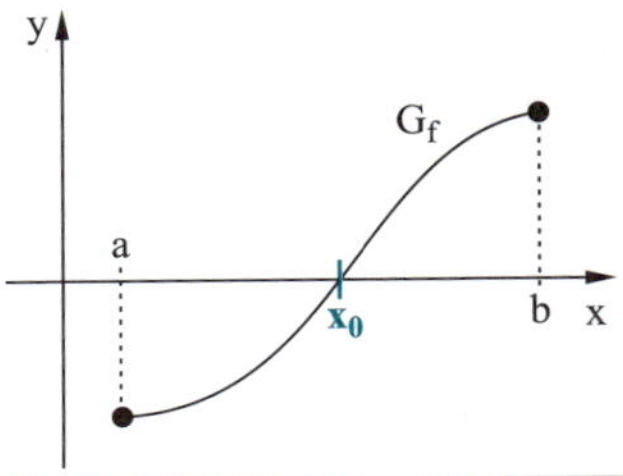

Der Nullstellensatz lässt sich noch verallgemeinern. Die Aussage des sogenannten Zwischenwertsatzes ist, dass eine **beliebige**, auf [a; b] stetige Funktion **jede** zwischen f(a) und f(b) liegende Zahl als Funktionswert annimmt. Der Extremwertsatz besagt, dass stetige Funktionen auf abgeschlossenen Intervallen ihr absolutes Maximum bzw. Minimum tatsächlich annehmen.

Extremwertsatz

Sei f eine auf dem abgeschlossen Intervall [a; b] stetige Funktion. Dann hat f auf [a; b] einen absolut größten Funktionswert **(absolutes Maximum)** und einen absolut kleinsten Funktionswert **(absolutes Minimum)**.

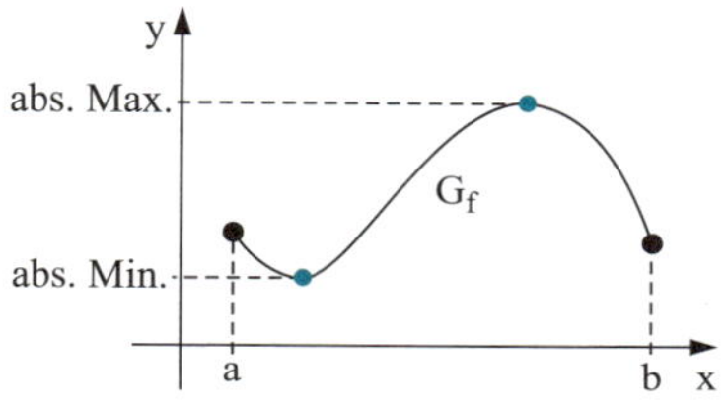

Ein absolutes Maximum oder Minimum heißt auch absolutes **Extremum** (oder absoluter **Extremwert**), die zugehörigen Punkte auf dem Graphen heißen absolute **Extremalpunkte**. Absolute Extremwerte können auch an den Rändern des Intervalls auftreten, dann werden sie als **Randextrema** bezeichnet.

Beispiele

1. $f(x) = x^3 - x^2 + 1$

   Begründen Sie, dass f im Intervall [–1; 0] mindestens eine Nullstelle besitzen muss.

   Lösung:

   $f(-1) = (-1)^3 - (-1)^2 + 1 = -1 - 1 + 1 = -1$
   $f(0) = 1$

   $\Rightarrow$ Es liegen unterschiedliche Vorzeichen bei den Funktionswerten an den Rändern vor. Da f stetig ist, muss es mindestens ein $x_0 \in [-1; 0]$ geben mit $f(x_0) = 0$.

2. Untersuchen Sie, ob die Funktion $g(x) = -x^2 + 2x - 1$; $D_g = [0; 3]$ absolute Extrema besitzt und bestimmen Sie die zugehörigen Koordinaten.

   Lösung:

   Nach dem Extremwertsatz muss g ein absolutes Maximum und Minimum auf [0; 3] besitzen. Der Graph von g ist eine nach unten geöffnete Parabel, die Extrema treten daher im **Scheitel** und an den **Rändern** auf.

Berechnung der Scheitelkoordinaten:
$x_S = -\frac{b}{2a} = -\frac{2}{2\cdot(-1)} = 1;\ y_S = g(1) = 0$

$\Rightarrow$ Das absolute Maximum liegt an der Stelle $\mathbf{x = 1}$ und hat den Wert 0.

Funktionswerte an den Rändern:
$g(0) = -1;\ g(3) = -4$

$\Rightarrow$ Das absolute Minimum liegt an der Stelle $\mathbf{x = 3}$ und hat den Wert -4, es ist ein Randminimum.

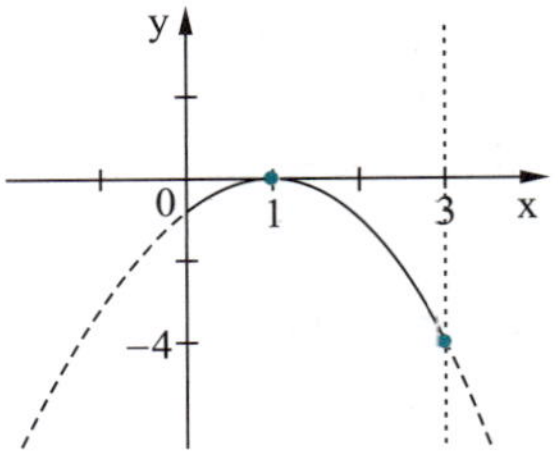

Aufgaben

148. Gegeben ist die Funktion

$$f:\ x \mapsto f(x) = \begin{cases} -x^2 + 4x - 3 & \text{für } x \in \left[\frac{3}{2}; 3\right[\\ -x + 3 & \text{für } x \in [3; 5] \end{cases}$$

a) Zeigen Sie, dass f auf $\left[\frac{3}{2}; 5\right]$ stetig ist.

b) Untersuchen Sie mithilfe des Nullstellensatzes, ob f mindestens eine Nullstelle besitzen muss, ohne diese zu berechnen.

c) Nach dem Extremwertsatz muss f ein absolutes Maximum und ein absolutes Minimum besitzen. Bestimmen Sie diese.

d) Zeichnen Sie den Graphen von f.

149. Die Funktion $f(x) = x^3 + x^2 - 1$ soll auf Nullstellen untersucht werden.

a) Begründen Sie, warum diese Funktion mindestens eine Nullstelle besitzen muss.

b) Zeigen Sie, dass eine Nullstelle im Intervall [0; 1] liegen muss.

c) Halbieren Sie fortlaufend das Intervall [0; 1] nacheinander dreimal. Gehen Sie folgendermaßen vor: Stellen Sie nach jeder Halbierung fest, in welchem Teilintervall die Nullstelle liegt und halbieren Sie dann dieses Intervall erneut. Auf welche Genauigkeit erhalten Sie die gesuchte Nullstelle?

d) Lassen sich die Sachverhalte aus den Teilaufgaben a und c unter Zuhilfenahme des Nullstellensatzes verallgemeinern?

150. Eine Rutsche soll aus zwei Parabelteilen ohne Lücke (= stetig) zusammengesetzt werden. In der Abbildung sind auch zwei unstetige Varianten angedeutet, die natürlich nicht in Frage kommen. Der Einstieg A soll 3 m hoch sein, in A soll der Scheitel der ersten Parabel liegen. Die Punkt Z, wo beide Parabeln zusammengesetzt werden, ist von den Achsen jeweils 2 m entfernt. Das zweite Parabelstück endet bei $x_0 = 5$ in der Höhe 0,5 m.

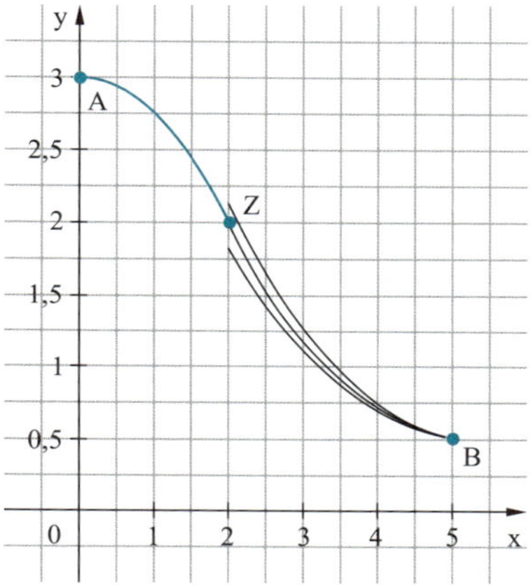

a) Stellen Sie die Funktionsgleichung der ersten Parabel durch den Punkt A auf.
[Ergebnis: $p_1(x) = -\frac{1}{4}x^2 + 3$]

b) Die zweite Parabel hat die Funktionsgleichung $p_2(x) = a(x-5)^2 + 0{,}5$. Berechnen Sie a so, dass die beiden Parabelstücke in Z stetig zusammentreffen.

c) Geben Sie den Verlauf der Rutsche als abschnittsweise definierte Funktion an.

d) Erfüllt die „Rutschenfunktion“ aus Teilaufgabe c die Voraussetzungen des Extremwertsatzes? Falls das zutrifft, geben Sie auch noch die Koordinaten der absoluten Extremalpunkte an.

e) Wie lautet der Wertebereich der Rutschenfunktion?

Wichtige mathematische Definitionen und Schreibweisen

Mengen

Eine **Menge** ist die Zusammenfassung von bestimmten Objekten zu einem Ganzen. Mengen werden mit Großbuchstaben wie A, B, D, L usw. bezeichnet. Die Objekte einer Menge werden **Elemente** genannt.

$A = \{2; 4; 6; 8; 10\}$	Mengen können in **aufzählender** Mengenschreibweise angegeben werden, indem man ihre Elemente auflistet und in geschweifte Klammern setzt.
$A = \{x \mid E(x)\}$	Mengen können in **beschreibender** Mengenschreib-weise angegeben werden, indem man angibt, welche Eigenschaft E(x) die Elemente x erfüllen müssen, um zu der Menge zu gehören.
$\varnothing$ oder $\{\ \}$	Leere Menge; sie enthält kein Element.
$\mathbf{a \in A}$	„a **ist Element** der Menge A“
$\mathbf{a \notin A}$	„a ist **kein** Element der Menge A“
$\mathbf{\lvert A \rvert}$ oder #A	**Mächtigkeit** der Menge A (Anzahl ihrer Elemente)
$\mathbf{A \subset B}$	„A ist **Teilmenge** von B“ Das ist dann der Fall, wenn aus $a \in A$ immer folgt $a \in B$.
$\mathbf{A \cap B}$	**Schnittmenge:** „A geschnitten B“ $A \cap B := \{x \mid x \in A \text{ und } x \in B\}$ Die Schnittmenge $A \cap B$ umfasst diejenigen Elemente, die sowohl in der Menge A als auch in der Menge B enthalten sind.

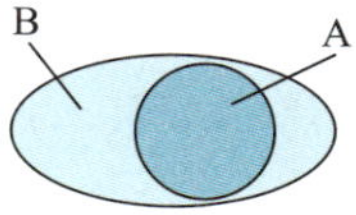

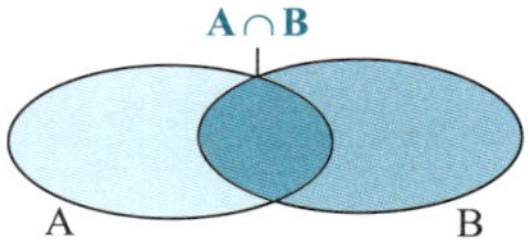

$A \cup B$

Vereinigungsmenge:
„A vereint B"
$A \cup B := \{x \mid x \in A \text{ oder } x \in B\}$

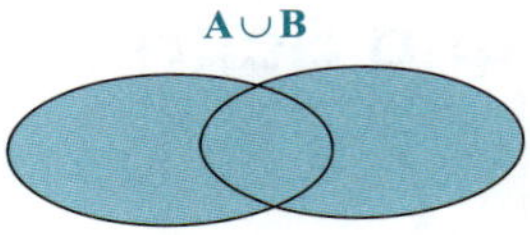

Die Vereinigungsmenge umfasst diejenigen Elemente, die in der Menge A oder in der Menge B oder in beiden Mengen enthalten sind. Elemente, die in beiden Mengen vorkommen, werden in der Vereinigungsmenge nur einmal aufgeführt.

$A \setminus B$

Differenzmenge:
„A ohne B"
$A \setminus B := \{x \mid x \in A \text{ und } x \notin B\}$

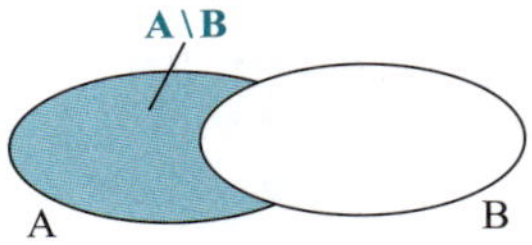

Die Differenzmenge $A \setminus B$ umfasst diejenigen Elemente der Menge A, die nicht zugleich Element der Menge B sind.

$A \times B$

Produktmenge:
„A kreuz B"
$A \times B := \{(a; b) \mid a \in A \text{ und } b \in B\}$
Das ist die Menge aller geordneten[1] Paare, die sich mit den Elementen der Mengen A und B bilden lassen.
Es gilt: $|A \times B| = |A| \cdot |B|$

Zahlensysteme

$\mathbb{N} = \{0; 1; 2; 3; \ldots\}$	Natürliche Zahlen
$\mathbb{Z} = \{\ldots; -3; -2; -1; 0; 1; 2; 3; \ldots\}$	Ganze Zahlen; es gilt: $\mathbb{N} \subset \mathbb{Z}$
$\mathbb{Q} = \left\{\frac{p}{q} \,\middle|\, p, q \in \mathbb{Z}; q \neq 0\right\}$	Rationale Zahlen (Menge aller Brüche); es gilt: $\mathbb{N} \subset \mathbb{Z} \subset \mathbb{Q}$
$\mathbb{R}$	Reelle Zahlen (Menge aller Dezimalzahlen); es gilt: $\mathbb{N} \subset \mathbb{Z} \subset \mathbb{Q} \subset \mathbb{R}$ Die reellen Zahlen lassen sich mithilfe der Zahlengeraden darstellen:

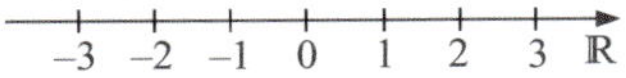

1 „Geordnet" heißt, dass es auf die Reihenfolge ankommt: (1; 2) ist ein anderes Element als (2; 1). Die Koordinaten von Punkten in der Zeichenebene werden beispielsweise so dargestellt.

Logische Aussagen

Ein Satz heißt eine (logische) Aussage, wenn eindeutig feststellbar ist, ob er wahr oder falsch ist. Im Folgenden werden logische Aussagen ebenfalls mit A und B bezeichnet.

$A \wedge B$ — **UND**-Verknüpfung (Konjunktion)
Nur wahr, wenn beide Aussagen wahr sind.

$A \vee B$ — **ODER**-Verknüpfung (Disjunktion)
Nur falsch, wenn beide Aussagen falsch sind.

$A \Rightarrow B$ — „Aus A **folgt** B“

Beispiel:
Sind M_1, M_2 zwei Mengen, dann gilt:
$M_1 \subset M_2 \Rightarrow |M_1| \leq |M_2|$
Die umgekehrte Schlussfolgerung gilt im Allgemeinen nicht!

$A \Leftrightarrow B$ — „A ist **äquivalent** (gleichwertig) zu B“.

Beispiel:
Sind M_1, M_2 zwei Mengen, dann gilt:
$M_1 = M_2 \Leftrightarrow M_1 \subset M_2 \;\wedge\; M_2 \subset M_1$
Hier folgt aus der links stehenden Aussage die rechts stehende und umgekehrt.

Betrag

$|a|$ — **Betrag** der Zahl a

$$|a| := \begin{cases} a & \text{für } a \geq 0 \\ -a & \text{für } a < 0 \end{cases}$$

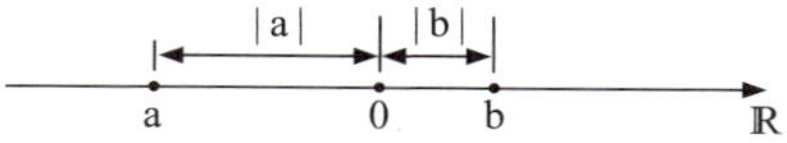

$|a-b|$ — **Abstand** der zwei Zahlen a und b

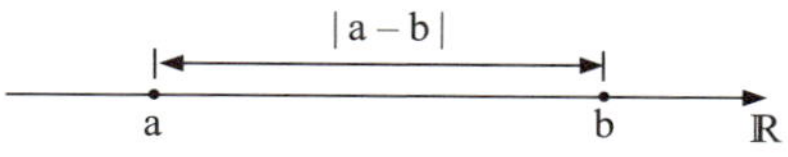

Unendlich

∞ — Symbol für **unendlich**

Beispiel:
Es gilt $x < \infty$ für jedes $x \in \mathbb{R}$.

$-\infty$ Symbol für **minus unendlich**

Beispiel:
Es gilt $x > -\infty$ für jedes $x \in \mathbb{R}$.

Intervalle

Einen lückenlosen Abschnitt auf der Zahlengeraden bezeichnet man als ein Intervall.

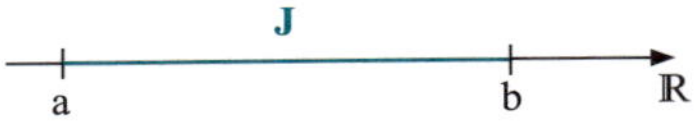

Die Zahlen $a, b \in \mathbb{R}$, mit $a < b$, sind die Ränder oder Grenzen des Intervalls J. a ist die linke und b die rechte Intervallgrenze.

[a; b] $:= \{x \in \mathbb{R} \mid a \leq x \leq b\}$ **geschlossenes Intervall**

]a; b[$:= \{x \in \mathbb{R} \mid a < x < b\}$ **offenes** Intervall

Beispiel:
$\mathbb{R} =]-\infty; \infty[$
Darstellung der Menge der reellen Zahlen als offenes Intervall

[a; ∞[$:= \{x \in \mathbb{R} \mid x \geq a\}$ Rechts unbegrenztes Intervall

]−∞; b] $:= \{x \in \mathbb{R} \mid x \leq b\}$ Links unbegrenztes Intervall

Lösungen

Nehmen Sie sich zur Bearbeitung der Übungsaufgaben ausreichend Zeit, gehen Sie bei der Lösungsfindung systematisch vor. Dann lässt der Erfolg mit Sicherheit nicht lange auf sich warten.

1. $f(\mathbf{0}) = \frac{1}{2} \cdot \mathbf{0}^2 - 3 \cdot \mathbf{0} + 2 = 2$

$$f(\mathbf{-1}) = \frac{1}{2} \cdot (\mathbf{-1})^2 - 3 \cdot (\mathbf{-1}) + 2 = \frac{1}{2} + 5 = 5{,}5$$

Hier ist es wichtig, dass Klammern gesetzt werden, damit das Minuszeichen korrekt verrechnet wird. Beim Einsetzen von **–1** für x im Term x^2 entsteht $(\mathbf{-1})^2$, was 1 ergibt. Würde man -1^2 nehmen, so wäre das falsch, weil das „–" nicht mit zu quadrieren wäre; es würde fälschlicherweise –1 herauskommen.

$$f(\sqrt{\mathbf{2}}) = \frac{1}{2} \cdot (\sqrt{\mathbf{2}})^2 - 3 \cdot \sqrt{\mathbf{2}} + 2 = \frac{1}{2} \cdot 2 - 3\sqrt{2} + 2 = 3 - 3\sqrt{2} = 3(1 - \sqrt{2})$$

Beachten Sie, dass $(\sqrt{2})^2 = 2$ ist.

Taschenrechner:
$f(\sqrt{2}) = -1{,}2426\ldots \approx -1{,}24$

Rechnet man mit dem gerundeten Wert $\sqrt{2} \approx 1{,}41$, so ergibt sich:

$$f(1{,}41) = \frac{1}{2} \cdot 1{,}41^2 - 3 \cdot 1{,}41 + 2 = -1{,}23595$$

$$f(\mathbf{3} + \sqrt{\mathbf{5}}) = \frac{1}{2} \cdot (\mathbf{3} + \sqrt{\mathbf{5}})^2 - 3 \cdot (\mathbf{3} + \sqrt{\mathbf{5}}) + 2 = \frac{1}{2} \cdot (9 + 6\sqrt{5} + 5) - 9 - 3\sqrt{5} + 2 = 7 + 3\sqrt{5} - 7 - 3\sqrt{5} = 0$$

1. Binomische Formel (Plusformel) zum Ausmultiplizieren verwenden:
$(3 + \sqrt{5})^2 = 9 + 6\sqrt{5} + 5$

Taschenrechner:
$f(3 + \sqrt{5}) = 0{,}0000\ldots \approx 0$

Rechnet man mit dem gerundeten Wert $3 + \sqrt{5} \approx 5{,}24$, so ergibt sich:

$$f(5{,}24) = \frac{1}{2} \cdot 5{,}24^2 - 3 \cdot 5{,}24 + 2 = 0{,}0088$$

2. $g(\mathbf{-2}) = \sqrt{\mathbf{-2} + 2} = \sqrt{0} = 0$

$g(\mathbf{0}) = \sqrt{\mathbf{0} + 2} = \sqrt{2} \approx 1{,}42$

$g(\mathbf{4{,}25}) = \sqrt{\mathbf{4{,}25} + 2} = \sqrt{6{,}25} = 2{,}5$

Wegen $g(\mathbf{-3}) = \sqrt{\mathbf{-3} + 2} = \sqrt{-1}$ kann g(–3) nicht gebildet werden!

3. $h(2) = \frac{1}{2}$; $h(1) = \frac{1}{1} = 1$; $h(0{,}5) = \frac{1}{0{,}5} = 2$; $h(0{,}1) = 10$

h(0) kann nicht gebildet werden!

4.

x	−1	0	1	2	3	4	5	6
k(x)	−4,56	−1,00	−0,11	−0,56	−1,00	−0,11	3,44	11,00

5. a) Bei der Funktion f gibt es keinerlei Einschränkungen: $D_f = \mathbb{R}$.

b) Definitionsbereich von g_1:

$x \notin D_{g_1}$
$\Leftrightarrow \quad x + 3 = 0$
$x = -3$
$D_{g_1} = \mathbb{R} \setminus \{-3\}$

Der Nenner von g_1 wird gleich null gesetzt, demnach muss die Zahl −3 vom Definitionsbereich ausgeschlossen werden.

Definitionsbereich von g_2:

$x \notin D_{g_2}$
$\Leftrightarrow \quad x^2 + 1 = 0$
$x^2 = -1$
$D_{g_2} = \mathbb{R}$

Der Nenner von g_2 wird null gesetzt. Die entstehende Gleichung hat keine reelle Lösung, da x^2 niemals −1 wird. Der Nenner wird für keine reelle Zahl null, es ist also nichts auszuschließen.

Definitionsbereich von g_3:

$x \notin D_{g_3}$
$\Leftrightarrow \quad x^2 - 1 = 0$
$x^2 = 1$
$x_{1/2} = \pm 1$
$D_{g_3} = \mathbb{R} \setminus \{-1; 1\}$

Der Nenner von g_3 wird null gesetzt, demnach müssen die Zahlen −1 und 1 vom Definitionsbereich ausgeschlossen werden.

c) Bei h_1 und h_2 handelt es sich um Wurzelfunktionen. Der Ansatz zur Bestimmung des Definitionsbereiches besteht darin, den Radikanden (also den Ausdruck unter der Wurzel) ≥ 0 zu setzen.

Definitionsbereich von h_1:

$x \in D_{h_1}$
$\Leftrightarrow \quad x - 2 \geq 0$
$x \geq 2$
$D_{h_1} = \{x \in \mathbb{R} \mid x \geq 2\} = [2; \infty[$

Definitionsbereich von h_2:

$x \in D_{h_2}$
$\Leftrightarrow \quad -3x + 4 \geq 0$
$-3x \geq -4 \quad |:(-3)$
$x \leq \frac{4}{3}$
$D_{h_2} = \left\{x \in \mathbb{R} \mid x \leq \frac{4}{3}\right\} = \left]-\infty; \frac{4}{3}\right]$

6. a) Man beachte: $D_f = \mathbb{N} \setminus \{0\}$

x	1	2	3	4	5
f(x)	1	0,5	0,33	0,25	0,2

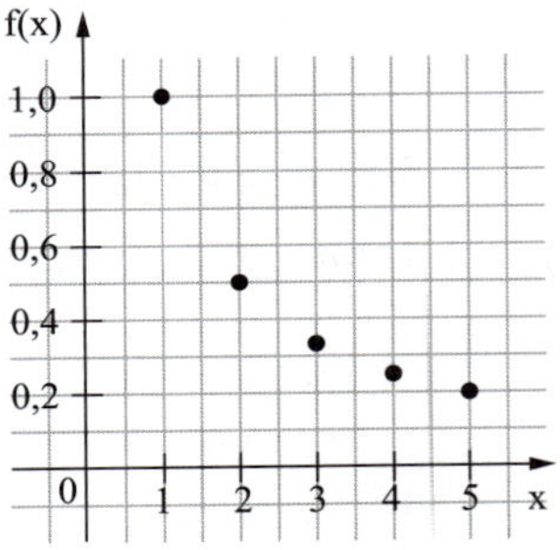

b)

x	−3	−2	−1	1	2	3
g(x)	−0,33	−0,5	−1	1	0,5	0,33

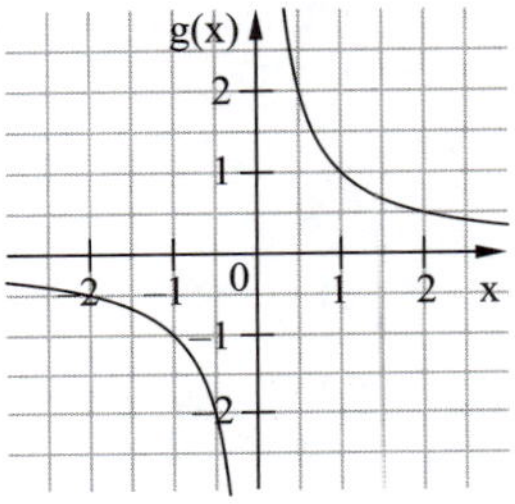

c)

x	−2	−1	−0,5	0	0,5	1	2
h(x)	−8	−1	−0,13	0	0,13	1	8

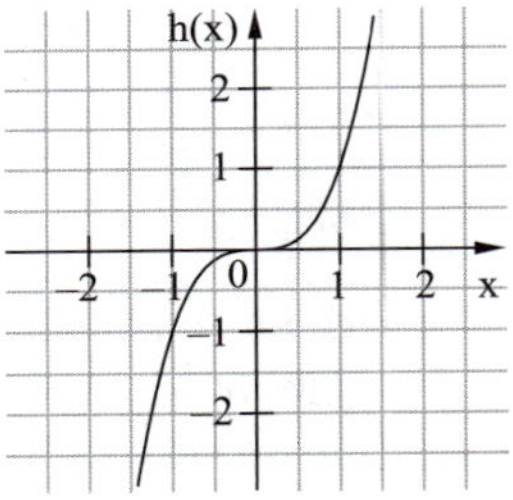

7.

x	−3	−2	−1	0	1	2	3
f(x)	−7	−2	1	2	1	−2	−7

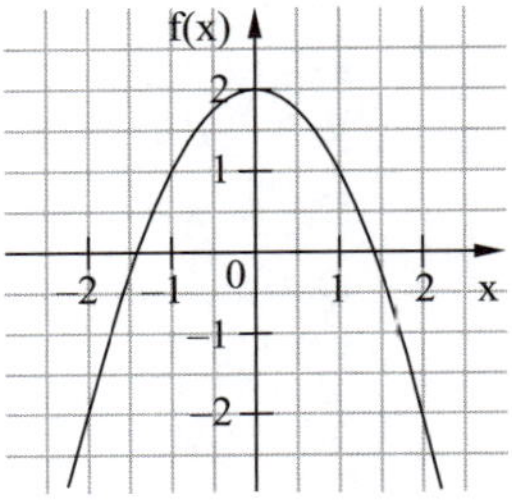

g besitzt an jeder Stelle den Funktionswert 1.

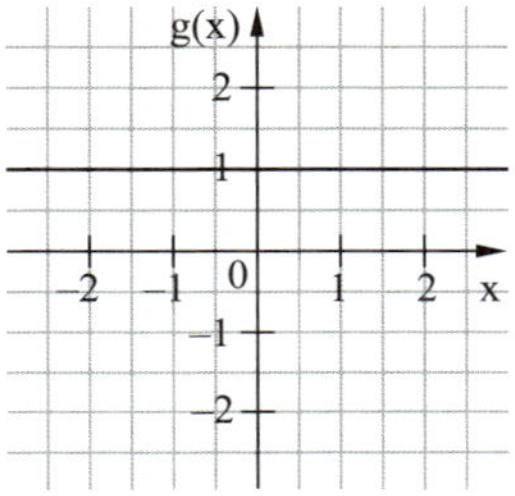

x	−3	−2	−1	0	1	2	3
h(x)	−3	−2	−1	0	1	2	3

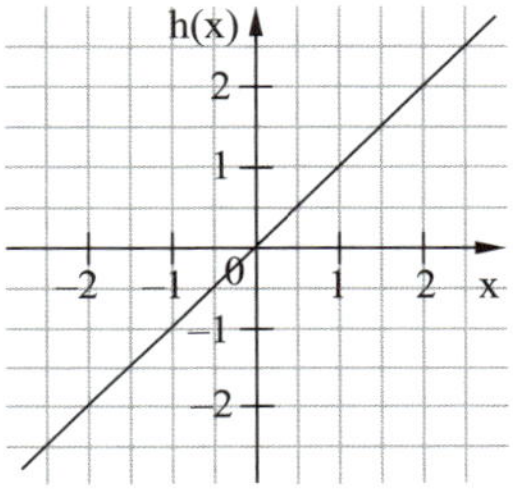

8. Die Wertebereiche können direkt aus den Diagrammen abgelesen werden.

a) $W_f = [0; 3]$

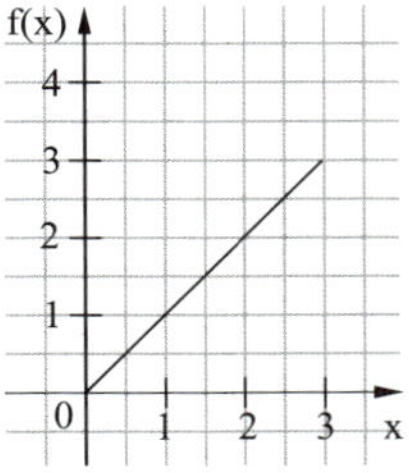

b) $W_g =]-\infty; 0]$

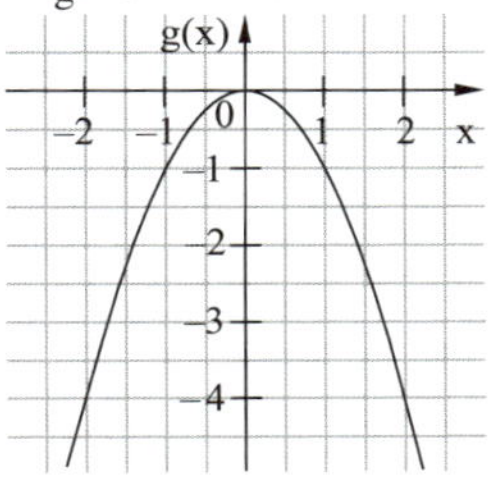

c) $W_h =]0; \infty[$

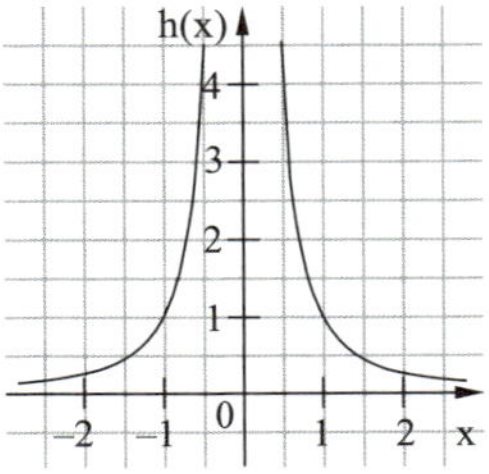

d) $W_\ell = [-1; \infty[$

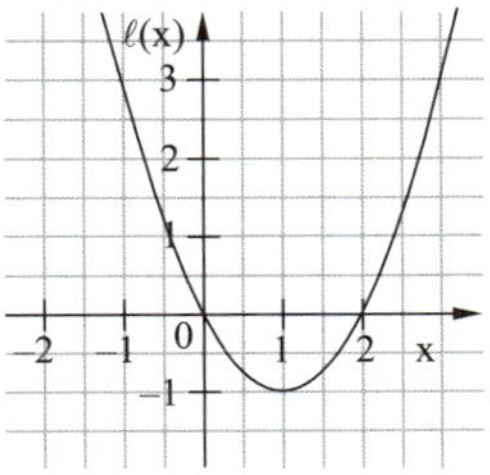

9. a)

$$f(x) = 0$$
$$(x+4)(x-1) = 0$$
$$\Rightarrow \quad x_1 = -4;\ x_2 = 1$$

Die Gleichung liegt bereits in Produktform vor, die Lösungen lassen sich ohne weitere Rechnung ablesen (die 1. Klammer ergibt null, wenn $x = -4$ und die 2. Klammer wird null für $x = 1$).

Die Nullstellen der Funktion f lauten $x_1 = -4$ und $x_2 = 1$.

b) $g_1(x) = 0$

Auflösen nach x^2, anschließend Wurzel ziehen und auf ± achten!

$$x^2 - 9 = 0$$
$$x^2 = 9$$
$$x_{1/2} = \pm 3$$

Die Nullstellen der Funktion g_1 lauten $x_1 = 3$ und $x_2 = -3$.

c) $g_2(x) = 0$

$$x^2 + 9 = 0$$
$$x^2 = -9$$

Diese Gleichung besitzt keine reelle Lösung, die Funktion g_2 besitzt daher keine Nullstellen.

d) $h(x) = 0$

$$3 = 0 \quad \text{(falsche Aussage)}$$

Die Funktion h besitzt keine Nullstellen.

10. a) Schnittpunkt mit der y-Achse:

$f(0) = 3 \Rightarrow S_y(0; 3)$

Schnittpunkte mit der x-Achse:

$$f(x) = 0$$
$$-2x + 3 = 0$$
$$-2x = -3$$
$$x = \frac{3}{2}$$
$$\Rightarrow S_x\left(\frac{3}{2}; 0\right)$$

b) Schnittpunkt mit der y-Achse:

$$g(0) = -\frac{1}{2}\left(0 - \frac{\sqrt{3}}{2}\right) + \frac{2}{3} = \frac{\sqrt{3}}{4} + \frac{2}{3} = \frac{3\sqrt{3}+8}{12} \approx 1{,}10 \Rightarrow S_y(0; 1{,}10)$$

Schnittpunkte mit der x-Achse:

$$g(x) = 0$$
$$-\frac{1}{2}\left(x - \frac{\sqrt{3}}{2}\right) + \frac{2}{3} = 0$$
$$-\frac{1}{2}\left(x - \frac{\sqrt{3}}{2}\right) = -\frac{2}{3} \quad |\cdot(-2)$$
$$x - \frac{\sqrt{3}}{2} = \frac{4}{3}$$
$$x = \frac{\sqrt{3}}{2} + \frac{4}{3} = \frac{3\sqrt{3}+8}{6} \approx 2{,}20$$

Die Nullstelle liegt bei $x_0 = 2{,}20$, der Schnittpunkt mit der x-Achse hat dann die (ungefähren) Koordinaten $S_x(2{,}20; 0)$.

c) Schnittpunkt mit der y-Achse:
$h_1(0) = 1 \quad \Rightarrow \quad S_y(0; 1)$
Schnittpunkte mit der x-Achse:
$h_1(x) = 0$
$\quad 1 = 0$ (falsche Aussage)
$\Rightarrow$ h_1 hat keine Nullstelle, also keinen Schnittpunkt mit der x-Achse.

d) Schnittpunkt mit der y-Achse:
$h_2(0) = 0 \quad \Rightarrow \quad S_y(0; 0)$
Schnittpunkte mit der x-Achse:
$h_2(x) = 0$
$\quad x = 0$
$\Rightarrow$ $S_x(0; 0)$, der Graph schneidet die Koordinatenachsen im Ursprung.

11. a)

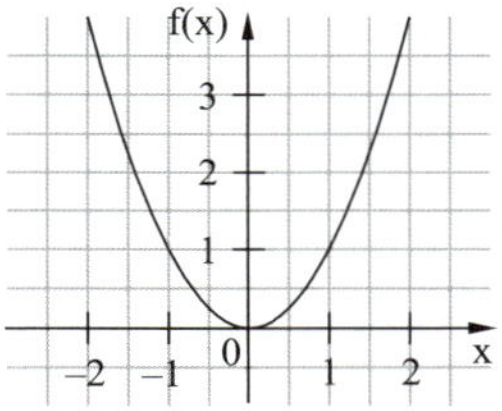

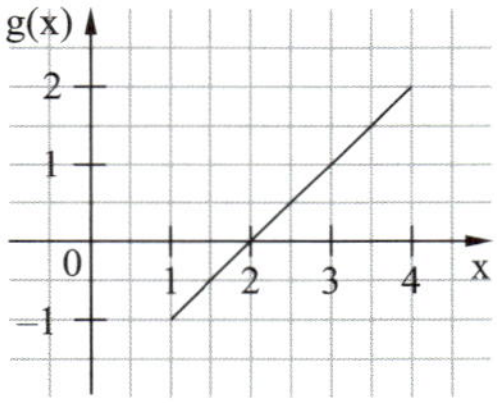

Schnittpunkt mit der y-Achse: **(0; 0)**
Das ist bei diesem Graphen zugleich der Schnittpunkt mit der x-Achse.
Funktionswert bei $x = -1$:
$f(-1) = 1$

Nullstelle von g: $\mathbf{x_0 = 2}$

Gesuchter Abszissenwert:
$f(x) = 1 \quad \Rightarrow \quad x = 3$

b) $W_f = [0; \infty[$

$W_g = [-1; 2]$

12.

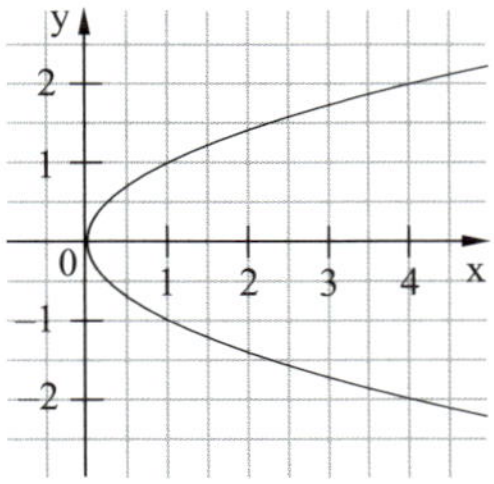

Bild 1: keine Funktion

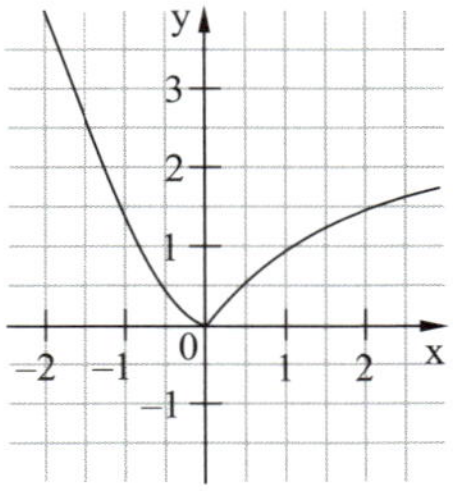

Bild 2: Funktion

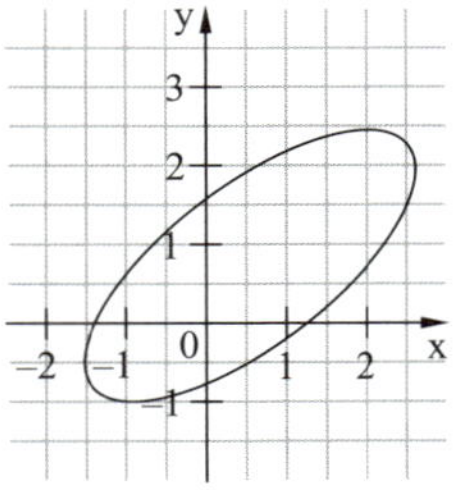

Bild 3: keine Funktion

Bei Funktionen darf eine beliebige senkrechte Gerade im Koordinatensystem höchstens einmal vom Graphen geschnitten werden. Nur dann wird jedem x-Wert genau ein y-Wert zugeordnet. Das ist nur bei Bild 2 der Fall.
In Bild 1 und 3 werden senkrechte Geraden von den Graphen zweimal

geschnitten. Hier gehören also zu einem bestimmten x-Wert zwei unterschiedliche y-Werte.

13. a) $S_y(0; 2)$ ist der Schnittpunkt mit der y-Achse; Nullstellen: $x_1 = -2$, $x_2 = 1$; $W_f =]-\infty; 2{,}25]$ und $D_{max} = \mathbb{R}$

b) $S_y(0; 0)$; Nullstellen: $x_1 = -2$, $x_2 = 0$, $x_3 = 1{,}5$; $W_g = \mathbb{R}$; $D_{max} = \mathbb{R}$

c) $S_y(0; 6)$; Nullstellen: keine; $W_h = [1; \infty[$; $D_{max} = \mathbb{R}$

14. a) 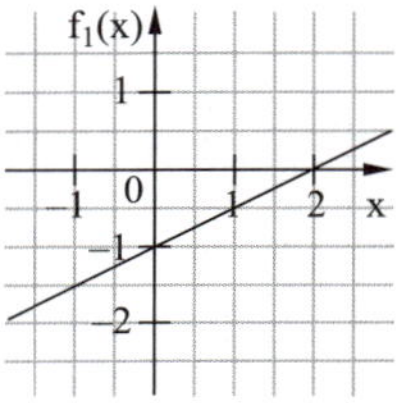

$W_{f_1} = \mathbb{R}$
Nullstelle: $x_0 = 2$

b) 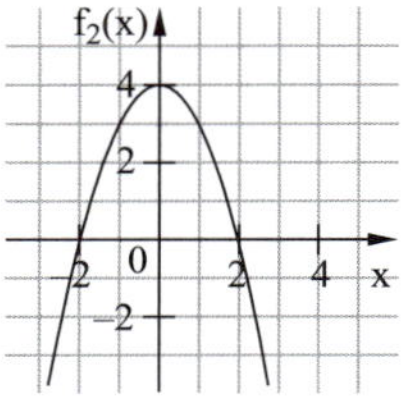

$W_{f_2} =]-\infty; 4]$
Nullstellen: $x_{1/2} = \pm 2$

c) 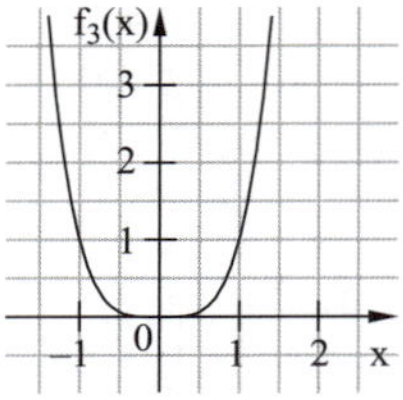

$W_{f_3} = [0; \infty[$
Nullstelle: $x_0 = 0$

15. a) $f(x) = 3x - 4 + \frac{1}{x}$ $\Rightarrow$ keine lineare Funktion

b) $f(x) = 4(1 - x) = -4x + 4$ $\Rightarrow$ lineare Funktion mit $m = -4$ und $t = 4$

c) $f(x) = \frac{x-3}{2} = \frac{1}{2}x - \frac{3}{2}$ $\Rightarrow$ lineare Funktion mit $m = \frac{1}{2}$ und $t = -\frac{3}{2}$

d) $f(x) = x(x+1) = \mathbf{x^2} + x$ $\Rightarrow$ keine lineare Funktion

16. a) Nullstelle: $\mathbf{x = 4}$

b) Schnittpunkt mit der y-Achse: $\mathbf{S_y(0; 2)}$

c) fehlende Koordinate des Punktes $P(-1; y_P) \in g$: $\mathbf{P(-1; 2{,}5)}$

d) fehlende Koordinate des Punktes $Q(x_Q; 1) \in g$: $\mathbf{Q(2; 1)}$

e) Steigung von g: $\mathbf{m = \frac{-2}{4} = -\frac{1}{2}}$

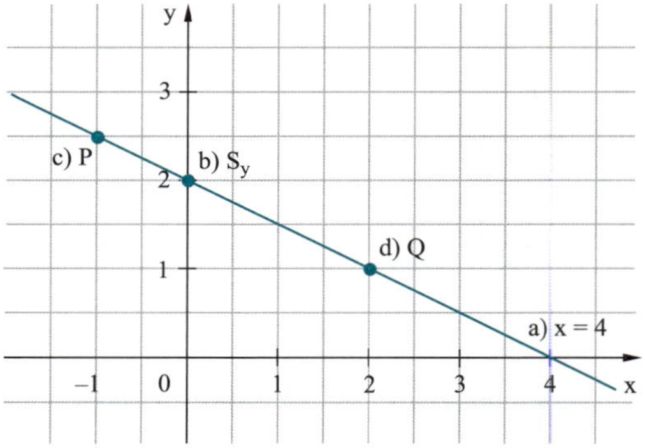

f) Funktionsgleichung $\mathbf{g: y = -\frac{1}{2}x + 2}$

17. a) Die x- und y-Koordinaten der jeweiligen Punkte werden in die Geradengleichung eingesetzt. Wenn sich eine wahre Aussage ergibt, liegt der Punkt auf g, andernfalls nicht.

A(2; 1) in g eingesetzt liefert:
$1 = 2 \cdot 2 - 3$
$1 = 1$ (wahre Aussage)
$\Rightarrow \quad A \in g$

B(3; 5) in g eingesetzt liefert:
$5 = 2 \cdot 3 - 3$
$5 = 3$ (falsche Aussage)
$\Rightarrow \quad B \notin g$

b) $x_C = 3$ in g eingesetzt:
$y_C = 2 \cdot 3 - 3 = 3$
$\Rightarrow$ C(3; 3) liegt auf g.

$y_D = 5$ in g eingesetzt:
$5 = 2x - 3$
$8 = 2x$
$x_D = 4$
$\Rightarrow$ D(4; 5) liegt auf g.

18. Diese Angabe entspricht genau der mathematisch definierten Steigung:
$m = \frac{\Delta y}{\Delta x} = \frac{14\text{ m}}{100\text{ m}} = 0{,}14 = 14\,\%$

Dabei wurde berücksichtigt, dass Prozent nichts anderes bedeutet als ein Hundertstel:
$1\,\% = \frac{1}{100} = 0{,}01$

Den Neigungswinkel der Straße erhält man mit dem Ansatz:
$\tan\alpha = 0{,}14$
$\alpha = \arctan(0{,}14) \approx 8{,}0°$

19. a)

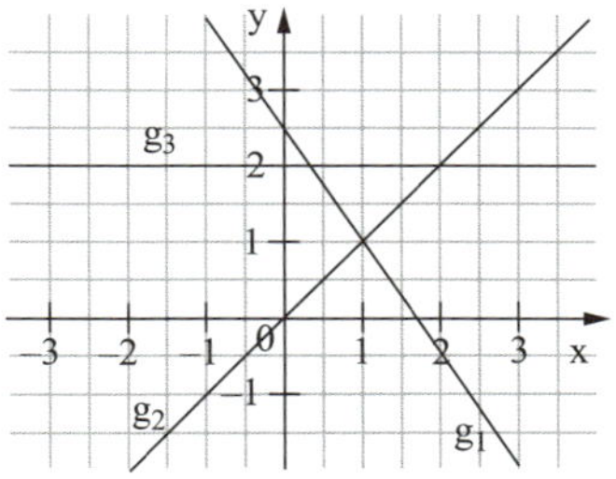

b) g_1 hat die Steigung $m_1 = -1{,}5$. Daraus folgt:

$$\tan \alpha_1 = -1{,}5$$
$$\alpha_1 = \arctan(-1{,}5) \approx -56{,}3° \quad \text{(negative Drehrichtung = Uhrzeigersinn)}$$

Stattdessen kann man auch den positiven Winkel angegeben, dazu muss man zum ausgerechneten (negativen) Winkel 180° addieren, das ergibt hier 123,7°.

g_2 hat die Steigung $m_2 = 1$.

$$\Rightarrow \quad \tan \alpha_2 = 1$$
$$\alpha_2 = \arctan(1) = 45°$$

g_3 hat die Steigung $m_3 = 0$.

$$\Rightarrow \quad \alpha_3 = 0°$$

c) $W_1 = \mathbb{R};\ W_2 = \mathbb{R};\ W_3 = \{2\}$

d) $P(2; 2)$ in g_1:

$$2 = -\frac{3}{2} \cdot 2 + \frac{5}{2}$$
$$2 = -\frac{1}{2} \quad \text{(falsche Aussage)}$$
$$\Rightarrow \quad P \notin g_1$$

$P(2; 2)$ in g_2:

$$2 = 2 \quad \text{(wahre Aussage)}$$
$$\Rightarrow \quad P \in g_2$$

$P(2; 2)$ in g_3:

$$2 = 2 \quad \text{(wahre Aussage)}$$
$$\Rightarrow \quad P \in g_3$$

P ist demnach Schnittpunkt von g_2 und g_3.

20. $3x - 4y + 1 = 0$

$$-4y = -3x - 1 \quad |:(-4)$$
$$y = \frac{3}{4}x + \frac{1}{4}$$

Damit hat g die explizite Form g: $y = \frac{3}{4}x + \frac{1}{4}$ mit der Steigung $m = \frac{3}{4}$ und dem y-Achsenabschnitt $t = \frac{1}{4}$.

Darstellung von g im Koordinatensystem:

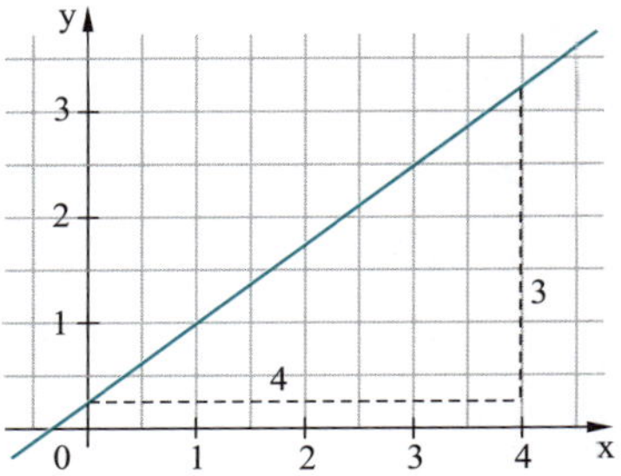

21. Aus dem Graphen: $A_1(0; 1{,}5)$, $B_1(4{,}5; 0)$ und $A_2(-1{,}5; 2)$, $B_2(3; 0{,}5)$.
Berechnung der Steigung:

$$m_1 = \frac{\Delta y}{\Delta x} = \frac{0-1{,}5}{4{,}5-0} = \frac{-1{,}5}{4{,}5} = -\frac{1}{3}$$

$$m_2 = \frac{\Delta y}{\Delta x} = \frac{0{,}5-2}{3-(-1{,}5)} = \frac{-1{,}5}{4{,}5} = -\frac{1}{3}$$

Es ergeben sich immer die **gleichen** Werte für m, unabhängig davon, welche Punkte man wählt. Deshalb kann das Steigungsdreieck beliebig gewählt werden. Der y-Achsenabschnitt beträgt $t = 1{,}5$.
Setzt man die ermittelten Werte für m und t in die Geradengleichung $y = mx + t$ ein, so ergibt sich die Funktionsgleichung zu $f\colon y = -\frac{1}{3}x + 1{,}5$.

22. Die y-Achse kann nicht in der Form $y = mx + t$ dargestellt werden, da es sich um eine vertikale Gerade handelt. Es gibt zu dem x-Wert $x = 0$ unendlich viele y-Werte, deshalb handelt sich um keine Funktion.
Um trotzdem einen mathematischen Ausdruck angeben zu können, schreibt man dafür auch „vertikale Gerade: $x = 0$".
Die x-Achse lässt sich als Funktion darstellen. Jedem $x \in \mathbb{R}$ ist genau ein y-Wert zugeordnet, und zwar 0. Die x-Achse ist eine Gerade mit Steigung null und y-Achsenabschnitt null. Die Funktionsgleichung lautet daher: $y = 0$.

23. a) Der Ansatz für die Geradengleichung lautet h: $y = -2x + t$, wobei das gegebene $m = -2$ schon verwendet wurde.
P(0; 2) liegt auf der y-Achse, deshalb ist 2 der y-Achsenabschnitt.
Damit ist h bekannt: h: $y = -2x + 2$

b) Weil h* parallel zu h verläuft, hat h* die gleiche Steigung wie h. Das führt zu dem Ansatz h*: $y = -2x + t$.
Da h* bei $x = 3$ die x-Achse schneidet, muss der Punkt N(3; 0) auf h* liegen. Einsetzen von N in h*:

$$0 = -2 \cdot 3 + t$$
$$t = 6$$

Ergebnis: h*: $y = -2x + 6$

24. Steigung von g:

$$m_g = \frac{\Delta y}{\Delta x} = \frac{2-(-1)}{3-(-2)} = \frac{3}{5}$$

Einsetzen von P(–2; –1) in g: $y = \frac{3}{5}x + t$ liefert:

$$-1 = \frac{3}{5} \cdot (-2) + t$$
$$t = \frac{1}{5}$$

Damit ist g bestimmt: g: $y = \frac{3}{5}x + \frac{1}{5}$

Die Nullstelle von h hat die Koordinaten N(–2; 0).
Zusammen mit dem Punkt R(0; 3) lässt sich h berechnen:

$m_h = \frac{\Delta y}{\Delta x} = \frac{3-0}{0-(-2)} = \frac{3}{2}$

Aus R(0; 3) ergibt sich t unmittelbar zu t = 3.
Somit ist h: $y = \frac{3}{2}x + 3$.

25. a) Steigung von g:

$m_g = \frac{\Delta y}{\Delta x} = \frac{-1-4}{2-3} = \frac{-5}{-1} = 5$

Einsetzen von A(3; 4) in g: y = 5x + t liefert:

$4 = 5 \cdot 3 + t$
$t = -11$
$\Rightarrow$ g: $y = 5x - 11$

Steigung von h:

$m_h = \frac{\Delta y}{\Delta x} = \frac{-2-(-3)}{-2-5} = \frac{1}{-7} = -\frac{1}{7}$

Einsetzen von D(–2; –2) in h: $y = -\frac{1}{7}x + t$ liefert:

$-2 = -\frac{1}{7} \cdot (-2) + t$
$t = -\frac{16}{7}$
$\Rightarrow$ h: $y = -\frac{1}{7}x - \frac{16}{7}$

b) Wegen g(0) = –11 ist $S_y(0; -11)$ der Schnittpunkt von g mit der y-Achse; der Schnittpunkt mit der x-Achse ergibt sich über die Nullstelle von g:

$g(x) = 0$
$5x - 11 = 0$
$x = \frac{11}{5}$

Der Schnittpunkt hat die Koordinaten $S_x\left(\frac{11}{5}; 0\right)$.
Für h gilt $S_y\left(0; -\frac{16}{7}\right)$.

Nullstelle von h:

$-\frac{1}{7}x - \frac{16}{7} = 0 \quad | \cdot 7$
$-x - 16 = 0$
$x = -16$
$\Rightarrow$ $S_x(-16; 0)$

c) $x_P = 5$ in g einsetzen: $y_P = g(5) = 5 \cdot 5 - 11 = 14$
$\Rightarrow$ $P(5; 14) \in g$

d) $y_Q = 3$ in h einsetzen:

$$3 = -\frac{1}{7}x - \frac{16}{7} \qquad | \cdot 7$$

$$21 = -x - 16$$

$$x_Q = -37$$

$\Rightarrow$ $Q(-37; 3) \in h$

e) Ansatz:

$$g(x) = h(x)$$

$$5x - 11 = -\frac{1}{7}x - \frac{16}{7} \qquad | \cdot 7$$

$$35x - 77 = -x - 16$$

$$36x = 61$$

$$x_S = \frac{61}{36} \approx 1{,}69$$

Eingesetzt in g: $y_S = 5 \cdot \frac{61}{36} - 11 = -\frac{91}{36} \approx -2{,}53$

Ungefährer Schnittpunkt von g und h: S(1,69; –2,53)

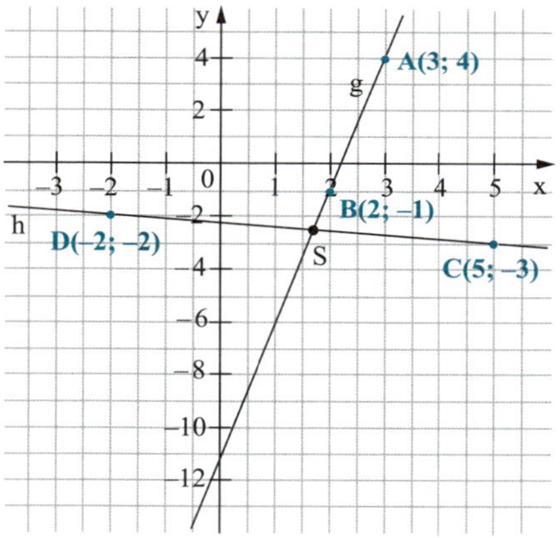

26. a) Schnittpunkt mit der y-Achse:

$g(0) = 4 \quad \Rightarrow \quad S_y(0; 4)$

Schnittpunkt mit der x-Achse:

$$g(x) = 0$$

$$3x + 4 = 0$$

$$x = -\frac{4}{3}$$

$\Rightarrow$ $S_x\left(-\frac{4}{3}; 0\right)$

b) Steigung von h:

$$m_h = \frac{\Delta y}{\Delta x} = \frac{3 - 0}{5 - (-1)} = \frac{1}{2}$$

Einsetzen von Q(–1; 0) in h:

$0=\frac{1}{2}\cdot(-1)+t$

$t=\frac{1}{2}$

Damit lautet h:

h: $y=\frac{1}{2}x+\frac{1}{2}$ oder

h: $y=\frac{1}{2}(x+1)$ oder

h: $y=\frac{x+1}{2}$

All das sind gleichwertige Möglichkeiten, um h anzugeben.

c) Schnittpunkt:

$g(x)=h(x)$

$3x+4=\frac{1}{2}x+\frac{1}{2}$

$2{,}5x=-3{,}5$

$x_S=\frac{-3{,}5}{2{,}5}=-\frac{7}{5}=-1{,}4$

Die y-Koordinate lautet:

$y_S=g(-1{,}4)=-4{,}2+4=-0{,}2$

$\Rightarrow$ S(–1,4; –0,2)

d) $m_g=3 \Rightarrow \tan\alpha_g=3 \Rightarrow \alpha_g\approx 71{,}6°$

$m_h=\frac{1}{2} \Rightarrow \tan\alpha_h=\frac{1}{2} \Rightarrow \alpha_h\approx 26{,}6°$

27. a) Steigung von g:

$m_g=\frac{\Delta y}{\Delta x}=\frac{2-1}{1-(-2)}=\frac{1}{3}$

Einsetzen von A(–2; 1) in g:

$1=\frac{1}{3}\cdot(-2)+t$

$t=\frac{5}{3}$

Das ergibt g: $y=\frac{1}{3}x+\frac{5}{3}=\frac{1}{3}(x+5)$.

b) Schnittpunkt mit der y-Achse: $S_y\left(0;\frac{5}{3}\right)$

Schnittpunkte mit der x-Achse: Nullstelle von g bei $x=-5$
(folgt aus der Darstellung $g(x)=\frac{1}{3}(x+5)$ ohne weitere Rechnung)

$\Rightarrow$ $S_x(-5;0)$

c) h ist durch S(1; 2) und $N_h(3;0)$ festgelegt.

Steigung von h:

$m_h=\frac{0-2}{3-1}=-1$

Einsetzen von S(1; 2) in h:
$2 = -1 \cdot 1 + t$
$t = 3$
Das ergibt h: $y = -x + 3$.

d) h*: $y = -x + t$ (gleiche Steigung wie h wegen Parallelität zu h).
Einsetzen von A(–2; 1) in h* ergibt $t = -1$, also h*: $y = -x - 1$.

e) Es wird berechnet, welchen Funktionswert g an der Stelle $x = 200$ hat:
$g(200) = \frac{1}{3}(200 + 5) = \frac{205}{3} \approx 68{,}33$
Der Punkt B(200; 76) liegt damit höher als der Punkt (200; g(200)), weil B die y-Koordinate $y_B = 76 > 68{,}33$ hat. B liegt deshalb oberhalb der Geraden g.

28. a) Weil h senkrecht zu g steht (in Zeichen: $h \perp g$), gilt:
$m_h = -\frac{1}{m_g} = 3$ (Der Kehrwert von $\frac{1}{3}$ ist 3.)
Einsetzen von P(3; 1) in h:
$1 = 3 \cdot 3 + t$
$t = -8$
Damit ergibt sich h: $y = 3x - 8$.

b) Schnittpunkt:
$$g(x) = h(x)$$
$$-\frac{1}{3}x + 2 = 3x - 8$$
$$-\frac{10}{3}x = -10$$
$$x_S = 3$$
$y_S = h(3) = 1$
$\Rightarrow$ S(3; 1)

c)
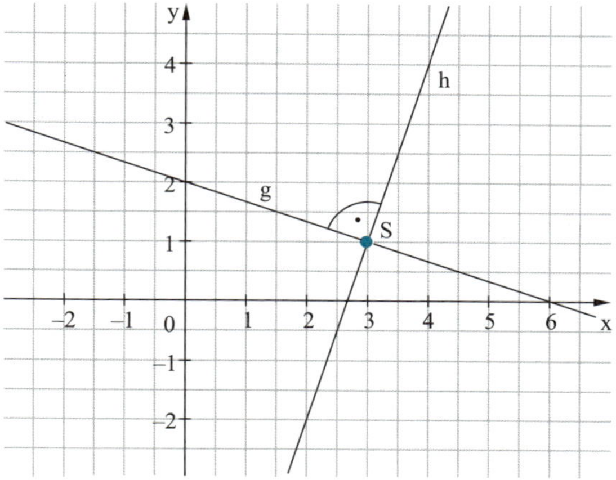

29. a) Steigung von g:

$m_g = \frac{\Delta y}{\Delta x} = \frac{52-(-168)}{-25-85} = \frac{220}{-110} = -2$

Einsetzen von $P_1(-25; 52)$ in g:

$52 = -2 \cdot (-25) + t$

$t = 2$

Das ergibt g_1: $y = -2x + 2$.

b) $m_2 = -\frac{1}{-2} = \frac{1}{2}$; Q eingesetzt ergibt g_2: $y = \frac{1}{2}x + 2$.

c) Da die beiden Geraden den gleichen y-Achsenabschnitt haben, müssen sie sich auf der y-Achse im Punkt S(0; 2) schneiden.

d)

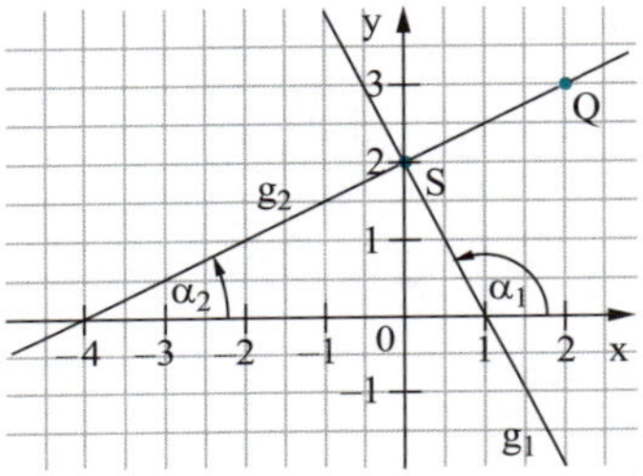

e) $\tan(\alpha_2) = 0{,}5$

$\alpha_2 = \arctan(0{,}5) \approx 26{,}6°$

Die Winkelsumme im Dreieck beträgt 180° (das ist aus der Mittelstufe bekannt). Die beiden Geradenabschnitte von g_1 und g_2, sowie die entsprechende Strecke auf der x-Achse bilden ein rechtwinkliges Dreieck. Der Nachbarwinkel α_1^* zu α lässt sich mit folgendem Ansatz berechnen:

$\alpha_2 + 90° + \alpha_1^* = 180°$

$\alpha_1^* = 180° - 90° - \alpha_2 \approx 180° - 90° - 26{,}6° = 63{,}4°$

Der gesuchte Winkel α_1 ergänzt sich mit α_1^* zu 180°, sodass folgt:

$\alpha_1 \approx 116{,}6°$

Die direkte Berechnung führt auf:

$\tan(\alpha_1) = -2$

$\alpha_1 = \arctan(-2) \approx -63{,}4°$

Um den zugehörigen positiven Neigungswinkel von g_1 zu erhalten, müssen zu dem negativen Winkel 180° addiert werden, sodass sich ebenfalls $\alpha_1 \approx 116{,}6°$ ergibt.

30. Die Winkelhalbierende des I. und III. Quadranten hat die Steigung $m_1 = 1$. Demzufolge hat eine dazu senkrecht stehende Gerade die Steigung:

$m_2 = -\frac{1}{m_1} = -1$

P(1; 3) in $y = -x + t$ eingesetzt:
$3 = -1 + t$
$t = 4$
Mithin hat man die Funktionsgleichung dieser Geraden: $y = -x + 4$

31. a) P(1; 2) in b_m eingesetzt:
$2 = m(1 - 2) + 3$
$m = 1$
Also enthält die Gerade mit b_1: $y = 1 \cdot (x - 2) + 3 = x + 1$ den Punkt P.

b) Ansatz auf Nullstellen:
$$b_m(x) = 0$$
$$m(x - 2) + 3 = 0$$
$$mx = 2m - 3$$
Als nächster Rechenschritt stünde die Division durch m an, diese ist aber nur für $m \neq 0$ möglich. Deshalb sind zwei Fälle zu unterscheiden:

Fall 1: $m \neq 0$
Nun wird durch m dividiert und man erhält $x = \frac{2m - 3}{m}$.
Das sind die Nullstellen der Geraden b_m, falls $m \neq 0$.
Beispielsweise hat b_2 die Nullstelle $x = \frac{2 \cdot 2 - 3}{2} = \frac{1}{2}$.

Fall 2: $m = 0$
In der Gleichung $mx = 2m - 3$ wird der Parameter m durch 0 ersetzt. Mithin ergibt sich $0 = -3$ (falsche Aussage!). Folglich hat b_0 keine Nullstelle. b_0 ist eine horizontale Gerade, die parallel zur x-Achse verläuft und diese nicht schneidet.

c) $b_{0,5}$ hat die Steigung $m_1 = \frac{1}{2}$. Eine dazu senkrechte Gerade hat dann die Steigung $m_2 = -2$ (negativer Kehrwert). Folglich steht die Gerade b_{-2}: $y = -2(x - 2) + 3$, also b_{-2}: $y = -2x + 7$ senkrecht zu $b_{0,5}$.

d) Zwei beliebige, aber verschiedene Geraden aus dem Büschel werden zum Schnitt gebracht. Gewählt werden m_1 und m_2 mit $m_1 \neq m_2$, dadurch sind b_{m_1} und b_{m_2} unterschiedliche Geraden.

$$b_{m_1}(x) = b_{m_2}(x)$$
Die beiden Geraden werden zur Bestimmung der Schnittpunkte gleichgesetzt.

$$m_1(x - 2) + 3 = m_2(x - 2) + 3 \quad | -3$$
$$m_1(x - 2) = m_2(x - 2)$$
$$m_1 x - m_2 x = 2m_1 - 2m_2$$
Ausmultiplizieren, alle x nach links bringen und den Rest nach rechts.

$$(m_1 - m_2)x = 2(m_1 - m_2) \quad | : (m_1 - m_2)$$
Division durch $(m_1 - m_2)$ ist möglich, weil vorausgesetzt ist, dass $m_1 \neq m_2$ und damit $m_1 - m_2 \neq 0$.

$$\Rightarrow \quad x = 2$$
Die Schnittstelle hängt nicht von m ab und gilt daher für alle Geraden.

Alle Geraden der Schar haben die Schnittstelle bei $x = 2$.
Die y-Koordinaten der Schnittpunkte lauten $y = b_m(2) = m(2-2) + 3 = 3$ und sind ebenfalls unabhängig von m.

Der Schnittpunkt, in dem sich alle Geraden der Schar schneiden, lautet S(2; 3). Er ist von m unabhängig, d. h. alle Geraden der Schar gehen durch diesen Punkt.

32. a) g_1: $y = x - 1$ (In der Funktionenschar g_k wurde $k = 1$ gesetzt.)
g_2: $y = 2x - 4$
Schnittpunkt:

$$g_1(x) = g_2(x)$$
$$x - 1 = 2x - 4$$
$$x_S = 3$$

Einsetzen in g_1 ergibt $y_S = 2$.
$\Rightarrow$ S(3; 2)

b)

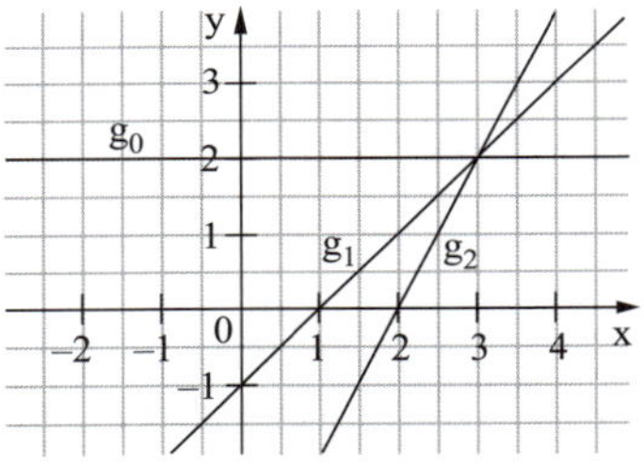

c) P in g_k einsetzen:
$2 = k \cdot 3 + 2 - 3k$
$2 = 2$ (wahre Aussage, unabhängig von k)

Damit ist der Nachweis erbracht, dass P(3; 2) auf allen Geraden g_k liegt. P ist der Fixpunkt dieses Geradenbüschels.

d) Ansatz:

$$g_k(x) = 0$$
$$kx + 2 - 3k = 0$$
$$kx = 3k - 2$$

Division durch k ist nicht ohne Weiteres möglich, daher:

Fall 1: $k \neq 0$

$$x = 3 - \frac{2}{k}$$

Für $k \neq 0$ liegt bei $x_0 = 3 - \frac{2}{k}$ eine Nullstelle vor.

Fall 2: $k = 0$

$0 = -2$ (falsche Aussage)
Für $k = 0$ besitzt g_k keine Nullstelle; g_0 ist eine Parallele zur x-Achse.

e) (1; 4) einsetzen in g_k:

$$4 = k + 2 - 3k$$
$$-2k = 2$$
$$k = -1$$

Der Punkt (1; 4) liegt auf der Geraden g_{-1}.

f) g wird in die explizite Form gebracht, d. h. nach y aufgelöst:

g: $y = 5x - 23$

Nun wird geprüft, ob sich diese Geradengleichung für ein bestimmtes k ergibt. Das k müsste, damit zumindest die Steigungen übereinstimmen, gleich 5 sein. Dann sind aber die y-Achsenabschnitte verschieden:

g_5: $y = 5x - 13$

g ist keine Gerade der Schar g_k.

33. a) Nullstellen von g_k:

$$g_k(x) = 0$$
$$kx + 3 - k = 0$$
$$kx = k - 3$$

Durch k kann nicht ohne Weiteres dividiert werden, daher:

Fall 1: $k \neq 0$

$$x = \frac{k-3}{k} = 1 - \frac{3}{k}$$

Für $k \neq 0$ liegt bei $x_0 = 1 - \frac{3}{k}$ eine Nullstelle vor.

Fall 2: $k = 0$

$0 = -3$ (falsche Aussage)

Für $k = 0$ besitzt g_k keine Nullstelle; g_0 ist eine Parallele zur x-Achse.

b) P(1; 3) einsetzen in g_k:

$3 = k + 3 - k$

$3 = 3$ (wahre Aussage, unabhängig von k)

$\Rightarrow$ $P \in g_k$ ist Fixpunkt der Geradenschar g_k.

c) Aus der Darstellung h_k: $y = x - k$ liest man direkt ab:
Es handelt sich um lauter parallele Geraden mit der Steigung 1.

d) Ansatz:

$$g_k(x) = h_k(x)$$
$$kx + 3 - k = x - k \quad | + k$$
$$kx + 3 = x$$
$$kx - x = -3$$
$$(k-1)x = -3$$

Ab hier ist eine Fallunterscheidung nötig, und zwar sind die Fälle $k \neq 1$ und $k = 1$ getrennt zu behandeln.

Fall 1: $k \neq 1$

$(k-1)x = -3 \quad |:(k-1)$

$x = \frac{-3}{k-1}$ bzw. $x = \frac{3}{1-k}$

Fall 2: $k = 1$

Hier ist der Faktor $(k-1)$ dann null. Die Gleichung lautet dann:

$0 = -3$ (falsche Aussage)

Für $k = 1$ gibt es keinen Schnittpunkt, in diesem Fall sind g_1 und h_1 parallel.

34. Für direkte Proportionalität gibt es viele weitere Beispiele im Alltag:

- Preis in Abhängigkeit von der Menge
- Zins in Abhängigkeit von der Laufzeit (ohne Zinseszins)
- Lohn in Abhängigkeit von der Arbeitszeit
- Die Mehrwertsteuer und der Preis
- Die meisten Einheitenumrechnungen, z. B. DM in €, $\frac{m}{s}$ in $\frac{km}{h}$
- Masse und Volumen eines festen oder flüssigen Stoffes (z. B. Wasser)

Die folgenden Größen sind zwar voneinander abhängig (zwischen ihnen besteht ein funktionaler Zusammenhang), sie sind aber nicht direkt proportional zueinander:

- die Steuer in Abhängigkeit vom Einkommen
- die Endgeschwindigkeit in Abhängigkeit von der Fallhöhe
- das Porto in Abhängigkeit vom Gewicht
- Körpergröße und Gewicht
- Zeit und Aktienkurs
- Luftdruck und Höhe über dem Meeresspiegel

35. a)

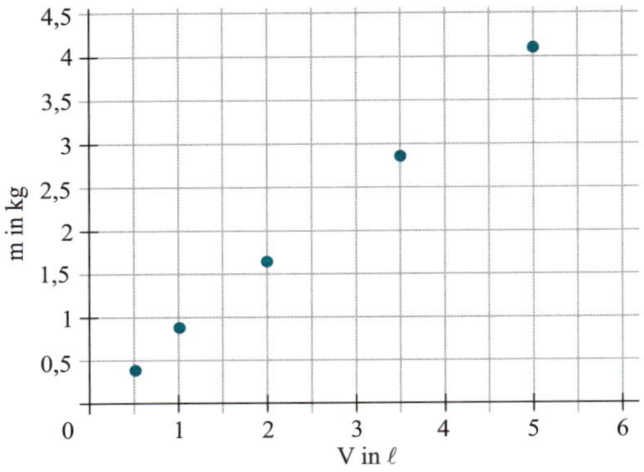

Da die Messpunkte auf einer (gedachten) Ursprungsgerade liegen, sind m und V direkt proportional zueinander.

b) V in ℓ	0,5	1	2	3,5	5
m in kg	0,41	0,83	1,66	2,91	4,15
$\frac{m}{V}$ in $\frac{kg}{\ell}$	0,82	0,83	0,83	0,83	0,83

Die Quotienten $\frac{m}{V}$ sind (im Rahmen der Messgenauigkeit) konstant. Es gilt also $m = 0{,}83\,\frac{kg}{\ell} \cdot V$, d. h. es liegt direkte Proportionalität vor. Physikalisch entspricht der Quotient $\frac{m}{V}$ der Dichte eines Stoffes, in diesem Fall mit der Einheit $\frac{kg}{\ell}$. Da diese Dichte kleiner als $1\frac{kg}{\ell}$ ist, schwimmt Heizöl auf dem Wasser, das eine Dichte von $1\frac{kg}{\ell}$ hat.

36. a) Anbieter 3:
$K_3(x) = 0 \cdot x + 49 = 49$
Anbieter 4:
Ein Nutzungsentgelt von $0{,}01\,\frac{€}{min}$ bedeutet, dass man 0,6 € pro Stunde zahlen muss, also:
$K_4(x) = 0{,}6 \cdot x + 0 = 0{,}6x$

b) 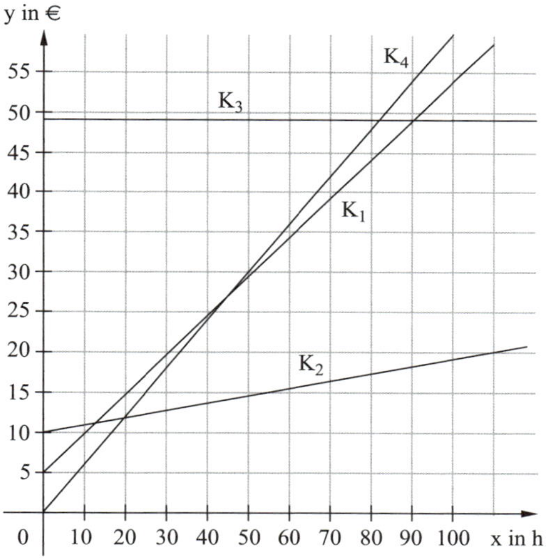

c) Es werden einfach die Gesamtkosten bei 20 h Nutzungsdauer für jeden der vier Anbieter errechnet und verglichen:
$K_1(20) = 0{,}49 \cdot 20 + 4{,}9 = 14{,}7$ [€]
$K_2(20) = 0{,}09 \cdot 20 + 9{,}9 =$ **11,7 [€]**
$K_3(20) = 49$ [€]
$K_4(20) = 0{,}6 \cdot 20 = 12$ [€]
Anbieter 2 ist der günstigste.

37. Ansatz:

$$\begin{aligned} K_1(x) &\le 25 \\ 0{,}49x + 4{,}9 &\le 25 \\ 0{,}49x &\le 20{,}1 \qquad |:0{,}49 \\ x &\le 41{,}02\ldots \end{aligned}$$

Man darf also maximal 41 Stunden im Internet sein, wenn die Kosten 25 € nicht übersteigen sollen.

38. a) Tarif I: $K_I(x) = 0{,}16x + 15$
Tarif II: $K_{II}(x) = 0{,}49x$

b) Berechnung der Schnittstelle durch Ansatz auf Schneiden: $K_I(x) = K_{II}(x)$

$$\begin{aligned} 0{,}16x + 15 &= 0{,}49x \\ -0{,}33x &= -15 \qquad |:(-0{,}33) \\ x &\approx 45{,}5 \end{aligned}$$

Ab einem Verbrauch von ca. 45,5 kWh ist Tarif I günstiger.

c)
$$\begin{aligned} 0{,}16x + 15 &\le 50 \\ 0{,}16x &\le 35 \qquad |:0{,}16 \\ x &\le 218{,}75 \end{aligned}$$

Es dürfen höchstens 218,75 kWh verbraucht werden.

39. a)
$$\begin{aligned} \tfrac{1}{2}\left(x - \tfrac{3}{2}\right) + \tfrac{1}{4} &> \tfrac{5}{2}x + \tfrac{1}{2} \qquad |\cdot 2 \\ \left(x - \tfrac{3}{2}\right) + \tfrac{1}{2} &> 5x + 1 \\ x - 1 &> 5x + 1 \\ -4x &> 2 \qquad |:(-4) \\ x &< -\tfrac{1}{2} \end{aligned}$$

$$\Rightarrow L = \left]-\infty; -\tfrac{1}{2}\right[$$

b)
$$\begin{aligned} 2x - m &\le m(x+2) + m \\ 2x - m &\le mx + 2m + m \\ 2x - mx &\le 4m \\ (2-m)x &\le 4m \end{aligned}$$

Durch $(2-m)$ kann nicht ohne Weiteres dividiert werden, daher ist eine Fallunterscheidung notwendig.

Fall 1: $m = 2$

$0 \le 4 \cdot 2 = 8$ (stimmt immer!)

Fall 2: $m > 2$

$$(2-m)x \leq 4m \quad \Big| :(2-m) < 0$$
$$x \geq \frac{4m}{2-m}$$

Fall 3: $m < 2$

$$(2-m)x \leq 4m \quad \Big| :(2-m) > 0$$
$$x \leq \frac{4m}{2-m}$$

Insgesamt erhält man:

$$L = \begin{cases} \left]-\infty; \frac{4m}{2-m}\right] & \text{falls } m < 2 \\ \mathbb{R} & \text{falls } m = 2 \\ \left[\frac{4m}{2-m}; \infty\right[& \text{falls } m > 2 \end{cases}$$

c)
$$-\tfrac{1}{3}\left(x-\tfrac{k}{2}\right)+\tfrac{k}{4} > \tfrac{5}{2}x+\tfrac{1}{2k}$$
$$-\tfrac{1}{3}x+\tfrac{k}{6}+\tfrac{k}{4} > \tfrac{5}{2}x+\tfrac{1}{2k}$$
$$-\tfrac{1}{3}x+\tfrac{5k}{12} > \tfrac{5}{2}x+\tfrac{1}{2k}$$
$$-\tfrac{1}{3}x-\tfrac{5}{2}x > -\tfrac{5k}{12}+\tfrac{1}{2k}$$
$$-\tfrac{17}{6}x > \frac{6-5k^2}{12k} \quad \Big| \cdot\left(-\tfrac{6}{17}\right)$$
$$x < \frac{6-5k^2}{12k}\cdot\left(-\tfrac{6}{17}\right)$$
$$x < \frac{5k^2-6}{34k}$$

Die 6 im Zähler wird mit der 12 im Nenner gekürzt, das Minuszeichen dreht im Zähler die Vorzeichen um.

Damit folgt:

$$L = \left]-\infty; \frac{5k^2-6}{34k}\right[$$

Es ist keine Fallunterscheidung erforderlich ($k=0$ war bereits ausgeschlossen).

d)
$$t^2x - t \geq t-1$$
$$t^2x \geq 2t-1$$

Um nach x aufzulösen, muss t^2 auf die andere Seite dividiert werden. Es sind nur zwei Fälle zu unterscheiden: $t=0$ und $t \neq 0$.
Denn egal ob $t>0$ oder $t<0$, in beiden Fällen ist $t^2>0$, sodass die Vorzeichenunterscheidung entfällt.

Fall 1: $t=0$

$0 \geq -1$ (gilt immer!)

Fall 2: $t \neq 0$

$$t^2 x \geq 2t - 1 \quad |: t^2 > 0$$

$$x \geq \frac{2t-1}{t^2}$$

Man erhält insgesamt:

$$L = \begin{cases} \left[\frac{2t-1}{t^2}; \infty\right[& \text{falls } t \neq 0 \\ \mathbb{R} & \text{falls } t = 0 \end{cases}$$

40. Ansatz:

$$\begin{aligned} g_k(x) &< h_k(x) \\ kx + 3 - k &< x - k \\ kx + 3 &< x \\ kx - x &< -3 \\ (k-1)x &< -3 \end{aligned}$$

Hier müssen drei Fälle unterschieden werden, nämlich $k = 1$, $k > 1$ und $k < 1$.

Fall 1: $k = 1$ (also $k - 1 = 0$)

$0 < -3$ (stimmt nie!)

Fall 2: $k > 1$

$$(k-1)x < -3 \quad |:(k-1) > 0$$

$$x < \frac{-3}{k-1}$$

Fall 3: $k < 1$

$$(k-1)x < -3 \quad |:(k-1) < 0$$

$$x > \frac{-3}{k-1}$$

Die Lösungsmenge muss also dreigeteilt angegeben werden:

$$L = \begin{cases} \left]\frac{3}{1-k}; \infty\right[& \text{falls } k < 1 \\ \varnothing & \text{falls } k = 1 \\ \left]-\infty; \frac{3}{1-k}\right[& \text{falls } k > 1 \end{cases}$$

Das Symbol $\varnothing$ steht für die leere Menge.

41. a) Es handelt sich um eine nach unten geöffnete Normalparabel.

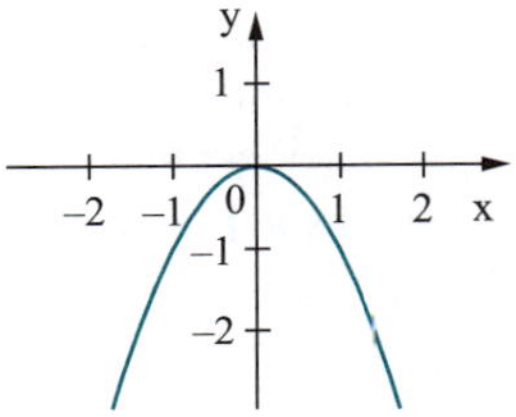

Wertebereich:
$W_{f_1} =]-\infty; 0]$

Schnittpunkt mit der y-Achse:
$y = f_1(0) = 0 \Rightarrow S_y(0; 0)$

b) Die Parabel ist enger als die Normalparabel ($a = 2$) und gegenüber dieser um eine Einheit nach oben (längs der y-Achse) verschoben.

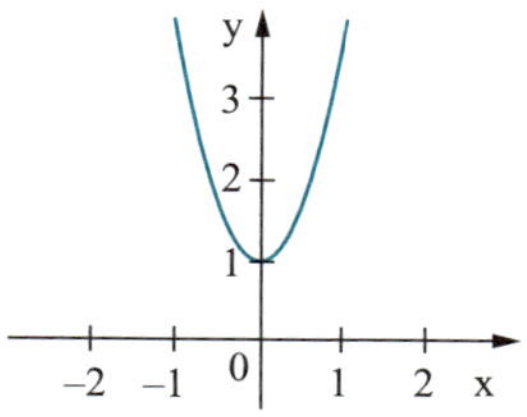

Wertebereich:
$W_{f_2} = [1; \infty[$

Schnittpunkt mit der y-Achse:
$y = f_2(0) = 1 \Rightarrow S_y(0; 1)$

c) Lage wie Normalparabel, jedoch geweitet, da $a = \frac{1}{3}$.

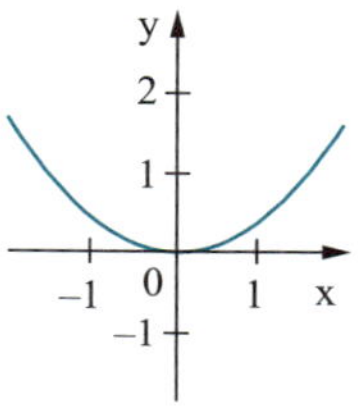

Wertebereich:
$W_{f_3} = [0; \infty[$

Schnittpunkt mit der y-Achse:
$y = f_3(0) = 0 \Rightarrow S_y(0; 0)$

d) Nach unten geöffnete und geweitete Parabel, Scheitel bei $\left(0; -\frac{3}{4}\right)$.

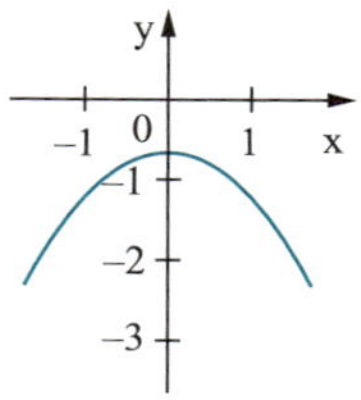

Wertebereich:
$W_{f_4} = \left]-\infty; -\frac{3}{4}\right]$

Schnittpunkt mit der y-Achse:
$y = f_4(0) = -\frac{3}{4} \Rightarrow S_y\left(0; -\frac{3}{4}\right)$

42. a)

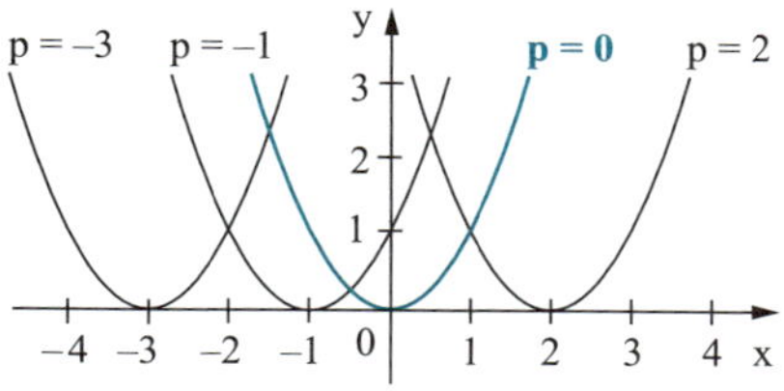

Die Zahl p in der Formel $f_p(x) = (x - p)^2$ bewirkt die Verschiebung des zugehörigen Graphen längs der x-Achse um $|p|$ Einheiten (für $p > 0$ nach rechts, für $p < 0$ nach links).

b) Die Parameter p und q in der Darstellungsform
$f(x) = (x - p)^2 + q$
für quadratische Funktionen sind die Scheitelkoordinaten der zugehörigen Normalparabel.
Der Scheitelpunkt lautet daher:
$S(p; q)$

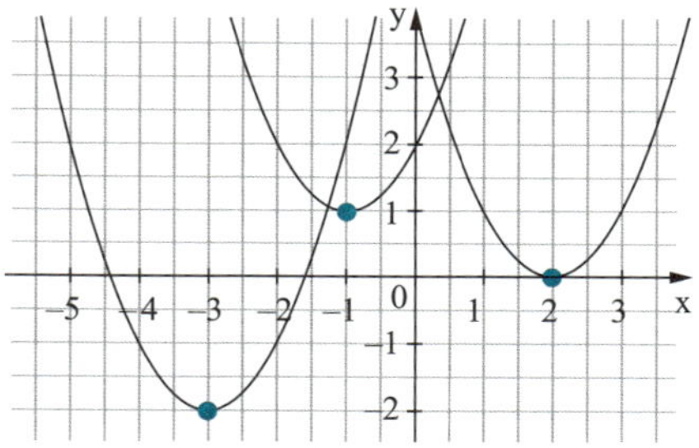

c) $f(x) = a(x-p)^2 + q$
$= a(x^2 - 2px + p^2) + q$
$= ax^2 - 2apx + ap^2 + q$

Der Koeffizientenvergleich mit der Form $f(x) = ax^2 + bx + c$ ergibt:
$a = a$
$b = -2ap$
$c = ap^2 + q$

Aus der Gleichung $b = -2ap$ folgt, dass sich die x-Koordinate des Scheitelpunktes folgendermaßen berechnen lässt:
$x_S = p = -\frac{b}{2a}$

(Für diese Formel hat man eine einfache Merkregel in Zusammenhang mit der Lösungsformel für quadratische Gleichungen. Dort ist diese Merkregel auch dargestellt.)
Aus der Gleichung $c = ap^2 + q$ folgt $c = a\left(-\frac{b}{2a}\right)^2 + q = \frac{b^2}{4a} + q$.
Demnach ergibt sich für die y-Koordinate des Scheitelpunktes:
$y_S = q = c - \frac{b^2}{4a}$

43. a) Im nebenstehenden Graphen ist die y-Achse nach unten orientiert, damit das Fallen der Kugel zum Ausdruck kommt. Es ist eingezeichnet, wo sich die Kugel zu den Zeitpunkten 0 s, 1 s und 2 s befindet. Man erkennt deutlich, dass die durchfallende Höhe nichtlinear mit der Zeit zunimmt.

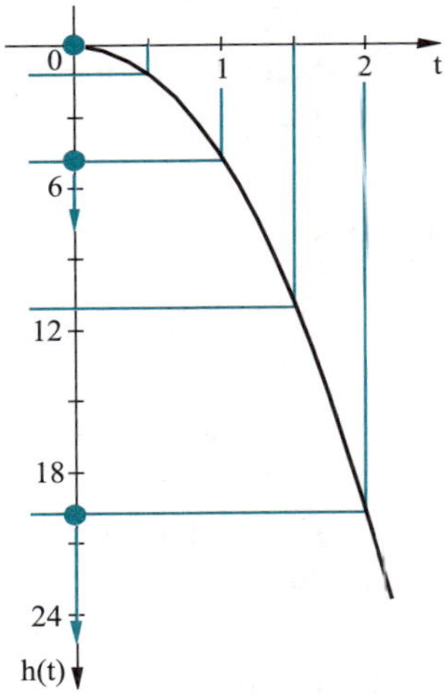

b) Für die gefallene Höhe des Steins im freien Fall gilt $h(t) = \frac{1}{2}gt^2$ (zur Erinnerung: $g = 9{,}81\frac{m}{s^2}$ ist bekannt). Da der Stein nach $t = 2{,}5$ s aufschlägt, braucht man nur 2,5 für t einsetzen, sodass sich unter Weglassen der Einheiten ergibt:
$h(2{,}5) = \frac{1}{2} \cdot 9{,}81 \cdot 2{,}5^2 \approx 30{,}7\,[m]$
Der Brunnen ist ca. 31 m tief.

44. a) $x^2 + 2x + 1 = 0$

Lösungsformel:

$$x_{1/2} = \frac{-2 \pm \sqrt{4 - 4 \cdot 1 \cdot 1}}{2} = \frac{-2 \pm \sqrt{0}}{2} = -1 \quad \Rightarrow \quad \mathbf{L = \{-1\}}$$

Alternative: Anwenden der 1. binomischen Formel:

$$x^2 + 2x + 1 = 0$$
$$(x+1)^2 = 0$$
$$x + 1 = 0$$
$$x_{1/2} = -1$$

b) $\frac{1}{2}x^2 + 4x + \frac{3}{2} = 0 \quad | \cdot 2$

$$x^2 + 8x + 3 = 0$$

Lösungsformel:

$$x_{1/2} = \frac{-8 \pm \sqrt{64 - 4 \cdot 1 \cdot 3}}{2} = \frac{-8 \pm \sqrt{52}}{2} = \frac{-8 \pm \sqrt{4 \cdot 13}}{2} = \frac{-8 \pm 2\sqrt{13}}{2}$$
$$= \frac{2 \cdot (-4 \pm \sqrt{13})}{2} = -4 \pm \sqrt{13} \approx \begin{cases} -0{,}39 \\ -7{,}61 \end{cases} \quad \Rightarrow \quad \mathbf{L = \{-7{,}61; -0{,}39\}}$$

c) $\frac{2}{3}m^2 + \frac{4}{3}m = \frac{5}{3} \quad | \cdot 3$

$$2m^2 + 4m = 5$$
$$2m^2 + 4m - 5 = 0$$

Lösungsformel:

$$m_{1/2} = \frac{-4 \pm \sqrt{16 - 4 \cdot 2 \cdot (-5)}}{4} = \frac{-4 \pm \sqrt{56}}{4} = \frac{-4 \pm \sqrt{4 \cdot 14}}{4} = \frac{-4 \pm 2\sqrt{14}}{4}$$
$$= -1 \pm \frac{1}{2}\sqrt{14} \approx \begin{cases} 0{,}87 \\ -2{,}87 \end{cases} \quad \Rightarrow \quad \mathbf{L = \{-2{,}87; 0{,}87\}}$$

d) $5x^2 + 4x = 0$

Lösungsformel:

$$x_{1/2} = \frac{-4 \pm \sqrt{16 - 4 \cdot 5 \cdot 0}}{2 \cdot 5} = \frac{-4 \pm 4}{10} = \begin{cases} 0 \\ -0{,}8 \end{cases} \quad \Rightarrow \quad \mathbf{L = \{-0{,}8;\ 0\}}$$

Alternative: Ausklammern von x:

$$5x^2 + 4x = 0$$
$$x(5x + 4) = 0$$
$$\Rightarrow \quad x_1 = 0;\ x_2 = -0{,}8$$

e) $\frac{2x^2}{3} = 576 \quad | \cdot 3$

$$2x^2 - 1\,728 = 0 \quad | : 2$$
$$x^2 - 864 = 0$$

Lösungsformel:

$$x_{1/2} = \frac{0 \pm \sqrt{0-4\cdot(-864)}}{2} = \frac{\pm\sqrt{4\cdot 864}}{2} = \frac{\pm 2\sqrt{864}}{2} = \pm\sqrt{864} \approx \pm\, 29{,}39$$

$\Rightarrow$ **L = {–29,39; 29,39}**

Alternative: „Wurzelziehen“

$$x^2 - 864 = 0$$
$$x^2 = 864 \quad \Big|\sqrt{}$$
$$x_{1/2} = \pm\sqrt{864}$$

(siehe auch Abschnitt „rein-quadratische Gleichungen“)

f)
$$k^2 = 4(k-3)$$
$$k^2 = 4k - 12$$
$$k^2 - 4k + 12 = 0$$

Lösungsformel:

$$k_{1/2} = \frac{4 \pm \sqrt{16-4\cdot 12}}{2} = \frac{4 \pm \sqrt{-32}}{2} \notin \mathbb{R}$$

Wegen $D = -32 < 0$ (negative Diskriminante) hat diese Gleichung keine reelle Lösung. $\Rightarrow$ **L = ∅**

g)
$$(x+1)^2 + (x-1)^2 = 7x - 4$$
$$x^2 + 2x + 1 + x^2 - 2x + 1 = 7x - 4$$
$$2x^2 - 7x + 6 = 0$$

Lösungsformel:

$$x_{1/2} = \frac{7 \pm \sqrt{49-4\cdot 2\cdot 6}}{4} = \frac{7 \pm 1}{4} = \begin{cases} 2 \\ \frac{3}{2} \end{cases} \quad \Rightarrow$$ **L = {1,5; 2}**

h)
$$x + 1 = \frac{2}{x} \quad \Big|\cdot x, \quad \text{wobei } x \neq 0$$
$$x^2 + x - 2 = 0$$

Lösungsformel:

$$x_{1/2} = \frac{-1 \pm \sqrt{1-4\cdot(-2)}}{2} = \frac{-1 \pm 3}{2} = \begin{cases} 1 \\ -2 \end{cases} \quad \Rightarrow$$ **L = {–2; 1}**

i) $(x-3)(x+1) = 0$

Da es sich um die Produktform einer Gleichung handelt, kann man die Lösungen direkt ablesen. Wählt man $x_1 = 3$, so ist die erste Klammer null, für $x_2 = -1$ ist die zweite Klammer null. In beiden Fällen ist die Gleichung gelöst.

$\Rightarrow$ **L = {–1; 3}**

Alternative: „Ausmultiplizieren“

$$(x-3)(x+1) = 0$$
$$x^2 - 2x - 3 = 0$$

Lösungsformel:

$$x_{1/2} = \frac{2 \pm \sqrt{4-4\cdot(-3)}}{2} = \frac{2\pm 4}{2} = \begin{cases} 3 \\ -1 \end{cases}$$

j) $\frac{1}{2}t^2 + t = \sqrt{3}$

$\frac{1}{2}t^2 + t - \sqrt{3} = 0$

Lösungsformel:

$$t_{1/2} = \frac{-1 \pm \sqrt{1-4\cdot\frac{1}{2}\cdot(-\sqrt{3})}}{2\cdot\frac{1}{2}} = -1 \pm \sqrt{1+2\sqrt{3}} \approx \begin{cases} 1{,}11 \\ -3{,}11 \end{cases}$$

$\Rightarrow$ **L = {–3,11; 1,11}**

45. a) Nullstellen:

$x^2 + 1 = 0$

$x_{1/2} = \frac{0 \pm \sqrt{0-4}}{2} = \frac{\pm\sqrt{-4}}{2}$ $\Rightarrow$ keine Nullstellen, weil $D = -4 < 0$

Scheitelkoordinaten:

$x_S = -\frac{b}{2a} = -\frac{0}{2} = 0$

$y_S = f(x_S) = f(0) = 1$

$\Rightarrow$ **S(0; 1)**

b) Nullstellen:

$x^2 + 6x + 5 = 0$

$$x_{1/2} = \frac{-6 \pm \sqrt{36-4\cdot 5}}{2} = \frac{-6\pm\sqrt{16}}{2} = \frac{-6\pm 4}{2} = \begin{cases} -1 \\ -5 \end{cases}$$

Scheitelkoordinaten:

$x_S = \frac{-6}{2} = -3$ bzw. $x_S = \frac{1}{2}(-1-5) = -3$

$y_S = f(-3) = (-3)^2 + 6\cdot(-3) + 5 = -4$

$\Rightarrow$ **S(–3; –4)**

c) Nullstellen:

$3x^2 + 2x - 5 = 0$

$$x_{1/2} = \frac{-2 \pm \sqrt{4-4\cdot 3\cdot(-5)}}{2\cdot 3} = \frac{-2\pm\sqrt{64}}{6} = \frac{-2\pm 8}{6} = \begin{cases} 1 \\ -\frac{5}{3} \end{cases}$$

Scheitelkoordinaten:

$x_S = \frac{-2}{2\cdot 3} = -\frac{1}{3}$ bzw. $x_S = \frac{1}{2}\left(1-\frac{5}{3}\right) = -\frac{1}{3}$

$y_S = f\left(-\frac{1}{3}\right) = 3\cdot\left(-\frac{1}{3}\right)^2 + 2\cdot\left(-\frac{1}{3}\right) - 5 = \frac{1}{3} - \frac{2}{3} - 5 = -\frac{16}{3}$

$\Rightarrow$ $\mathbf{S\left(-\frac{1}{3}; -\frac{16}{3}\right)}$

d) Die Nullstellen können durch Ausklammern von x bestimmt werden:

$\frac{1}{3}x^2 + 4x = 0$

$x\left(\frac{1}{3}x + 4\right) = 0$

$\Rightarrow \; x_1 = 0;\; x_2 = -12$

Scheitelkoordinaten:

$x_S = \frac{-4}{2 \cdot \frac{1}{3}} = -6$ bzw. $x_S = \frac{1}{2}(0 - 12) = -6$

$y_S = f(-6) = \frac{1}{3}(-6)^2 + 4 \cdot (-6) = -12$

$\Rightarrow$ **S(–6; –12)**

e) Nullstellen:

$-\frac{1}{2}(x-1)^2 + 1 = 0$

$-\frac{1}{2}(x^2 - 2x + 1) + 1 = 0$

$-\frac{1}{2}x^2 + x + \frac{1}{2} = 0$

$x_{1/2} = \frac{-1 \pm \sqrt{1 - 4 \cdot \left(-\frac{1}{2}\right) \cdot \frac{1}{2}}}{-1} = 1 \mp \sqrt{2} \approx \begin{cases} -0{,}41 \\ 2{,}41 \end{cases}$

Scheitelkoordinaten:

$x_S = \frac{-1}{2 \cdot \left(-\frac{1}{2}\right)} = 1$ bzw. $x_S = \frac{1}{2}(2{,}41 - 0{,}41) = 1$

$y_S = f(1) = -\frac{1}{2}(1-1)^2 + 1 = 1$

$\Rightarrow$ **S(1; 1)**

f) Nullstellen:

$\frac{(x-2)^2}{\sqrt{3}} = 0$

Hierbei handelt es sich um die Produktform einer Gleichung. Diese ist erfüllt, falls $(x-2)^2 = 0$, also für $x_{1/2} = 2$.

Scheitelkoordinaten:

$x_{1/2} = 2$ ist eine doppelte Nullstelle. Bei einer Parabel ist die doppelte Nullstelle zugleich die x-Koordinate des Scheitels.

$\Rightarrow$ **S(2; 0)**

46. a) $x^2 + 1 = 0$

Lösungsformel:

$x_{1/2} = \frac{\pm\sqrt{-4}}{2} \;\Rightarrow$ **L = ∅**

Direkter Weg:

$x^2 + 1 = 0$

$x^2 = -1 < 0 \quad \Rightarrow \quad L = \varnothing$

b) $x^2 + \sqrt{3} = 2x^2$

$-x^2 + \sqrt{3} = 0$

Lösungsformel:

$$x_{1/2} = \frac{0 \pm \sqrt{0 - 4 \cdot (-1) \cdot \sqrt{3}}}{2 \cdot (-1)} = \frac{\pm\sqrt{4\sqrt{3}}}{-2} = \mp\sqrt{\sqrt{3}} = \mp\sqrt[4]{3} \quad \Rightarrow \quad L = \{-1{,}32;\ 1{,}32\}$$

Direkter Weg:

$-x^2 + \sqrt{3} = 0$

$-x^2 = -\sqrt{3} \quad | \cdot (-1)$

$x^2 = \sqrt{3} \quad | \sqrt{\ }$

$x_{1/2} = \pm\sqrt{\sqrt{3}} = \pm\sqrt[4]{3}$

c) $4x^2 - 0{,}5 = 0$

Lösungsformel:

$$x_{1/2} = \frac{0 \pm \sqrt{0 - 4 \cdot 4 \cdot (-0{,}5)}}{2 \cdot 4} = \frac{\pm\sqrt{8}}{8} = \pm\frac{2\sqrt{2}}{8} = \pm\frac{\sqrt{2}}{4} \quad \Rightarrow \quad L = \{-0{,}35;\ 0{,}35\}$$

Direkter Weg:

$4x^2 - 0{,}5 = 0$

$4x^2 = 0{,}5$

$x^2 = \frac{1}{8} \quad | \sqrt{\ }$

$\Rightarrow \quad x_{1/2} = \pm\sqrt{\frac{1}{8}} = \pm\sqrt{\frac{2}{16}} = \pm\frac{\sqrt{2}}{4}$

d) $\frac{1}{a^2} = 9 \quad | \cdot a^2$

$1 = 9a^2$

$9a^2 - 1 = 0$

Lösungsformel:

$$a_{1/2} = \frac{0 \pm \sqrt{0 - 4 \cdot 9 \cdot (-1)}}{2 \cdot 9} = \frac{\pm 6}{18} = \pm\frac{1}{3} \quad \Rightarrow \quad L = \left\{-\frac{1}{3};\ \frac{1}{3}\right\}$$

Direkter Weg:

$9a^2 - 1 = 0$

$9a^2 = 1$

$a^2 = \frac{1}{9} \quad | \sqrt{\ }$

$a_{1/2} = \pm\frac{1}{3}$

e) $\sqrt{5} = \frac{x^2}{\sqrt{5}} \quad |\cdot\sqrt{5}$

$5 = x^2$

$x^2 - 5 = 0$

Lösungsformel:

$x_{1/2} = \frac{0 \pm \sqrt{0-4\cdot(-5)}}{2} = \frac{\pm\sqrt{20}}{2} = \frac{\pm 2\sqrt{5}}{2} = \pm\sqrt{5} \Rightarrow$ **L = {−2,24; 2,24}**

Direkter Weg:

$x^2 - 5 = 0$

$x^2 = 5 \quad |\sqrt{}$

$x_{1/2} = \pm\sqrt{5}$

f) $-\sqrt{2}z^2 + \frac{1}{\sqrt{2}} = 2 \quad |\cdot\sqrt{2}$

$-2z^2 + 1 = 2\sqrt{2}$

$-2z^2 + 1 - 2\sqrt{2} = 0$

Lösungsformel:

$z_{1/2} = \frac{0 \pm \sqrt{0-4\cdot(-2)\cdot(1-2\sqrt{2})}}{2\cdot(-2)} = \frac{\pm\sqrt{8-16\sqrt{2}}}{-4} \approx \frac{\pm\sqrt{-14{,}63}}{-4} \notin \mathbb{R} \Rightarrow$ **L = ∅**

Direkter Weg:

$-\sqrt{2}z^2 + \frac{1}{\sqrt{2}} = 2 \quad |\cdot(-\sqrt{2})$

$2z^2 - 1 = -2\sqrt{2}$

$2z^2 = 1 - 2\sqrt{2} \quad |:2$

$z^2 = \frac{1}{2} - \sqrt{2} \approx -0{,}91 \Rightarrow$ keine reelle Lösung

47. a) $x^2 = x$

$x^2 - x = 0$

Lösungsformel:

$x_{1/2} = \frac{1 \pm \sqrt{(-1)^2 - 4\cdot 1\cdot 0}}{2} = \frac{1\pm\sqrt{1}}{2} = \frac{1\pm 1}{2} = \begin{cases} 1 \\ 0 \end{cases} \Rightarrow$ **L = {0; 1}**

Ausklammern von x:

$x^2 - x = 0$

$x(x-1) = 0$

$\Rightarrow x_1 = 0; \; x_2 = 1$

b) $\left(\frac{x}{3}\right)^2 + \frac{x}{3} = 0$

$\frac{x^2}{9} + \frac{x}{3} = 0 \quad |\cdot 9$

$x^2 + 3x = 0$

Lösungsformel:

$$x_{1/2} = \frac{-3 \pm \sqrt{9-4\cdot 1\cdot 0}}{2} = \frac{-3\pm 3}{2} = \begin{cases} 0 \\ -3 \end{cases} \Rightarrow \mathbf{L = \{-3; 0\}}$$

Ausklammern von x:

$x^2 + 3x = 0$
$x(x+3) = 0$
$\Rightarrow \ x_1 = 0;\ x_2 = -3$

c) $\frac{w^2}{81} = \frac{w}{9}$

$\frac{w^2}{81} - \frac{w}{9} = 0 \quad |\cdot 81$

$w^2 - 9w = 0$

Lösungsformel:

$$w_{1/2} = \frac{9 \pm \sqrt{81-4\cdot 1\cdot 0}}{2} = \frac{9\pm 9}{2} = \begin{cases} 9 \\ 0 \end{cases} \Rightarrow \mathbf{L = \{0; 9\}}$$

Ausklammern von w:

$w^2 - 9w = 0$
$w(w-9) = 0$
$\Rightarrow \ w_1 = 0;\ w_2 = 9$

d) $\sqrt{3}x^2 + x = 0$

Lösungsformel:

$$x_{1/2} = \frac{-1 \pm \sqrt{1^2 - 4\cdot\sqrt{3}\cdot 0}}{2\cdot\sqrt{3}} = \frac{-1\pm 1}{2\cdot\sqrt{3}} \approx \begin{cases} 0 \\ -0{,}58 \end{cases} \Rightarrow \mathbf{L = \{-0{,}58; 0\}}$$

Ausklammern von x:

$\sqrt{3}x^2 + x = 0$
$x(\sqrt{3}x + 1) = 0$
$\Rightarrow \ x_1 = 0;\ x_2 = -\frac{1}{\sqrt{3}} \approx -0{,}58$

48. $f(x) = x^2 - \mathbf{5}x + \mathbf{6}$

Mögliche Faktorisierungen von **6** sind ±1; ±6 und ±2; ±3. Die Summe muss **−(−5) = 5** ergeben, daher ist **2; 3** das passende Zahlenpaar.

Zerlegung von f in Linearfaktoren:

$f(x) = (x - \mathbf{2})(x - \mathbf{3})$

Nullstellen von f:

$(x-2)(x-3) = 0$
$\Rightarrow \ x_1 = 2;\ x_2 = 3$

49. Die Schnittstellen mit der x-Achse sind die Nullstellen. Man kann die Funktion daher direkt in Produktform angeben:
$f(x) = [x - (-2)](x - 3) = (x + 2)(x - 3)$
Die Funktion kann natürlich auch in die ausmultiplizierte Form umgewandelt werden, sie lautet dann $f(x) = x^2 - x - 6$.

50. $x^2 + 3x - 10 = 0$
Gleichung in Produktform:
$[x - (-5)](x - 2) = 0$
$(x + 5)(x - 2) = 0$
Folglich lauten die Lösungen:
$x_1 = -5;\ x_2 = 2$

Mögliche Faktorisierungen von **–10** sind $\pm 1; \mp 10$ und $\pm 2; \mp 5$. Die Summe muss **–3** ergeben, daher ist **–5; 2** das passende Zahlenpaar.

51. a) $f(x) = 3x^2 - 15x + 18$
$= 3(x^2 - 5x + 6)$
Gleichung in Produktform:
$f(x) = 3(x - 2)(x - 3)$
Die Nullstellen von f lauten:
$x_1 = 2;\ x_2 = 3$

Der Koeffizient **3** von x^2 wird ausgeklammert.
Auf die runde Klammer wird der Satz von Vieta angewandt. Mögliche Faktorisierungen von **6** sind $\pm 1; \pm 6$ und $\pm 2; \pm 3$. Die Summe muss **–(–5) = 5** ergeben, daher ist **2; 3** das passende Zahlenpaar.

b) $g(x) = 2x^2 + 14x + 24$
$= 2(x^2 + 7x + 12)$
Gleichung in Produktform:
$g(x) = 2[x - (-3)][x - (-4)]$
$= 2(x + 3)(x + 4)$
Die Nullstellen von g lauten:
$x_1 = -3;\ x_2 = -4$

Der Koeffizient **2** von x^2 wird ausgeklammert.
Auf die runde Klammer wird der Satz von Vieta angewandt. Mögliche Faktorisierungen von **12** sind $\pm 1; \pm 12$, $\pm 2; \pm 6$ und $\pm 3; \pm 4$. Die Summe muss **–7** ergeben, daher ist **–3; –4** das passende Zahlenpaar.

52. a) $f(x) = x^2 - 3x - 28$
Zerlegung in Linearfaktoren:
$f(x) = [x - (-4)](x - 7)$
$= (x + 4)(x - 7)$
Nullstellen ablesen:
$x_1 = -4;\ x_2 = 7$

Vieta anwenden. Mögliche Faktorisierungen von **–28** sind $\pm 1; \mp 28$, $\pm 2; \mp 14$ und $\pm 4; \mp 7$. Die Summe muss **–(–3) = 3** ergeben, daher ist **–4; 7** das passende Zahlenpaar.

b) $f(x) = 2x^2 - 4x$
$= 2x(x - 2)$
Nullstellen:
$x_1 = 0;\ x_2 = 2$

Ausklammern von **2x** ist möglich.
Dies ist bereits die Zerlegung in Linearfaktoren.

c) $f(x) = -x^2 + 8x - 16$
$= -(x^2 - 8x + 16)$
$= -(x - 4)^2$
$f(x) = -(x - 4)^2$
doppelte Nullstelle: $x_{1/2} = 4$

Minus ausklammern.
In der Klammer die zweite binomische Formel **(Minusformel)** erkennen und anwenden.
Dies ist bereits die Zerlegung in Linearfaktoren.

d) $f(x) = (x - 2)^2$
doppelte Nullstelle: $x_{1/2} = 2$

e) $f(x) = 4x^2 - 12x + 9$

$$x_{1/2} = \frac{12 \pm \sqrt{144 - 4 \cdot 4 \cdot 9}}{2 \cdot 4} = \frac{12 \pm 0}{8} = \frac{3}{2}$$

doppelte Nullstelle: $x_{1/2} = \frac{3}{2}$
Zerlegung in Linearfaktoren:
$f(x) = 4\left(x - \frac{3}{2}\right)^2$

Ausklammern von 4 ist ungünstig (Brüche entstehen).
Die Nullstellen werden deshalb mit der Lösungsformel ermittelt.

f) $f(x) = \frac{1}{2}x^2 - \frac{1}{2}x - 3$
$= \frac{1}{2}(x^2 - x - 6)$
Zerlegung in Linearfaktoren:
$f(x) = \frac{1}{2}[x - (-2)](x - 3)$
$= \frac{1}{2}(x + 2)(x - 3)$
Nullstellen: $x_1 = -2$; $x_2 = 3$

Ausklammern von $\frac{1}{2}$
Vieta anwenden. Mögliche Faktorisierungen von **–6** sind $\pm 1; \mp 6$ und $\pm 2; \mp 3$. Die Summe muss **–(–1) = 1** ergeben, daher ist **–2; 3** das passende Zahlenpaar.

g) $f(x) = -\frac{1}{3}(x - 3)^2 + 2$
$= -\frac{1}{3}x^2 + 2x - 1$
$f(x) = -\frac{1}{3}(x^2 - 6x + 3)$
Nullstellen von f:

$$x_{1/2} = \frac{6 \pm \sqrt{36 - 4 \cdot 1 \cdot 3}}{2} = \frac{6 \pm \sqrt{24}}{2} = \frac{6 \pm 2\sqrt{6}}{2} = 3 \pm \sqrt{6} \approx \begin{cases} 5{,}45 \\ 0{,}55 \end{cases}$$

Zerlegung in Linearfaktoren:
$f(x) = -\frac{1}{3}\left(x - (3 + \sqrt{6})\right)\left(x - (3 - \sqrt{6})\right)$

Ausmultiplizieren
Den Faktor $-\frac{1}{3}$ ausklammern, Vieta lässt sich nicht anwenden.
Daher wird mit der Lösungsformel gearbeitet.

h) $f(x) = 2x^2 + 1$ hat keine reellen Nullstellen (wovon man sich beispielsweise durch Berechnen der Diskriminante überzeugen kann: $D = -8 < 0$). Deshalb lässt sich f(x) **nicht** faktorisieren.

53. a) $-0{,}5x^2 + 2x + 6 = 0 \quad |\cdot(-2)$

$x^2 - \mathbf{4}x - \mathbf{12} = 0$

$[x - (\mathbf{-2})](x - \mathbf{6}) = 0$

$(x + 2)(x - 6) = 0$

Lösungen ablesen:

$x_1 = -2;\ x_2 = 6 \Rightarrow \mathbf{L = \{-2; 6\}}$

Multiplikation mit –2 ändert die Lösungsmenge nicht.

Vieta anwenden. Mögliche Faktorisierungen von **–12** sind ±1; ∓12, ±2; ∓6 und ±3; ∓4. Die Summe muss **–(–4) = 4** ergeben, daher ist **–2; 6** das passende Zahlenpaar.

b) $\frac{1}{x^2} + \frac{1}{x} = 1 \quad |\cdot x^2$

$1 + x = x^2$

$x^2 - x - 1 = 0$

$x_{1/2} = \frac{1 \pm \sqrt{1+4}}{2} = \frac{1}{2}(1 \pm \sqrt{5})$

$\approx \begin{cases} 1{,}62 \\ -0{,}62 \end{cases}$

$\Rightarrow \mathbf{L = \{-0{,}62; 1{,}62\}}$

Multiplikation mit x^2 ändert die Lösungsmenge nicht, da $x \neq 0$.

Vieta lässt sich nicht anwenden, daher wird mit der Lösungsformel gearbeitet.

c) $u^2 = 4u$

$u^2 - 4u = 0$

$u(u - 4) = 0$

Lösungen ablesen:

$u_1 = 0;\ u_2 = 4 \Rightarrow \mathbf{L = \{0; 4\}}$

u lässt sich ausklammern.

d) $4(x+3)^2 = 0$

$x_{1/2} = -3 \Rightarrow \mathbf{L = \{-3\}}$

e) $\frac{\sqrt{2}}{x^2+1} = \frac{1}{\sqrt{2}}$

$\sqrt{2} \cdot \sqrt{2} = x^2 + 1$

$2 = x^2 + 1$

$x^2 = 1$

$x_{1/2} = \pm\sqrt{1} = \pm 1 \Rightarrow \mathbf{L = \{-1; 1\}}$

„Über Kreuz" ausmultiplizieren

Es liegt eine rein-quadratische Gleichung vor.

f) $\frac{1}{a} = \frac{a}{a+1}$

$a + 1 = a^2$

$a^2 - a - 1 = 0$

$a_{1/2} = \frac{1 \pm \sqrt{1+4}}{2} = \frac{1}{2}(1 \pm \sqrt{5})$

$\approx \begin{cases} 1{,}62 \\ -0{,}62 \end{cases}$

$\Rightarrow \mathbf{L = \{-0{,}62; 1{,}62\}}$

„Über Kreuz" ausmultiplizieren

Vieta lässt sich nicht anwenden, daher wird mit der Lösungsformel gearbeitet.

54. a) $x^2 - 7x + 12 > 0$

zugehörige Gleichung:

$x^2 - 7x + 12 = 0$

Satz von Vieta:

$(x-3)(x-4) = 0$

Lösungen ablesen:

$x_1 = 3;\ x_2 = 4$

$\Rightarrow$ **$L =]-\infty; 3[\cup]4; \infty[= \mathbb{R} \setminus [3; 4]$**

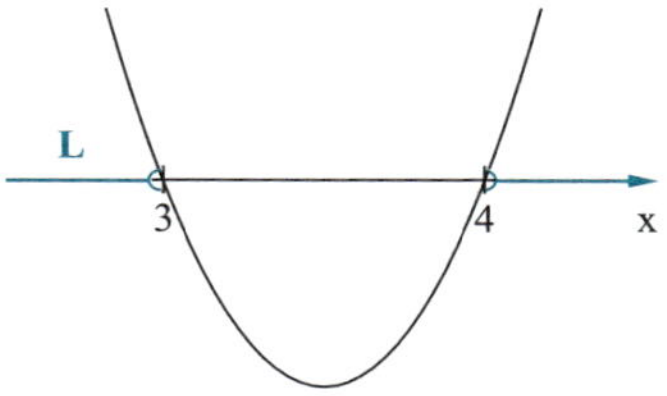

b) $-x^2 + 12x - 26 < 6$

$-x^2 + 12x - 32 < 0$

zugehörige Gleichung:

$-x^2 + 12x - 32 = 0 \quad | \cdot (-1)$

$x^2 - 12x + 32 = 0$

Satz von Vieta:

$(x-8)(x-4) = 0$

Lösungen ablesen:

$x_1 = 4;\ x_2 = 8$

$\Rightarrow$ **$L =]-\infty; 4[\cup]8; \infty[= \mathbb{R} \setminus [4; 8]$**

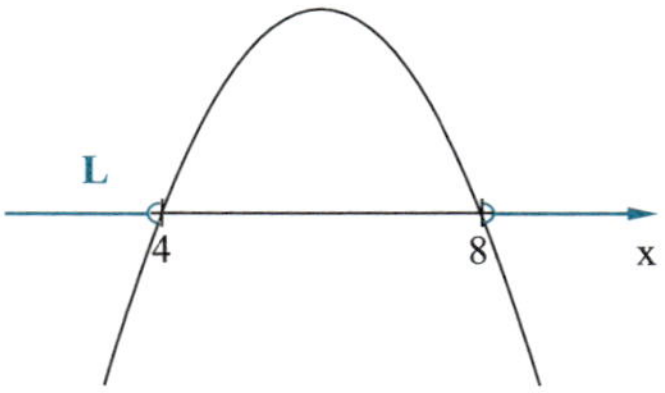

c) $x^2 + 1 \leq 2(x-2)$

$x^2 + 1 \leq 2x - 4$

$x^2 - 2x + 5 \leq 0$

zugehörige Gleichung:

$x^2 - 2x + 5 = 0$

Vieta ist nicht möglich, daher Lösungsformel:

$x_{1/2} = \frac{2 \pm \sqrt{4 - 4 \cdot 5}}{2} = \frac{2 \pm \sqrt{-16}}{2} \notin \mathbb{R}$

Die Gleichung hat keine reelle Lösung, da $D = -16 < 0$.

$\Rightarrow$ **$L = \varnothing$**

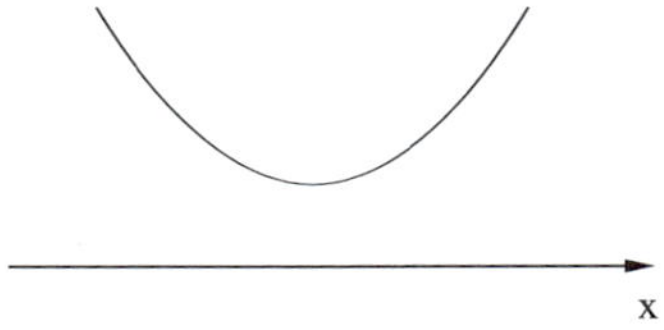

Da die zugehörige Parabel nirgends unterhalb der x-Achse verläuft, hat die Ungleichung $x^2 - 2x + 5 \leq 0$ **keine Lösung**.

Für die Ungleichung $x^2 - 2x + 5 \geq 0$ wäre $L = \mathbb{R}$, da die Parabel vollständig im Positiven verläuft.

d) $x^2 \geq x$

$x^2 - x \geq 0$

zugehörige Gleichung:

$x^2 - x = 0$

Ausklammern von x:

$x(x-1) = 0$

Lösungen ablesen:

$x_1 = 0;\ x_2 = 1$

$\Rightarrow$ **$L =]-\infty; 0] \cup [1; \infty[= \mathbb{R} \setminus]0; 1[$**

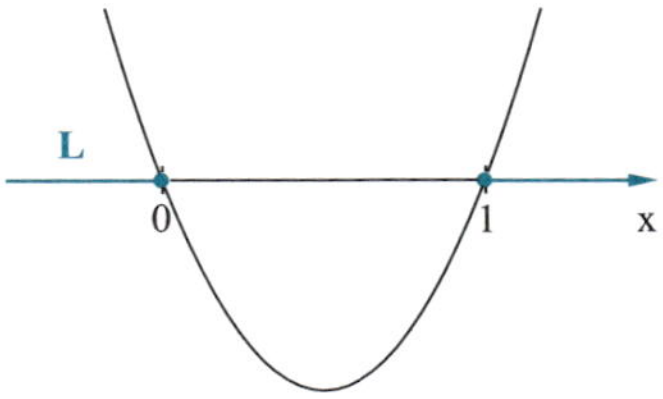

e) $2(x+1) > x(x+1)$
$2x+2 > x^2+x$
$x^2-x-2 < 0$
zugehörige Gleichung:
$x^2-x-2=0$
Satz von Vieta:
$(x-2)(x+1)=0$
Lösungen ablesen:
$x_1=-1;\ x_2=2$
$\Rightarrow$ **L =]–1; 2[**

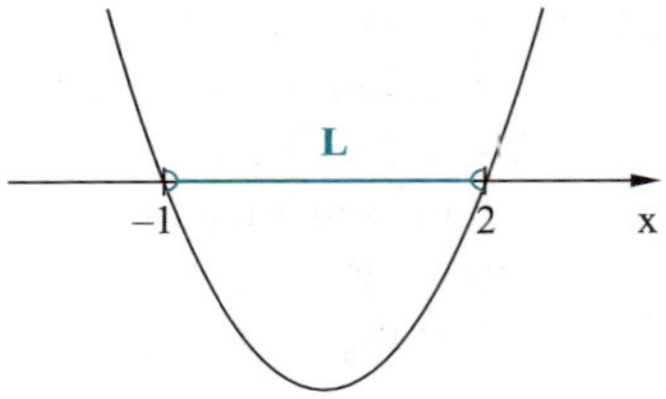

f) $-(3x+2)^2 \geq 0 \quad |\cdot(-1)$
$(3x+2)^2 \leq 0$
Die linke Seite ist aufgrund des Quadrats **≥ 0**, daher muss gelten:
$(3x+2)^2=0$ bzw. $3x+2=0$
Lösungen ablesen:
$x_{1/2}=-\frac{2}{3}$
$\Rightarrow$ **$L=\left\{-\frac{2}{3}\right\}$**

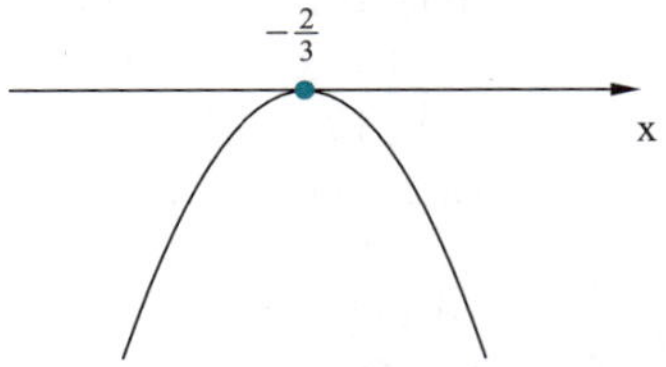

Die zugehörige Parabel berührt die x-Achse, die Lösungsmenge ist demnach einelementig.

55. Lautet die Ungleichung $2x^2+3x \leq 2$, so ist die Rechnung die gleiche wie in Beispiel 1. Allerdings sind nun auch die Intervallränder in der Lösungsmenge enthalten: L = [–2; 0,5].
Auch die Ungleichung $2x^2+3x > 2$ führt zu dem gleichen Rechenweg wie in Beispiel 1. Jetzt ist allerdings gefragt, für welche x sich **positive** Werte ergeben. Das ist der Fall für L =]–∞; –2[∪]0,5; ∞[, einfacher geschrieben: L = ℝ \ [–2; 0,5].
Die Ungleichung $2x^2+3x \geq 2$ führt schließlich auf die Lösungsmenge L = ℝ \ ]–2; 0,5[. Es ist zu beachten, dass –2 und 0,5 Elemente der Lösungsmenge sind. Deshalb muss das aus ℝ herausgenommene Intervall offen sein.

56.

$-x^2+(t-1)x=0$	Zur Bestimmung der Nullstellen wird die Funktionenschar $f_t(x)$ gleich null gesetzt.
$x(-x+t-1)=0$	Die beste Lösungsmethode ist es, x auszuklammern.
$x_1=0$	Die erste Nullstelle, die unabhängig von t ist, kann abgelesen werden.
$x_2=t-1$	Der andere Faktor der in Produktform vorliegenden Gleichung ist null, wenn $-x+t-1=0$ ist.

Damit hat man eine „feste" Nullstelle bei $x_1=0$ und eine „bewegliche", d. h. von t abhängige, bei $x_2=t-1$.

Für **t = 1** ist die zweite Nullstelle ebenfalls null. Dann fallen beide Nullstellen zusammen und man hat für t = 1 eine doppelte Nullstelle bei $x_{1/2} = 0$.
Für **t ≠ 1** sind stets zwei einfache Nullstellen vorhanden. Der Fall „keine Nullstelle" kommt bei dieser Funktionenschar nicht vor.

Im Diagramm, das die Graphen für $t \in \{-3; -1; 1; 3; 5\}$ enthält, erkennt man, dass alle Parabeln der Schar eine Nullstelle bei 0 besitzen.

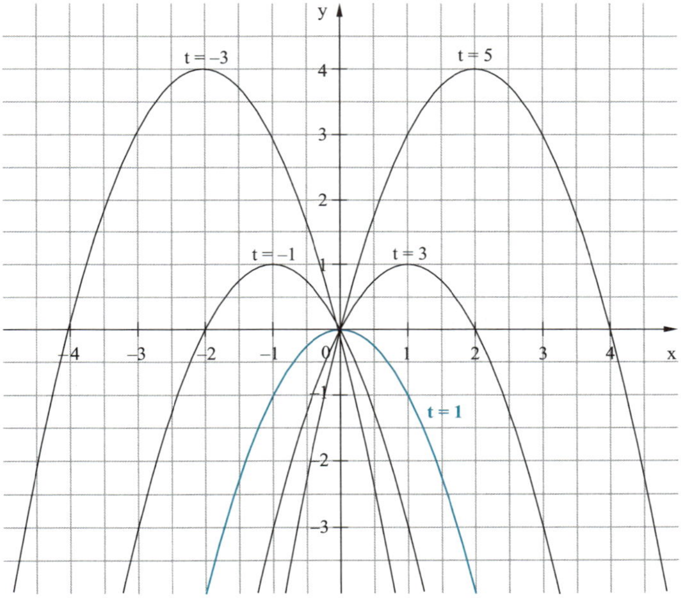

57. a) $f_t(x) = 0$

$2x^2 + 6x + t = 0$

Die Anzahl der Nullstellen wird mithilfe der Diskriminante bestimmt:
$D = 6^2 - 4 \cdot 2 \cdot t = 36 - 8t$

Es gibt drei Fälle:

Fall 1: $D > 0$

$36 - 8t > 0 \Leftrightarrow t < \frac{9}{2}$

Für $t < \frac{9}{2}$ hat f_t zwei einfache Nullstellen:

$$x_{1/2} = \frac{-6 \pm \sqrt{36 - 8t}}{4} = \frac{1}{2}(-3 \pm \sqrt{9 - 2t})$$

Fall 2: $D = 0$

$36 - 8t = 0 \Leftrightarrow t = \frac{9}{2}$

Für $t = \frac{9}{2}$ hat f_t eine doppelte Nullstelle:

$$x_{1/2} = \frac{-6 \pm 0}{4} = -\frac{3}{2}$$

Fall 3: $D < 0$

$36 - 8t < 0 \Leftrightarrow t > \frac{9}{2}$

keine Nullstellen

b) $f_a(x) = 0$

$x^2 - 6ax + 5a^2 = 0$

Berechnung der Diskriminante:

$D = (-6a)^2 - 4 \cdot 1 \cdot 5a^2 = 36a^2 - 20a^2 = 16a^2 \geq 0$

Es gibt immer mindestens eine Nullstelle.

$$x_{1/2} = \frac{6a \pm \sqrt{36a^2 - 4 \cdot 5a^2}}{2} = \frac{6a \pm 4a}{2} = \begin{cases} 5a \\ a \end{cases}$$

Anmerkung: Für $a = 0$ besitzt f_a eine doppelte Nullstelle $x_{1/2} = 0$, andernfalls zwei einfache Nullstellen $x_1 = a$, $x_2 = 5a$.

c) $f_k(x) = 0$

$x^2 - k^2 = 0$

$x^2 = k^2$

Diese rein-quadratische Gleichung wird durch Wurzelziehen gelöst:

$x_{1/2} = \pm\sqrt{k^2} = \pm k$

Für $k = 0$ besitzt f_k eine doppelte Nullstelle $x_{1/2} = 0$, andernfalls zwei einfache Nullstellen $x_1 = k$, $x_2 = -k$.

d) $f_m(x) = 0$

$$x^2 + mx + \frac{3m+4}{4} = 0$$

Die Diskriminante lautet:

$$D = m^2 - 4 \cdot \frac{3m+4}{4} = m^2 - 3m - 4$$

Es handelt sich bei D um einen quadratischen Term, eine nach oben geöffnete Parabel. Es sind diejenigen m zu bestimmen, für die $D > 0$, $D = 0$ und $D < 0$ ist. Daraus ergibt sich dann (in Abhängigkeit von m) die Anzahl der Nullstellen von f_m.

Die Diskriminante wird null gesetzt:

$m^2 - 3m - 4 = 0$

Satz von Vieta:

$(m-4)(m+1) = 0$

$\Rightarrow \quad m_1 = -1;\ m_2 = 4$

Eine Skizze der Diskriminantenfunktion verdeutlicht die drei zu unterscheidenden Fälle:

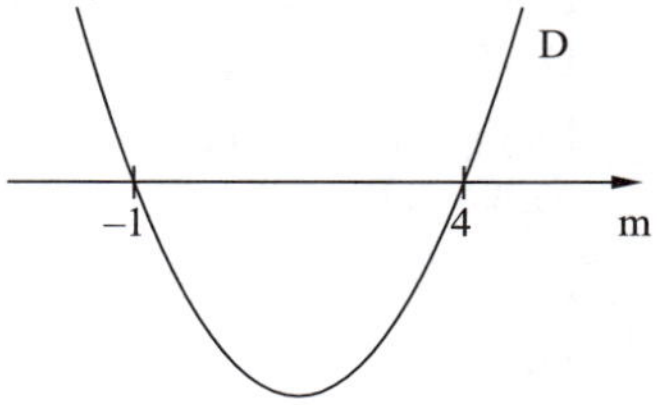

Fall 1: $D > 0$

$\Leftrightarrow \quad m \in \mathbb{R} \setminus [-1; 4]$

f_m besitzt zwei einfache Nullstellen.

Fall 2: $D = 0$

$\Leftrightarrow \quad m = -1$ oder $m = 4$

f_m besitzt jeweils eine doppelte Nullstelle.

Fall 3: $D < 0$

$\Leftrightarrow \quad m \in\ ]-1; 4[$

f_m besitzt keine Nullstellen.

e) $$f_n(x) = 0$$
$$-\frac{1}{2}x^2 + (2-n)x + 4n - \frac{9}{2} = 0$$

Diskriminante:

$$D = (2-n)^2 - 4\cdot\left(-\frac{1}{2}\right)\left(4n - \frac{9}{2}\right) = n^2 + 4n - 5$$

Es sind die drei Fälle $D > 0$, $D = 0$ und $D < 0$ zu untersuchen. Dazu wird D gleich null gesetzt:

$n^2 + 4n - 5 = 0$

Satz von Vieta:

$(n-1)(n+5) = 0$

Daraus folgt: $n_1 = -5$; $n_2 = 1$

Eine Skizze der Diskriminantenfunktion in Abhängigkeit von n hilft, die drei Fälle zu erkennen:

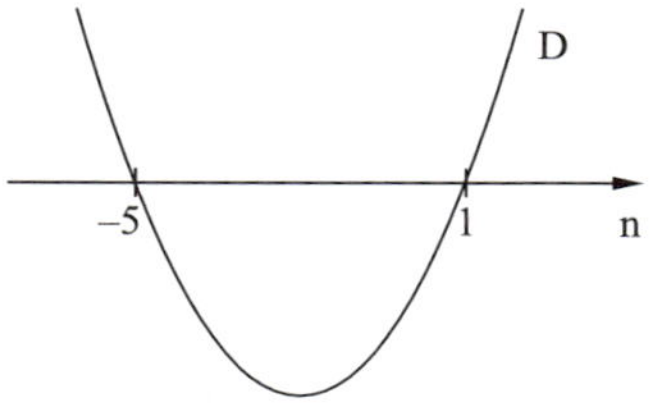

Fall 1: $D > 0$
$\Leftrightarrow n \in \mathbb{R} \setminus [-5; 1]$
f_n besitzt zwei einfache Nullstellen.

Fall 2: $D = 0$
$\Leftrightarrow n = -5$ oder $n = 1$
f_n besitzt jeweils eine doppelte Nullstelle.

Fall 3: $D < 0$
$\Leftrightarrow n \in \,]-5; 1[$
f_n besitzt keine Nullstellen.

Die drei unterschiedlichen Fallgruppen sind in der Grafik zu erkennen:

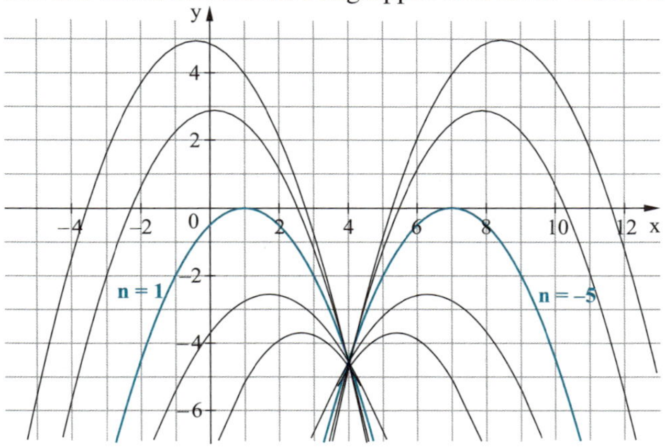

58. a)
$$\frac{m_1}{x^2} = \frac{m_2}{(d-x)^2} \quad \Big| \cdot x^2(d-x)^2$$
$$m_1(d-x)^2 = m_2x^2$$
$$m_1(d^2 - 2dx + x^2) - m_2x^2 = 0$$
$$(m_1 - m_2)x^2 - 2dm_1x + d^2m_1 = 0$$

Die Koeffizienten der Gleichung lauten:

$a = m_1 - m_2$; $b = -2dm_1$; $c = d^2m_1$

b) Für $m_1 = m_2$ folgt nach Teilaufgabe a:

$$\begin{aligned} -2dm_1x + d^2m_1 &= 0 \quad |: m_1 \\ -2dx + d^2 &= 0 \quad |: d \neq 0 \\ -2x + d &= 0 \\ x &= \frac{d}{2} \end{aligned}$$

In diesem Fall herrscht genau in der Mitte zwischen den gleichen Massen Schwerelosigkeit.

c) $$x_{1/2} = \frac{-b \pm \sqrt{b^2 - 4ac}}{2a} = \frac{2dm_1 \pm \sqrt{4d^2m_1^2 - 4(m_1 - m_2) \cdot d^2m_1}}{2(m_1 - m_2)}$$

$$= \frac{2dm_1 \pm \sqrt{4d^2m_1m_2}}{2(m_1 - m_2)} = \frac{2dm_1 \pm 2d\sqrt{m_1m_2}}{2(m_1 - m_2)} = \frac{m_1 \pm \sqrt{m_1m_2}}{m_1 - m_2} \cdot d$$

Bemerkung: Es ist nur eine Lösung (die „–"-Lösung) für diese Problemstellung von Bedeutung, da $x \in [0; d]$ sein muss.

59. Das Zeit-Weg-Gesetz des senkrechten Wurfes lautet $h(t) = -\frac{1}{2}gt^2 + v_0t$ mit $0 \leq t \leq t_A$ (siehe Beispiel 3).

Der Ansatz für die Aufgabenstellung ist damit:

$-\frac{1}{2}gt^2 + v_0t = h$

Diese quadratische Gleichung mit der Unbekannten t wird auf die Grundform gebracht:

$-\frac{1}{2}gt^2 + v_0t - h = 0$

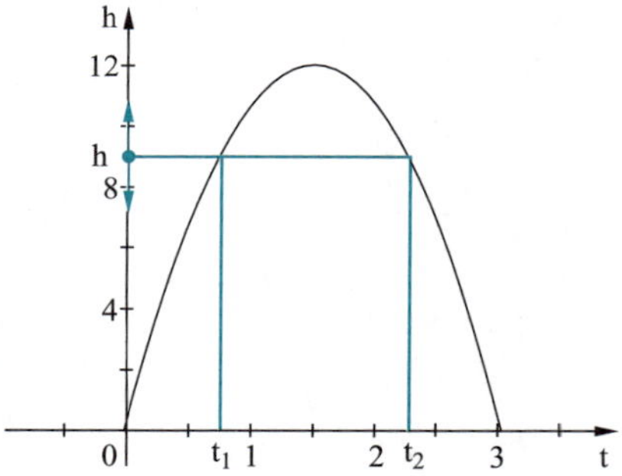

Daher gilt $a = -\frac{1}{2}g$, $b = v_0$ und $c = -h$.

Setzt man in die Lösungsformel ein, so findet man:

$$t_{1/2} = \frac{v_0 \pm \sqrt{v_0^2 - 2gh}}{g}$$

Die unterschiedlichen Werte t_1 und t_2 sind die Zeiten bei gleicher Höhe, einmal beim Hochsteigen und das andere Mal beim Zurückfallen. Im höchsten Punkt liegt eine Doppellösung vor. Das ist der Fall, wenn die Diskriminante null ist, also wenn $v_0^2 - 2gh = 0$.

Daraus ergibt sich die maximale Steighöhe zu: $h_{max} = \frac{v_0^2}{2g}$

60. Ansatz:

$$f(x) = h_m(x)$$

$$-\tfrac{1}{2}(x+2)(x-4) = mx + \tfrac{17}{2} \quad |\cdot(-2)\text{, ausmultiplizieren, zusammenfassen}$$

$$x^2 + 2(m-1)x + 9 = 0$$

Die zugehörige Diskriminante lautet dann:

$D = 4(m-1)^2 - 36 = 4m^2 - 8m - 32 = 4(m^2 - 2m - 8) = 4(m+2)(m-4)$

Es muss nun festgestellt werden, für welche m die Diskriminante größer, gleich bzw. kleiner null ist.

Da die Diskriminante ihrerseits ein quadratischer Term in Abhängigkeit von m ist, muss die zugehörige quadratische Ungleichung gelöst werden. Man liest ab, dass $D = 0$ für $m_1 = -2$ oder $m_2 = 4$. D ist in Abhängigkeit von m eine nach oben geöffnete Parabel, sodass gilt:

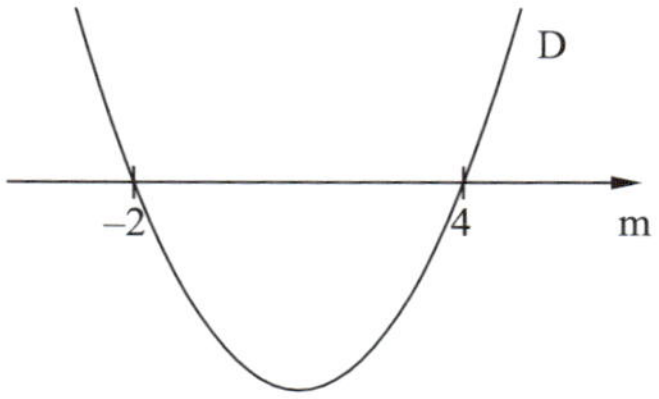

Fall 1: $D > 0$
$\Leftrightarrow\ m \in \mathbb{R} \setminus]-2; 4[$
f und h_m besitzen jeweils 2 Schnittpunkte.

Fall 2: $D = 0$
$\Leftrightarrow\ m = -2$ oder $m = 4$
f und h_m haben jeweils einen Berührpunkt.

Fall 3: $D < 0$
$\Leftrightarrow\ m \in\ ]-2; 4[$
f und h_m haben keine gemeinsamen Punkte.

Die Koordinaten der Berührpunkte können berechnet werden, indem man die quadratische Gleichung $x^2 + 2(m-1)x + 9 = 0$ für die beiden Werte $m_{1/2}$ löst, für die die Diskriminante null ergibt:

$$x_{1/2} = \frac{-2(m_{1/2} - 1) \pm 0}{2} = -m_{1/2} + 1$$

Für $m_1 = -2$ folgt $x_{1/2} = 3$ und damit $y_1 = f(3) = 2{,}5$. $\Rightarrow$ $B_1(3;\ 2{,}5)$

Für $m_2 = 4$ folgt $x_{1/2} = -3$ und damit $y_2 = f(-3) = -3{,}5$. $\Rightarrow$ $B_2(-3;\ -3{,}5)$

Die Koordinaten der Schnittstellen für den 1. Fall ergeben sich mithilfe der Lösungsformel in Abhängigkeit von m folgendermaßen:

$$x_{1/2} = \frac{-2(m-1) \pm \sqrt{4(m^2 - 2m - 8)}}{2} = \frac{-2(m-1) \pm 2\sqrt{m^2 - 2m - 8}}{2}$$

$$= -m + 1 \pm \sqrt{m^2 - 2m - 8}$$

Dies gilt nur für $m \in \mathbb{R} \setminus]-2; 4[$.

Eine weitere Vereinfachung der x-Koordinaten der Schnittpunkte ist nicht mehr möglich.

Die drei unterschiedlichen Fallgruppen sind in der nebenstehenden Grafik zu erkennen:

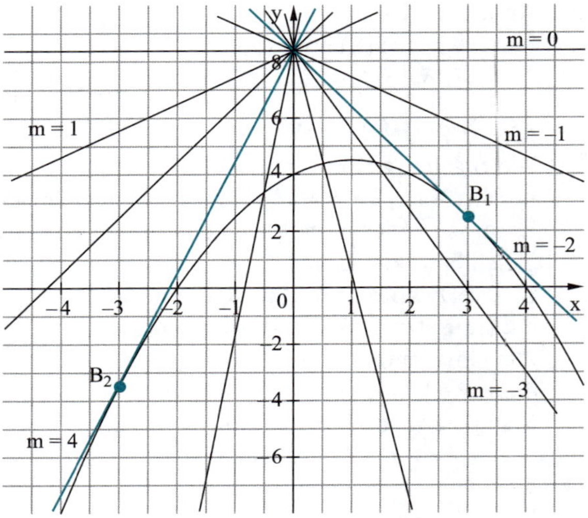

61.

$$f_{t_1}(x) = f_{t_2}(x)$$

Mit zwei unterschiedlichen Parametern t_1, $t_2 \in \mathbb{R} \setminus \{0\}$ und $t_1 \neq t_2$ wird die Funktionenschar auf Schneiden angesetzt.

$$t_1^2 x^2 - 4t_1 x + 1 = t_2^2 x^2 - 4t_2 x + 1 \quad |-1$$

$$t_1^2 x^2 - 4t_1 x = t_2^2 x^2 - 4t_2 x$$

$$(t_1^2 - t_2^2)x^2 - 4(t_1 - t_2)x = 0$$

x lässt sich ausklammern.

$$x[(t_1^2 - t_2^2)x - 4(t_1 - t_2)] = 0$$

$$\Rightarrow \quad x_1 = 0$$

Man erkennt bei der Produktform die 1. Lösung: $x_1 = 0$

$$(t_1^2 - t_2^2)x - 4(t_1 - t_2) = 0$$

Um die 2. Lösung zu finden, wird der 2. Faktor (in den eckigen Klammern stehend) gleich null gesetzt.

$$(t_1^2 - t_2^2)x = 4(t_1 - t_2)$$

$$(t_1 - t_2) \cdot (t_1 + t_2)\,x = 4(t_1 - t_2) \quad |:(t_1 - t_2)$$

$$(t_1 + t_2)\,x = 4$$

$t_1^2 - t_2^2$ lässt sich nach der dritten binomischen Formel umwandeln in das Produkt $(t_1 - t_2) \cdot (t_1 + t_2)$. Division durch $(t_1 - t_2)$ ist möglich, da $t_1 \neq t_2$.

Ab hier ist eine Fallunterscheidung nötig.

Fall 1:

$t_1 + t_2 = 0$, d. h. $t_1 = -t_2$ $\Rightarrow$ Die Gleichung $0 = 4$ hat keine Lösung; es gibt keine weiteren Schnittstellen (außer die bei $x = 0$).

Fall 2:

$t_1 + t_2 \neq 0$, d. h. $t_1 \neq -t_2$

In diesem Fall wird weiter aufgelöst: $x_2 = \frac{4}{t_1 + t_2}$

Zusammengefasst erhält man:
Alle Parabeln gehen durch den Punkt $P_1(0; 1)$. Je zwei Parabeln, deren Scharparameter die Summe null ergeben, haben keinen weiteren gemeinsamen Punkt. Je zwei Parabeln, bei denen das nicht zutrifft, schneiden sich außer in P_1 noch in einem weiteren Punkt P_2 mit der x-Koordinate $x_2 = \frac{4}{t_1 + t_2}$.

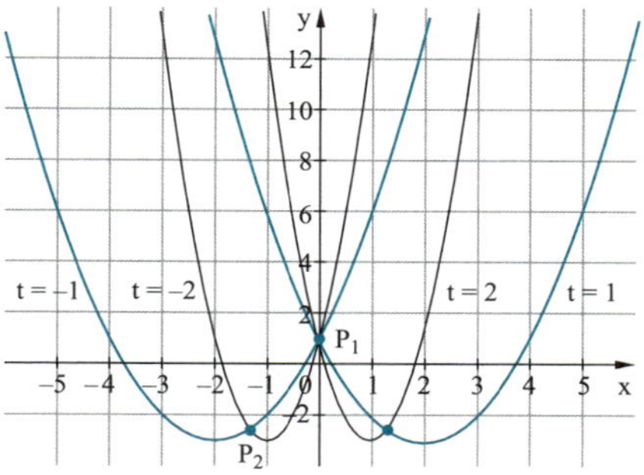

62. a) Nullstellen: $f(x) = 0$

$$-\frac{1}{2}x^2 - \frac{3}{2}x + \frac{7}{8} = 0 \quad |\cdot(-8)$$

$$4x^2 + 12x - 7 = 0$$

$$x_{1/2} = \frac{-12 \pm \sqrt{144 + 4\cdot 4\cdot 7}}{2\cdot 4} = \frac{-12 \pm \sqrt{256}}{8} = \frac{-12 \pm 16}{8} = \begin{cases} \frac{1}{2} \\ -\frac{7}{2} \end{cases}$$

Scheitel von f: $x_S = \frac{-b}{2a} = \frac{\frac{3}{2}}{2\left(-\frac{1}{2}\right)} = -\frac{3}{2}$; $y_S = f\left(-\frac{3}{2}\right) = 2 \Rightarrow S_f\left(-\frac{3}{2}; 2\right)$

Nullstellen: $g(x) = 0$

$$\frac{1}{8}(4x^2 - 12x - 11) = \frac{1}{2}x^2 - \frac{3}{2}x - \frac{11}{8} = 0 \quad |\cdot 8$$

$$4x^2 - 12x - 11 = 0$$

$$x_{1/2} = \frac{12 \pm \sqrt{144 + 4\cdot 4\cdot 11}}{2\cdot 4} = \frac{12 \pm \sqrt{320}}{8} = \frac{12 \pm 8\sqrt{5}}{8} = \frac{1}{2}(3 \pm 2\sqrt{5}) \approx \begin{cases} 3{,}74 \\ -0{,}74 \end{cases}$$

Scheitel von g: $x_S = \frac{\frac{3}{2}}{2\cdot\frac{1}{2}} = \frac{3}{2}$; $y_S = g\left(\frac{3}{2}\right) = -\frac{5}{2} \Rightarrow S_g\left(\frac{3}{2}; -\frac{5}{2}\right)$

b) $f(x) = a(x - x_1)(x - x_2)$

$$= -\frac{1}{2}\left(x - \frac{1}{2}\right)\left(x + \frac{7}{2}\right)$$

c) Schnittstellen: $f(x) = g(x)$

$$-\frac{1}{2}x^2 - \frac{3}{2}x + \frac{7}{8} = \frac{1}{8}(4x^2 - 12x - 11) \quad |\cdot 8$$

$$-4x^2 - 12x + 7 = 4x^2 - 12x - 11$$

$$-8x^2 + 18 = 0 \quad |:(-8)$$

$$x^2 = \frac{9}{4} \quad |\sqrt{}$$

$$x_{1/2} = \pm\frac{3}{2}$$

Damit sind die Schnittstellen berechnet.

$y_1 = f\left(\frac{3}{2}\right) = -\frac{5}{2} \Rightarrow$ **$S_1\left(\frac{3}{2}; -\frac{5}{2}\right)$**

$y_2 = f\left(-\frac{3}{2}\right) = 2 \Rightarrow$ **$S_2\left(-\frac{3}{2}; 2\right)$**

S_1 stimmt mit S_g, S_2 mit S_f überein.

d) h: $y = mx + t$, mit $m = \frac{\Delta y}{\Delta x} = \frac{-\frac{5}{2} - 2}{\frac{3}{2} - \left(-\frac{3}{2}\right)} = \frac{-\frac{9}{2}}{3} = -\frac{3}{2}$;

S_1 eingesetzt in h: $y = -\frac{3}{2}x + t$ ergibt:

$$-\frac{5}{2} = -\frac{3}{2} \cdot \frac{3}{2} + t$$

$$t = -\frac{5}{2} + \frac{9}{4} = -\frac{1}{4}$$

$$\Rightarrow \text{ h: } y = -\frac{3}{2}x - \frac{1}{4}$$

e) Da h* und h** parallel zu h verlaufen, müssen sie die gleiche Steigung wie h haben.

h*: $y = -\frac{3}{2}x + t$

h**: $y = -\frac{3}{2}x + t$

Die Geraden h* und f werden auf Schneiden angesetzt:

$$f(x) = h^*(x)$$

$$-\frac{1}{2}x^2 - \frac{3}{2}x + \frac{7}{8} = -\frac{3}{2}x + t$$

$$-\frac{1}{2}x^2 + \frac{7}{8} - t = 0 \quad | \cdot (-2)$$

$$x^2 - \frac{7}{4} + 2t = 0 \quad \text{(I)}$$

Für diese Gleichung wird die Diskriminante berechnet (Achtung: $b = 0$):

$D = 0^2 - 4 \cdot \left(-\frac{7}{4} + 2t\right) = 7 - 8t$

Die zugehörigen Graphen berühren sich, wenn $D = 0$ ist, also für $t = \frac{7}{8}$.

$\Rightarrow$ h*: $y = -\frac{3}{2}x + \frac{7}{8}$

Ganz entsprechend wird mit h** verfahren. h** wird mit G_g zum Schnitt gebracht:

$$g(x) = h^{**}(x)$$

$$\frac{1}{2}x^2 - \frac{3}{2}x - \frac{11}{8} = -\frac{3}{2}x + t$$

$$x^2 - \frac{11}{4} - 2t = 0 \quad \text{(II)}$$

Die zugehörige Diskriminante $D = 11 + 8t$ wird null für $t = -\frac{11}{8}$, woraus sich h** folgendermaßen ergibt:

h**: $y = -\frac{3}{2}x - \frac{11}{8}$

Die x-Koordinaten der Berührpunkte werden berechnet, indem die „Schnittgleichungen“ I und II für die zugehörigen t-Werte gelöst werden, wobei die jeweilige Diskriminante den Wert null hat.

$x^* = \frac{-b \pm 0}{2a} = \frac{0}{2 \cdot 1} = 0;\ y^* = h^*(0) = \frac{7}{8} \Rightarrow B^*\left(0; \frac{7}{8}\right)$

Entsprechend gilt:

$x^{**} = \frac{0}{2 \cdot 1} = 0;\ y^{**} = h^{**}(0) = -\frac{11}{8} \Rightarrow B^{**}\left(0; -\frac{11}{8}\right)$

f) 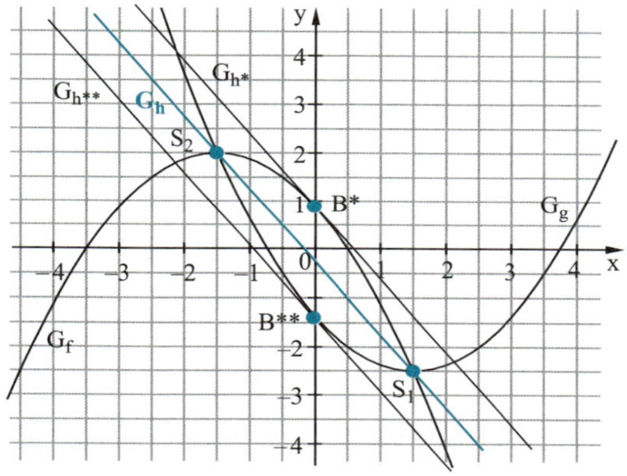

63. a) Ansatz auf Schneiden für $k = 1$:

$$f_1(x) = g(x)$$
$$(x-2)^2 = x^2 + 2x$$
$$x^2 - 4x + 4 = x^2 + 2x$$
$$6x = 4$$

$\Rightarrow\ x_1 = \frac{2}{3};\ y_1 = f_1\left(\frac{2}{3}\right) = \left(\frac{2}{3} - 2\right)^2 = \left(-\frac{4}{3}\right)^2 = \frac{16}{9}$

$\Rightarrow$ **$S_1\left(\frac{2}{3}; \frac{16}{9}\right)$**

b) Ansatz auf Schneiden:

$$f_k(x) = g(x)$$
$$k(x-2)^2 = x^2 + 2x$$
$$kx^2 - 4kx + 4k - x^2 - 2x = 0$$
$$(k-1)x^2 - 2(2k+1)x + 4k = 0$$

Diskriminante:

$D = b^2 - 4ac = [-2(2k+1)]^2 - 4 \cdot (k-1) \cdot 4k$
$= 16k^2 + 16k + 4 - 16k^2 + 16k = 32k + 4$

Genau eine Lösung (Schnittstelle) gibt es, wenn $D = 0$:

$32k + 4 = 0 \Rightarrow k = -\frac{1}{8}$

Berechnung des Berührpunktes:

$$x_{1/2} = \frac{-b \pm 0}{2a} = \frac{2 \cdot \left[2\left(-\frac{1}{8}\right)+1\right]}{2\left(-\frac{1}{8}-1\right)} = \frac{\frac{3}{2}}{-\frac{9}{4}} = -\frac{2}{3}$$

$g\left(-\frac{2}{3}\right) = \frac{4}{9} - \frac{4}{3} = -\frac{8}{9} \Rightarrow$ **$B\left(-\frac{2}{3}; -\frac{8}{9}\right)$** für $k = -\frac{1}{8}$

c) Die Diskriminante lautet (siehe Teilaufgabe b):
$D = 32k + 4$

Fall 1: $D > 0$

$32k + 4 > 0 \Leftrightarrow k > -\frac{1}{8}$

zwei Schnittpunkte

Sonderfall für k = 1:
ein Schnittpunkt
(In diesem Fall liegt keine quadratische Gleichung vor, siehe Teilaufgabe a.)

Fall 2: $D = 0$

$32k + 4 = 0 \Leftrightarrow k = -\frac{1}{8}$

ein Schnittpunkt

Fall 3: $D < 0$

$32k + 4 < 0 \Leftrightarrow k < -\frac{1}{8}$

keine Schnittpunkte

d) Nach Teilaufgabe c gibt es für $k = 0{,}5$ zwei Schnittpunkte.
Die „Schnittgleichung" für $k = 0{,}5$ lautet (vgl. Teilaufgabe b):
$-0{,}5x^2 - 4x + 2 = 0$

Lösungsformel:

$$x_{1/2} = \frac{4 \pm \sqrt{20}}{2 \cdot (-0{,}5)} = \frac{4 \pm \sqrt{4 \cdot 5}}{-1} = -4 \mp 2\sqrt{5} \approx \begin{cases} -8{,}47 \\ 0{,}47 \end{cases}$$

Einsetzen der Lösungen in g:

$y_1 = g(0{,}47) = 1{,}17 \quad \Rightarrow$ **$S_1(0{,}47; 1{,}17)$**

$y_2 = g(-8{,}47) = 54{,}83 \quad \Rightarrow$ **$S_2(-8{,}47; 54{,}83)$**

e)

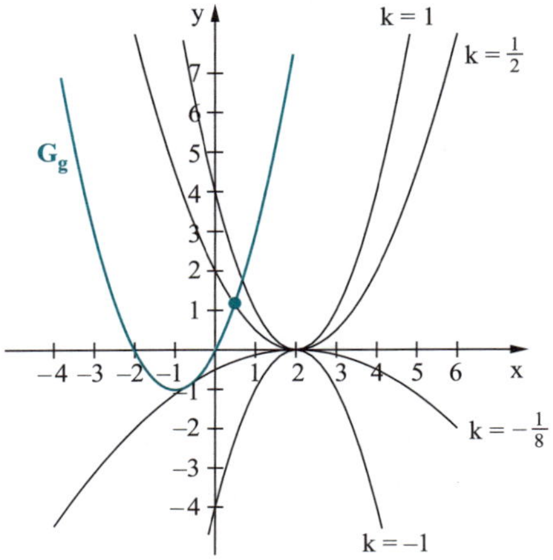

64. a) Ansatz auf Schneiden:

$$f(x) = g_m(x)$$
$$(x-1)^2 = mx + \frac{m}{2} - 4$$
$$x^2 - 2x + 1 - mx - \frac{m}{2} + 4 = 0$$
$$x^2 - (m+2)x + 5 - \frac{m}{2} = 0$$

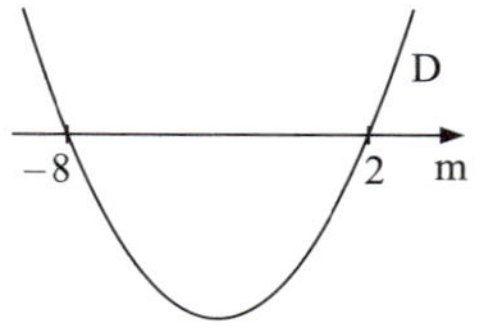

Diskriminante:

$$D = b^2 - 4ac = [-(m+2)]^2 - 4 \cdot \left(5 - \frac{m}{2}\right)$$
$$= m^2 + 4m + 4 - 20 + 2m = m^2 + 6m - 16$$
$$= (m+8)(m-2)$$

Fall 1: $D > 0$
$\Leftrightarrow \quad m \in \mathbb{R} \setminus [-8; 2]$
zwei Schnittpunkte

Fall 2: $D = 0$
$\Leftrightarrow \quad m = -8$ oder $m = 2$
jeweils ein Berührpunkt

Fall 3: $D < 0$
$\Leftrightarrow \quad m \in \;]-8; 2[$
keine Schnittpunkte

b) Nach Teilaufgabe a gibt es für $m = -8$ und $m = 2$ genau einen Schnittpunkt.

$m = -8$:

$$x_{1/2} = \frac{-b \pm 0}{2a} = \frac{-8+2}{2} = -3; \quad y_1 = f(-3) = 16 \quad \Rightarrow \quad \mathbf{B_1(-3;\ 16)}$$

$m = 2$:

$$x_{1/2} = \frac{-b \pm 0}{2a} = \frac{2+2}{2} = 2; \quad y_2 = f(2) = 1 \quad \Rightarrow \quad \mathbf{B_2(2;\ 1)}$$

c)

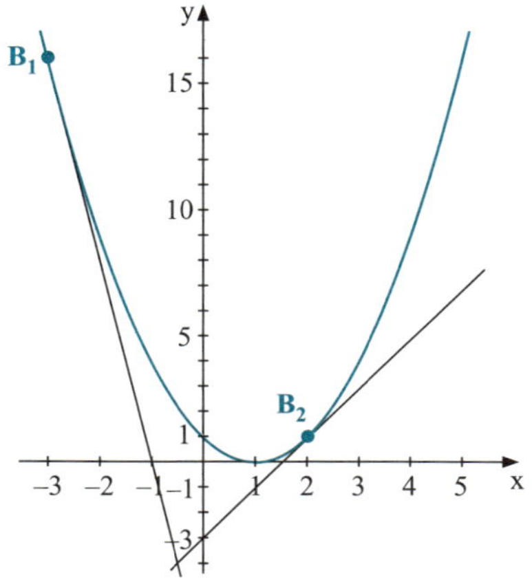

65. Die Berechnung wird in mehrere Schritte unterteilt:

1. Formel für die zu optimierende Größe aufstellen:
   $A(h; r) = 2r \cdot h + \frac{1}{2} r^2 \pi$

2. Nebenbedingung aufstellen:
   $U = 2h + 2r + r\pi$
   Mit $U = 20$ erhält man $2h + 2r + r\pi = 20$, woraus dann folgt:
   $h = 10 - r - \frac{1}{2} r\pi$
3. h in der Hauptformel ersetzen:
   $A(r) = 2r\left(10 - r - \frac{1}{2} r\pi\right) + \frac{1}{2} r^2\pi = \left(-2 - \frac{\pi}{2}\right) r^2 + 20r \approx -3{,}57r^2 + 20r$
   Der Definitionsbereich für diese Funktion ergibt sich aus folgenden Überlegungen: Die linke Grenze $r = 0$ ist klar. Den größtmöglichen Wert von r erhält man, wenn man für $h = 0$ wählt. Dann stehen nur für den Halbkreis und den Durchmesser 20 m Umfang zur Verfügung:
   $r\pi + 2r = 20 \quad \Rightarrow \quad r = \frac{20}{2 + \pi} \approx 3{,}89$
   Deshalb gilt: $D_A = [0;\ 3{,}89]$
4. Berechnung des Maximums (Scheitel):
   $r_S = \frac{-20}{2 \cdot (-3{,}57)} \approx 2{,}80$
   Wenn der Radius r ca. 2,80 m beträgt, hat die Toreinfahrt den größtmöglichen Flächeninhalt. Die Höhe h beträgt in diesem Fall:
   $h = 10 - 2{,}80 - \frac{1}{2} \cdot 2{,}80 \cdot \pi \approx 2{,}80$
   Die Höhe und der Radius haben also die gleichen Werte, nämlich jeweils 2,80 m, wenn der Flächeninhalt maximal ist:
   $A_{max} = A(2{,}80) = -3{,}57 \cdot 2{,}80^2 + 20 \cdot 2{,}80 \approx 28{,}0$
   Die größtmögliche Torfläche beträgt 28 m².

66. a) Wegen des rechten Winkels gilt (Pythagoras):

$$x^2 + x^2 = b^2$$
$$2x^2 = b^2$$
$$x^2 = \frac{1}{2} b^2$$
$$x = \frac{1}{\sqrt{2}} b$$

b) $A(b;\ h) = b \cdot h + \frac{1}{2} \cdot x \cdot x = bh + \frac{1}{2} x^2$
   Einsetzen von $x = \frac{1}{\sqrt{2}} b$:
   $A(b;\ h) = bh + \frac{1}{4} b^2$

c) $U = b + 2h + 2x = 50$
   Einsetzen von $x = \frac{1}{\sqrt{2}} b$:
   $b + 2h + 2\frac{1}{\sqrt{2}} b = 50$
   $\Rightarrow \quad h = 25 - \frac{1}{2} b - \frac{1}{\sqrt{2}} b = 25 - \left(\frac{1}{2} + \frac{1}{\sqrt{2}}\right) b \approx 25 - 1{,}21b$
   h in der Hauptformel ersetzen:
   $A(b) = b(25 - 1{,}21b) + \frac{1}{4} b^2 = -0{,}96b^2 + 25b$

d) Berechnung der Scheitelkoordinaten von A(b):

$b_S = \frac{-25}{2 \cdot (-0,96)} \approx 13,02$

Für b = 13,02 m ist die Giebelfläche maximal. In diesem Fall hat h den Wert:

$h = 25 - 1,21 \cdot 13,02 \approx 9,25$

Die Dachschräge x hat dann die Länge $x = \frac{1}{\sqrt{2}} \cdot 13,02 \approx 9,21$.

Für den maximalen Flächeninhalt ergibt sich mit diesen Abmessungen:

$A_{max} = A(13,02) = -0,96 \cdot 13,02^2 + 25 \cdot 13,02 \approx 162,76\ [m^2]$

67. a) Ansatz: **$y = mx + t$**

Die Steigung wird mithilfe der Punkte C(4; 1) und D(2,5; 2) ermittelt:

$m = \frac{\Delta y}{\Delta x} = \frac{1-2}{4-2,5} = -\frac{2}{3}$

C(4; 1) in die Geradengleichung einsetzen: $1 = -\frac{2}{3} \cdot 4 + t \Rightarrow t = \frac{11}{3}$

$\Rightarrow \quad y = -\frac{2}{3}x + \frac{11}{3}$

b) $A(x) = xy = x\left(-\frac{2}{3}x + \frac{11}{3}\right) = \frac{1}{3}(-2x^2 + 11x)$, wobei (siehe Skizze):

$D_A = [2,5; 4]$

c) Der Graph von $A(x) = -\frac{2}{3}x^2 + \frac{11}{3}x$ ist eine nach unten geöffnete Parabel, die im Scheitel den größten Funktionswert hat.

$x_S = \frac{-\frac{11}{3}}{2 \cdot \left(-\frac{2}{3}\right)} = \frac{11}{4} = 2,75$

Das zugehörige y erhält man, wenn man x_S in die Geradengleichung einsetzt: $y = -\frac{2}{3} \cdot \frac{11}{4} + \frac{11}{3} = \frac{11}{6} \approx 1,83$

Für x = 2,75 m und y = 1,83 m erhält man die flächengrößte Rechteckscheibe.

d) Der größte Flächeninhalt ist $A_{max} = 2,75 \cdot \frac{11}{6} \approx 5,04\ [m^2]$.

Zur Berechnung des ursprünglichen Flächeninhalts wird die Gesamtfläche in 2 Rechtecke und 1 Dreieck unterteilt:

$A_{R_1} = g \cdot h = 2,5 \cdot 2 = 5$

$A_{R_2} = g \cdot h = 1,5 \cdot 1 = 1,5$

$A_\Delta = \frac{1}{2} \cdot g \cdot h = \frac{1}{2} \cdot 1,5 \cdot 1 = 0,75$

$A_G = A_{R_1} + A_{R_2} + A_\Delta = 7,25\ [m^2]$

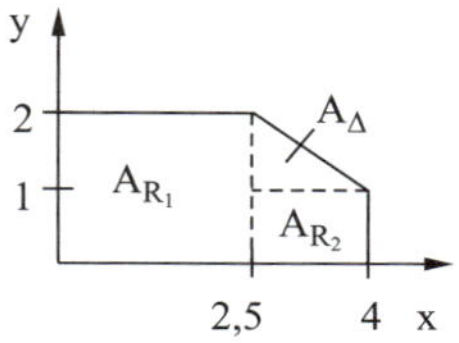

Prozentanteil: $\frac{5,04}{7,25} \cdot 100\ \% \approx 69,5\ \%$

e) Da die maximale Höhe 2 m beträgt, ist bei einer quadratischen Scheibe auch für die Breite 2 m zu wählen.
$A_Q = 2 \cdot 2 = 4$ [m²]
Prozentanteil: $\frac{4}{5{,}04} \cdot 100\,\% \approx 79{,}4\,\%$

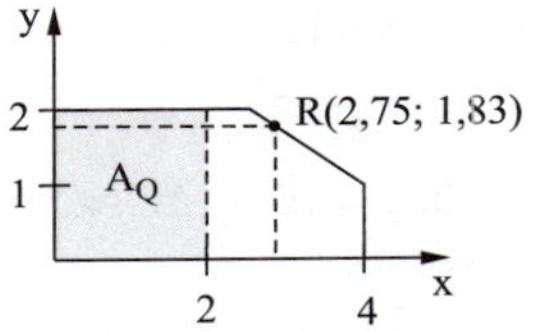

68. a) E = Eintrittspreis · Besucherzahl
Eintrittspreis = 15 + x; Besucherzahl = 300 – 10x
Wenn sich der Eintrittspreis um x € erhöht, geht die Besucherzahl um 10x zurück.
$E(x) = (15 + x)(300 - 10x) = -10x^2 + 150x + 4\,500$

b) Da nur positive Einnahmen sinnvoll sind, lautet der Ansatz: $E(x) = 0$
$(15 + x)(300 - 10x) = 0 \;\Rightarrow\; x_1 = -15,\; x_2 = 30$
$\Rightarrow\; D_E = [-15; 30]$

c) Die Nullstellen sind bekannt, daher hat der Scheitel die x-Koordinate
$x_S = \frac{1}{2}(x_1 + x_2) = \frac{1}{2}(-15 + 30) = 7{,}5$
$\Rightarrow$ Eintrittspreis: $15\,€ + 7{,}5 \;= 22{,}5$
Besucherzahl: $300 - 10 \cdot 7{,}5 = 225$

d) $E_{max} = 22{,}5\,€ \cdot 225 = 5\,062{,}5\,€$
$E_{bisher} = 15\,€ \cdot 300 = 4\,500$
Berechnung der Mehreinnahmen:
$$\frac{\Delta E}{E_{bisher}} = \frac{E_{max} - E_{bisher}}{E_{bisher}} = \frac{562{,}5\,€}{4500\,€} = 0{,}125 = 12{,}5\,\%$$

69. a) Die Gewinnfunktion
$g(x) = e(x) - k(x) = 8{,}9x - (0{,}8x^2 + 20) = -0{,}8x^2 + 8{,}9x - 20$
stellt eine nach unten geöffnete Parabel dar. Verläuft diese im positiven Bereich, so wird ein Gewinn erzielt, ansonsten wird Verlust gemacht. Die Nullstellen sind gerade die Übergänge von Verlust zu Gewinn oder umgekehrt.
$$g(x) = 0$$
$$-0{,}8x^2 + 8{,}9x - 20 = 0$$
Lösungsformel:
$$x_{1/2} = \frac{-8{,}9 \pm \sqrt{8{,}9^2 - 4 \cdot (-0{,}8) \cdot (-20)}}{2 \cdot (-0{,}8)} = \frac{-8{,}9 \pm \sqrt{15{,}21}}{-1{,}6} = \frac{-8{,}9 \pm 3{,}9}{-1{,}6}$$
$\Rightarrow\; x_1 = 3{,}125;\; x_2 = 8$
Zwischen diesen Stückzahlen wird ein Gewinn erzielt (Gewinnzone), außerhalb davon wird Verlust gemacht (Verlustzone).

b) Der größte Gewinn wird dort erzielt, wo g(x) den größten Funktionswert besitzt. Das ist im Scheitel der zugehörigen Parabel, also in der Mitte zwischen x_1 und x_2:

$x_S = \frac{1}{2}(x_1 + x_2) = \frac{1}{2}(3{,}125 + 8) = 5{,}5625$

c)

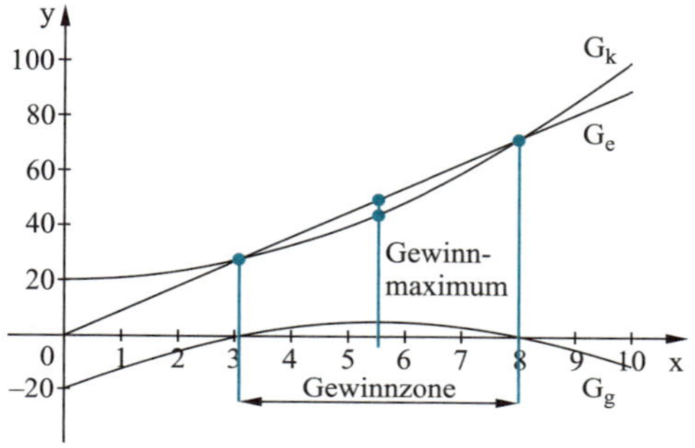

70. a) $(-12x^3 + 7x^2 + 15x - 4) : (x + 1) = -12x^2 + 19x - 4$

$$\begin{array}{l}
\underline{-(-12x^3 - 12x^2)} \\
\quad / \quad 19x^2 + 15x \\
\quad\quad \underline{-(19x^2 + 19x)} \\
\quad\quad\quad / \quad -4x - 4 \\
\quad\quad\quad\quad \underline{-(-4x - 4)} \\
\quad\quad\quad\quad\quad / \; /
\end{array}$$

Probe: $(-12x^2 + 19x - 4) \cdot (x + 1) = -12x^3 + 7x^2 + 15x - 4$

b) $\left(3x^4 - \frac{5}{2}x^3 + \frac{13}{2}x^2 - 5x + 1\right) : \left(x - \frac{1}{2}\right) = 3x^3 - x^2 + 6x - 2$

$$\begin{array}{l}
\underline{-\left(3x^4 - \frac{3}{2}x^3\right)} \\
\quad / \quad -x^3 + \frac{13}{2}x^2 \\
\quad\quad \underline{-(-x^3 + \frac{1}{2}x^2)} \\
\quad\quad\quad / \quad 6x^2 - 5x \\
\quad\quad\quad\quad \underline{-(6x^2 - 3x)} \\
\quad\quad\quad\quad\quad / \quad -2x + 1 \\
\quad\quad\quad\quad\quad\quad \underline{-(-2x + 1)} \\
\quad\quad\quad\quad\quad\quad\quad / \; /
\end{array}$$

Probe: $(3x^3 - x^2 + 6x - 2) \cdot \left(x - \frac{1}{2}\right) = 3x^4 - \frac{5}{2}x^3 + \frac{13}{2}x^2 - 5x + 1$

c) Wenn im Polynom bestimmte Potenzen von x fehlen, so bedeutet das, dass ihre Koeffizienten null sind. Es mag hilfreich sein, diese bei der Polynomdivision zu ergänzen:

$$
\begin{array}{l}
(x^3+0x^2+0x+8):(x+2)=x^2-2x+4\\
\underline{-(x^3+2x^2)}\\
\quad / \;\; -2x^2+0x\\
\quad \underline{-(-2x^2-4x)}\\
\qquad\quad / \qquad 4x+8\\
\qquad\qquad \underline{-(-4x+8)}\\
\qquad\qquad\quad / \;\; /
\end{array}
$$

Probe: $(x^2-2x+4)\cdot(x+2)=x^3+8$

d) Auch wenn ein Parameter enthalten ist, lässt sich die Polynomdivision in ganz entsprechender Weise durchführen:

$$
\begin{array}{l}
(x^3-2ax^2+x-2a):(x-2a)=x^2+1\\
\underline{-(x^3-2ax^2)}\\
\quad / \qquad / \qquad x-2a\\
\qquad\qquad\quad \underline{-(x-2a)}\\
\qquad\qquad\qquad / \;\; /
\end{array}
$$

Probe: $(x^2+1)\cdot(x-2a)=x^3-2ax^2+x-2a$

71. $f(x)=\frac{1}{4}x^4-\frac{1}{4}x^3-\frac{31}{16}x^2+x+\frac{15}{16}$

a) Um Funktionswerte zu berechnen ist es vorteilhaft, $\frac{1}{16}$ auszuklammern.

$$f(x)=\frac{1}{16}(4x^4-4x^3-31x^2+16x+15)$$

$$f\left(-\frac{5}{2}\right)=\frac{1}{16}\left[4\left(-\frac{5}{2}\right)^4-4\left(-\frac{5}{2}\right)^3-31\left(-\frac{5}{2}\right)^2+16\left(-\frac{5}{2}\right)+15\right]$$

$$=\frac{1}{16}(156{,}25+62{,}5-193{,}75-40+15)=0$$

$$f\left(-\frac{1}{2}\right)=\frac{1}{16}\left[4\left(-\frac{1}{2}\right)^4-4\left(-\frac{1}{2}\right)^3-31\left(-\frac{1}{2}\right)^2+16\left(-\frac{1}{2}\right)+15\right]$$

$$=\frac{1}{16}(0{,}25+0{,}5-7{,}75-8+15)=0$$

$$f(1)=\frac{1}{16}(4\cdot1^4-4\cdot1^3-31\cdot1^2+16\cdot1+15)=\frac{4-4-31+16+15}{16}=0$$

$$f(3)=\frac{1}{16}(4\cdot3^4-4\cdot3^3-31\cdot3^2+16\cdot3+15)=\frac{324-108-279+48+15}{16}=0$$

b) Die Faktorisierung lässt sich mithilfe der Nullstellen direkt angeben:

$$f(x)=\frac{1}{4}\left(x+\frac{5}{2}\right)\left(x+\frac{1}{2}\right)(x-1)(x-3)$$

Beachten Sie: Der Koeffizient vor der höchstens Potenz, hier $\frac{1}{4}$, muss vor dem Produkt stehen.

72. a) $f(x) = x^3 - 3x^2 - 2x + 6$

Nullstelle durch Probieren: Es kommen nur die Zahlen ± 1, ± 2, ± 3 oder ± 6 in Frage, da nur sie Teiler von 6 sind.

Man stellt fest: $f(3) = 0$, also $\mathbf{x_1 = 3}$

$$
\begin{array}{l}
(x^3 - 3x^2 - 2x + 6) : \mathbf{(x-3)} = x^2 - 2 \\
\underline{-(x^3 - 3x^2)} \\
\quad / \quad\quad / \; -2x + 6 \\
\quad\quad\quad \underline{-(-2x + 6)} \\
\quad\quad\quad\quad / \quad /
\end{array}
$$

Nullstellen des abdividierten Polynoms:

$x^2 - 2 = 0$

$\quad x^2 = 2 \quad \Rightarrow \quad x_{2/3} = \pm\sqrt{2}$

Damit kann die Zerlegung in Linearfaktoren vorgenommen werden:

$f(x) = (x-3)(x-\sqrt{2})(x+\sqrt{2})$

b) $f(x) = x^4 + 2x^3 - 5{,}75x^2 - 6{,}75x + 4{,}5$

Durch Probieren findet man bei –3 und 2 ganzzahlige Nullstellen:

x	–3	–2	–1	0	1	2	3
f(x)	0	–5	4,5	4,5	–5	0	67,5

Zunächst wird $\mathbf{x_1 = 2}$ zur Polynomdivision herangezogen:

$$
\begin{array}{l}
(x^4 + 2x^3 - 5{,}75x^2 - 6{,}75x + 4{,}5) : \mathbf{(x-2)} = x^3 + 4x^2 + 2{,}25x - 2{,}25 \\
\underline{-(x^4 - 2x^3)} \\
\quad / \quad 4x^3 - 5{,}75x^2 \\
\quad\quad \underline{-(4x^3 - \quad 8x^2)} \\
\quad\quad\quad / \quad 2{,}25x^2 - 6{,}75x \\
\quad\quad\quad\quad \underline{-(2{,}25x^2 \;\; - 4{,}5x)} \\
\quad\quad\quad\quad\quad / \quad -2{,}25x + 4{,}5 \\
\quad\quad\quad\quad\quad\quad \underline{-(-2{,}25x + 4{,}5)} \\
\quad\quad\quad\quad\quad\quad\quad / \quad\quad /
\end{array}
$$

Aus der oben berechneten Wertetabelle ist bereits bekannt, dass $x_2 = -3$ eine weitere ganzzahlige Nullstelle ist:

$$
\begin{array}{l}
(x^3 + 4x^2 + 2{,}25x - 2{,}25) : (x+3) = x^2 + x - 0{,}75 \\
\underline{-(x^3 + 3x^2)} \\
\quad / \quad\quad x^2 + 2{,}25x \\
\quad\quad \underline{-(x^2 + \quad 3x)} \\
\quad\quad\quad\quad -0{,}75x - 2{,}25 \\
\quad\quad\quad \underline{-(-0{,}75x - 2{,}25)} \\
\quad\quad\quad\quad\quad / \quad\quad /
\end{array}
$$

Die Nullstellen des abdividierten (quadratischen) Polynoms werden mit der Lösungsformel ermittelt:

$x^2 + x - 0,75 = 0$

$$x_{3/4} = \frac{-1 \pm \sqrt{1 - 4 \cdot (-0,75)}}{2} = \frac{-1 \pm 2}{2} = \begin{cases} 0,5 \\ -1,5 \end{cases}$$

Mit den vier Nullstellen ergibt sich folgende Zerlegung in Linearfaktoren:

$f(x) = (x+3)(x-2)(x-0,5)(x+1,5)$

c) $f(x) = (x+1)(x^3 - 3x^2 - 2x + 6)$

Die Nullstelle $x_1 = -1$ lässt sich direkt ablesen. Es muss noch der Term 3. Grades auf Nullstellen untersucht werden:

$x^3 - 3x^2 - 2x + 6 = 0$

Nullstelle durch Probieren: $\mathbf{x_2 = 3}$

$$\begin{array}{l} (x^3 - 3x^2 - 2x + 6) : (x - 3) = x^2 - 2 \\ \underline{-(x^3 - 3x^2)} \\ \quad / \quad\;\; / \;\; -2x + 6 \\ \qquad\quad \underline{-(-2x + 6)} \\ \qquad\qquad / \quad / \end{array}$$

$x^2 - 2 = 0$

$x^2 = 2 \quad \Rightarrow \quad x_{3/4} = \pm\sqrt{2}$

Mithilfe der Nullstellen x_1, x_2, x_3 und x_4 kann man folgende Zerlegung angeben:

$f(x) = (x+1)(x-3)(x-\sqrt{2})(x+\sqrt{2})$

d) $f(x) = x^3 + 2x^2 - 35x$

Zur Berechnung ist keine Polynomdivision erforderlich. Die günstigste Methode ist hier das Ausklammern von x:

$x^3 + 2x^2 - 35x = 0$

$\mathbf{x}(x^2 + 2x - 35) = 0$

$\Rightarrow \quad x_1 = 0$

$x^2 + 2x - 35 = 0$

Vieta (oder Lösungsformel):

$(x-5)(x+7) = 0 \quad \Rightarrow \quad x_2 = 5;\ x_3 = -7$

Faktorisierung: $f(x) = x(x-5)(x+7)$

e) $f(x) = x^3 - 1$

Die Gleichung $x^3 - 1 = 0$ lässt sich, da x^3 alleine vorkommt, durch die Isolierung von x^3 und anschließendes Wurzelziehen lösen:

$x^3 - 1 = 0$

$x^3 = 1 \quad |\sqrt[3]{}$

$\mathbf{x_1 = 1}$

Man beachte, dass in diesem Fall (ungeradzahlige Potenz) keine ± Lösungen auftreten.
Polynomdivision:

$$
\begin{array}{l}
(x^3+0x^2+0x-1):(x-1)=x^2+x+1 \\
\underline{-(x^3 \quad -x^2)} \\
\quad / \qquad x^2+0x \\
\qquad \underline{-(x^2- \quad x)} \\
\qquad\quad / \qquad x-1 \\
\qquad\qquad \underline{-(x-1)} \\
\qquad\qquad\quad / \quad /
\end{array}
$$

In dem quadratischen Term x^2+x+1 ist keine weitere reelle Nullstelle mehr enthalten, wie man etwa durch das Ausrechnen der zugehörigen Diskriminante ($D=-3$) bestätigt. Deshalb lässt sich dieser Term nicht weiter in Linearfaktoren zerlegen. Damit lautet die Zerlegung von f(x):
$f(x)=(x-1)(x^2+x+1)$

f) $f(x)=4x^3+2x^2-26x+12$
Man findet durch Probieren: $\mathbf{x_1=2}$

$$
\begin{array}{l}
(4x^3+2x^2-26x+12):(x-2)=4x^2+10x-6 \\
\underline{-(4x^3-8x^2)} \\
\quad / \quad 10x^2-26x \\
\quad \underline{-(10x^2-20x)} \\
\qquad / \qquad -6x+12 \\
\qquad\quad \underline{-(-6x+12)} \\
\qquad\qquad / \quad /
\end{array}
$$

$4x^2+10x-6=0 \quad |:2$
$2x^2+5x-3=0$

$$x_{2/3}=\frac{-5\pm\sqrt{5^2+4\cdot 2\cdot 3}}{2\cdot 2}=\frac{-5\pm\sqrt{49}}{4}=\frac{-5\pm 7}{4}=\begin{cases}\frac{1}{2}\\ -3\end{cases}$$

Mit den drei Nullstellen $x_1=2$, $x_2=\frac{1}{2}$ und $x_3=-3$ hat man folgende Zerlegung:

$f(x)=4(x-2)\left(x-\frac{1}{2}\right)(x+3)$

Man beachte, dass der Koeffizient vor der höchsten Potenz, hier die 4, vor dem Produkt stehen muss!

73. a) $\frac{1}{4}x^4-\frac{5}{4}x^2+1=0 \quad |\cdot 4$
$x^4-5x^2+4=0$
Substitution: $\mathbf{z=x^2}$
$z^2-5z+4=0$

Vieta:
$(z-4)(z-1)=0$
$\Rightarrow\ z_1=4;\ z_2=1$
Rücksubstitution:
$x^2=4\ \Rightarrow\ x_{1/2}=\pm 2$
$x^2=1\ \Rightarrow\ x_{3/4}=\pm 1$

b) $x^4+2x^2+1=0$
Substitution: $\mathbf{z=x^2}$
$z^2+2z+1=0$
Erste binomische Formel (alternativ mit Vieta oder Lösungsformel):
$(z+1)^2=0$
$\Rightarrow\ z_{1/2}=-1$
Rücksubstitution: $x^2=-1$ (hat keine reellen Lösungen)

Die Funktion f hat keine reellen Nullstellen. Man kann das auch bereits am Funktionsterm erkennen, bei dem zu 1 lauter positive Summanden addiert werden.

c) $x^4-2x^2+1=0$
Substitution: $\mathbf{z=x^2}$
$z^2-2z+1=0$
Zweite binomische Formel (alternativ mit Vieta oder Lösungsformel):
$(z-1)^2=0$
$\Rightarrow\ z_{1/2}=1$
Rücksubstitution: $x^2=1\ \Rightarrow\ x=\pm 1$
In diesem Fall sind das jeweils doppelte Nullstellen: $x_{1/2}=1;\ x_{3/4}=-1$

d) $x^4-2x^2=0$
Man kommt ohne Substitution aus, da sich x^2 ausklammern lässt:
$x^4-2x^2=x^2(x^2-2)=0$
$\Rightarrow\ x_{1/2}=0$

$x^2-2=0$
$x^2=2$
$\Rightarrow\ x_{3/4}=\pm\sqrt{2}$

e) $x^6-4x^3+4=0$
Substitution: $\mathbf{z=x^3}$
$z^2-4z+4=0$
Zweite binomische Formel (alternativ mit Vieta oder Lösungsformel):
$(z-2)^2=0$
$\Rightarrow\ z_{1/2}=2$
Rücksubstitution: $x^3=2\ \Rightarrow\ x_{1/2}=\sqrt[3]{2}$
Es handelt sich um eine doppelte Nullstelle.

74. a) Der Graph verläuft von „links unten nach rechts unten“ und besitzt zwei doppelte Nullstellen bei $x_{1/2}=-1$ und $x_{3/4}=2$. Es liegt eine ganzrationale Funktion 4. Grades vor, der Koeffizient a vor x^4 muss negativ sein.
$\Rightarrow$ $f(x)=a(x+1)^2(x-2)^2$, wobei $a<0$

b) Der Graph verläuft von „links oben nach rechts unten“, besitzt eine doppelte Nullstelle bei $x_{1/2}=0$ und eine einfache Nullstelle bei $x_3=1{,}5$. Es liegt eine ganzrationale Funktion 3. Grades mit negativem a vor.
$\Rightarrow$ $f(x)=ax^2(x-1{,}5)$, wobei $a<0$

c) Der Graph verläuft von „links unten nach rechts oben“ und besitzt drei einfache Nullstellen bei $x_1=-1$, $x_2=0$ und $x_3=1$. Es liegt eine ganzrationale Funktion 3. Grades mit positivem a vor.
$\Rightarrow$ $f(x)=ax(x+1)(x-1)$, wobei $a>0$

d) Der Graph verläuft von „links oben nach rechts oben“ und besitzt vier einfache Nullstellen bei $x_1=-2$, $x_2=-1$, $x_3=1$ und $x_4=2$. Es liegt eine ganzrationale Funktion 4. Grades mit positivem a vor.
$\Rightarrow$ $f(x)=a(x+2)(x+1)(x-1)(x-2)$, wobei $a>0$

75. a) $f(x)=x^4-4x^3+5x^2-4x+4$

Man findet durch Probieren: $f(2)=0$

$$
\begin{array}{l}
(x^4-4x^3+5x^2-4x):(x-2)=x^3-2x^2+x-2\\
\underline{-(x^4-2x^3)}\\
\quad /\ \ -2x^3+5x^2\\
\quad \underline{-(-2x^3+4x^2)}\\
\qquad /\qquad x^2-4x\\
\qquad\qquad \underline{-(x^2-2x)}\\
\qquad\qquad\quad /\ \ -2x+4\\
\qquad\qquad\quad \underline{-(-2x+4)}\\
\qquad\qquad\qquad /\quad /
\end{array}
$$

$x^3-2x^2+x-2=0$

Probierlösung: $x_2=2$

$$
\begin{array}{l}
(x^3-2x^2+x-2):(x-2)=x^2+1\\
\underline{-(x^3-2x^2)}\\
\quad /\qquad /\qquad x-2\\
\qquad\qquad \underline{-(x-2)}\\
\qquad\qquad\quad /\quad /
\end{array}
$$

$x^2+1=0$ hat keine weiteren reellen Lösungen.

f hat eine doppelte Nullstelle $x_{1/2}=2$.

Faktorisierung: $f(x)=(x-2)^2(x^2+1)$

b) $f(x)=\frac{1}{4}x^4-2x^3+6x^2-8x+4$

Man findet durch Probieren: $f(2)=0$, also $x_1=2$

$$\left(\tfrac{1}{4}x^4-2x^3+6x^2-8x+4\right):(x-2)=\tfrac{1}{4}x^3-\tfrac{3}{2}x^2+3x-2$$
$$\underline{-\left(\tfrac{1}{4}x^4-\tfrac{1}{2}x^3\right)}$$
$$/\quad -\tfrac{3}{2}x^3+6x^2$$
$$\underline{-\left(-\tfrac{3}{2}x^3+3x^2\right)}$$
$$/\quad 3x^2-8x$$
$$\underline{-(3x^2-6x)}$$
$$/\quad -2x+4$$
$$\underline{-(-2x+4)}$$
$$/\quad /$$

$\frac{1}{4}x^3-\frac{3}{2}x^2+3x-2=0$

Probierlösung: $x_2=2$

$$\left(\tfrac{1}{4}x^3-\tfrac{3}{2}x^2+3x-2\right):(x-2)=\tfrac{1}{4}x^2-x+1$$
$$\underline{-\left(\tfrac{1}{4}x^3-\tfrac{1}{2}x^2\right)}$$
$$/\quad x^2+3x$$
$$\underline{-(x^2+2x)}$$
$$/\quad x-2$$
$$\underline{-(x-2)}$$
$$/\quad /$$

$\frac{1}{4}x^2-x+1=0$

Lösungsformel:

$$x_{3/4}=\frac{1\pm\sqrt{(-1)^2-4\cdot\frac{1}{4}\cdot 1}}{2\cdot\frac{1}{4}}=\frac{1\pm 0}{\frac{1}{2}}=2$$

Die Funktion f hat die 4-fache Nullstelle $x_{1/2/3/4}=2$. Demnach gilt für die Faktorisierung:

$f(x)=\frac{1}{4}(x-2)^4$

c) $f(x)=\frac{1}{8}(x^3-3x^2-3x+9)$

Da $\frac{1}{8}$ ein konstanter Vorfaktor ist (der nicht null werden kann) genügt es, den Term in den Klammern zu behandeln:

$x^3-3x^2-3x+9=0$

Durch Probieren findet man als Lösung $x_1=3$.

Polynomdivision:

$$\begin{array}{l} (x^3-3x^2-3x+9):(x-3)=x^2-3 \\ \underline{-(x^3-3x^2)} \\ \quad / \quad / \quad -3x+9 \\ \qquad\quad \underline{-(-3x+9)} \\ \qquad\qquad / \quad / \end{array}$$

Das abdividierte Polynom führt auf eine rein-quadratische Gleichung:

$x^2-3=0$

$x^2=3$

$\Rightarrow x_{2/3}=\pm\sqrt{3}$

Demnach hat f drei einfache Nullstellen: $x_1=3$; $x_{2/3}=\pm\sqrt{3}$

Faktorisierung:

$f(x)=\frac{1}{8}(x-3)(x-\sqrt{3})(x+\sqrt{3})$

d) f liegt bereits in einer faktorisierten Form vor. Um die Nullstellen zu bestimmen, sollte auf keinen Fall ausmultipliziert werden. Man muss nur feststellen, für welche Werte von x die einzelnen Faktoren null werden:

$2x+5=0 \quad \Rightarrow \quad x=-\frac{5}{2}$

Es handelt sich um eine doppelte Nullstelle: $x_{1/2}=-\frac{5}{2}$

$3-2x=0 \quad \Rightarrow \quad x=\frac{3}{2}$

Es handelt sich um eine einfache Nullstelle: $x_3=\frac{3}{2}$

Damit man die Faktorisierung in gewohnter Darstellung mit Linearfaktoren erhält, wird f wie folgt umgeformt:

$$f(x)=\frac{1}{3}(2x+5)^2(3-2x)=\frac{1}{3}\left[2\left(x+\frac{5}{2}\right)\right]^2(3-2x)=$$

$$=\frac{1}{3}\cdot 2^2\cdot\left(x+\frac{5}{2}\right)^2\cdot(-2)\cdot\left(-\frac{3}{2}+x\right)=-\frac{8}{3}\left(x+\frac{5}{2}\right)^2\left(x-\frac{3}{2}\right)$$

e) $f(x)=x^5+3x^4+x^3-5x^2-6x-2$

Da das Ausklammern von x nicht möglich ist, muss eine Lösung geraten werden. Wegen des konstanten Gliedes –2 kommen als ganzzahlige Lösungen nur ± 1 oder ± 2 in Frage. Man stellt fest, dass $x_1=-1$ eine Lösung ist. Die Polynomdivision ergibt:

$(x^5+3x^4+x^3-5x^2-6x-2):(x+1)=x^4+2x^3-x^2-4x-2$

Jetzt muss das abdividierte Polynom untersucht werden:

$x^4+2x^3-x^2-4x-2=0$

Man findet, dass wieder –1 eine Lösung ist, d. h. $x_2=-1$ kommt zum zweiten Mal als Lösung vor. Erneut wird die Polynomdivision durchgeführt:

$(x^4+2x^3-x^2-4x-2):(x+1)=x^3+x^2-2x-2$

Das abdividierte Polynom wird gleich null gesetzt:
$x^3+x^2-2x-2=0$
Und erneut ist –1 eine Lösung, also $x_3=-1$.
Die Polynomdivision führt auf:
$(x^3+x^2-2x-2):(x+1)=x^2-2$
Das verbleibende Polynom führt auf die rein-quadratische Gleichung:
$x^2-2=0$
$x^2=2 \quad |\sqrt{\ }$
$\Rightarrow \quad x_4=-\sqrt{2};\; x_5=\sqrt{2}$
Insgesamt hat f demnach eine 3-fache Nullstelle $x_{1/2/3}=-1$ und je eine einfache Nullstelle $x_{4/5}=\pm\sqrt{2}$.
Der Funktionsterm von f kann damit folgendermaßen faktorisiert werden:
$f(x)=(x+1)^3(x-\sqrt{2})(x+\sqrt{2})$

76. a) $f(x)=(x+3)(x-1)^2$

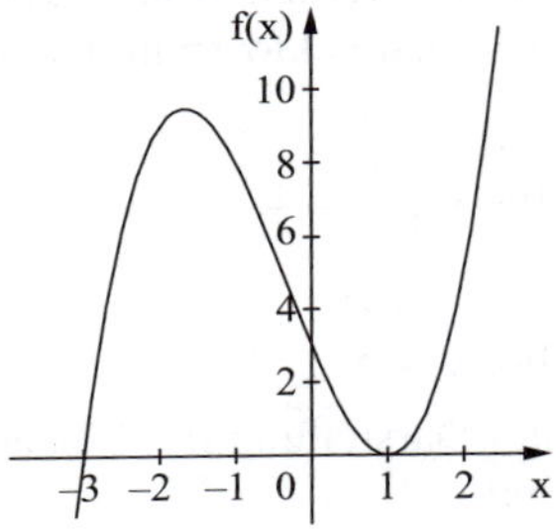

b) $f(x)=-\frac{1}{4}x(x-2)^3$

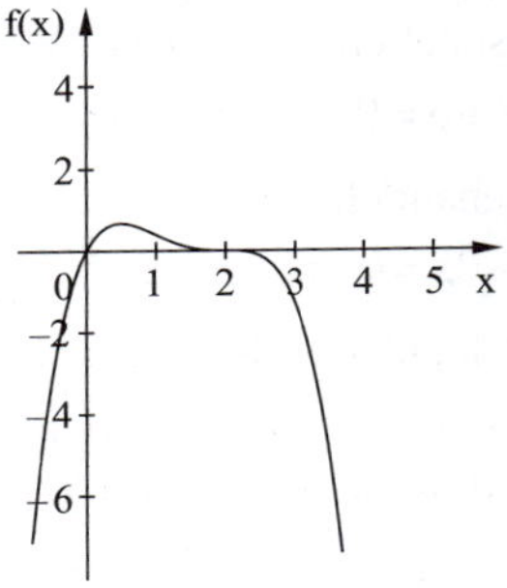

c) $f(x)=x^2(x^2+1)$

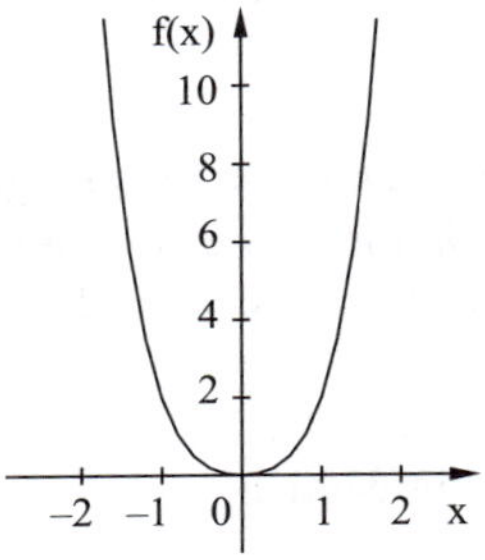

d) $f(x)=(x-1)^3$

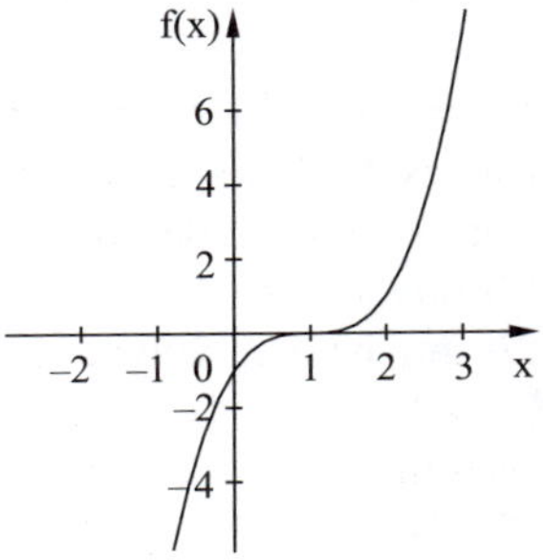

77. a) $x^3+x^2+5x+10=-x^3+3x^2-5x+20$

$2x^3-2x^2+10x-10=0 \quad |:2$

$x^3-x^2+5x-5=0$

Probierlösung: $x_1=1$

Polynomdivision:

$(x^3-x^2+5x-5):(x-1)=x^2+5$

Die Gleichung $x^2+5=0$ hat keine reellen Lösungen, es gibt nur eine Schnittstelle bei $x_1=1$.

Berechnung der y-Koordinate:

$y=f(1)=17 \Rightarrow S(1;\ 17)$

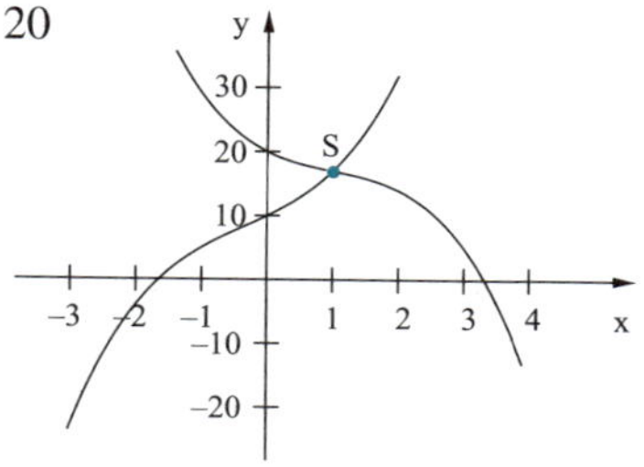

b) $\frac{1}{4}x^4-3x^2-2=-2$

$\frac{1}{4}x^4-3x^2=0 \quad |\cdot 4$

$x^4-12x^2=0$

x^2 ausklammern:

$x^2(x^2-12)=0$

$\Rightarrow x_{1/2}=0$

$x^2-12=0 \Rightarrow x_{3/4}=\pm\sqrt{12}=\pm 2\sqrt{3}$

Es gibt drei Schnittpunkte $S_1(0;\ -2)$, $S_2(-2\sqrt{3};\ -2)$ und $S_3(2\sqrt{3};\ -2)$. Dabei ist S_1 ein Berührpunkt (doppelte Lösung). Dass die y-Koordinaten alle –2 sind, ergibt sich, weil $g(x)=-2$ ist.

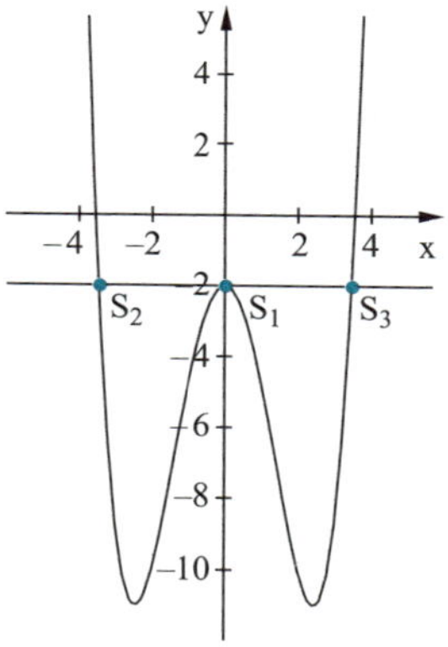

c) $x^3-x^2=x(x-1)$

$x^3-x^2=x^2-x$

$x^3-2x^2+x=0$

x ausklammern:

$x(x^2-2x+1)=0$

Zweite binomische Formel:

$x(x-1)^2=0$

$\Rightarrow x_1=0;\ x_{2/3}=1$

$\Rightarrow S_1(0;\ 0)$ und $S_2(1;\ 0)$

Die Graphen schneiden bzw. berühren sich an den Nullstellen.

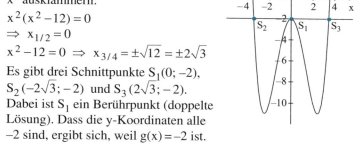

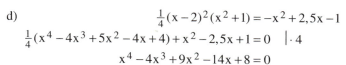

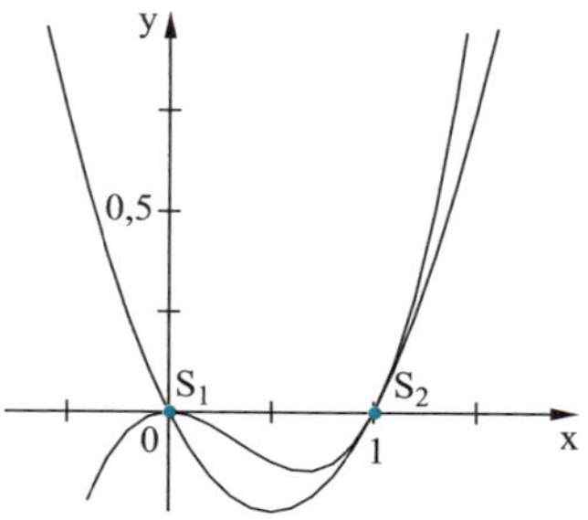

d) $\frac{1}{4}(x-2)^2(x^2+1)=-x^2+2{,}5x-1$

$\frac{1}{4}(x^4-4x^3+5x^2-4x+4)+x^2-2{,}5x+1=0 \quad |\cdot 4$

$x^4-4x^3+9x^2-14x+8=0$

Probierlösung: $x_1 = 1$
Ergebnis der Polynomdivision:
$(x^4 - 4x^3 + 9x^2 - 14x + 8) : (x - 1) = x^3 - 3x^2 + 6x - 8$
Abdividiertes Polynom:
$x^3 - 3x^2 + 6x - 8 = 0$
Probierlösung: $x_2 = 2$
$(x^3 - 3x^2 + 6x - 8) : (x - 2) = x^2 - x + 4$
Die Gleichung $x^2 - x + 4 = 0$ hat wegen $D = -15 < 0$ keine reellen Lösungen, es gibt also nur die beiden Schnittstellen $x_1 = 1$ und $x_2 = 2$.
$\Rightarrow$ Schnittpunkte: $S_1\left(1; \frac{1}{2}\right)$; $S_2(2; 0)$

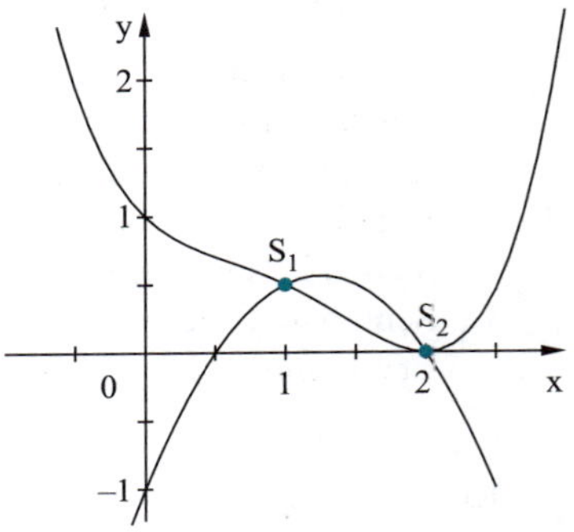

78. a) $f(x) = \frac{1}{4}x^4 - 3x^2 - 2$
G_f ist symmetrisch zur y-Achse, da nur geradzahlige Exponenten von x auftreten. Man berechnet die Funktionswerte nur an den positiven Stellen; sie gelten wegen der Symmetrie dann automatisch auch an den entsprechenden negativen Stellen (deshalb das ± vor den x-Werten).

x	0	±1	±2	±3	±4
f(x)	−2	−4,75	−10	−8,75	14

Skizze:

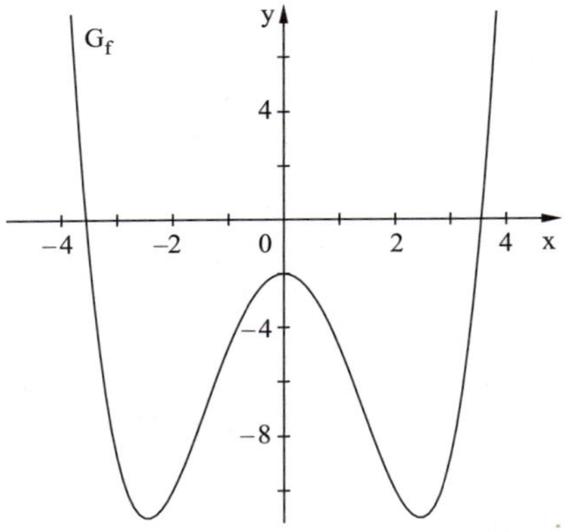

b) $f(x) = x^3 - x^2$ besitzt keine der bekannten Symmetrieeigenschaften, da ungeradzahlige (x^3) und geradzahlige (x^2) Exponenten auftreten.

c) $f(x) = x(x^2 - 1) = x^3 - x$ ist eine ungerade Funktion, denn:
$f(-x) = (-x)^3 - (-x) = -x^3 + x = -(x^3 - x) = -f(x)$

Wertetabelle:

x	−2	−1,5	−1	−0,5	0	0,5	1	1,5	2
f(x)	−6	−1,875	0	0,375	0	−0,375	0	1,875	6

Man beachte die Vorzeichenumkehr der Funktionswerte bei gegenüberliegenden x-Werten.

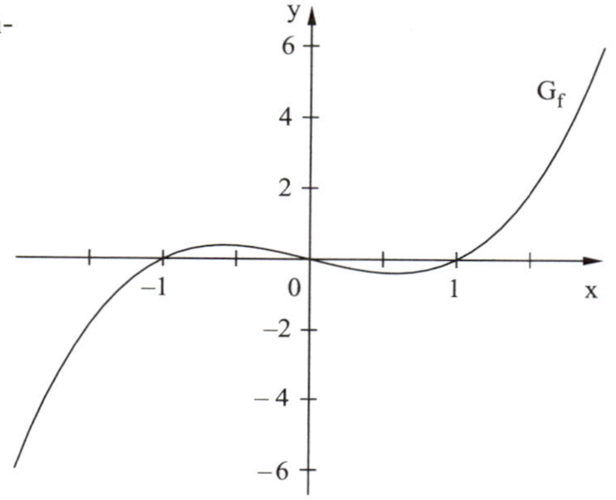

d) $f(x) = x^3 - x + \mathbf{1}$

Der Graph dieser Funktion wird durch die additive Konstante **1** gegenüber dem Graphen der Funktion von Aufgabe c um eine Einheit nach oben verschoben. Dadurch geht die Punktsymmetrie zum Ursprung verloren. Es liegt Punktsymmetrie zum Punkt P(0; 1) vor, diese wird aber nicht weiter untersucht.

Man kann die x-freie Konstante 1 als $1 \cdot x^0$ auffassen, deshalb tritt nun ein geradzahliger Exponent von x auf und die Punktsymmetrie zum Ursprung geht dadurch verloren.

79. a) 3. Grades: $x_1 = -2$; $x_2 = 0$; $x_3 = 2$

Mögliche Funktionsterme:

$$f(x) = a(x+2) \cdot x \cdot (x-2) = ax(x+2)(x-2)$$

mit $a \in \mathbb{R} \setminus \{0\}$

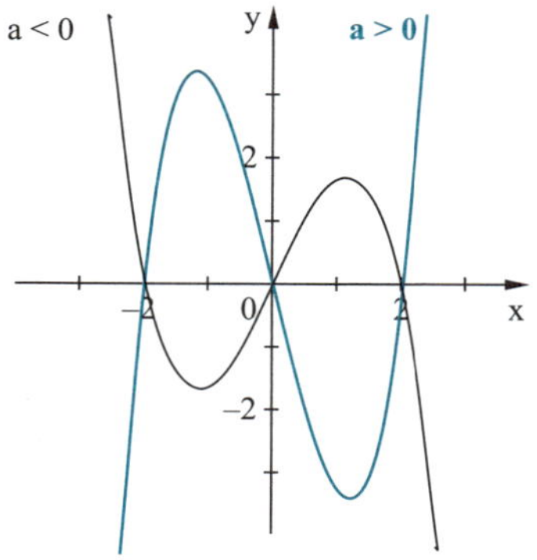

b) 3. Grades: $x_{1/2} = -1$; $x_3 = 1$
Mögliche Funktionsterme:
$f(x) = a(x+1)^2(x-1)$
mit $a \in \mathbb{R} \setminus \{0\}$

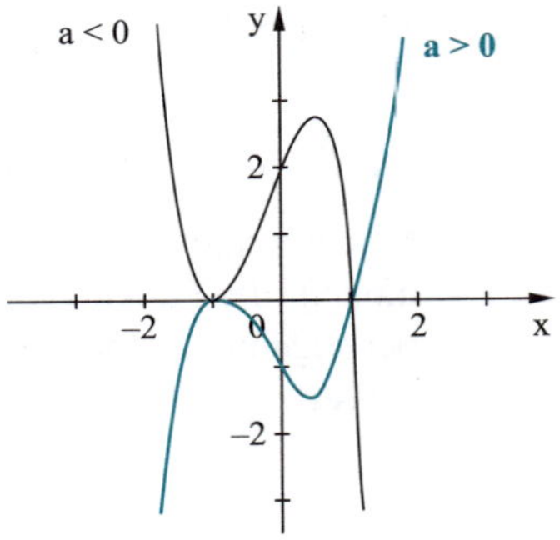

c) 3. Grades: $x_1 = -2$; $x_2 = 2$; $x_3 = k$; $k \geq 2$
Mögliche Funktionsterme:
$f(x) = a(x+2)(x-2)(x-k)$
mit $a \in \mathbb{R} \setminus \{0\}$

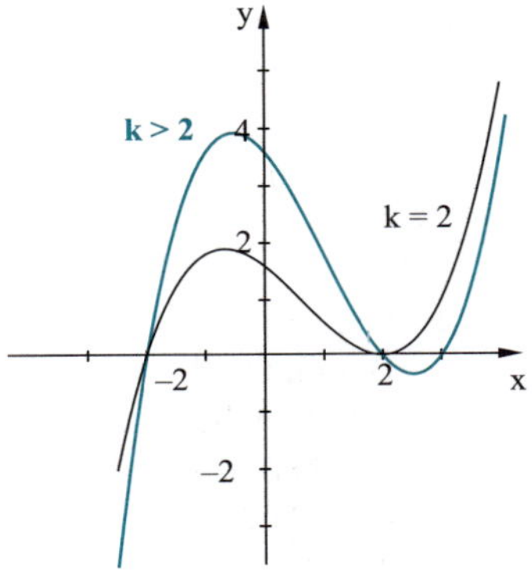

d) 4. Grades: $x_1 = -2$; $x_{2/3} = 0$; $x_4 = 2$
Mögliche Funktionsterme:
$f(x) = ax^2(x+2)(x-2)$
mit $a \in \mathbb{R} \setminus \{0\}$

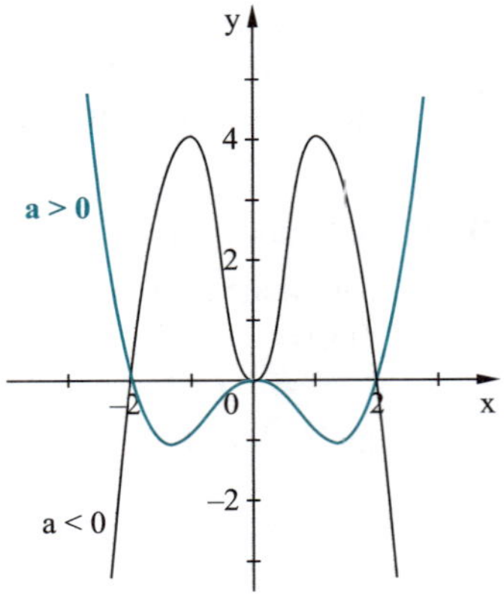

80. a) $f_a(x) = \frac{1}{80}(8x^3 - ax^4) = \frac{1}{80}x^3(8 - ax)$, mit $a \in \mathbb{R}$ und $a > 0$
Aus der vorgenommenen Faktorisierung lässt sich ablesen:
dreifache Nullstelle $x_{1/2/3} = 0$, einfache Nullstelle $x_4 = \frac{8}{a}$

b) $f_k(x) = \frac{k}{9}x^3 - \frac{2k}{3}x^2 + kx = kx\left(\frac{1}{9}x^2 - \frac{2}{3}x + 1\right)$
$= \frac{1}{9}kx(x^2 - 6x + 9) = \frac{1}{9}kx(x-3)^2$

Daraus ergibt sich: einfache Nullstelle $x_1 = 0$; doppelte Nullstelle $x_{2/3} = 3$

c) Man kann – ohne zu raten – die Nullstellen berechnen:

$\frac{1}{8}(1-x)^3 + 1 = 0 \quad |\cdot 8$

$(1-x)^3 = -8 \quad |\sqrt[3]{\ }$

$1 - x = -2$

$\Rightarrow \quad x_1 = 3$ (einfache Nullstelle)

Es gilt:

$\frac{1}{8}(1-x)^3 + 1 = 0 \quad \Leftrightarrow \quad -x^3 + 3x^2 - 3x + 9 = 0$

Durchführung der Polynomdivision:
$(-x^3 + 3x^2 - 3x + 9) : (x-3) = -x^2 - 3$

Nullsetzen des abdividierten Polynoms:
$-x^2 - 3 = 0$
$x^2 = -3 \quad \Rightarrow$ keine weiteren reellen Lösungen!

Damit ergibt sich für die Faktorisierung von f:
$f(x) = \frac{1}{8}(x-3)(-x^2-3) = -\frac{1}{8}(x-3)(x^2+3)$

d) $g(x) = 0$
$x^4 - x^2 + \frac{1}{4} = 0$

Substitution: $\mathbf{z = x^2}$

$z^2 - z + \frac{1}{4} = 0$

$z_{1/2} = \frac{1 \pm \sqrt{(-1)^2 - 4 \cdot 1 \cdot \frac{1}{4}}}{2} = \frac{1 \pm 0}{2} = \frac{1}{2}$

$x^2 = \frac{1}{2} \quad \Rightarrow \quad x_{1/2} = \pm\sqrt{\frac{1}{2}} = \pm\frac{1}{2}\sqrt{2}$

Es handelt sich um zwei doppelte Nullstellen. Die Faktorisierung lautet:

$g(x) = \left(x - \frac{1}{2}\sqrt{2}\right)^2 \left(x + \frac{1}{2}\sqrt{2}\right)^2 = \left[\left(x - \frac{1}{2}\sqrt{2}\right)\left(x + \frac{1}{2}\sqrt{2}\right)\right]^2 = \left(x^2 - \frac{1}{2}\right)^2$

81. $f_t: x \mapsto (x-t)^2(x^2 + 4x + 4)$

a) Mithilfe der ersten binomischen Formel erhält man:
$f_t(x) = (x-t)^2(x^2 + 4x + 4) = (x-t)^2(x+2)^2$

b) **Fall 1:** $t = -2 \quad \Rightarrow$ 4-fache Nullstelle bei –2
Fall 2: $t \neq -2 \quad \Rightarrow$ doppelte Nullstelle bei –2 und bei t

c) Die Schnittpunkte mit der x-Achse liegen bei den Nullstellen:
$S_{x,1}(t; 0)$; $S_{x,2}(-2; 0)$
Schnittpunkt mit der y-Achse: $y_S = f_t(0) = (-t)^2 \cdot 4 = 4t^2 \Rightarrow S_y(0; 4t^2)$

d) Ansatz:

$$\begin{aligned} f_t(-1) &= 1 \\ (-1-t)^2 \cdot (1-4+4) &= 1 \\ (t+1)^2 &= 1 \\ t^2 + 2t &= 0 \\ t(t+2) &= 0 \end{aligned}$$

$\Rightarrow t_1 = -2;\ t_2 = 0$

e)

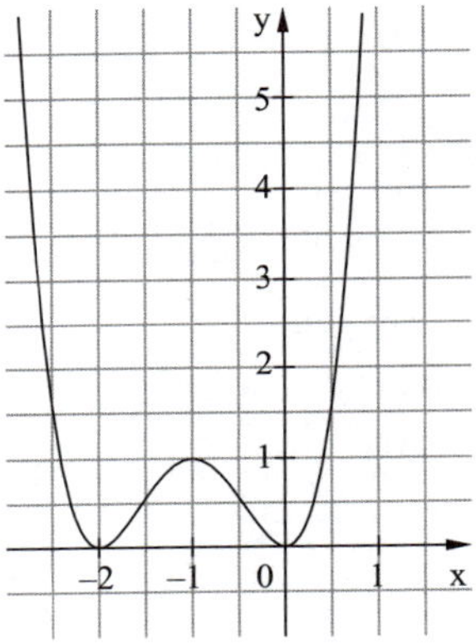

82. a) f_k liegt bereits in faktorisierter Form vor, die Nullstellen können direkt abgelesen werden. Bei $x_1 = 0$ liegt eine einfache Nullstelle vor, bei $x_{2/3} = \frac{1}{k}$ eine doppelte.

b)

$$g_k(x) = 0$$

$$3kx^2 - 4x + \frac{1}{k} = 0$$

$$D = (-4)^2 - 4 \cdot 3k \cdot \frac{1}{k} = 4 > 0$$

$$x_{1/2} = \frac{4 \pm \sqrt{4}}{2 \cdot 3k} = \frac{4 \pm 2}{6k} = \begin{cases} \frac{1}{k} \\ \frac{1}{3k} \end{cases}$$

Die Graphen von g_k sind, da $k > 0$ gilt, nach oben geöffnete Parabeln.
$\Rightarrow g_k(x) \le 0$ im Intervall $\left[\frac{1}{3k}; \frac{1}{k}\right]$

c) Die gemeinsame Nullstelle liegt bei $\frac{1}{k}$, der zugehörige Schnittpunkt lautet $S_k\left(\frac{1}{k}; 0\right)$. Liegt die Abszisse von S_k bei 3, so gilt: $\frac{1}{k} = 3 \Rightarrow k = \frac{1}{3}$

d) 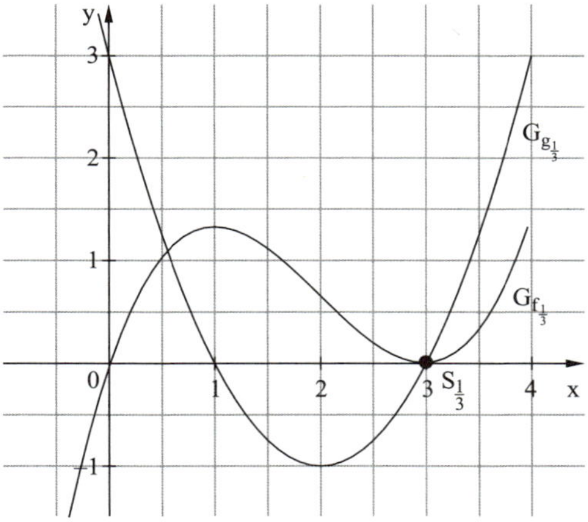

83. $f_t(x) = t[x^3 + (t-4)x^2 + 4(1-t)x + 4t]$

a) $f_t(2) = t[2^3 + (t-4)2^2 + 4(1-t)2 + 4t]$
$= t[8 + 4(t-4) + 8(1-t) + 4t] = t(8 + 4t - 16 + 8 - 8t + 4t) = t \cdot 0 = 0$

b) Um die Faktorisierung angeben zu können, müssen alle weiteren Nullstellen bestimmt werden. Polynomdivision durch $(x-2)$, wobei der Faktor $t \in \mathbb{R} \setminus \{0\}$ nicht mitgeführt werden braucht:

$[x^3 + (t-4)x^2 + 4(1-t)x + 4t] : (x-2) = x^2 + (t-2)x - 2t$
$\underline{-(x^3 - 2x^2)}$
$(t-2)x^2 + 4(1-t)x$
$\underline{-[(t-2)x^2 - 2(t-2)x]}$
$/ \quad -2tx + 4t$
$\underline{-(-2tx + 4t)}$
$/ \quad /$

Nebenrechnung:
$4(1-t)x + 2(t-2)x$
$= 4x - 4tx + 2tx - 4x = -2tx$

$x^2 + (t-2)x - 2t = 0$
$D = (t-2)^2 + 4 \cdot 2t = t^2 - 4t + 4 + 8t = t^2 + 4t + 4 = (t+2)^2 \geq 0$

$$x_{2/3} = \frac{-(t-2) \pm \sqrt{(t+2)^2}}{2} = \frac{2 - t \pm (t+2)}{2} = \begin{cases} 2 \\ -t \end{cases}$$

Jetzt kann f_t vollständig faktorisiert werden:
$\Rightarrow \quad f_t(x) = t(x-2)^2(x+t)$

c) **Fall 1:** $t \neq -2 \quad \Rightarrow$ doppelte Nullstelle $x_{1/2} = 2$
einfache Nullstelle $x_3 = -t$
Fall 2: $t = -2 \quad \Rightarrow$ dreifache Nullstelle $x_{1/2/3} = 2$

d) Ansatz:

$$\begin{aligned} f_t(1) &= 2 \\ t(1-2)^2(1+t) &= 2 \\ t(1+t) &= 2 \\ t^2+t-2 &= 0 \end{aligned}$$

$$t_{1/2} = \frac{-1 \pm \sqrt{1^2+4\cdot 2}}{2} = \frac{-1\pm 3}{2} = \begin{cases} 1 \\ -2 \end{cases}$$

Für $t_1 = 1$ oder $t_2 = -2$ enthält G_{f_t} den Punkt P(1; 2).

e)

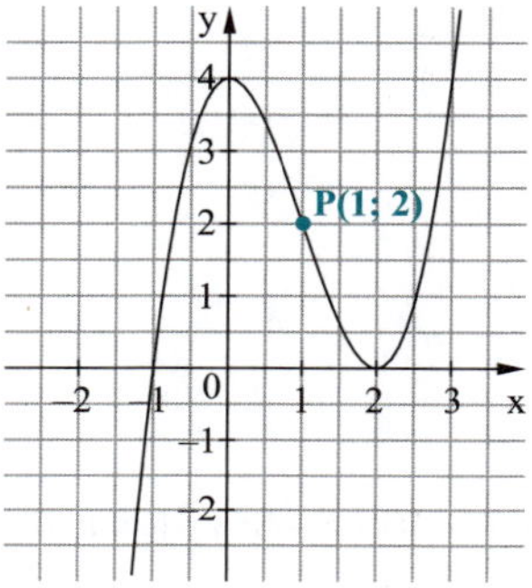

84. $f_a\colon x \mapsto \frac{1}{3}(-4x^3-6ax^2+2a^3)$, mit $a \in \mathbb{R}$ und $a > 0$

a) $f_a(-a) = \frac{1}{3}[-4(-a)^3-6a(-a)^2+2a^3] = \frac{1}{3}(4a^3-6a^3+2a^3) = 0$

Die Graphen von f_a haben an der Stelle $x = -a$ eine Nullstelle und damit einen gemeinsamen Punkt mit der x-Achse.

b) Es reicht, den Term in Klammern zu betrachten:

$$\begin{aligned} -4x^3-6ax^2+2a^3 &= 0 \quad \Big|:(-2) \\ 2x^3+3ax^2-a^3 &= 0 \end{aligned}$$

Aus Teilaufgabe a ist die Nullstelle $x_1 = -a$ bekannt:

$$\begin{array}{l} (2x^3+3ax^2-a^3):(x+a) = 2x^2+ax-a^2 \\ \underline{-(2x^3+2ax^2)} \\ \quad / \quad ax^2+\ 0x \\ \quad\quad \underline{-(ax^2+a^2x)} \\ \quad\quad\quad / \quad -a^2x-a^3 \\ \quad\quad\quad\quad \underline{-(-a^2x-a^3)} \\ \quad\quad\quad\quad\quad / \qquad / \end{array}$$

Weitere Nullstellen:

$2x^2 + ax - a^2 = 0$

$D = a^2 - 4 \cdot 2 \cdot (-a^2) = 9a^2 > 0$

$$x_{2/3} = \frac{-a \pm \sqrt{9a^2}}{2 \cdot 2} = \frac{-a \pm 3a}{4} = \begin{cases} \frac{1}{2}a \\ -a \end{cases}$$

$\Rightarrow$ f_a hat eine doppelte Nullstelle $x_{1/2} = -a$ und eine einfache Nullstelle $x_3 = \frac{1}{2}a$.

c) $f_a(x) = -\frac{4}{3}(x+a)^2\left(x - \frac{1}{2}a\right)$

Man muss berücksichtigen, dass x^3 den Koeffizienten $-\frac{4}{3}$ besitzt, der als Vorfaktor erhalten bleibt.

d) Ansatz:

$$\begin{aligned} f_a(-1) &= \tfrac{4}{3} \\ \tfrac{1}{3}[-4(-1)^3 - 6a(-1)^2 + 2a^3] &= \tfrac{4}{3} \quad &|\cdot 3 \\ 4 - 6a + 2a^3 &= 4 \quad &|:2 \\ a^3 - 3a &= 0 \\ a(a^2 - 3) &= 0 \end{aligned}$$

$a_1 = 0$ entfällt, da $a > 0$ vorausgesetzt ist.

$a^2 - 3 = 0$

$a^2 = 3$

$\Rightarrow$ $a_{2/3} = \pm\sqrt{3}$

$a_3 = -\sqrt{3}$ entfällt; $a_2 = \sqrt{3}$ ist die gesuchte Zahl.

85. $\frac{1}{5}(x^4 - kx^3 - 4kx^2) = 0 \quad |\cdot 5$

$x^2(x^2 - kx - 4k) = 0$

$\Rightarrow$ $x_{1/2} = 0$ ist immer doppelte Nullstelle.

Die Gleichung $x^2 - kx - 4k = 0$ besitzt genau dann keine weiteren Lösungen, wenn die Diskriminante < 0 ist.

$D = (-k)^2 + 4 \cdot 4k = k^2 + 16k = k(k+16)$

$\Rightarrow$ $D = 0$, wenn $k_1 = -16$ oder $k_2 = 0$.

Da die Diskriminante D eine nach oben geöffnete Parabel mit den Nullstellen -16 und 0 ist, gibt es keine weiteren Nullstellen von f_k, wenn $k \in\ ]-16; 0[$, weil für diese k gilt: $D < 0$

86. $f_a(x) = x^3 - ax^2$ und $g_a(x) = \frac{1}{a}\,x(x-a)$, mit $a \in \mathbb{R} \setminus \{0\}$

a) Ansatz auf Schneiden:

$$\begin{aligned} f_a(x) &= g_a(x) \\ x^3 - ax^2 &= \tfrac{1}{a}x(x-a) \quad \big| \cdot a \\ ax^3 - a^2x^2 &= x^2 - ax \end{aligned}$$

$ax^3 + (-a^2 - 1)x^2 + ax = 0$

$x[ax^2 + (-a^2 - 1)x + a] = 0$

$\Rightarrow$ 1. Schnittstelle: $x_1 = 0$

$ax^2 + (-a^2 - 1)x + a = 0$

$D = (-a^2 - 1)^2 - 4a^2 = a^4 + 2a^2 + 1 - 4a^2 = a^4 - 2a^2 + 1 = (a^2 - 1)^2 \geq 0$

$$x_{2/3} = \frac{a^2 + 1 \pm \sqrt{(a^2-1)^2}}{2 \cdot a} = \frac{a^2 + 1 \pm (a^2 - 1)}{2a} = \begin{cases} a \\ \frac{1}{a} \end{cases}$$

Einsetzen der Schnittstellen in eine der beiden Funktionen:

$y_1 = f_a(0) = 0 \quad \Rightarrow \quad S_1(0;\, 0)$

$y_2 = g_a(a) = 0 \quad \Rightarrow \quad S_2(a;\, 0)$

$y_3 = g_a\left(\frac{1}{a}\right) = \frac{1-a^2}{a^3} \quad \Rightarrow \quad S_3\left(\frac{1}{a};\, \frac{1-a^2}{a^3}\right)$

b) Wegen $a \neq 0$ ist dies genau dann der Fall, wenn S_2 und S_3 zusammenfallen.

Gleichsetzen der x- bzw. y-Koordinaten:

$a = \frac{1}{a} \quad \big| \cdot a$

$a^2 = 1 \quad \Rightarrow a_{1/2} = \pm 1$

$0 = \frac{1-a^2}{a^3}$

$a^2 = 1 \quad \Rightarrow a_{1/2} = \pm 1$

Für $a_{1/2} = \pm 1$ gibt es genau zwei gemeinsame Punkte $S_1(0;\, 0)$ und $S_{2/3}(\pm 1;\, 0)$.

c) $a = 1 \quad \Rightarrow \quad S_1(0;\, 0);\; S_{2/3}(1;\, 0)$

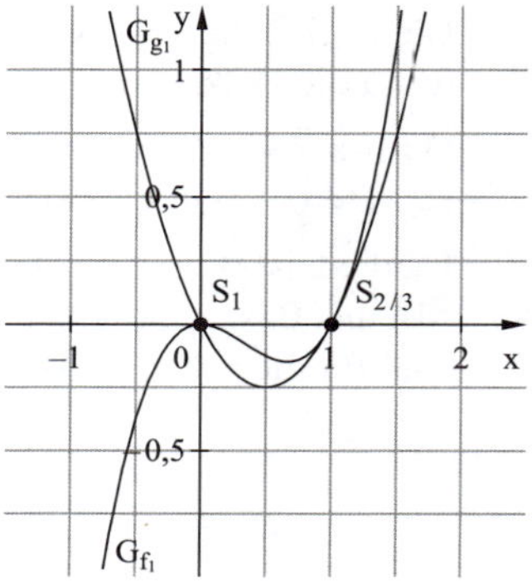

87. a) $f(x)=\begin{cases} -x+1 & \text{für } x<1 \\ x-1 & \text{für } x\geq 1 \end{cases} = |x-1|$

b) $f(x)=\begin{cases} 1 & \text{für } x<-1 \\ -x & \text{für } -1\leq x\leq 2 \\ -2 & \text{für } x>2 \end{cases}$

Ob man die Nahtstellen bei –1 und 2, wie hier geschehen, zu dem mittleren Geradenstück hinzunimmt, ist Geschmackssache.

c) $f(x)=\begin{cases} 1 & \text{für } x<-1 \\ x^2 & \text{für } -1\leq x<1 \\ -1 & \text{für } x\geq 1 \end{cases}$

88. a) $f: x \mapsto \begin{cases} -2 & \text{für } x\in[-2;-1[\\ 1 & \text{für } x\in[-1;1[\\ 3 & \text{für } x\in[1;3[\end{cases}$

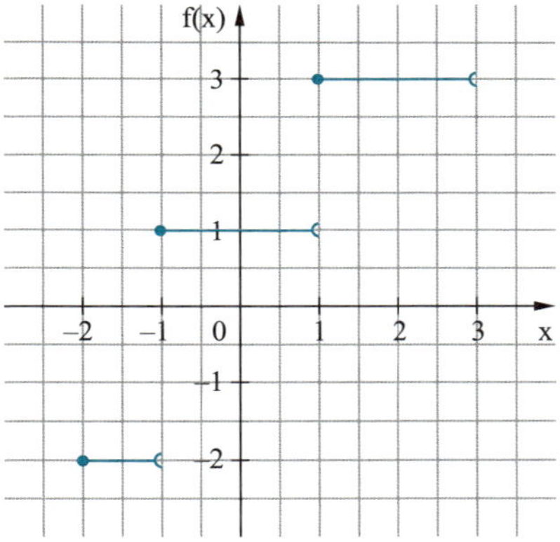

b) $p: x \mapsto \begin{cases} -\frac{1}{3}x^2+5 & \text{für } 0\leq x<3 \\ \frac{1}{2}(x-5)^2 & \text{für } 3\leq x\leq 5 \end{cases}$

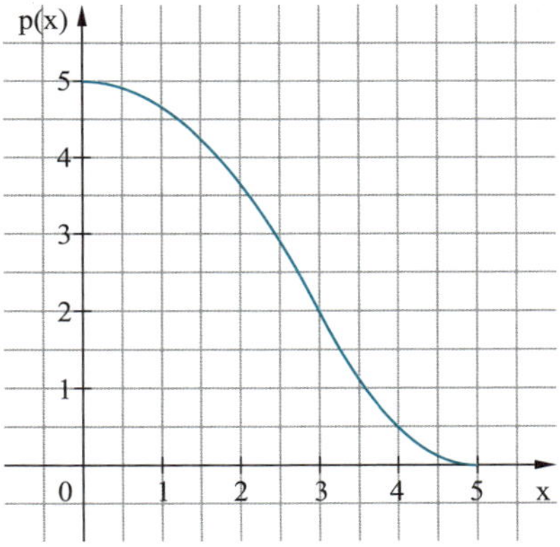

c) $s: t \mapsto \begin{cases} \frac{3}{2}t & \text{für } t \in [0; 2[\\ \frac{1}{2}t + 2 & \text{für } t \in [2; 3[\\ 3{,}5 & \text{für } t \in [3; 5[\\ -0{,}7t + 7 & \text{für } t \in [5; 10] \end{cases}$

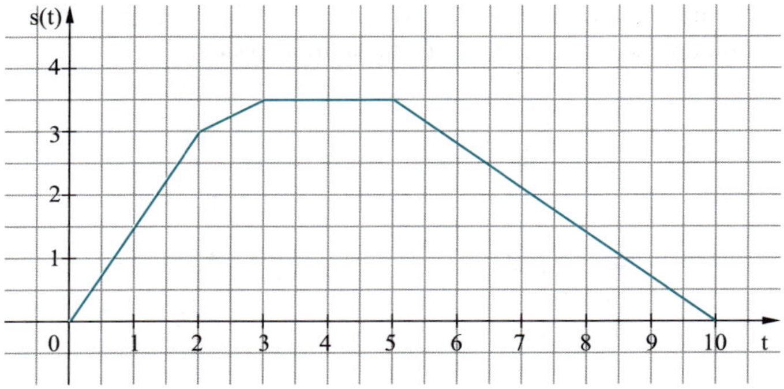

89. a) Der im Betrag stehende Term wird ≥ 0 gesetzt:

$$-\frac{1}{2}x + \frac{3}{2} \geq 0 \quad | \cdot 2$$
$$-x + 3 \geq 0 \quad | -3$$
$$-x \geq -3 \quad | \cdot (-1)$$
$$x \leq 3$$

$$f(x) = \left| -\frac{1}{2}x + \frac{3}{2} \right| - x$$
$$= \begin{cases} -\frac{1}{2}x + \frac{3}{2} - x & \text{für } x \leq 3 \\ \frac{1}{2}x - \frac{3}{2} - x & \text{für } x > 3 \end{cases}$$
$$= \begin{cases} -\frac{3}{2}x + \frac{3}{2} & \text{für } x \leq 3 \\ -\frac{1}{2}x - \frac{3}{2} & \text{für } x > 3 \end{cases}$$

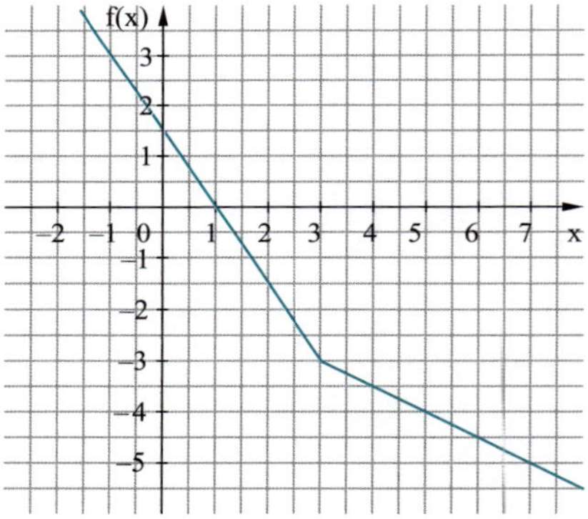

b) $g(x) = x \cdot |x|$

$$= \begin{cases} x \cdot x & \text{für } x \geq 0 \\ x \cdot (-x) & \text{für } x < 0 \end{cases}$$

$$= \begin{cases} x^2 & \text{für } x \geq 0 \\ -x^2 & \text{für } x < 0 \end{cases}$$

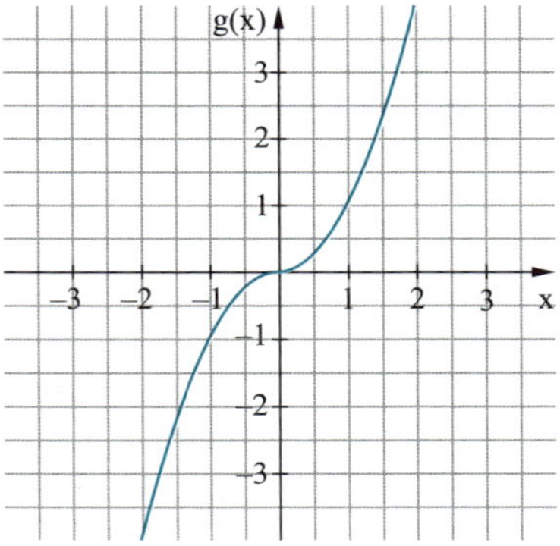

c) $h(x) = \frac{|x|}{x}$

$$= \begin{cases} \frac{x}{x} & \text{für } x > 0 \\ \frac{-x}{x} & \text{für } x < 0 \end{cases}$$

$$= \begin{cases} 1 & \text{für } x > 0 \\ -1 & \text{für } x < 0 \end{cases}$$

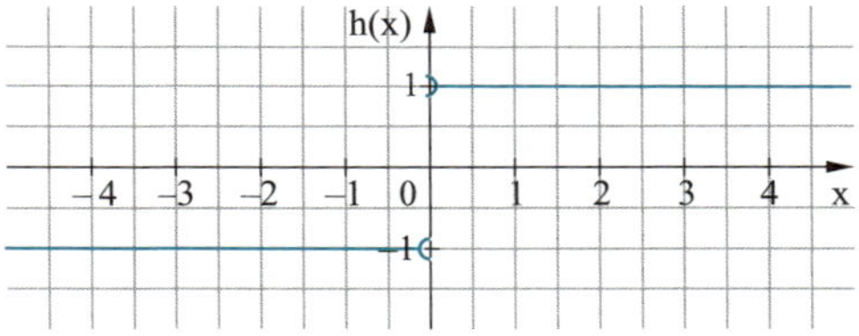

Man beachte, dass h an der Stelle 0 eine Definitionslücke hat. h ist deshalb nicht mit der Signumfunktion identisch.

d) Der im Betrag stehende Term wird ≥ 0 gesetzt:

$1 - x^2 \geq 0$

$x^2 \leq 1 \quad | \sqrt{\ }$

$|x| \leq 1$

Damit erhält man:

$p(x) = |1 - x^2|$

$$= \begin{cases} 1 - x^2 & \text{für } |x| \leq 1 \\ -1 + x^2 & \text{für } |x| > 1 \end{cases}$$

$$= \begin{cases} -x^2 + 1 & \text{für } |x| \leq 1 \\ x^2 - 1 & \text{für } |x| > 1 \end{cases}$$

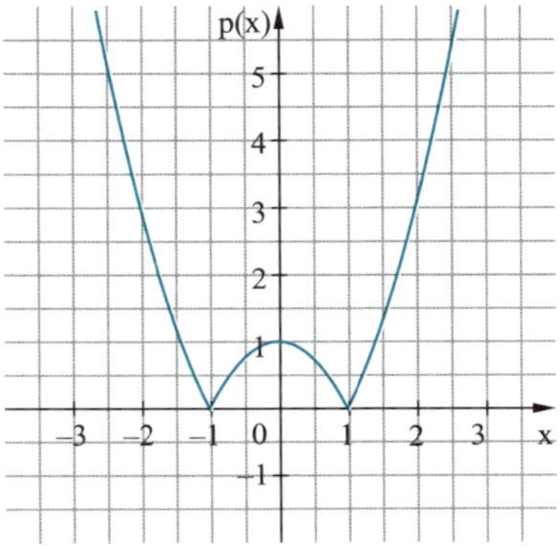

90. a) $m_1 = \frac{\Delta y}{\Delta x} = \frac{4{,}5 - 0}{3 - 0} = \frac{3}{2}$

$m_2 = 0$

$m_3 = \frac{\Delta y}{\Delta x} = \frac{0 - 4{,}5}{20 - 15} = -\frac{9}{10}$

b) Der letzte Abschnitt kann durch Einsetzen des Punktes (20; 0) in die Geradengleichung $y = -0{,}9t + b$ gewonnen werden, wobei b den noch unbekannten y-Abschnitt bezeichnet.

$$s(t) = \begin{cases} 1{,}5t & \text{für } t \in [0;\, 3[\\ 4{,}5 & \text{für } t \in [3;\, 15] \\ -0{,}9t + 18 & \text{für } t \in\,]15;\, 20] \end{cases}$$

91. a) Zunächst bleibt das Auto an der Einfahrt 5 s stehen. Dann fährt es 50 m vorwärts in den Parkplatz hinein, was 20 s Zeit in Anspruch nimmt. Das Auto verringert seine Geschwindigkeit und fährt in den nächsten 10 Sekunden noch 10 m weiter. Dann bleibt das Fahrzeug 10 s stehen. Anschließend setzt es 15 m zurück, was 10 s in Anspruch nimmt. Dann bleibt das Auto stehen.

b) Für die Funktionsterme der einzelnen Geradenstücke berechnet man zunächst die jeweilige Steigung und den dazugehörigen y-Achsenabschnitt.

$$s: t \mapsto s(t) = \begin{cases} 0 & \text{für } t \in [0;\, 5[\\ 2{,}5t - 12{,}5 & \text{für } t \in [5;\, 25[\\ t + 25 & \text{für } t \in [25;\, 35[\\ 60 & \text{für } t \in [35;\, 45[\\ -1{,}5x + 127{,}5 & \text{für } t \in [45;\, 55[\\ 45 & \text{für } t \geq 55 \end{cases}$$

92. a) (1) $-2m + t = 3$

(2) $3m + t = 1$

(1*) $t = 3 + 2m$

(2*) $t = 1 - 3m$

Die Gleichungen (1) und (2) werden nach t aufgelöst.

$3 + 2m = 1 - 3m$

$5m = -2$

$\mathbf{m = -\frac{2}{5} = -0{,}4}$

Gleichsetzen von (1*) und (2*), Auflösen nach m

$t = 3 + 2 \cdot (-0{,}4) = \mathbf{2{,}2}$

$\Rightarrow \mathbf{L = \{(-0{,}4;\, 2{,}2)\}}$

Einsetzen von $\mathbf{m = -0{,}4}$ in (1*) ergibt $\mathbf{t = 2{,}2}$.

b) (1) $\frac{1}{2}x + \frac{1}{3}y = \frac{3}{2} \quad |\cdot 6$

(2) $\frac{1}{4}x + \frac{1}{2}y = \frac{3}{4} \quad |\cdot 4$

(1*) $3x + 2y = 9$

(2*) $x + 2y = 3$

Zunächst werden die Brüche beseitigt, indem Gleichung (1) mit dem Faktor 6 und (2) mit 4 durchmultipliziert wird.

$(1^{**})\quad y = -\frac{3}{2}x + \frac{9}{2}$ — Beide Gleichungen werden nach y aufgelöst.

$(2^{**})\quad y = -\frac{1}{2}x + \frac{3}{2}$

$-\frac{3}{2}x + \frac{9}{2} = -\frac{1}{2}x + \frac{3}{2} \quad |\cdot 2$ — Gleichsetzen von (1**) und (2**), Auflösen nach x.

$-3x + 9 = -x + 3$

$-2x = -6$

$\mathbf{x = 3}$

$\mathbf{y} = -\frac{1}{2}\cdot 3 + \frac{3}{2} = \mathbf{0}$ — Einsetzen von **x = 3** in (2**) ergibt **y = 0**.

$\Rightarrow\quad \mathbf{L = \{(3;\ 0)\}}$

c) Nennt man die zwei gesuchten Zahlen x und y, wobei y die größere Zahl sein soll, so ergibt sich:

(1) $y - x = 17$ — „Die Differenz der beiden Zahlen beträgt 17."

(2) $3x = y - 1$ — „Wird x verdreifacht, dann ergibt sich bis auf 1 die Zahl y."

$(1^*)\quad y = 17 + x$ — Beide Gleichungen werden nach y aufgelöst.

$(2^*)\quad y = 3x + 1$

$17 + x = 3x + 1$ — Gleichsetzen von (1*) und (2*), Auflösen nach x

$-2x = -16$

$\mathbf{x = 8}$

$\mathbf{y} = 17 + 8 = \mathbf{25}$ — Einsetzen von **x = 8** in (1*) ergibt **y = 25**.

Probe:
$25 - 8 = 17$, d. h. die Differenz der beiden Zahlen ist 17.
$3 \cdot 8 = 24$, es fehlt also tatsächlich nur noch 1 auf die Zahl 25.

93. a) (1) $3x_1 + 2x_2 = 4{,}8$

(2) $6x_1 + 8x_2 = 14{,}4$

$(1^*)\quad x_2 = 2{,}4 - 1{,}5x_1$ — Gleichung (1) nach x_2 auflösen.

$6x_1 + 8\cdot(2{,}4 - 1{,}5x_1) = 14{,}4$ — Den Term (1*) für x_2 in (2) einsetzen, nach x_1 auflösen

$-6x_1 = -4{,}8$

$\mathbf{x_1 = 0{,}8}$

$\mathbf{x_2} = 2{,}4 - 1{,}5 \cdot 0{,}8 = \mathbf{1{,}2}$ — Einsetzen von $\mathbf{x_1 = 0{,}8}$ in (1*) ergibt $\mathbf{x_2 = 1{,}2}$.

$\Rightarrow\quad \mathbf{L = \{(0{,}8;\ 1{,}2)\}}$

b) (1) $x = 2y$

(2) $y = \frac{1}{2}x + \frac{1}{2}$

$y = \frac{1}{2}\cdot 2y + \frac{1}{2} = y + \frac{1}{2}$ — Einsetzen von (1) in (2)

$\Leftrightarrow\quad 0 = \frac{1}{2}$ — Letzteres ist eine falsche Aussage, die für kein x oder y wahr wird.

$\Rightarrow\quad \mathbf{L = \varnothing}$ — Dieses Gleichungssystem hat **keine Lösung**.

c) Folgende Bezeichnungen werden gewählt:
x: derzeitiges Alter von Petra
y: derzeitiges Alter des Onkels

(1) $3x = y - 5$ — „Vor **fünf** Jahren war ich …“, deshalb $y - \mathbf{5}$

(2) $x + y = 5(x - 2)$ — „… **fünfmal** so alt, wie du vor **zwei** Jahren warst.“, daher $\mathbf{5}(x - \mathbf{2})$

(1*) $y = 3x + 5$ — Gleichung (1) nach y auflösen

$x + 3x + 5 = 5x - 10$
$-x = -15$
$\mathbf{x = 15}$

Den Term (1*) für y in Gleichung (2) einsetzen und nach x auflösen.

$\mathbf{y} = 3 \cdot 15 + 5 = \mathbf{50}$ — Einsetzen von $\mathbf{x = 15}$ in (1*) ergibt $\mathbf{y = 50}$.

Demnach ist Petra 15 und ihr Onkel 50 Jahre alt.

94. a) (1) $3x_1 + 2x_2 = 4{,}8 \quad |\cdot(-2)$ — Multiplikation mit –2, damit x_1 beim Addieren wegfällt
(2) $6x_1 + 8x_2 = 14{,}4$

(1*) $-6x_1 - 4x_2 = -9{,}6$
(2) $6x_1 + 8x_2 = 14{,}4$

(1*) + (2): $4x_2 = 4{,}8$ — Addition von (1*) und (2), Auflösen nach x_2
$\mathbf{x_2 = 1{,}2}$

$3x_1 + 2 \cdot 1{,}2 = 4{,}8$ — Einsetzen von $\mathbf{x_2 = 1{,}2}$ in (1) ergibt $\mathbf{x_1 = 0{,}8}$.
$3x_1 = 2{,}4$
$\mathbf{x_1 = 0{,}8}$

$\Rightarrow$ $\mathbf{L = \{(0{,}8;\ 1{,}2)\}}$

b) (1) $3x_1 + 5x_2 = 9$ — Multiplikation von Gleichung (2) mit –3, damit x_1 beim Addieren wegfällt
(2) $x_1 + 9x_2 = 25 \quad |\cdot(-3)$

(1) $3x_1 + 5x_2 = 9$
(2*) $-3x_1 - 27x_2 = -75$

(1) + (2*): $-22x_2 = -66$ — Addition von (1) und (2*), Auflösen nach x_2
$\mathbf{x_2 = 3}$

$x_1 + 9 \cdot 3 = 25$ — Einsetzen von $\mathbf{x_2 = 3}$ in (2) ergibt $\mathbf{x_1 = -2}$.
$\mathbf{x_1 = -2}$

$\Rightarrow$ $\mathbf{L = \{(-2;\ 3)\}}$

c) x: Zugabe von reinem Silber in Gramm
y: Zugabe von reinem Kupfer in Gramm
Es wird jeweils eine Gleichung für die Reinmetall-Anteile von Silber und Kupfer angegeben.

(1) $250 + x = (1\,000 + x + y) \cdot 0{,}3$ — Silberanteil: 250 g in der alten Legierung plus Zugabe

(2) $400 + y = (1\,000 + x + y) \cdot 0{,}5$ — Kupferanteil: 400 g in der alten Legierung plus Zugabe

Die rechten Seiten der Gleichungen erhält man durch die Überlegung, dass in der neuen Legierung bereits 1 000 g der alten Legierung enthalten sind und reines Silber (x) sowie reines Kupfer (y) hinzukommt, sodass sich die Gesamtmenge $1\,000 + x + y$ ergibt. Der Silber- bzw. der Kupferanteil der neuen Legierung wird nun so berechnet, dass man die geforderten 30 % bei Silber bzw. 50 % bei Kupfer ansetzt.
Das ergibt zusammengefasst und geordnet das Gleichungssystem:

$$(1^*) \quad 0{,}7x - 0{,}3y = 50 \quad |\cdot 5$$
$$(2^*) \quad -0{,}5x + 0{,}5y = 100 \quad |\cdot 3$$

$$(1^{**}) \quad 3{,}5x - 1{,}5y = 250$$
$$(2^{**}) \quad -1{,}5x + 1{,}5y = 300$$

$$(1^{**}) + (2^{**}): \quad 2x = 550 \quad \Rightarrow \quad \mathbf{x = 275}$$

Einsetzen in (1*) ergibt dann $0{,}7 \cdot 275 - 0{,}3y = 50$, woraus $\mathbf{y = 475}$ folgt.

Es müssen also 275 g reines Silber und 475 g reines Kupfer zu den 1 000 g der alten Legierung hinzugegeben werden, um die geforderten Anteile Silber und Kupfer in der neuen Legierung zu erhalten.

95. a) (1) $2x_1 = 1 + x_2$
(2) $6x_1 - 3x_2 - 3 = 0$

$(1^*) \quad x_2 = 2x_1 - 1$	Auflösen von (1) nach x_2
$6x_1 - 3(2x_1 - 1) - 3 = 0$ $0 = 0$	Einsetzen von (1*) in (2) ergibt die wahre Aussage $0 = 0$, das Gleichungssystem hat unendlich viele Lösungen.
$\mathbf{x_1 = k}$	Ersetzen von x_1 durch den Parameter k
$\mathbf{x_2 = 2k - 1}$	Einsetzen von $\mathbf{x_1 = k}$ in (1*) ergibt x_2.

$\Rightarrow \quad \mathbf{L = \{(k;\ 2k-1) \mid k \in \mathbb{R}\}}$

b) (1) $x_1 - x_2 = 1$
(2) $x_1 - x_2 = k$

$(1) - (2): \quad 0 = 1 - k \quad \Leftrightarrow \quad \mathbf{k = 1}$

Es müssen zwei Fälle unterschieden werden:

Fall 1: Wenn $k \neq 1$, dann ist die Gleichung $k = 1$ eine falsche Aussage und es gibt keine Lösung: $\mathbf{L = \varnothing}$

Fall 2: Wenn $k = 1$, dann ergibt sich eine wahre Aussage. Gleichung (1) und (2) sind dann identisch. Man setzt $x_2 = a$ (freier Parameter). Aus (1) ergibt sich dann $x_1 = a + 1$. In diesem Fall lautet die Lösungsmenge: $\mathbf{L = \{(a+1;\ a) \mid a \in \mathbb{R}\}}$

c) (1) $\frac{2}{3}x - \frac{1}{2}y = 6 \quad | \cdot (-6)$

(2) $\frac{1}{3}x - \frac{1}{4}y = 4 \quad | \cdot 12$

Multiplikation mit −6 bei (1) und 12 bei (2), um die Brüche zu beseitigen

(1*) $-4x + 3y = -36$
(2*) $4x - 3y = 48$

(1*) + (2*): $0 = 12$

$\Rightarrow$ **$L = \varnothing$**

Die Addition von (1*) und (2*) liefert eine falsche Aussage, das Gleichungssystem hat keine Lösung.

d) (1) $x + y = 2$
(2) $ax + y = 1$

(1) − (2): $x - ax = 1 \quad \Leftrightarrow \quad$ **$(1-a)x = 1$**

Es müssen zwei Fälle unterschieden werden:

Fall 1: Wenn $a = 1$, dann reduziert sich obige Gleichung auf $0 = 1$. Das ist eine falsche Aussage und es gibt keine Lösung: **$L = \varnothing$**

Fall 2: Wenn $a \neq 1$, dann kann nach x aufgelöst werden: $x = \frac{1}{1-a}$
Die Unbekannte y findet man z. B. durch Einsetzen in (1):
$y = 2 - \frac{1}{1-a} = \frac{1-2a}{1-a}$
In diesem Fall lautet die Lösungsmenge: $\mathbf{L = \left\{\left(\frac{1}{1-a}; \frac{1-2a}{1-a}\right)\right\}}$

96. a) x: Preis für ein Käsebrötchen
y: Preis für eine Safttüte
(1) $x + y = 2{,}1$
(2) $2x + 2y = 4{,}2$

Gleichung (1) beschreibt den ersten, Gleichung (2) den zweiten Kauf.

Die beiden Gleichungen sind voneinander abhängig, denn die zweite ergibt sich durch Multiplikation der ersten mit dem Faktor 2. Sie ist keine „neue" zweite Gleichung, da sie keine weiteren Informationen enthält. Dieses Gleichungssystem ist deshalb nicht eindeutig lösbar. Es gibt unendlich viele Kombinationsmöglichkeiten für den Preis eines Käsebrötchens und einer Safttüte. Hätte Markus beispielsweise beim zweiten Kauf nur ein Käsebrötchen und zwei Safttüten gekauft und man wüsste, wie viel er dafür bezahlt hat, so hätte man eine „echte" zweite Gleichung und könnte x und y berechnen.

97. a) $\begin{vmatrix} -1 & 0 \\ 2 & 3 \end{vmatrix} = -1 \cdot 3 - 2 \cdot 0 = -3 - 0 = -3$

b) $\begin{vmatrix} \frac{1}{3} & -\frac{1}{2} \\ \frac{3}{2} & -\frac{3}{4} \end{vmatrix} = \frac{1}{3} \cdot \left(-\frac{3}{4}\right) - \frac{3}{2} \cdot \left(-\frac{1}{2}\right) = -\frac{1}{4} + \frac{3}{4} = \frac{1}{2}$

c) $\begin{vmatrix} \sqrt{2} & -1 \\ 1 & 1 \end{vmatrix} = \sqrt{2} - (-1) = \sqrt{2} + 1$

d) $\begin{vmatrix} a^2 & 2 \\ a & \frac{1}{a} \end{vmatrix} = a^2 \frac{1}{a} - 2a = a - 2a = -a$

98. $\begin{vmatrix} a_{11} & a_{12} \\ a_{21} & a_{22} \end{vmatrix} = a_{11}a_{22} - a_{21}a_{12}$

$\begin{vmatrix} b_1 & a_{12} \\ b_2 & a_{22} \end{vmatrix} = b_1 a_{22} - b_2 a_{12}$

$\begin{vmatrix} a_{11} & b_1 \\ a_{21} & b_2 \end{vmatrix} = a_{11}b_2 - a_{21}b_1$

99. a) $D = \begin{vmatrix} 3 & 2 \\ 6 & 8 \end{vmatrix} = 24 - 12 = 12$

$D_1 = \begin{vmatrix} 4{,}8 & 2 \\ 14{,}4 & 8 \end{vmatrix} = 38{,}4 - 28{,}8 = 9{,}6;\; D_2 = \begin{vmatrix} 3 & 4{,}8 \\ 6 & 14{,}4 \end{vmatrix} = 43{,}2 - 28{,}8 = 14{,}4$

$x_1 = \frac{9{,}6}{12} = 0{,}8;\quad x_2 = \frac{14{,}4}{12} = 1{,}2$

$\Rightarrow$ **L = {(0,8; 1,2)}**

b) $D = \begin{vmatrix} 3 & 5 \\ 1 & 9 \end{vmatrix} = 27 - 5 = 22$

$D_1 = \begin{vmatrix} 9 & 5 \\ 25 & 9 \end{vmatrix} = 81 - 125 = -44;\; D_2 = \begin{vmatrix} 3 & 9 \\ 1 & 25 \end{vmatrix} = 75 - 9 = 66$

$x_1 = \frac{-44}{22} = -2;\quad x_2 = \frac{66}{22} = 3$

$\Rightarrow$ **L = {(–2; 3)}**

c) $D = \begin{vmatrix} \frac{2}{3} & -\frac{1}{2} \\ \frac{1}{3} & -\frac{1}{4} \end{vmatrix} = -\frac{1}{6} + \frac{1}{6} = 0$

$D_1 = \begin{vmatrix} 6 & -\frac{1}{2} \\ 3 & -\frac{1}{4} \end{vmatrix} = -\frac{6}{4} + \frac{3}{2} = 0;\; D_2 = \begin{vmatrix} \frac{2}{3} & 6 \\ \frac{1}{3} & 3 \end{vmatrix} = 2 - 2 = 0$

Es gibt unendlich viele Lösungen!

d) $D = \begin{vmatrix} 1 & -1 \\ 1 & -1 \end{vmatrix} = -1 + 1 = 0$

$D_1 = \begin{vmatrix} 1 & -1 \\ k & -1 \end{vmatrix} = -1 + k = k - 1$; $D_2 = \begin{vmatrix} 1 & 1 \\ 1 & k \end{vmatrix} = k - 1$

Fall 1: $k \in \mathbb{R} \setminus \{1\} \Leftrightarrow D = 0$ und $D_1 = D_2 \neq 0$
Es gibt keine Lösung: $\mathbf{L = \varnothing}$

Fall 2: $k = 1 \Leftrightarrow D = 0$ und $D_1 = D_2 = 0$
Es gibt unendlich viele Lösungen. Gleichung (1) und (2) sind in diesem Fall identisch.

100. a) (1) $4x + 3y - 2z = -9$
(2) $-x + 4y - 2z = 4$
(3) $5x - 2y + 2z = 6$

(2*) $x = 4y - 2z - 4$ — Auflösen von (2) nach x

(1*) $4(4y - 2z - 4) + 3y - 2z = -9$
$19y - 10z = 7$ — Einsetzen von (2*) in (1) führt auf die Gleichung (1*).

(3*) $5(4y - 2z - 4) - 2y + 2z = 6$
$18y - 8z = 26$ — Einsetzen von (2*) in (3) führt auf die Gleichung (3*).

(1**) $z = 1{,}9y - 0{,}7$ — Auflösen von (1*) nach z.

$18y - 8(1{,}9y - 0{,}7) = 26$
$2{,}8y = 20{,}4$ — Einsetzen von (1**) in (3*), Auflösen nach y

$\mathbf{y = \frac{20{,}4}{2{,}8} = \frac{51}{7}}$

$\mathbf{z} = 1{,}9 \cdot \frac{51}{7} - 0{,}7 = \mathbf{\frac{92}{7}}$ — Einsetzen von $\mathbf{y = \frac{51}{7}}$ in (1**) ergibt z.

$\mathbf{x} = 4 \cdot \frac{51}{7} - 2 \cdot \frac{92}{7} - 4 = \mathbf{-\frac{8}{7}}$ — Einsetzen von y und z in (2*) ergibt x.

$\Rightarrow \mathbf{L = \left\{\left(-\frac{8}{7}; \frac{51}{7}; \frac{92}{7}\right)\right\}}$

b) (1) $x_1 - 4x_2 - 3x_3 = -1$
(2) $-2x_1 + 12x_2 + 8x_3 = 8$
(3) $-2x_1 + 8x_2 + 6x_3 = 2$

(1*) $x_1 = 4x_2 + 3x_3 - 1$ — Auflösen von (1) nach x_1

(2*) $-2(4x_2 + 3x_3 - 1) + 12x_2 + 8x_3 = 8$
$4x_2 + 2x_3 = 6$ — Einsetzen von (1*) in (2) führt auf die Gleichung (2*).

(3*) $-2(4x_2 + 3x_3 - 1) + 8x_2 + 6x_3 = 2$
$0 = 0$ — Einsetzen von (1*) in (3) führt auf die Gleichung (3*). Diese gilt immer, das Gleichungssystem besitzt daher unendlich viele Lösungen.

$\mathbf{x_3 = k}$ — Ersetzen von x_3 durch k

$4x_2 + 2k = 6$

$\mathbf{x_2 = -\tfrac{1}{2}k + \tfrac{3}{2}}$

Einsetzen $x_3 = k$ in (2*), Auflösen nach x_2

$\mathbf{x_1} = 4\left(-\tfrac{1}{2}k + \tfrac{3}{2}\right) + 3k - 1 = \mathbf{k + 5}$

Einsetzen von x_2 und x_3 in Gleichung (1*) ergibt x_1.

$\Rightarrow \mathbf{L = \left\{\left(k+5; -\tfrac{1}{2}k + \tfrac{3}{2}; k\right) \middle| k \in \mathbb{R}\right\}}$

c) (1) $x + y + z = 10 \quad | \cdot (-2)$
(2) $2x - 4y - 15z = 5$
(3) $2y + 5z = 1$

Es bietet sich an, zunächst x aus (1) und (2) zu eliminieren. Dazu wird Gleichung (1) mit –2 multipliziert und zu (2) hinzuaddiert.

(1*) $-2x - 2y - 2z = -20$
(2) $2x - 4y - 15z = 5$
(3) $2y + 5z = 1$

$(1^*) + (2)$: $-6y - 17z = -15 \quad (2^*)$

$3 \cdot (3)$: $6y + 15z = 3 \quad (3^*)$

Eliminieren von y, um z bestimmen zu können

$(2^*) + (3^*)$: $-2z = -12$

$\mathbf{z = 6}$

Addieren von (2*) und (3*), Auflösen nach z

$2y + 5 \cdot 6 = 1$

$\mathbf{y = -\tfrac{29}{2}}$

Einsetzen von $\mathbf{z = 6}$ in (3), Auflösen nach y

$x - \tfrac{29}{2} + 6 = 10$

$\mathbf{x = \tfrac{37}{2}}$

Einsetzen von y und z in (1), Auflösen nach x

$\Rightarrow \mathbf{L = \left\{\left(\tfrac{37}{2}; -\tfrac{29}{2}; 6\right)\right\}}$

d) (1) $-6x + 6y + 2z = 13$
(2) $2x - 2y - z = 7$
(3) $3x - y - 4z = -17$

(2*) $z = 2x - 2y - 7$

Auflösen von (2) nach z

(1*) $-6x + 6y + 2(2x - 2y - 7) = 13$

$-2x + 2y = 27$

Einsetzen von (2*) in (1) führt auf die Gleichung (1*).

(3*) $3x - y - 4(2x - 2y - 7) = -17$

$-5x + 7y = -45$

Einsetzen von (2*) in (3) führt auf die Gleichung (3*).

(1**) $y = x + 13{,}5$

Auflösen von (1*) nach y

$-5x + 7(x + 13{,}5) = -45$

$2x = -139{,}5$

$\mathbf{x = -69{,}75}$

Einsetzen von (1**) in (3*), Auflösen nach x

$\mathbf{y} = -69{,}75 + 13{,}5 = \mathbf{-56{,}25}$

Einsetzen von x in (1**) ergibt y.

$\mathbf{z} = 2(-69{,}75) - 2(-56{,}25) - 7 = \mathbf{-34}$

Einsetzen von x und y in (2*) ergibt z.

$\Rightarrow \mathbf{L = \{(-69{,}75; -56{,}25; -34)\}}$

101. a) $D = \begin{vmatrix} 4 & 3 & -2 \\ -1 & 4 & -2 \\ 5 & -2 & 2 \end{vmatrix} = 32 - 30 - 4 + 40 - 16 + 6 = 28$

$D_1 = \begin{vmatrix} -9 & 3 & -2 \\ 4 & 4 & -2 \\ 6 & -2 & 2 \end{vmatrix} = -72 - 36 + 16 + 48 + 36 - 24 = -32$

$D_2 = \begin{vmatrix} 4 & -9 & -2 \\ -1 & 4 & -2 \\ 5 & 6 & 2 \end{vmatrix} = 32 + 90 + 12 + 40 + 48 - 18 = 204$

$D_3 = \begin{vmatrix} 4 & 3 & -9 \\ -1 & 4 & 4 \\ 5 & -2 & 6 \end{vmatrix} = 96 + 60 - 18 + 180 + 32 + 18 = 368$

$x_1 = \frac{-32}{28} = -\frac{8}{7}$; $x_2 = \frac{204}{28} = \frac{51}{7}$; $x_3 = \frac{368}{28} = \frac{92}{7}$

$\Rightarrow$ $\mathbf{L = \left\{\left(-\frac{8}{7}; \frac{51}{7}; \frac{92}{7}\right)\right\}}$

b) $D = \begin{vmatrix} 1 & -4 & -3 \\ -2 & 12 & 8 \\ -2 & 8 & r \end{vmatrix} = 12r + 64 + 48 - 72 - 64 - 8r = 4r - 24 = 4(r - 6)$

$D_1 = \begin{vmatrix} -1 & -4 & -3 \\ 8 & 12 & 8 \\ 2 & 8 & r \end{vmatrix} = -12r - 64 - 192 + 72 + 64 + 32r = 20r - 120 = 20(r - 6)$

$D_2 = \begin{vmatrix} 1 & -1 & -3 \\ -2 & 8 & 8 \\ -2 & 2 & r \end{vmatrix} = 8r + 16 + 12 - 48 - 16 - 2r = 6r - 36 = 6(r - 6)$

$D_3 = \begin{vmatrix} 1 & -4 & -1 \\ -2 & 12 & 8 \\ -2 & 8 & 2 \end{vmatrix} = 24 + 64 + 16 - 24 - 64 - 16 = 0$

Fall 1: $r = 6$ $\Leftrightarrow$ Sämtliche Determinanten sind null.
$\Rightarrow$ Das Gleichungssystem ist nicht eindeutig lösbar.

Fall 2: $r \neq 6$ $\Leftrightarrow$ $D \neq 0$
$\Rightarrow$ Genau eine Lösung:
$x_1 = \frac{20(r-6)}{4(r-6)} = 5$; $x_2 = \frac{6(r-6)}{4(r-6)} = \frac{3}{2}$; $x_3 = \frac{0}{4(r-6)} = 0$

$\Rightarrow$ $\mathbf{L = \left\{\left(5; \frac{3}{2}; 0\right)\right\}}$

102. $A \cdot \vec{x} = \vec{b}$

$$\begin{pmatrix} 2 & 1 & 3 \\ -4 & 2 & -1 \end{pmatrix} \cdot \begin{pmatrix} x_1 \\ x_2 \\ x_3 \end{pmatrix} = \begin{pmatrix} 1 \\ -2 \end{pmatrix}$$

$$\begin{array}{ll} (1) & 2x_1 + x_2 + 3x_3 = 1 \\ (2) & -4x_1 + 2x_2 - x_3 = -2 \end{array}$$

Es liegt ein unterbestimmtes System vor.

103.

$$\begin{array}{ll} (1) & x_1 + 4x_2 + x_3 = 2 \\ (2) & 2x_1 + 2x_2 + 2x_3 = -4 \\ (3) & x_1 + x_2 + x_3 = 0 \\ (4) & 3x_1 + 3x_3 = 1 \end{array}$$

Überstimmtes System mit $L = \varnothing$, wie man beim Vergleich von Gleichung (2) und Gleichung (3) erkennt.

104. a)

$$\begin{array}{lrr|rl} (1) & 2 & -1 & 4 & \\ (2) & 1 & 3 & 1 & \mid -\frac{1}{2} \cdot (1) + (2) \\ \hline (1) & 2 & -1 & 4 & \\ (2) & 0 & \frac{7}{2} & -1 & \end{array}$$

Aus der letzten Zeile folgt $\frac{7}{2}y = -1$, also $\mathbf{y = -\frac{2}{7}}$.

In (1) eingesetzt, ergibt sich $2x - 1 \cdot \left(-\frac{2}{7}\right) = 4$, also $\mathbf{x = \frac{13}{7}}$.

$\Rightarrow$ $\mathbf{L = \left\{\left(\frac{13}{7}; -\frac{2}{7}\right)\right\}}$

b)

$$\begin{array}{lrrr|rl} (1) & 1 & 3 & -4 & 10 & \\ (2) & 3 & 10 & -6 & 40 & \mid -3 \cdot (1) + (2) \\ (3) & 4 & 12 & -12 & 48 & \\ \hline (1) & 1 & 3 & -4 & 10 & \\ (2) & 0 & 1 & 6 & 10 & \\ (3) & 4 & 12 & -12 & 48 & \mid -4 \cdot (1) + 3 \\ \hline (1) & 1 & 3 & -4 & 10 & \\ (2) & 0 & 1 & 6 & 10 & \\ (3) & 0 & 0 & 4 & 8 & \end{array}$$

Aus der letzten Zeile folgt: $4x_3 = 8 \Rightarrow \mathbf{x_3 = 2}$

In (2) eingesetzt, ergibt sich: $x_2 + 6 \cdot 2 = 10 \Rightarrow \mathbf{x_2 = -2}$

Einsetzen dieser Werte in (1): $x_1 + 3 \cdot (-2) - 4 \cdot 2 = 10 \Rightarrow \mathbf{x_1 = 24}$

$\Rightarrow$ $\mathbf{L = \{(24; -2; 2)\}}$

c)
$$\begin{array}{l|ccc|c|l}
(1) & 2 & 3 & 6 & -18 & \\
(2) & 1 & 1 & 1 & -6 & \left|-\tfrac{1}{2}\cdot(1)+(2)\right. \\
(3) & 1 & 2 & 3 & -10 & \\
\hline
(1) & 2 & 3 & 6 & -18 & \\
(2) & 0 & -\tfrac{1}{2} & -2 & 3 & \\
(3) & 1 & 2 & 3 & -10 & \left|-\tfrac{1}{2}\cdot(1)+(3)\right. \\
\hline
(1) & 2 & 3 & 6 & -18 & \\
(2) & 0 & -\tfrac{1}{2} & -2 & 3 & \\
(3) & 0 & \tfrac{1}{2} & 0 & -1 & \left|(2)+(3)\right. \\
\hline
(1) & 2 & 3 & 6 & -18 & \\
(2) & 0 & -\tfrac{1}{2} & -2 & 3 & \\
(3) & 0 & 0 & -2 & 2 &
\end{array}$$

Aus der letzten Zeile folgt: $-2x_3=2 \quad \Rightarrow \quad \mathbf{x_3=-1}$

In (2) eingesetzt, ergibt sich: $-\frac{1}{2}x_2-2\cdot(-1)=3 \quad \Rightarrow \quad \mathbf{x_2=-2}$

Einsetzen dieser Werte in (1): $2x_1+3\cdot(-2)+6\cdot(-1)=-18 \quad \Rightarrow \quad \mathbf{x_1=-3}$

$\Rightarrow \quad \mathbf{L=\{(-3;\,-2;\,-1)\}}$

d) Zunächst wird das Gleichungssystem auf die Grundform gebracht und dann im Gauß-Schema bearbeitet:

$$\begin{array}{l|ccc|c|l}
(1) & 2 & 1 & 2 & 2 & \\
(2) & 1 & -3 & 1 & 1 & \left|-\tfrac{1}{2}\cdot(1)+(2)\right. \\
(3) & 0 & 1 & 2 & 3 & \\
\hline
(1) & 2 & 1 & 2 & 2 & \\
(2) & 0 & -\tfrac{7}{2} & 0 & 0 & \\
(3) & 0 & 1 & 2 & 3 & \left|\tfrac{2}{7}\cdot(2)+(3)\right. \\
\hline
(1) & 2 & 1 & 2 & 2 & \\
(2) & 0 & -\tfrac{7}{2} & 0 & 0 & \\
(3) & 0 & 0 & 2 & 3 &
\end{array}$$

Aus der letzten Zeile folgt: $2x_3=3 \quad \Rightarrow \quad \mathbf{x_3=\frac{3}{2}}$

In (2) eingesetzt, ergibt sich: $-\frac{7}{2}x_2=0 \quad \Rightarrow \quad \mathbf{x_2=0}$

Einsetzen dieser Werte in (1): $2x_1+1\cdot 0+2\cdot\frac{3}{2}=2 \quad \Rightarrow \quad \mathbf{x_1=-\frac{1}{2}}$

$\Rightarrow \quad \mathbf{L=\left\{\left(-\frac{1}{2};\,0;\,\frac{3}{2}\right)\right\}}$

e)

$$\begin{array}{l|rrrr|r|l} (1) & 1 & 2 & -1 & 6 & 33 & \\ (2) & 2 & -4 & 2 & -2 & -6 & \mid -2\cdot(1)+(2) \\ (3) & -1 & 4 & 1 & 4 & 13 & \\ (4) & 3 & -2 & 3 & 1 & 11 & \end{array}$$

$$\begin{array}{l|rrrr|r|l} (1) & 1 & 2 & -1 & 6 & 33 & \\ (2) & 0 & -8 & 4 & -14 & -72 & \\ (3) & -1 & 4 & 1 & 4 & 13 & \mid (1)+(3) \\ (4) & 3 & -2 & 3 & 1 & 11 & \end{array}$$

$$\begin{array}{l|rrrr|r|l} (1) & 1 & 2 & -1 & 6 & 33 & \\ (2) & 0 & -8 & 4 & -14 & -72 & \\ (3) & 0 & 6 & 0 & 10 & 46 & \\ (4) & 3 & -2 & 3 & 1 & 11 & \mid -3\cdot(1)+(4) \end{array}$$

$$\begin{array}{l|rrrr|r|l} (1) & 1 & 2 & -1 & 6 & 33 & \\ (2) & 0 & -8 & 4 & -14 & -72 & \\ (3) & 0 & 6 & 0 & 10 & 46 & \mid \frac{3}{4}\cdot(2)+(3) \\ (4) & 0 & -8 & 6 & -17 & -88 & \end{array}$$

$$\begin{array}{l|rrrr|r|l} (1) & 1 & 2 & -1 & 6 & 33 & \\ (2) & 0 & -8 & 4 & -14 & -72 & \\ (3) & 0 & 0 & 3 & -\frac{1}{2} & -8 & \\ (4) & 0 & -8 & 6 & -17 & -88 & \mid -1\cdot(2)+(4) \end{array}$$

$$\begin{array}{l|rrrr|r|l} (1) & 1 & 2 & -1 & 6 & 33 & \\ (2) & 0 & -8 & 4 & -14 & -72 & \\ (3) & 0 & 0 & 3 & -\frac{1}{2} & -8 & \\ (4) & 0 & 0 & 2 & -3 & -16 & \mid -\frac{2}{3}\cdot(3)+(4) \end{array}$$

$$\begin{array}{l|rrrr|r} (1) & 1 & 2 & -1 & 6 & 33 \\ (2) & 0 & -8 & 4 & -14 & -72 \\ (3) & 0 & 0 & 3 & -\frac{1}{2} & -8 \\ (4) & 0 & 0 & 0 & -\frac{8}{3} & -\frac{32}{3} \end{array}$$

Aus der letzten Zeile folgt: $-\frac{8}{3}x_4=-\frac{32}{3} \quad \Rightarrow \quad \mathbf{x_4=4}$

In (3) eingesetzt, ergibt sich: $3x_3-\frac{1}{2}\cdot 4=-8 \quad \Rightarrow \quad \mathbf{x_3=-2}$

In (2) eingesetzt, erhält man: $-8x_2+4\cdot(-2)-14\cdot 4=-72 \quad \Rightarrow \quad \mathbf{x_2=1}$

Einsetzen dieser Werte in (1): $x_1+2\cdot 1-1\cdot(-2)+6\cdot 4=33 \quad \Rightarrow \quad \mathbf{x_1=5}$

$\Rightarrow \quad \mathbf{L=\{(5;\ 1;\ -2;\ 4)\}}$

f) Die rechte Seite des Gleichungssystems, die aus lauter Nullen besteht, braucht nicht mitgeführt zu werden.

(1)	2	3	0	−1	
(2)	1	4	2	0	$\left\vert -\frac{1}{2}\cdot(1)+(2)\right.$
(3)	0	−2	1	3	
(4)	1	2	3	0	

(1)	2	3	0	−1	
(2)	0	$\frac{5}{2}$	2	$\frac{1}{2}$	
(3)	0	−2	1	3	
(4)	1	2	3	0	$\left\vert -\frac{1}{2}\cdot(1)+(4)\right.$

(1)	2	3	0	−1	
(2)	0	$\frac{5}{2}$	2	$\frac{1}{2}$	$\vert\cdot 2$
(3)	0	−2	1	3	
(4)	0	$\frac{1}{2}$	3	$\frac{1}{2}$	$\vert\cdot 2$

Zeile (2) wird ebenso wie Zeile (4) mit dem Faktor 2 multipliziert.

(1)	2	3	0	−1	
(2)	0	5	4	1	←
(3)	0	−2	1	3	
(4)	0	1	6	1	←

Zeile (2) und Zeile (4) werden vertauscht.

(1)	2	3	0	−1	
(2)	0	1	6	1	
(3)	0	−2	1	3	$\vert\, 2\cdot(2)+(3)$
(4)	0	5	4	1	

(1)	2	3	0	−1	
(2)	0	1	6	1	
(3)	0	0	13	5	
(4)	0	5	4	1	$\vert\, -5\cdot(2)+(4)$

(1)	2	3	0	−1	
(2)	0	1	6	1	
(3)	0	0	13	5	
(4)	0	0	−26	−4	$\vert\, 2\cdot(3)+(4)$

(1)	2	3	0	−1
(2)	0	1	6	1
(3)	0	0	13	5
(4)	0	0	0	6

Aus der letzten Zeile erhält man die Gleichung $6x_4 = 0$, d. h. $\mathbf{x_4 = 0}$.
Setzt man von unten nach oben ein, so erhält man $\mathbf{x_3 = x_2 = x_1 = 0}$.
$\Rightarrow$ $\mathbf{L = \{(0;\ 0;\ 0;\ 0)\}}$

Da es sich um ein homogenes LGS handelt, ist klar, dass es die triviale Lösung (0; 0; 0; 0) besitzt. Dass es keine weiteren Lösungen gibt, sieht man aber erst nach der Gauß-Umformung.

105. Die durchgeführten Zeilenumformungen sind auf der rechten Seite dokumentiert.

$$\begin{array}{lrrrr|rl}
(1) & 1 & -1 & 2 & -3 & 7 & \\
(2) & 4 & 0 & 3 & 1 & 9 & \mid -4\cdot(1)+(2) \\
(3) & 2 & -5 & 1 & 0 & -2 & \mid -2\cdot(1)+(3) \\
(4) & 3 & -1 & -1 & 2 & -2 & \mid -3\cdot(1)+(4) \\
\hline
(1) & 1 & -1 & 2 & -3 & 7 & \\
(2) & 0 & 4 & -5 & 13 & -19 & \\
(3) & 0 & -3 & -3 & 6 & -16 & \mid \frac{3}{4}\cdot(2)+(3) \\
(4) & 0 & 2 & -7 & 11 & -23 & \mid -\frac{1}{2}\cdot(2)+(4) \\
\hline
(1) & 1 & -1 & 2 & -3 & 7 & \\
(2) & 0 & 4 & -5 & 13 & -19 & \\
(3) & 0 & 0 & -\frac{27}{4} & \frac{63}{4} & -\frac{121}{4} & \mid -4\cdot(3) \\
(4) & 0 & 0 & -\frac{9}{2} & \frac{9}{2} & -\frac{27}{2} & \mid \frac{2}{9}\cdot(4) \\
\hline
\end{array}$$

Um die Brüche zu beseitigen, wird die 3. Zeile mit –4 und die 4. Zeile mit $\frac{2}{9}$ multipliziert.

$$\begin{array}{lrrrr|r}
(1) & 1 & -1 & 2 & -3 & 7 \\
(2) & 0 & 4 & -5 & 13 & -19 \\
(3) & 0 & 0 & 27 & -63 & 121 \\
(4) & 0 & 0 & -1 & 1 & -3 \\
\hline
\end{array}$$

Zeile (3) und Zeile (4) werden vertauscht.

$$\begin{array}{lrrrr|rl}
(1) & 1 & -1 & 2 & -3 & 7 & \\
(2) & 0 & 4 & -5 & 13 & -19 & \\
(3) & 0 & 0 & -1 & 1 & -3 & \\
(4) & 0 & 0 & 27 & -63 & 121 & \mid 27\cdot(3)+(4) \\
\hline
(1) & 1 & -1 & 2 & -3 & 7 & \\
(2) & 0 & 4 & -5 & 13 & -19 & \\
(3) & 0 & 0 & -1 & 1 & -3 & \\
(4) & 0 & 0 & 0 & -36 & 40 &
\end{array}$$

Als Lösung findet man mit (4) beginnend: $\mathbf{x_4} = \frac{40}{-36} = -\mathbf{\frac{10}{9}}$

In (3): $\mathbf{x_3} = -\frac{10}{9} + 3 = \mathbf{\frac{17}{9}}$

In (2): $4x_2 = 5\cdot\frac{17}{9} - 13\cdot\left(-\frac{10}{9}\right) - 19 = \frac{44}{9} \quad\Rightarrow\quad \mathbf{x_2} = \mathbf{\frac{11}{9}}$

In (1): $\mathbf{x_1} = \frac{11}{9} - 2\cdot\frac{17}{9} + 3\cdot\left(-\frac{10}{9}\right) + 7 = \mathbf{\frac{10}{9}}$

$\Rightarrow\quad \mathbf{L} = \left\{\left(\mathbf{\frac{10}{9}; \frac{11}{9}; \frac{17}{9}; -\frac{10}{9}}\right)\right\}$

106. Die rechte Seite des Gleichungssystems, die aus lauter Nullen besteht, braucht nicht mitgeführt zu werden.

(1)	4	−3	−t	Zeile (1) und Zeile (2) werden vertauscht.
(2)	−1	7	t	
(3)	t	0	−4	
(1)	−1	7	t	
(2)	4	−3	−t	$4 \cdot (1) + (2)$
(3)	t	0	−4	$t \cdot (1) + (3)$
(1)	−1	7	t	
(2)	0	25	3t	
(3)	0	7t	$t^2 - 4$	$-\frac{7}{25} t \cdot (2) + (3)$
(1)	−1	7	−t	
(2)	0	25	3t	
(3)	0	0	$\frac{4}{25} t^2 - 4$	

Die Zeile (3) liefert $\left(\frac{4}{25} t^2 - 4\right) \cdot x_3 = 0$.

Fall 1: $\frac{4}{25} t^2 - 4 \neq 0 \iff t \in \mathbb{R} \setminus \{-5; 5\}$

Wenn der Koeffizient $\frac{4}{25} t^2 - 4$ ungleich null ist, dann ist Gleichung (3) nur für $x_3 = 0$ erfüllbar. Für die beiden anderen Unbekannten folgt dann ebenfalls, dass diese null sind. In diesen Fall gibt es nur die triviale Lösung.

$\Rightarrow$ **$L = \{(0; 0; 0)\}$ falls $t \in \mathbb{R} \setminus \{-5; 5\}$**

Fall 2: $\frac{4}{25} t^2 - 4 = 0 \iff t^2 = 25 \iff t = \pm 5$

Ist der Koeffizient $\frac{4}{25} t^2 - 4$ null, so lautet (3) für $t = \pm 5$: $0 \cdot x_3 = 0$

x_3 kann daher eine beliebige Zahl sein, trotzdem ist (3) erfüllt. Es gibt also weitere Lösungen außer (0; 0; 0). Die Unbekannte x_3 kann frei gewählt werden, z. B. **$x_3 = k$**, wobei $k \in \mathbb{R}$ ein freier Parameter ist.

Fall $t = 5$:

Die Koeffizientenmatrix lautet:

$$A = \begin{pmatrix} -1 & 7 & -5 \\ 0 & 25 & -15 \\ 0 & 0 & 0 \end{pmatrix}$$

Einsetzen von $x_3 = k$ in Zeile (2):

$25x_2 - 15k = 0$

$\mathbf{x_2 = \frac{3}{5} k}$

Aus Zeile (1) ergibt sich:

$-x_1 + 7 \cdot \frac{3}{5} k - 5k = 0$

$\mathbf{x_1 = -\frac{4}{5} k}$

Fall $t = -5$:

Die Koeffizientenmatrix lautet:

$$A = \begin{pmatrix} -1 & 7 & 5 \\ 0 & 25 & 15 \\ 0 & 0 & 0 \end{pmatrix}$$

Einsetzen von $x_3 = k$ in Zeile (2):

$25x_2 + 15k = 0$

$\mathbf{x_2 = -\frac{3}{5} k}$

Aus Zeile (1) ergibt sich:

$-x_1 + 7 \cdot \left(-\frac{3}{5} k\right) + 5k = 0$

$\mathbf{x_1 = \frac{4}{5} k}$

$$\Rightarrow \quad L = \begin{cases} \left\{\left(-\frac{4}{5}k; \frac{3}{5}k; k\right) \,\middle|\, k \in \mathbb{R}\right\} & \text{falls } t = 5 \\ \left\{\left(\frac{4}{5}k; -\frac{3}{5}k; k\right) \,\middle|\, k \in \mathbb{R}\right\} & \text{falls } t = -5 \end{cases}$$

107. $\left(\begin{array}{ccc|c} 1 & 3 & -5 & 2 \\ 0 & 5 & -1 & 3 \\ 0 & 0 & 0 & -2 \end{array}\right)$

$rg(A) = 2$; $rg(A_e) = 3$
$rg(A_e) > rg(A)$
$\Rightarrow$ **keine Lösung**

$\left(\begin{array}{ccc|c} 1 & 3 & -5 & 2 \\ 0 & 5 & -1 & 3 \\ 0 & 0 & 7 & -2 \end{array}\right)$

$rg(A) = 3$; $rg(A_e) = 3$
$rg(A_e) = rg(A) = 3$
$\Rightarrow$ **genau eine Lösung**

$\left(\begin{array}{ccc|c} 1 & 3 & -5 & 2 \\ 0 & 5 & -1 & 3 \\ 0 & 0 & 0 & 0 \end{array}\right)$

$rg(A) = 2$; $rg(A_e) = 2$
$rg(A_e) = rg(A) < 3$
$\Rightarrow$ **unendlich viele Lösungen**
(1 freier Parameter $x_3 = k$)

108. a)

(1)	−2	3	5	1	
(2)	7	3	−22	7	
(3)	1	3	−4	3	

Die Zeilen (1) und (3) werden vertauscht.

(1)	1	3	−4	3	
(2)	7	3	−22	7	$\mid -7 \cdot (1) + (2)$
(3)	−2	3	5	1	

(1)	1	3	−4	3	
(2)	0	−18	6	−14	
(3)	−2	3	5	1	$\mid 2 \cdot (1) + (3)$

(1)	1	3	−4	3	
(2)	0	−18	6	−14	
(3)	0	9	−3	7	

Die Zeilen (2) und (3) werden vertauscht.

(1)	1	3	−4	3	
(2)	0	9	−3	7	
(3)	0	−18	6	−14	$\mid 2 \cdot (2) + (3)$

(1)	1	3	−4	3
(2)	0	9	−3	7
(3)	0	0	0	0

An der Stufenform erkennt man, dass $rg(A) = rg(A_e) = 2$ ist; das Gleichungssystem ist also lösbar. Da die Ränge der Matrizen kleiner als die Anzahl der Unbekannten sind, gibt es unendlich viele Lösungen mit einem freien Parameter k.

$z = k$

Da die 3. Gleichung (letzte Zeile) für jede Zahl k erfüllt ist, kann z durch k ersetzt werden.

$9y - 3k = 7$

$y = \frac{1}{3}k + \frac{7}{9}$

Einsetzen von **$z = k$** in (2), Auflösen nach y

$x+3\left(\frac{1}{3}k+\frac{7}{9}\right)-4k=3$ Einsetzen von y und z in (1), Auflösen nach x

$\mathbf{x = 3k + \frac{2}{3}}$

$\Rightarrow \mathbf{L=\left\{\left(3k+\frac{2}{3};\frac{1}{3}k+\frac{7}{9};k\right) \middle| k\in\mathbb{R}\right\}}$

b) Das Gleichungssystem wird auf die Grundform gebracht und ins Gauß-Schema übertragen.

(1)	4	2	10	
(2)	–3	–8	–1	$\vert\ \frac{3}{4}\cdot(1)+(2)$
(3)	5	1	14	

(1)	4	2	10	
(2)	0	$-\frac{13}{2}$	$\frac{13}{2}$	
(3)	5	1	14	$\vert\ -\frac{5}{4}\cdot(1)+(3)$

(1)	4	2	10	$\vert\ \cdot\frac{1}{2}$
(2)	0	$-\frac{13}{2}$	$\frac{13}{2}$	$\vert\ \cdot\frac{2}{13}$
(3)	0	$-\frac{3}{2}$	$\frac{3}{2}$	$\vert\ \cdot\frac{2}{3}$

Zeile (1) wird mit $\frac{1}{2}$, Zeile (2) mit $\frac{2}{13}$ und Zeile (3) mit $\frac{2}{3}$ multipliziert. Das vereinfacht die weitere Rechnung ganz erheblich!

(1)	2	1	5	
(2)	0	–1	1	
(3)	0	–1	1	$\vert\ -(2)+(3)$

(1)	2	1	5
(2)	0	–1	1
(3)	0	0	0

Man erkennt, dass $rg(A) = rg(A_e) = 2$. Da die Anzahl der Unbekannten ebenfalls 2 ist, hat dieses Gleichungssystem mit zwei Unbekannten und drei Gleichungen (überbestimmtes System!) genau eine Lösung.

$-y=1 \Rightarrow \mathbf{y=-1}$ Aus Gleichung (2) lässt sich y bestimmen.

$2x+1\cdot(-1)=5$ Einsetzen von **y = –1** in (1), Auflösen nach x

$\mathbf{x = 3}$

$\Rightarrow \mathbf{L=\{(3;-1)\}}$

c)

(1)	3	9	6	12	
(2)	5	17	16	30	$\vert\ -\frac{5}{3}\cdot(1)+(2)$

(1)	3	9	6	12
(2)	0	2	6	10

Man hat zwei Gleichungen und drei Unbekannte (unterbestimmtes System!). Man erkennt, dass $rg(A) = rg(A_e) = 2$ ist. Wegen der Anzahl der Unbekannten $n = 3$ gibt es unendlich viele Lösungen mit einem freien Parameter k.

$\mathbf{x_3=k}$ Ersetzen von x_3 durch k

$2x_2+6k=10$ Einsetzen von $\mathbf{x_3 = k}$ in (2), Auflösen nach x_2

$\mathbf{x_2 = 5-3k}$

$3x_1+9(5-3k)+6k=12$ Einsetzen von x_2 und x_3 in (1), Auflösen nach x_1

$\mathbf{x_1 = 7k-11}$

$\Rightarrow \mathbf{L=\{(7k-11;\ 5-3k;\ k)\mid k\in\mathbb{R}\}}$

d)

$$\begin{array}{lrrrr|r}
(1) & \mathbf{0} & 1 & 3 & 2 & 2 \\
(2) & 1 & 5 & 2 & 3 & 4 \\
(3) & 4 & 18 & 2 & 8 & 12 \\
(4) & 3 & 11 & -6 & 1 & 3
\end{array}\quad \begin{array}{l}\leftarrow\!\urcorner \\ \leftarrow\!\lrcorner \\ \\ \\ \end{array}$$

Da das Element a_{11} **null** ist, muss zuerst eine Zeilenvertauschung vorgenommen werden. Am günstigsten ist die Zahl 1 als Pivotelement.

$$\begin{array}{lrrrr|rl}
(1) & 1 & 5 & 2 & 3 & 4 & \\
(2) & 0 & 1 & 3 & 2 & 2 & \\
(3) & 4 & 18 & 2 & 8 & 12 & |-4\cdot(1)+(3) \\
(4) & 3 & 11 & -6 & 1 & 3 &
\end{array}$$

$$\begin{array}{lrrrr|rl}
(1) & 1 & 5 & 2 & 3 & 4 & \\
(2) & 0 & 1 & 3 & 2 & 2 & \\
(3) & 0 & -2 & -6 & -4 & -4 & \\
(4) & 3 & 11 & -6 & 1 & 3 & |-3\cdot(1)+(4)
\end{array}$$

$$\begin{array}{lrrrr|rl}
(1) & 1 & 5 & 2 & 3 & 4 & \\
(2) & 0 & 1 & 3 & 2 & 2 & \\
(3) & 0 & -2 & -6 & -4 & -4 & |\,2\cdot(2)+(3) \\
(4) & 0 & -4 & -12 & -8 & -9 &
\end{array}$$

$$\begin{array}{lrrrr|rl}
(1) & 1 & 5 & 2 & 3 & 4 & \\
(2) & 0 & 1 & 3 & 2 & 2 & \\
(3) & 0 & 0 & 0 & 0 & 0 & \\
(4) & 0 & -4 & -12 & -8 & -9 & |\,4\cdot(2)+(4)
\end{array}$$

$$\begin{array}{lrrrr|r}
(1) & 1 & 5 & 2 & 3 & 4 \\
(2) & 0 & 1 & 3 & 2 & 2 \\
(3) & 0 & 0 & 0 & 0 & 0 \\
(4) & 0 & 0 & 0 & 0 & -1
\end{array}\quad \begin{array}{l} \\ \\ \leftarrow\!\urcorner \\ \leftarrow\!\lrcorner \end{array}$$

Um die Stufenform zu erhalten, müssen noch die Zeilen (3) und (4) vertauscht werden.

$$\begin{array}{lrrrr|r}
(1) & 1 & 5 & 2 & 3 & 4 \\
(2) & 0 & 1 & 3 & 2 & 2 \\
(3) & 0 & 0 & 0 & 0 & -1 \\
(4) & 0 & 0 & 0 & 0 & 0
\end{array}$$

$\Rightarrow$ $\mathbf{L = \varnothing}$

Die sich ergebenden Stufenformen der Matrizen A und A_e zeigen, dass $rg(A_e) > rg(A)$. Es ist nämlich $rg(A_e) = 3$ und $rg(A) = 2$. Daraus folgt, dass das Gleichungssystem keine Lösung hat.
Man erkennt das auch unmittelbar an Zeile (3) des umgeformten Systems, denn die Gleichung $0x_1 + 0x_2 + 0x_3 + 0x_4 = -1$ ist unerfüllbar.

e) Wenn in einem Gleichungssystem zusätzlich Parameter auftreten, muss besonders darauf geachtet werden, dass man nicht eine Zeile versehentlich mit null multipliziert oder durch null dividiert. Oftmals sind Fallunterscheidungen erforderlich, an der grundsätzlichen Vorgehensweise ändert sich jedoch nichts.

$$\begin{array}{lrrr|rl}
(1) & 1 & 2 & 2-t & t^2 & \\
(2) & 1 & 3 & 3-t & t^2+2 & |-1\cdot(1)+(2) \\
(3) & 0 & 2-t & t^2 & t^2+t+6 &
\end{array}$$

$$\begin{array}{lccc|c}
(1) & 1 & 2 & 2-t & t^2 \\
(2) & 0 & 1 & 1 & 2 \\
(3) & 0 & 2-t & t^2 & t^2+t+6
\end{array} \quad |-(2-t)\cdot(2)+(3)$$

$$\begin{array}{lccc|c}
(1) & 1 & 2 & 2-t & t^2 \\
(2) & 0 & 1 & 1 & 2 \\
(3) & 0 & 0 & t^2+t-2 & t^2+3t+2
\end{array}$$

Die Terme in der dritten Zeile werden faktorisiert, um zu sehen, ob es Werte des Parameters t gibt, für die in der dritten Zeile null herauskommt.

$$\begin{array}{lccc|c}
(1) & 1 & 2 & 2-t & t^2 \\
(2) & 0 & 1 & 1 & 2 \\
(3) & 0 & 0 & (t+2)(t-1) & (t+2)(t+1)
\end{array}$$

Anhand dieser Darstellung kann man die verschiedenen Fälle beurteilen:

Fall 1: $t=1$

Die dritte Zeile lautet in diesem Fall $(0\ 0\ 0\,|\,6)$, demnach gilt:

$rg(A)=2$ und $rg(A_e)=3$

$\Rightarrow$ Es gibt keine Lösung, also $\mathbf{L=\emptyset}$.

Fall 2: $t=-2$

Die dritte Zeile ist komplett null und $rg(A_e)=rg(A)=2<3$.

Es gibt unendlich viele Lösungen mit einem freien Parameter k: $x_3=k$

Einsetzen in (2): $x_2=2-k$

Einsetzen in (1): $x_1=4-4k-2(2-k)=-2k$

$\Rightarrow$ Lösungsmenge: $\mathbf{L=\{(-2k;\ 2-k;\ k)\,|\,k\in\mathbb{R}\}}$

Fall 3: $t\in\mathbb{R}\setminus\{-2;\ 1\}$

Es gilt $rg(A_e)=rg(A)=3$, also gibt es genau eine Lösung. Nach Division der letzen Zeile durch $(t+2)(t-1)$ erhält man:

$$x_3=\frac{t+1}{t-1}$$

Einsetzen in (2): $x_2=2-\frac{t+1}{t-1}=\frac{t-3}{t-1}$

Einsetzen in (1):

$$x_1=t^2-(2-t)\cdot\frac{t+1}{t-1}-2\cdot\frac{t-3}{t-1}=\frac{t^3-t^2+t^2-t-2-2t+6}{t-1}=\frac{t^3-3t+4}{t-1}$$

Die Lösungsmenge lautet: $\mathbf{L=\left\{\left(\frac{t^3-3t+4}{t-1};\ \frac{t-3}{t-1};\ \frac{t+1}{t-1}\right)\right\}}$

Beachten Sie: Für $t=-1$ liegt kein Sonderfall vor.

f)
$$\begin{array}{lrrr|r|l}
(1) & -2 & 4 & 2 & 12a & \\
(2) & 2 & 12 & 7 & 12a+7 & |\,(1)+(2) \\
(3) & 1 & 10 & 6 & 7a+8 & \\
\hline
(1) & -2 & 4 & 2 & 12a & \\
(2) & 0 & 16 & 9 & 24a+7 & \\
(3) & 1 & 10 & 6 & 7a+8 & |\,\frac{1}{2}\cdot(1)+(3) \\
\hline
(1) & -2 & 4 & 2 & 12a & \\
(2) & 0 & 16 & 9 & 24a+7 & \\
(3) & 0 & 12 & 7 & 13a+8 & |\,-\frac{3}{4}\cdot(2)+(3) \\
\hline
(1) & -2 & 4 & 2 & 12a & \\
(2) & 0 & 16 & 9 & 24a+7 & \\
(3) & 0 & 0 & \frac{1}{4} & -5a+\frac{11}{4} & |\,\cdot 4 \\
\hline
(1) & -2 & 4 & 2 & 12a & \\
(2) & 0 & 16 & 9 & 24a+7 & \\
(3) & 0 & 0 & 1 & -20a+11 &
\end{array}$$

Wie man sieht, gilt $rg(A_e) = rg(A) = 3$, d. h. es gibt genau eine Lösung.

$$\mathbf{x_3 = -20a + 11}$$

Aus Zeile (3) lässt sich x_3 ablesen

$$16x_2 = 24a + 7 - 9(-20a + 11)$$
$$= 204a - 92$$
$$\mathbf{x_2 = \tfrac{1}{4}(51a - 23)}$$

Einsetzen von x_3 in (2), Auflösen nach x_2

$$-2x_1 = 12a - 2\cdot(-20a + 11) - 4\cdot\tfrac{1}{4}(51a - 23)$$
$$= a + 1$$
$$\mathbf{x_1 = -\tfrac{1}{2}(a + 1)}$$

Einsetzen von x_2 und x_3 in (1), Auflösen nach x_1

$$\Rightarrow \quad \mathbf{L = \left\{\left(-\tfrac{1}{2}(a+1); \tfrac{1}{4}(51a-23); -20a+11\right)\right\}}$$

Beachten Sie: Eine Fallunterscheidung ist nicht erforderlich, die Lösungsmenge gilt für alle $a \in \mathbb{R}$.

g)
$$\begin{array}{lrrrr|r|l}
(1) & 1 & 2 & 0 & 4 & 3 & \\
(2) & 4 & 8 & 1 & 18 & 17 & |\,-4\cdot(1)+(2) \\
(3) & -1 & -2 & -1 & -6 & -8 & \\
(4) & 2 & 4 & 1 & 10 & 11 & \\
\hline
(1) & 1 & 2 & 0 & 4 & 3 & \\
(2) & 0 & 0 & 1 & 2 & 5 & \\
(3) & -1 & -2 & -1 & -6 & -8 & |\,(1)+(3) \\
(4) & 2 & 4 & 1 & 10 & 11 & \\
\hline
\end{array}$$

(1)	1	2	0	4	3	
(2)	0	0	1	2	5	
(3)	0	0	–1	–2	–5	
(4)	2	4	1	10	11	$\vert -2\cdot(1)+(4)$
(1)	1	2	0	4	3	
(2)	0	0	1	2	5	
(3)	0	0	–1	–2	–5	$\vert (2)+(3)$
(4)	0	0	1	2	5	
(1)	1	2	0	4	3	
(2)	0	0	1	2	5	
(3)	0	0	0	0	0	
(4)	0	0	1	2	5	$\vert -1\cdot(2)+(4)$
(1)	1	2	0	4	3	
(2)	0	0	1	2	5	
(3)	0	0	0	0	0	
(4)	0	0	0	0	0	

Man hat $rg(A_e) = rg(A) = 2 < 4$, es gibt unendlich viele Lösungen mit zwei freien Parametern k_1 und k_2.

$\mathbf{x_4 = k_1}$

$x_3 + 2k_1 = 5$

$\mathbf{x_3 = 5 - 2k_1}$

Einsetzen von $\mathbf{x_4 = k_1}$ in (2), Auflösen nach x_3

$x_1 + 2x_2 + 4k_1 = 3$

Einsetzen von x_3 und x_4 in (1)

$\mathbf{x_2 = k_2}$

Eine der beiden Unbekannten x_1 oder x_2 lässt sich frei wählen.

$x_1 = 3 - 2k_2 - 4k_1$

Auflösen nach x_1

$\Rightarrow \quad \mathbf{L = \{(3 - 2k_2 - 4k_1;\ k_2;\ 5 - 2k_1;\ k_1) \mid k_1, k_2 \in \mathbb{R}\}}$

h) Die rechte Seite wird weggelassen, da ein homogenes lineares Gleichungssystem vorliegt.

(1)	1	1	a	
(2)	2	1	1	$\vert -2\cdot(1)+(2)$
(3)	a	1	1	$\vert -a\cdot(1)+(3)$
(1)	1	1	a	
(2)	0	–1	$1-2a$	
(3)	0	$1-a$	$1-a^2$	$\vert (1-a)\cdot(2)+(3)$
(1)	1	1	a	
(2)	0	–1	$1-2a$	
(3)	0	0	$(1-a)(1-2a)+1-a^2$	

Das dritte Element in der dritten Zeile wird noch algebraisch umgeformt:

$(1-a)(1-2a)+1-a^2 = a^2-3a+2 = (a-1)(a-2)$

Daraus ergibt sich die Fallunterscheidung:

Fall 1: $a \in \mathbb{R} \setminus \{1; 2\}$

In diesem Fall gilt $rg(A) = 3$, das homogene Gleichungssystem hat dann genau eine Lösung, nämlich nur die triviale:

$\mathbf{L = \{(0; 0; 0)\}}$

Fall 2: Für $a = 1$ oder $a = 2$ ist die dritte Zeile komplett null und $rg(A) = 2 < 3$, d. h. es gibt unendlich viele Lösungen mit einem freien Parameter k.

Fall a = 1:

$x_3 = k$

Einsetzen in (2):

$x_2 = -k$

Einsetzen in (1):

$x_1 = -k - (-k) = 0$

$\Rightarrow$ $\mathbf{L = \{(0; -k; k) \mid k \in \mathbb{R}\}}$

Fall a = 2:

$x_3 = k$

Einsetzen in (2):

$x_2 = -3k$

Einsetzen in (1):

$x_1 = -2k - (-3k) = k$

$\Rightarrow$ $\mathbf{L = \{(k; -3k; k) \mid k \in \mathbb{R}\}}$

109. Nur die letzte Zeile ist maßgebend:

Fall 1: Für $t \in \mathbb{R} \setminus \{0; 1\}$ gilt $rg(A_e) = rg(A) = 3$.

$\Rightarrow$ **genau eine Lösung**

Fall 2: Für $t = 0$ lautet die letzte Zeile $(0\ \ 0\ \ 0 \mid -1)$, dann ist $rg(A) = 2$ und $rg(A_e) = 3$.

$\Rightarrow$ **keine Lösung: $L = \varnothing$**

Fall 3: Für $t = 1$ ist die letzte Zeile komplett null, in diesem Fall gilt $rg(A_e) = rg(A) = 2 < 3$.

$\Rightarrow$ Es gibt **unendlich viele Lösungen** (1 freier Parameter $x_3 = k$).

110. x: Anteil der Legierung 1

y: Anteil der Legierung 2

z: Anteil des reinen Zinns

Es wird jeweils eine Gleichung für die Reinmetall-Anteile angesetzt:

(1) $50x + 40y = 42$ (Nickel)

(2) $20x + 30y = 21$ (Kupfer)

(3) $30x + 30y + 100z = 37$ (Zinn)

Zur Lösung wird das Additionsverfahren verwendet:

$2 \cdot (1) - 5 \cdot (2)$: $-70y = -21 \Rightarrow \mathbf{y = 0,3}$

In (1): $50x + 40 \cdot 0,3 = 42 \Rightarrow \mathbf{x = 0,6}$

In (3): $30 \cdot 0,6 + 30 \cdot 0,3 + 100z = 37 \Rightarrow \mathbf{z = 0,1}$

Es müssen 60 % von der Legierung 1, 30 % von der Legierung 2 und 10 % reines Zinn gemischt werden, um die neue Legierung zu erhalten.

111. Multipliziert man die Matrixdarstellung des Gleichungssystems aus und bringt alle Unbekannten auf eine Seite, so erhält man das homogene Gleichungssystem:

$$\begin{aligned}
&(1) \quad -0{,}2a + 0{,}1b + 0{,}2c = 0\\
&(2) \quad\ \ \ 0{,}1a - 0{,}3b + 0{,}2c = 0\\
&(3) \quad\ \ \ 0{,}1a + 0{,}2b - 0{,}4c = 0
\end{aligned}$$

Das System wird mit dem Gauß-Schema auf Stufenform gebracht (die rechte Seite braucht nicht mitgeführt werden, da dort nur Nullen auftreten):

(1)	−0,2	0,1	0,2	
(2)	0,1	−0,3	0,2	$\frac{1}{2}$(1) + (2)
(3)	0,1	0,2	−0,4	$\frac{1}{2}$(1) + (3)
(1)	−0,2	0,1	0,2	
(2)	0	−0,25	0,3	
(3)	0	0,25	−0,3	(2) + (3)
(1)	−0,2	0,1	0,2	
(2)	0	−0,25	0,3	
(3)	0	0	0	

Wegen $rg(A) = rg(A_e) = 2 < 3$ gibt es unendlich viele Lösungen. Der freie Parameter $k \in \mathbb{R}$ wird gleich c gesetzt, damit folgt:

$\mathbf{c = k}$

In (2): $-0{,}25b + 0{,}3k = 0$

$$\mathbf{b = 1{,}2k}$$

In (1): $-0{,}2a + 0{,}1 \cdot 1{,}2k + 0{,}2k = 0$

$$-0{,}2a + 0{,}32k = 0$$

$$\mathbf{a = 1{,}6k}$$

Die Lösungsmenge lautet: $\mathbf{L = \{(1{,}6k;\ 1{,}2k;\ k) \mid k \in \mathbb{R}\}}$

Bei dieser Aufgabenstellung ist nur diejenige Lösung aus der unendlichen Menge L von Bedeutung, bei der sich die drei Marktanteile zu 100 % addieren. Es muss deshalb gelten:

$$\begin{aligned}
a + b + c &= 1\\
1{,}6k + 1{,}2k + k &= 1\\
k &= \tfrac{1}{3{,}8} \approx 0{,}263
\end{aligned}$$

Für die Marktanteile der drei Waschpulver ergibt sich demzufolge:

$$\begin{aligned}
a &= 1{,}6k \approx 1{,}6 \cdot 0{,}263 \approx 0{,}42 = 42\ \%\\
b &= 1{,}2k \approx 1{,}2 \cdot 0{,}263 \approx 0{,}32 = 32\ \%\\
c &= k \approx 0{,}263 \approx 0{,}26 = 26\ \%
\end{aligned}$$

112. a) Ansatz: $\mathbf{f(x) = ax^3 + bx^2 + cx + d}$

Es sind also vier Gleichungen erforderlich, um die Koeffizienten a, b, c und d bestimmen zu können. Die Punkte (3; 0), (0; 3), A(–2; –3) und B(2; 2) liegen auf dem Graphen von f, damit lassen sich vier Gleichungen aufstellen:

$$\begin{array}{lll}
(1) & f(3) = 0 & \Rightarrow \quad a \cdot 3^3 + b \cdot 3^2 + c \cdot 3 + d = 0 \\
(2) & f(0) = 3 & \Rightarrow \quad a \cdot 0 + b \cdot 0 + c \cdot 0 + d = 3 \\
(3) & f(-2) = -3 & \Rightarrow \quad a \cdot (-2)^3 + b \cdot (-2)^2 + c \cdot (-2) + d = -3 \\
(4) & f(2) = 2 & \Rightarrow \quad a \cdot 2^3 + b \cdot 2^2 + c \cdot 2 + d = 2
\end{array}$$

Damit gilt:

$$\begin{array}{ll}
(1) & 27a + 9b + 3c + d = 0 \\
(2) & d = 3 \\
(3) & -8a + 4b - 2c + d = -3 \\
(4) & 8a + 4b + 2c + d = 2
\end{array}$$

Aus Gleichung (2) lässt sich ablesen: $\mathbf{d = 3}$

Das reduziert damit die Anzahl der Unbekannten und der Gleichungen auf drei.

$$\begin{array}{ll}
(1^*) & 27a + 9b + 3c = -3 \\
(2^*) & -8a + 4b - 2c = -6 \\
(3^*) & 8a + 4b + 2c = -1
\end{array}$$

Dieses Gleichungssystem wird ins Gauß-Schema übertragen und gelöst:

$$\begin{array}{lrrr|rl}
(1^*) & 27 & 9 & 3 & -3 & \\
(2^*) & -8 & 4 & -2 & -6 & \left|\ \frac{8}{27} \cdot (1^*) + (2^*)\right. \\
(3^*) & 8 & 4 & 2 & -1 & \left|\ -\frac{8}{27} \cdot (1^*) + (3^*)\right. \\
\hline
(1^*) & 27 & 9 & 3 & -3 & \\
(2^*) & 0 & \frac{20}{3} & -\frac{10}{9} & -\frac{62}{9} & \\
(3^*) & 0 & \frac{4}{3} & \frac{10}{9} & -\frac{1}{9} & \left|\ -\frac{1}{5} \cdot (1^*) + (2^*)\right. \\
\hline
(1^*) & 27 & 9 & 3 & -3 & \\
(2^*) & 0 & \frac{20}{3} & -\frac{10}{9} & -\frac{62}{9} & \\
(3^*) & 0 & 0 & \frac{4}{3} & \frac{19}{15} &
\end{array}$$

Aus (3*): $\mathbf{c} = \frac{19 \cdot 3}{15 \cdot 4} = \mathbf{\frac{19}{20}}$

in (2*): $\mathbf{b} = \frac{3}{20}\left(-\frac{62}{9} + \frac{10}{9} \cdot \frac{19}{20}\right) = \mathbf{-\frac{7}{8}}$

In (1*): $\mathbf{a} = \frac{1}{27}\left(-3 - 3 \cdot \frac{19}{20} + 9 \cdot \frac{7}{8}\right) = \mathbf{\frac{3}{40}}$

Damit lautet der Funktionsterm: $f(x) = \frac{3}{40}x^3 - \frac{7}{8}x^2 + \frac{19}{20}x + 3$

Der zugehörige Graph erfüllt die angegebenen Eigenschaften.

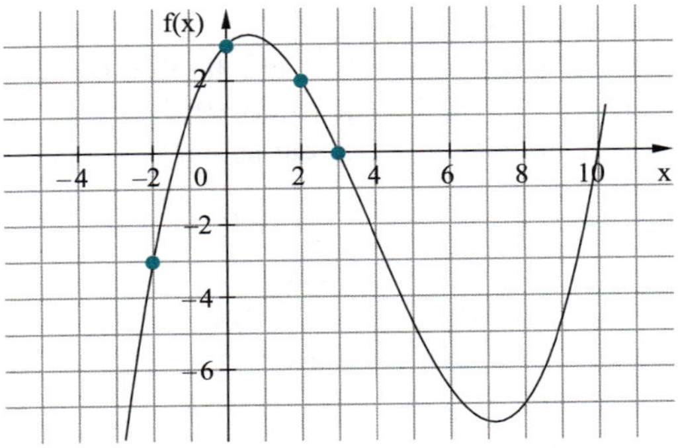

b) Ansatz: $\mathbf{f(x) = ax^4 + bx^2 + c}$

Eigentlich hätte eine Funktion vierten Grades fünf Koeffizienten. Da ihr Graph aber symmetrisch zur y-Achse sein soll, treten keine Potenzen von x mit ungeraden Exponenten auf. Deshalb sind nur die drei Koeffizienten a, b und c zu bestimmen.

Die Koordinaten der drei gegebenen Punkte werden eingesetzt:

(1) Punkt P: $f(1) = -\frac{2}{5} \Rightarrow a \cdot 1^4 + b \cdot 1^2 + c = -\frac{2}{5}$

(2) Punkt Q: $f(2) = \frac{1}{2} \Rightarrow a \cdot 2^4 + b \cdot 2^2 + c = \frac{1}{2}$

(3) Punkt R: $f(3) = 6 \Rightarrow a \cdot 3^4 + b \cdot 3^2 + c = 6$

Damit ist das folgende Gleichungssystem zu lösen:

(1) $a + b + c = -\frac{2}{5}$

(2) $16a + 4b + c = \frac{1}{2}$

(3) $81a + 9b + c = 6$

Eintragen ins Gauß-Schema:

(1)	1	1	1	$-\frac{2}{5}$	
(2)	16	4	1	$\frac{1}{2}$	$\vert -16 \cdot (1) + (2)$
(3)	81	9	1	6	$\vert -81 \cdot (1) + (3)$
(1)	1	1	1	$-\frac{2}{5}$	
(2)	0	−12	−15	$\frac{69}{10}$	
(3)	0	−72	−80	$\frac{192}{5}$	$\vert -6 \cdot (2) + (3)$
(1)	1	1	1	$-\frac{2}{5}$	
(2)	0	−12	−15	$\frac{69}{10}$	
(3)	0	0	10	−3	

Aus (3): $\mathbf{c = -\frac{3}{10}}$

In (2): $\mathbf{b} = -\frac{1}{12}\left(\frac{69}{10} - 15 \cdot \frac{3}{10}\right) = \mathbf{-\frac{1}{5}}$

In (1): $\mathbf{a} = -\frac{2}{5} + \frac{3}{10} + \frac{1}{5} = \mathbf{\frac{1}{10}}$

Die Lösung heißt: $\mathbf{a = \frac{1}{10}; b = -\frac{1}{5}; c = -\frac{3}{10}}$

Damit lautet der Funktionsterm: $f(x) = \frac{1}{10}x^4 - \frac{1}{5}x^2 - \frac{3}{10}$

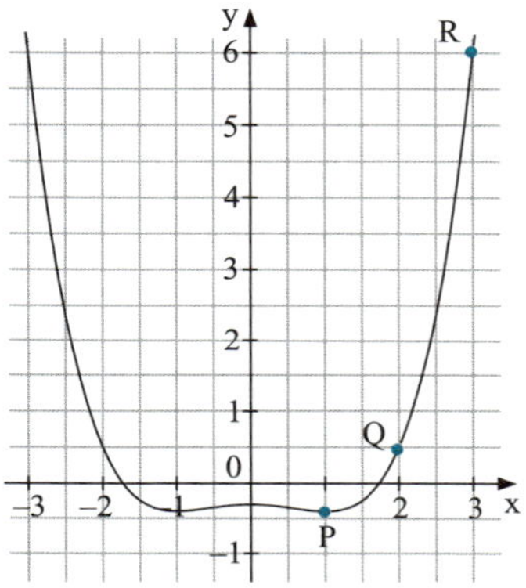

113. Da es sich um fünf Wertepaare handelt, eignet sich eine Funktion vierten Grades und es sind fünf Gleichungen aufzustellen.

Ansatz: $\mathbf{f(x) = ax^4 + bx^3 + cx^2 + dx + e}$

Setzt man das Wertepaar (0; 0) ein, so folgt, dass $\mathbf{e = 0}$ ist. Dies wird in allen anderen Gleichungen verwendet, sodass nur noch vier Gleichungen mit vier Unbekannten auftreten:

(1) $f(1) = 1 \quad \Rightarrow \quad a \cdot 1^4 + b \cdot 1^3 + c \cdot 1^2 + d \cdot 1 = 1$

(2) $f(2) = 5 \quad \Rightarrow \quad a \cdot 2^4 + b \cdot 2^3 + c \cdot 2^2 + d \cdot 2 = 5$

(3) $f(3) = 9 \quad \Rightarrow \quad a \cdot 3^4 + b \cdot 3^3 + c \cdot 3^2 + d \cdot 3 = 9$

(4) $f(4) = 10 \quad \Rightarrow \quad a \cdot 4^4 + b \cdot 4^3 + c \cdot 4^2 + d \cdot 4 = 10$

Somit ist das folgende Gleichungssystem zu lösen:

(1) $a + b + c + d = 1$

(2) $16a + 8b + 4c + 2d = 5$

(3) $81a + 27b + 9c + 3d = 9$

(4) $256a + 64b + 16c + 4d = 10$

Lösung mit dem Gauß-Schema:

(1)	1	1	1	1	1	
(2)	16	8	4	2	5	$-16 \cdot (1) + (2)$
(3)	81	27	9	3	9	$-81 \cdot (1) + (3)$
(4)	256	64	16	4	10	$-256 \cdot (1) + (4)$

$$\begin{array}{lrrrr|rl}
(1) & 1 & 1 & 1 & 1 & 1 & \\
(2) & 0 & -8 & -12 & -14 & -11 & \\
(3) & 0 & -54 & -72 & -78 & -72 & \left|-\frac{54}{8}\cdot(2)+(3)\right. \\
(4) & 0 & -192 & -240 & -252 & -246 & \left|-24\cdot(2)+(4)\right. \\
\hline
(1) & 1 & 1 & 1 & 1 & 1 & \\
(2) & 0 & -8 & -12 & -14 & -11 & \\
(3) & 0 & 0 & 9 & \frac{33}{2} & \frac{9}{4} & \\
(4) & 0 & 0 & 48 & 84 & 18 & \left|-\frac{48}{9}\cdot(3)+(4)\right. \\
\hline
(1) & 1 & 1 & 1 & 1 & 1 & \\
(2) & 0 & -8 & -12 & -14 & -11 & \\
(3) & 0 & 0 & 9 & \frac{33}{2} & \frac{9}{4} & \\
(4) & 0 & 0 & 0 & -4 & 6 &
\end{array}$$

Aus (4): $\mathbf{d} = -\frac{6}{4} = \mathbf{-\frac{3}{2}}$

In (3): $\mathbf{c} = \frac{1}{9}\cdot\left(\frac{9}{4}+\frac{33}{2}\cdot\frac{3}{2}\right) = \mathbf{3}$

In (2): $\mathbf{b} = -\frac{1}{8}\cdot\left(-11-14\cdot\frac{3}{2}+12\cdot 3\right) = \mathbf{-\frac{1}{2}}$

In (1): $\mathbf{a} = 1+\frac{3}{2}-3+\frac{1}{2} = \mathbf{0}$

Man erhält also „nur“ eine ganzrationale Funktion dritten Grades:

$f(x) = -\frac{1}{2}x^3 + 3x^2 - \frac{3}{2}x$

Man erkennt den S-förmigen Verlauf des Graphen sehr gut. Die Nachfrage nach einem neu auf den Markt gebrachten Produkt hat häufig diesen S-förmigen Verlauf, der sich gut mit einer ganzrationalen Funktion dritten Grades darstellen lässt.

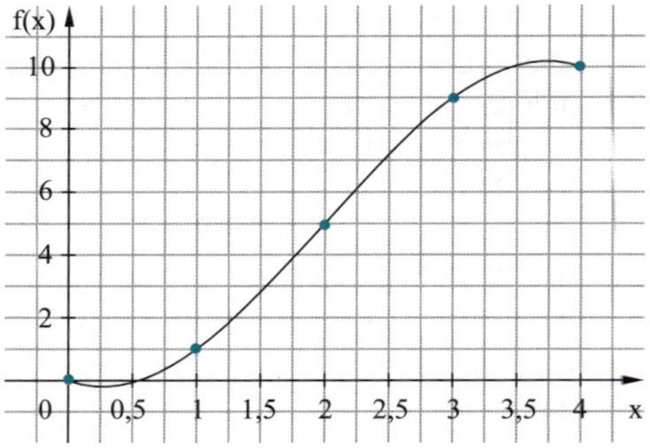

114. a) In diesem Fall liegt Achsensymmetrie vor, was den Ansatz vereinfacht.

Ansatz: $\mathbf{f_1(x) = ax^2 + b}$

Die Koordinaten der Punkte (0; 6) und (24; 0) werden eingesetzt:

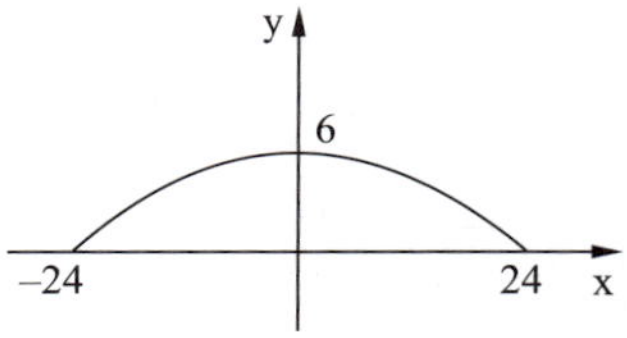

(1) $f_1(0) = 6 \quad \Rightarrow \quad \mathbf{b = 6}$

(2) $f_1(24) = 0 \quad \Rightarrow \quad a\cdot 24^2 + b = 0$

Einsetzen von (1) in (2) ergibt: $576a + 6 = 0 \quad \Rightarrow \quad \mathbf{a = -\frac{1}{96}}$

Der Parabelbogen hat in diesem Koordinatensystem den Funktionsterm $f_1(x) = -\frac{1}{96}x^2 + 6$.

b) In diesem Fall liegt keine Symmetrie zum Koordinatensystem vor, sodass der Ansatz in allgemeiner Form benötigt wird.

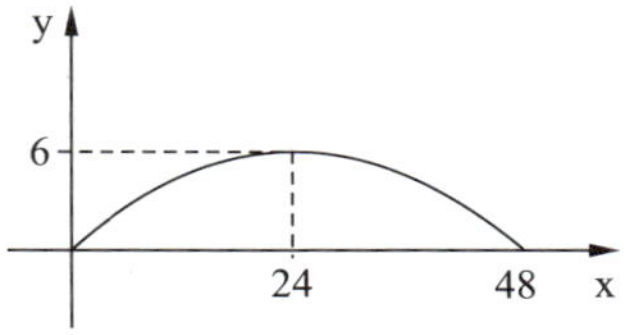

Ansatz: $\mathbf{f_2(x) = ax^2 + bx + c}$

Die Koordinaten der Punkte (0; 0), (24; 6) und (48; 0) werden eingesetzt:

(1) $f_2(0) = 0 \quad \Rightarrow \quad \mathbf{c = 0}$

(2) $f_2(24) = 6 \quad \Rightarrow \quad a \cdot 24^2 + b \cdot 24 = 6$

(3) $f_2(48) = 0 \quad \Rightarrow \quad a \cdot 48^2 + b \cdot 48 = 0$

Damit ist noch das folgende Gleichungssystem zu lösen:

(1*) $576a + 24b = 6$

(2*) $2\,304a + 48b = 0$

Aus (2*) folgt: $b = -48a$

Einsetzen in (1*) ergibt $576a - 1\,152a = 6$, also $-576a = 6$ und damit $\mathbf{a = -\frac{1}{96}}$.

Daraus folgt: $\mathbf{b} = -48 \cdot \left(-\frac{1}{96}\right) = \mathbf{\frac{1}{2}}$

Der Parabelbogen hat in diesem Koordinatensystem den Funktionsterm $f_2(x) = -\frac{1}{96}x^2 + \frac{1}{2}x$.

115. a) Im Koordinatensystem sind die vier Punkte A(–3; 1), B(–1; –1), C(2; 2) und D(4; –2) eingezeichnet. Damit lassen sich vier unabhängige Gleichungen für vier Unbekannte aufstellen. Das führt auf eine ganzrationale Funktion dritten Grades: $\mathbf{f(x) = ax^3 + bx^2 + cx + d}$

(1) $f(-3) = 1 \quad \Rightarrow \quad a \cdot (-3)^3 + b \cdot (-3)^2 + c \cdot (-3) + d = 1$

(2) $f(-1) = -1 \quad \Rightarrow \quad a \cdot (-1)^3 + b \cdot (-1)^2 + c \cdot (-1) + d = -1$

(3) $f(2) = 2 \quad \Rightarrow \quad a \cdot 2^3 + b \cdot 2^2 + c \cdot 2 + d = 2$

(4) $f(4) = -2 \quad \Rightarrow \quad a \cdot 4^3 + b \cdot 4^2 + c \cdot 4 + d = -2$

Somit ist das folgende Gleichungssystem zu lösen:

(1) $-27 + 9b - 3c + d = 1$

(2) $-a + b - c + d = -1$

(3) $8a + 4b + 2c + d = 2$

(4) $64a + 16b + 4c + d = -2$

Lösung mit dem Gauß-Schema, wobei die Zeilen (1) und (2) bereits vertauscht wurden:

$$
\begin{array}{lrrrr|r|l}
(1) & -1 & 1 & -1 & 1 & -1 & \\
(2) & -27 & 9 & -3 & 1 & 1 & \mid -27\cdot(1)+(2) \\
(3) & 8 & 4 & 2 & 1 & 2 & \mid 8\cdot(1)+(3) \\
(4) & 64 & 16 & 4 & 1 & -2 & \mid 64\cdot(1)+(4) \\
\hline
(1) & -1 & 1 & -1 & 1 & -1 & \\
(2) & 0 & -18 & 24 & -26 & 28 & \\
(3) & 0 & 12 & -6 & 9 & -6 & \mid \frac{12}{18}\cdot(2)+(3) \\
(4) & 0 & 80 & -60 & 65 & -66 & \mid \frac{80}{18}\cdot(2)+(4) \\
\hline
(1) & -1 & 1 & -1 & 1 & -1 & \\
(2) & 0 & -18 & 24 & -26 & 28 & \\
(3) & 0 & 0 & 10 & -\frac{25}{3} & \frac{38}{3} & \\
(4) & 0 & 0 & \frac{140}{3} & -\frac{455}{9} & \frac{526}{9} & \mid -\frac{14}{3}\cdot(3)+(4) \\
\hline
(1) & -1 & 1 & -1 & 1 & -1 & \\
(2) & 0 & -18 & 24 & -26 & 28 & \\
(3) & 0 & 0 & 10 & -\frac{25}{3} & \frac{38}{3} & \\
(4) & 0 & 0 & 0 & -\frac{35}{3} & -\frac{2}{3} &
\end{array}
$$

Aus (4): $\mathbf{d} = \frac{3}{35}\cdot\frac{2}{3} = \mathbf{\frac{2}{35}}$

In (3): $\mathbf{c} = \frac{1}{10}\cdot\left(\frac{38}{3}+\frac{25}{3}\cdot\frac{2}{35}\right) = \mathbf{\frac{46}{35}}$

In (2): $\mathbf{b} = -\frac{1}{18}\cdot\left(28+26\cdot\frac{2}{35}-24\cdot\frac{46}{35}\right) = \mathbf{\frac{4}{35}}$

In (1): $\mathbf{a} = 1+\frac{2}{35}-\frac{46}{35}+\frac{4}{35} = \mathbf{-\frac{1}{7}}$

Damit lautet der Funktionsterm: $f(x) = -\frac{1}{7}x^3+\frac{4}{35}x^2+\frac{46}{35}x+\frac{2}{35}$

b) Wertetabelle:

x	–5	–4	–3	–2	–1	0	1	2	3	4	5
f(x)	14,20	5,77	1,00	–0,97	–1,00	0,06	1,34	2,00	1,17	–2,00	–8,37

Der Graph von f enthält, wie im Diagramm zu sehen ist, die vier vorgegebenen Punkte.

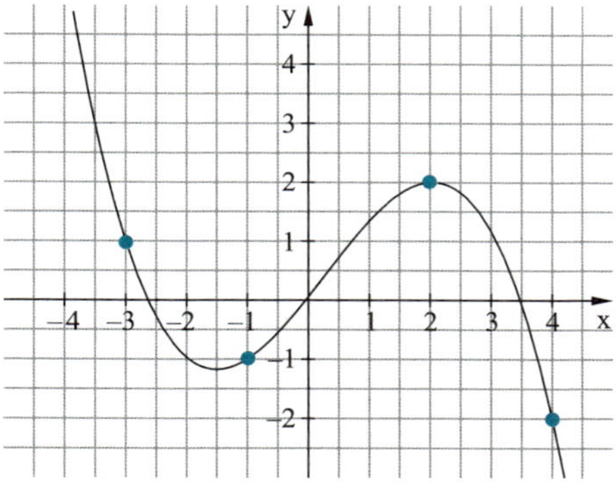

116. Es gibt viele mögliche Funktionsgraphen mit den geforderten Eigenschaften. Es muss jedoch an der Stelle –2 ein Loch und an der Stelle 1 ein Sprung vorliegen.

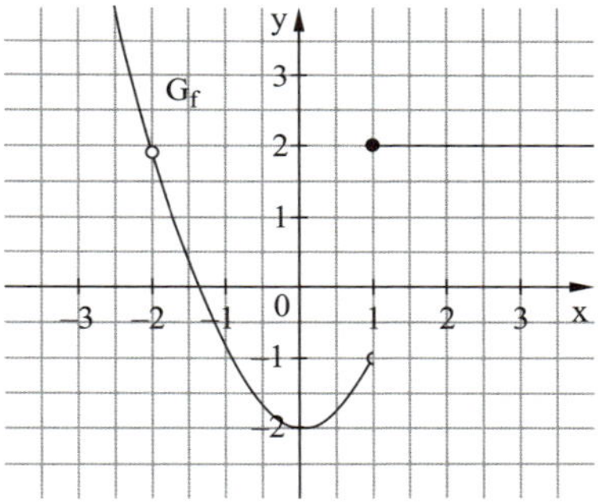

117. a) $D_f = \mathbb{R} \setminus \{-2; 3\}$

b) Kein Grenzwert existiert an den Stellen –4 und –2. An den anderen Stellen gilt:

$\lim\limits_{x \to -3} f(x) = 1;\quad \lim\limits_{x \to -1} f(x) = 0{,}5;\quad \lim\limits_{x \to 0} f(x) = 0;$

$\lim\limits_{x \to 1} f(x) = 2{,}5;\quad \lim\limits_{x \to 2} f(x) = 2;\quad \lim\limits_{x \to 3} f(x) = 1{,}5$

c) An den Definitionslücken –2 und 3 existieren keine Funktionswerte. An den anderen Stellen liest man ab:

$f(-4) = 0{,}5;\quad f(-3) = 1;\quad f(-1) = 0{,}5;\quad f(0) = 0;\quad f(1) = 2{,}5;\quad f(2) = 3$

118. a) $f(x) = \frac{1}{x}$

Die Funktion f besitzt an den Stellen –1 und 2 jeweils Grenzwerte, und zwar:

$\lim\limits_{x \to -1} \frac{1}{x} = -1$; $\lim\limits_{x \to 2} \frac{1}{x} = \frac{1}{2}$

Der Grenzwert an der Stelle 0 existiert nicht.

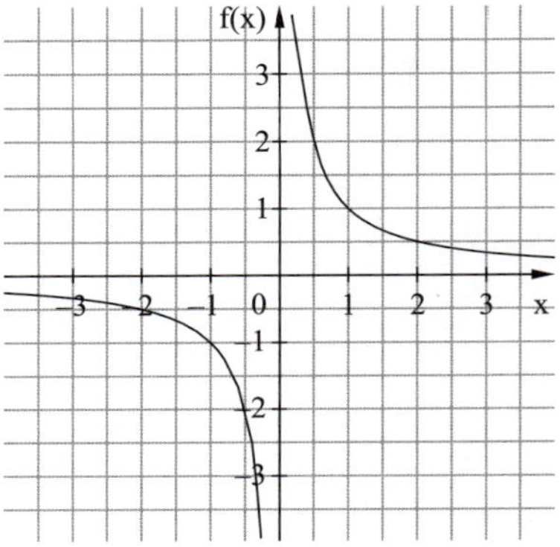

b) $g_1(x) = \begin{cases} x+1 & \text{für } x < 1 \\ -x^2+1 & \text{für } x > 1 \end{cases}$

$\lim\limits_{x \to 0} g_1(x) = 1$

$\lim\limits_{x \to 1} g_1(x)$ existiert nicht!

$\lim\limits_{x \to 2} g_1(x) = -3$

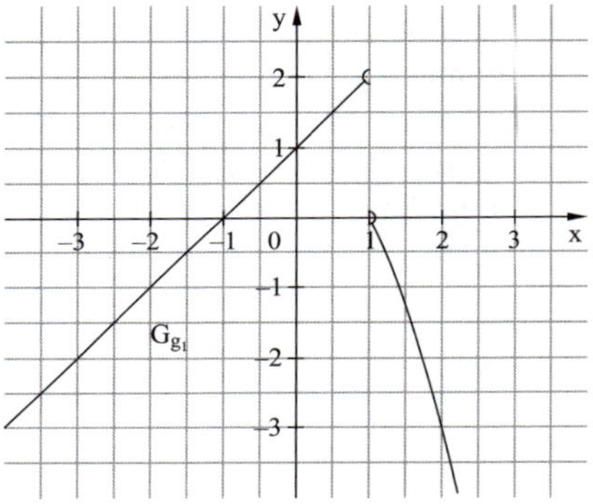

$g_2(x) = \begin{cases} x+1 & \text{für } x < 1 \\ 1 & \text{für } x = 1 \\ -x^2+1 & \text{für } x > 1 \end{cases}$

$\lim\limits_{x \to 0} g_2(x) = 1$

$\lim\limits_{x \to 1} g_2(x)$ existiert nicht!

$\lim\limits_{x \to 2} g_2(x) = -3$

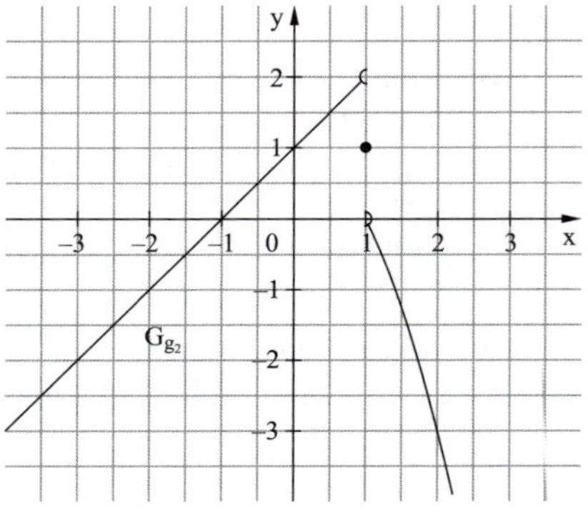

c) $h(x) = \begin{cases} -1 & \text{für } x \leq 2 \\ x^2 - 4x + 3 & \text{für } x > 2 \end{cases}$

$\lim\limits_{x \to -2} h(x) = -1$

$\lim\limits_{x \to 1{,}5} h(x) = -1$

$\lim\limits_{x \to 2} h(x) = -1$

Alle drei Grenzwerte existieren.

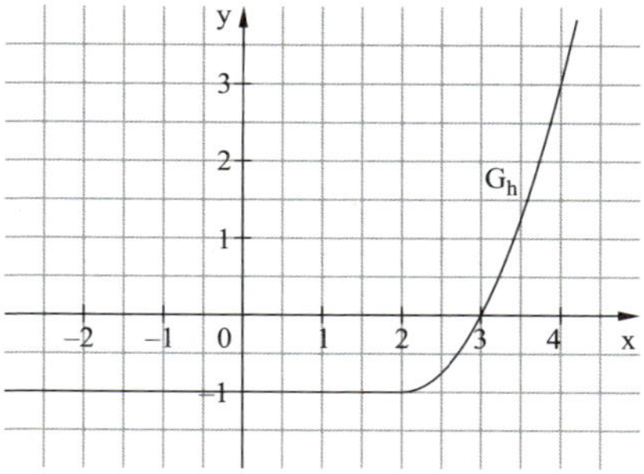

119. $f(x) = \frac{x^2 - 1}{x + 1}$; $g(x) = \frac{x^2 + 1}{x + 1}$

x	−2	−1,5	−1,2	−1,1	−1,01	**−1**	−0,99	−0,9	−0,8	−0,5
f(x)	−3	−2,5	−2,2	−2,1	−2,01	–	−1,99	−1,9	−1,8	−1,5
g(x)	−5	−6,5	−12,2	−22,1	−202,01	–	198,01	18,1	8,2	2,5

Anhand der Wertetabelle kann vermutet werden, dass f bei –1 einen Grenzwert besitzt:

$\lim\limits_{x \to -1} \frac{x^2 - 1}{x + 1} = -2$

Der Graph von f ist eine „gelochte" Gerade. Das liegt daran, dass sich f(x) kürzen lässt. Es ergibt sich

$f(x) = \frac{x^2 - 1}{x + 1} = \frac{\cancel{(x+1)}\,(x-1)}{\cancel{x+1}} = x - 1$

für $x \neq -1$.

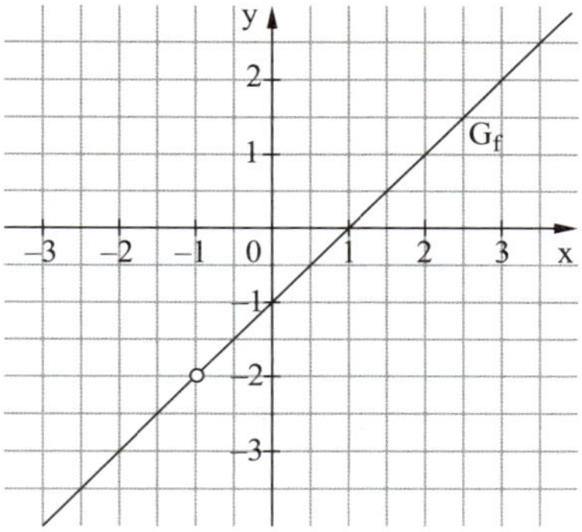

Laut Wertetabelle hat die Funktion g an der Stelle –1 **keinen** Grenzwert, weil die Funktionswerte „auseinanderlaufen“.

$\lim\limits_{x \to -1} g(x)$ existiert nicht!

Die Vermutungen bzgl. der Grenzwerte bei –1 werden durch die Graphen bestätigt.

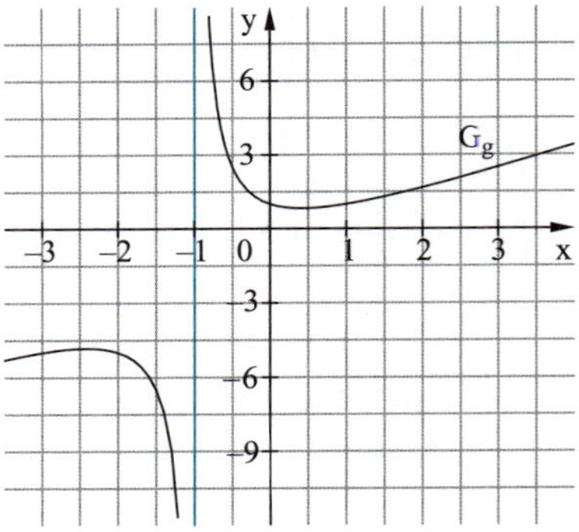

120. a) Der maximale Definitionsbereich ist offensichtlich $\mathbb{R} \setminus \{0\}$.
Betragsstrichfrei, d. h. als abschnittsweise definierte Funktion, besitzt f die Darstellung:

$$f(x) = \frac{|x|}{x} = \begin{cases} \frac{x}{x} & \text{für } x > 0 \\ \frac{-x}{x} & \text{für } x < 0 \end{cases} = \begin{cases} 1 & \text{für } x > 0 \\ -1 & \text{für } x < 0 \end{cases}$$

b) Der Graph von f ist sehr einfach:

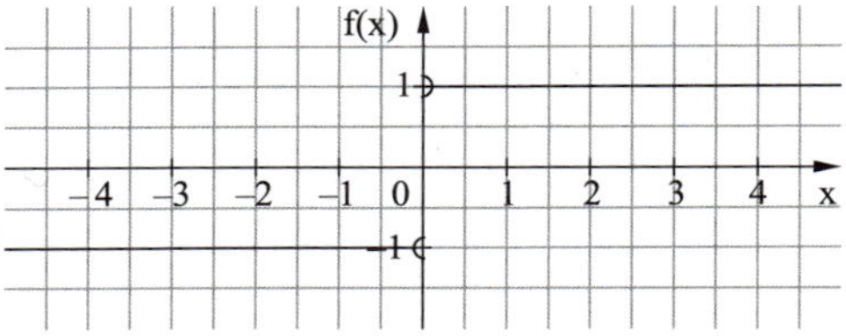

Die einseitigen Grenzwerte an der Stelle 0 können aus dem abschnittsweise dargestellten Funktionsterm, oder noch einfacher aus dem Graphen abgelesen werden:

- Nähert man sich der 0 von rechts, so haben die Funktionswerte den Wert 1, also gilt für den rechtsseitigen Grenzwert:
  $\lim\limits_{x \to 0+} f(x) = 1$
- Entsprechend gilt für die linksseitige Annäherung:
  $\lim\limits_{x \to 0-} f(x) = -1$

c) Der (gemeinsame) Grenzwert $\lim\limits_{x \to 0} f(x)$ existiert nicht, da rechts- und linksseitiger Grenzwert zwar existieren, aber verschieden sind:
$\lim\limits_{x \to 0+} f(x) = 1 \neq -1 = \lim\limits_{x \to 0-} f(x)$

121. $\lim\limits_{x \to (-4)+} f(x) = 0{,}5;\quad \lim\limits_{x \to (-4)-} f(x) = 1$

$\lim\limits_{x \to (-2)+} f(x) = 2;\quad \lim\limits_{x \to (-2)-} f(x) = 1{,}5$

$\lim\limits_{x \to 0\pm} f(x) = 0$

$\lim\limits_{x \to 2\pm} f(x) = 2$

$\lim\limits_{x \to 3\pm} f(x) = 1{,}5$

122. a) $f(x) = \begin{cases} x^2 - 1 & \text{für } x \leq 2 \\ -x + 4 & \text{für } x > 2 \end{cases}$

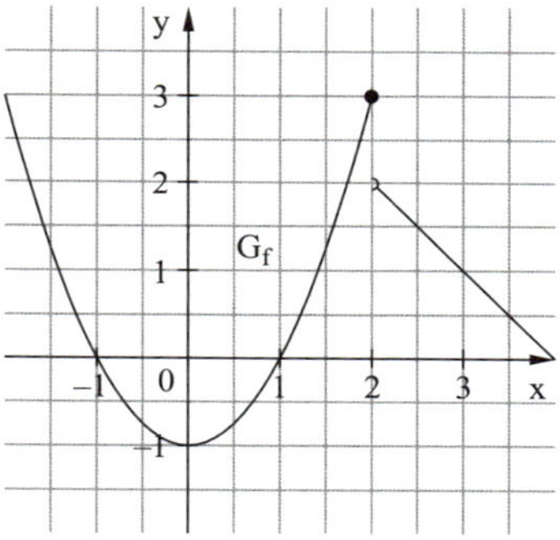

$\lim\limits_{x \to 2+} f(x) = \lim\limits_{x \to 2+} (-x+4)$
$= -2 + 4 = 2$

$\lim\limits_{x \to 2-} f(x) = \lim\limits_{x \to 2-} (x^2 - 1)$
$= 4 - 1 = 3$

$\Rightarrow$ f besitzt an der Stelle 2 keinen Grenzwert.

b) $g(x) = \begin{cases} x^2 - 1 & \text{für } x < 2 \\ 0 & \text{für } x = 2 \\ -x + 4 & \text{für } x > 2 \end{cases}$

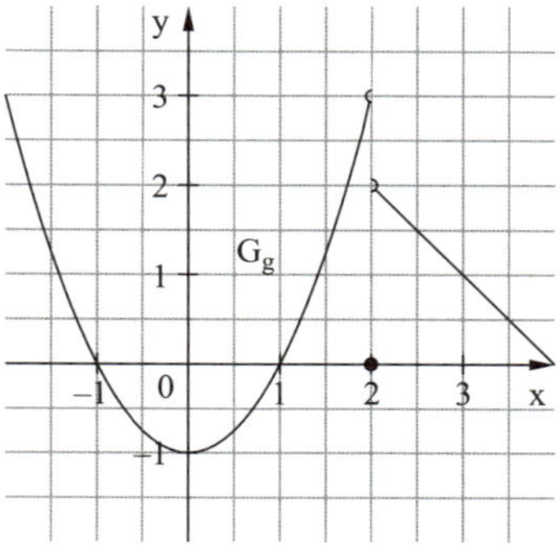

$\lim\limits_{x \to 2+} g(x) = \lim\limits_{x \to 2+} (-x+4)$
$= -2 + 4 = 2$

$\lim\limits_{x \to 2-} g(x) = \lim\limits_{x \to 2-} (x^2 - 1)$
$= 4 - 1 = 3$

$\Rightarrow$ g besitzt an der Stelle 2 keinen Grenzwert.

Man erkennt, dass sich genau die gleiche Rechnung wie in Teilaufgabe a ergibt. Bei g hat sich gegenüber f auch nur der Funktionswert an der Stelle 2 geändert, es gilt $f(2) = 3$ und $g(2) = 0$. Diese Funktionswerte haben aber **keinen Einfluss** auf die Grenzwerte.

c) $h(x)=\begin{cases} x^2-1 & \text{für } x<2 \\ -x+5 & \text{für } x\geq 2 \end{cases}$

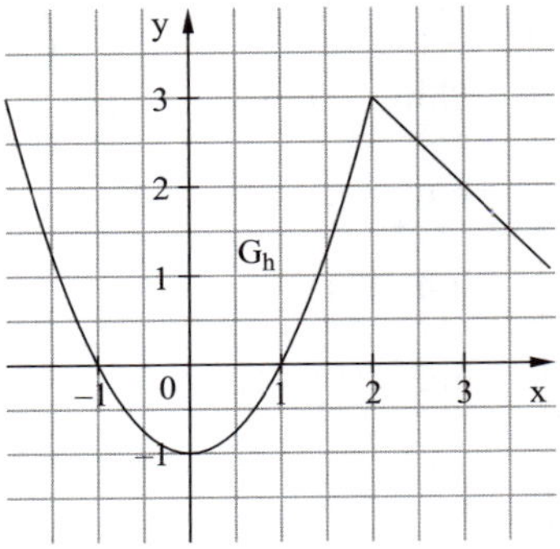

$$\lim_{x\to 2+} h(x)=\lim_{x\to 2+}(-x+5) = -2+5=3$$

$$\lim_{x\to 2-} h(x)=\lim_{x\to 2-}(x^2-1) = 4-1=3$$

$\Rightarrow$ h besitzt an der Stelle 2 den Grenzwert 3:

$$\lim_{x\to 2} h(x)=3$$

123. a) $f(x)=\frac{x+1}{x^2-1}$

Wertetabelle:

x	−2	−1,3	−1,1	**−1**	−0,9	−0,5	0	0,5	0,9	**1**	1,1	1,3	2
f(x)	−0,33	−0,43	−0,48	–	−0,53	−0,67	−1	−2	−10	–	10	3,33	1

Der Grenzwert bei −1 existiert und hat den Wert −0,5, dafür schreibt man:

$$\lim_{x\to -1} f(x)=-0{,}5$$

An der Stelle 1 hat f **keinen** Grenzwert. Die einseitigen uneigentlichen Grenzwerte sind:

$$\lim_{x\to 1-} f(x)=-\infty$$

$$\lim_{x\to 1+} f(x)=\infty$$

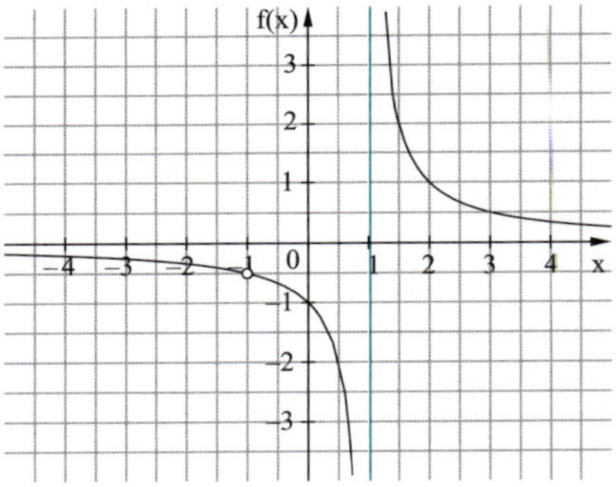

b) $g(x)=\frac{x+1}{x-1}$

Wertetabelle:

x	0	0,5	0,8	0,9	0,99	**1**	1,011	1,1	1,2	1,5	2
g(x)	−1	−3	−9	−19	−199	–	182,82	21	11	5	3

An der Stelle 1 hat g **keinen** Grenzwert. Die einseitigen uneigentlichen Grenzwerte sind:

$\lim\limits_{x \to 1-} g(x) = -\infty$

$\lim\limits_{x \to 1+} g(x) = \infty$

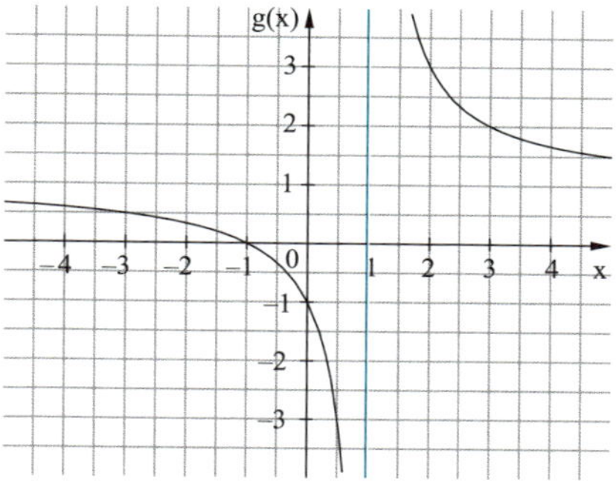

c) $h(x) = \frac{x+1}{x^2+1}$

Die Funktion h hat keine Definitionslücken, es gilt $D_{max} = \mathbb{R}$. Da die Grenzwerte nur an den Definitionslücken berechnet werden sollen, gibt es nichts zu tun.

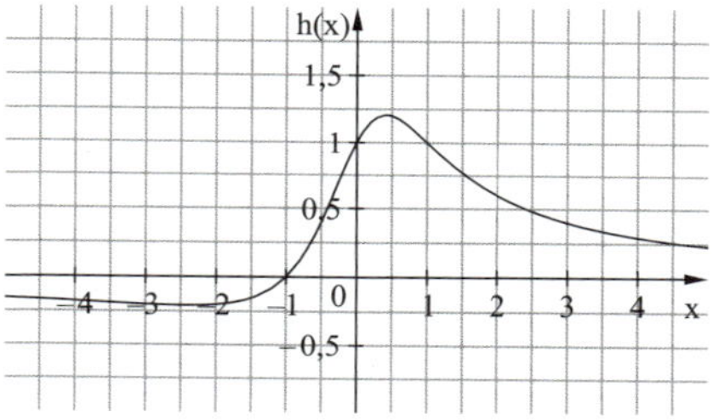

124. $\lim\limits_{x \to (-3)-} f(x) = -\infty$; $\lim\limits_{x \to (-3)+} f(x) = \infty$; $\lim\limits_{x \to 1{,}5} f(x) = -\infty$

125. a) $\lim\limits_{x \to \pm\infty} \frac{-2}{x^3} = 0$

b) $\lim\limits_{x \to -1} x = -1$

c) $\lim\limits_{x \to -\infty} \left(-\frac{1}{4}x^3 - 5x^2 + x\right) = \lim\limits_{x \to -\infty} -\frac{1}{4}x^3 = \infty$

$\lim\limits_{x \to \infty} \left(-\frac{1}{4}x^3 - 5x^2 + x\right) = \lim\limits_{x \to \infty} -\frac{1}{4}x^3 = -\infty$

d) $\lim\limits_{x \to -\infty} -5 = -5$

e) $\lim\limits_{x \to -\infty} \frac{a}{x} = 0$

f) $\lim\limits_{x \to \pm\infty} (2x^4 - 4x^3 + 3x^2 - 10) = \lim\limits_{x \to \pm\infty} 2x^4 = \infty$ (in beiden Fällen)

126. a) $\lim\limits_{x \to \infty} (2x-1) = \infty$

Der Graph ist eine Gerade mit **positiver** Steigung.

b) $\lim\limits_{x \to -\infty} (2x-1) = -\infty$

Der Graph ist eine Gerade mit **positiver** Steigung.

c) $\lim\limits_{|x| \to \infty} \left(\frac{1}{4}x^2 - 5x + 1\right) = \infty$

(in beiden Fällen)

Der Graph ist eine nach **oben** geöffnete Parabel.

d) $\lim\limits_{x \to -\infty} -x^3 = \infty$

Graph verläuft von **links oben** nach **rechts unten**.

e) $\lim\limits_{x \to \infty} -x^3 = -\infty$

Graph verläuft von **links oben** nach **rechts unten**.

f) $\lim\limits_{x \to \pm\infty} x^4 = \infty$

(in beiden Fällen)

Graph verläuft von **links oben** nach **rechts oben**.

127. a) $f_1(x) = \frac{2}{x^2+1}$

$\lim\limits_{|x| \to \infty} \frac{2}{x^2+1} = 0$

$f_1(\pm 100) \approx 0{,}0002$

horizontale Asymptote: $\mathbf{y = 0}$

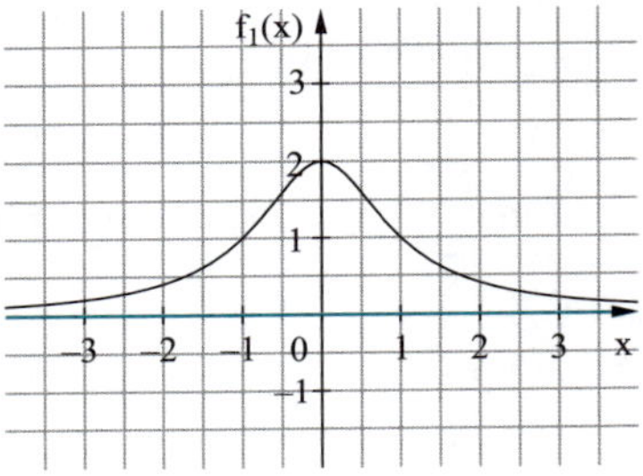

b) $f_2(x) = \frac{2x}{x^2+1}$

$\lim\limits_{|x| \to \infty} \frac{2x}{x^2+1} = 0$

$f_2(\pm 100) \approx \pm 0{,}02$

horizontale Asymptote: $\mathbf{y = 0}$

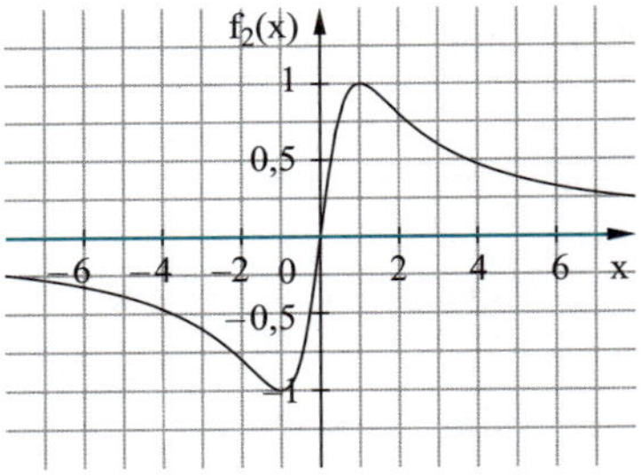

c) $f_3(x) = \frac{2x^2}{x^2+1}$

$\lim\limits_{|x| \to \infty} \frac{2x^2}{x^2+1} = 2$

$f_3(\pm 100) \approx 1{,}9998$

horizontale Asymptote: **y = 2**

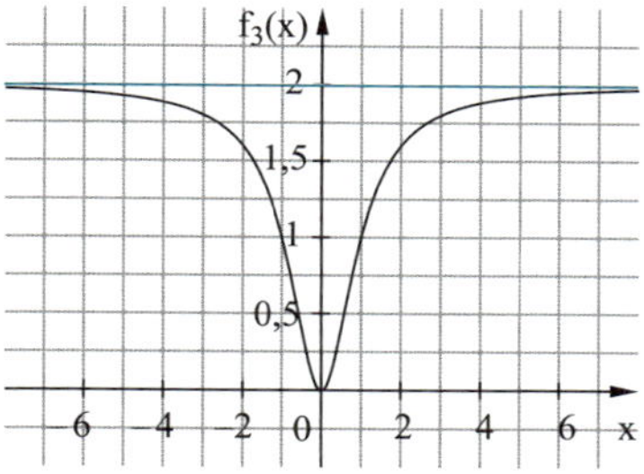

d) $f_4(x) = \frac{2x^3}{x^2+1}$

$\lim\limits_{x \to \pm\infty} \frac{2x^3}{x^2+1} = \pm\infty$

$f_4(\pm 100) \approx \pm 199{,}98$

Es gibt keine horizontale Asymptote.

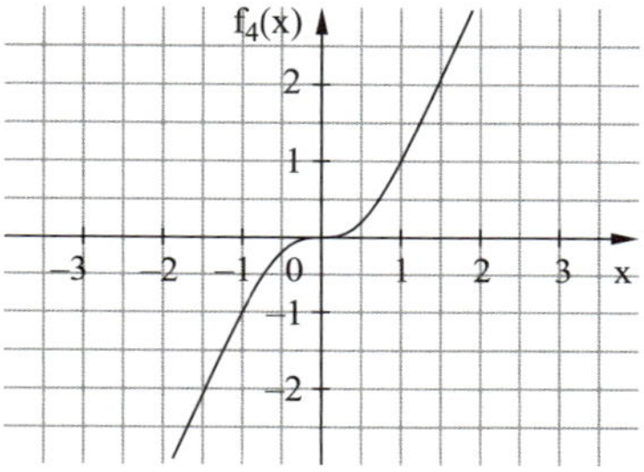

e) Die Regel lautet:

- Wenn der Grad der im Nenner stehenden ganzrationalen Funktion **größer** ist als der Grad der im Zähler stehenden Funktion, so ist der Grenzwert für $x \to \pm\infty$ gleich null (siehe f_1 und f_2).
- Wenn die Grade im Zähler und Nenner **gleich** sind, gibt es auch einen Grenzwert, der allerdings ungleich null ist (siehe f_3).
- Wenn der Grad im Nenner **kleiner** ist als der im Zähler, gehen die Funktionswerte für $x \to \pm\infty$ gegen unendlich (ggf. mit Vorzeichen, siehe f_4).

128. a) • Bei **50 %** Anziehungskraft gilt: $F(r) = \frac{1}{2} F_0$

Dieser Ansatz wird in die Formel eingesetzt:

$\frac{F_0}{r^2} = \frac{1}{2} F_0 \quad | : F_0$, Kehrbruch bilden

$r^2 = 2 \quad | \sqrt{\;}$

$r = \sqrt{2} \approx 1{,}41$ (Die Lösung $r = -\sqrt{2}$ ist nicht relevant, da $r > 0$ vorausgesetzt ist.)

Da ein Erdradius vom Erdmittelpunkt bis zur Erdoberfläche reicht, ergibt sich von der Erdoberfläche aus gemessen die Entfernung:

$d = (r - 1) \cdot r_E = 0{,}41 \cdot 6\,370\text{ km} \approx 2\,612\text{ km}$

- Bei **10 %** Anziehungskraft gilt: $F(r) = \frac{1}{10} F_0$

  Der Ansatz führt auf $r^2 = 10$, also $r \approx 3{,}16$.
  $\Rightarrow \quad d = 2{,}16 \cdot 6\,370 \text{ km} = 13\,759 \text{ km}$
- Bei **1 %** Anziehungskraft gilt: $F(r) = \frac{1}{100} F_0$

  Der Ansatz führt auf $r^2 = 100$, also $r = 10$.
  $\Rightarrow \quad d = 9 \cdot 6\,370 \text{ km} = 57\,330 \text{ km}$

b) $\lim\limits_{r \to \infty} F(r) = \lim\limits_{r \to \infty} \frac{F_0}{r^2} = 0$

Das heißt, dass die Anziehungskraft null wird, wenn sich der Satellit „unendlich weit" von der Erde entfernt.

129. a) $\lim\limits_{x \to -2} (-2x^2 + x - 1) = -2(-2)^2 + (-2) - 1 = -11$

b) $\lim\limits_{x \to 3} \frac{x+1}{x^2} = \frac{3+1}{3^2} = \frac{4}{9}$

c) $\lim\limits_{x \to \infty} \left(1 - \frac{1}{x}\right) = 1 - 0 = 1$

d) Um die Grenzwertsätze anwenden zu können, wird der Bruch mit $\frac{1}{x}$ erweitert.

$$\lim_{x \to -\infty} \frac{2x}{x-1} = \lim_{x \to -\infty} \frac{2x \cdot \frac{1}{x}}{(x-1) \cdot \frac{1}{x}} = \lim_{x \to -\infty} \frac{2}{1 - \frac{1}{x}} = \frac{2}{1-0} = 2$$

130. a) $\lim\limits_{x \to 0+} f(x) = \lim\limits_{x \to 0+} \frac{1}{x} = \infty; \quad \lim\limits_{x \to 0-} f(x) = \lim\limits_{x \to 0-} (-x) = 0$

$\Rightarrow$ Der Grenzwert an der Nahtstelle 0 existiert nicht.

b) $g(x) = x \cdot |x| = \begin{cases} x^2 & \text{für } x \geq 0 \\ -x^2 & \text{für } x < 0 \end{cases}$

$\lim\limits_{x \to 0+} g(x) = \lim\limits_{x \to 0+} x^2 = 0; \quad \lim\limits_{x \to 0-} g(x) = \lim\limits_{x \to 0-} (-x^2) = 0$

$\Rightarrow$ Der Grenzwert an der Nahtstelle 0 existiert, er ist null.

c) $\lim\limits_{x \to 2+} h(x) = \lim\limits_{x \to 2+} \left(-\frac{1}{2}x^2 + 1\right) = -\frac{1}{2} \cdot 2^2 + 1 = -1$

$\lim\limits_{x \to 2-} h(x) = \lim\limits_{x \to 2-} x = 2$

$\Rightarrow$ Der Grenzwert an der Nahtstelle 2 existiert nicht.

$$\lim_{x \to 0+} h(x) = \lim_{x \to 0+} x = 0; \quad \lim_{x \to 0-} h(x) = \lim_{x \to 0-} 1 = 1$$

$\Rightarrow$ Der Grenzwert an der Nahtstelle 0 existiert nicht.

d) $k(x) = |x-2| = \begin{cases} x-2 & \text{für } x \geq 2 \\ -x+2 & \text{für } x < 2 \end{cases}$

$$\lim_{x \to 2+} k(x) = \lim_{x \to 2+} (x-2) = 2-2 = 0$$

$$\lim_{x \to 2-} k(x) = \lim_{x \to 2-} (-x+2) = -2+2 = 0$$

$\Rightarrow$ Der Grenzwert an der Nahtstelle 2 existiert, er ist null.

131. Durch das Erweitern des Bruches mit dem Kehrwert der höchsten Potenz von x, in diesem Fall x^2, führt man die Grenzwertberechnung auf bekannte Grenzwerte zurück.

$$\lim_{x \to \infty} \frac{3x^2-4x}{2x^2-1} = \lim_{x \to \infty} \frac{(3x^2-4x) \cdot \frac{1}{x^2}}{(2x^2-1) \cdot \frac{1}{x^2}} = \frac{\lim\limits_{x \to \infty} \left(3 - \frac{4}{x}\right)}{\lim\limits_{x \to \infty} \left(2 - \frac{1}{x^2}\right)}$$

$$= \frac{\lim\limits_{x \to \infty} 3 - \lim\limits_{x \to \infty} \frac{4}{x}}{\lim\limits_{x \to \infty} 2 - \lim\limits_{x \to \infty} \frac{1}{x^2}} = \frac{3-0}{2-0} = \frac{3}{2}$$

132. a) $\lim\limits_{x \to 5} \frac{x^2-x-20}{x-5} = \lim\limits_{x \to 5} \frac{\cancel{(x-5)}(x+4)}{\cancel{x-5}} = \lim\limits_{x \to 5} (x+4) = 5+4 = 9$

b) $\lim\limits_{x \to 2} \frac{x^2+x-6}{x-2} = \lim\limits_{x \to 2} \frac{(x+3)\cancel{(x-2)}}{\cancel{x-2}} = \lim\limits_{x \to 2} (x+3) = 2+3 = 5$

c) $\lim\limits_{x \to 2} \frac{x^2-4}{2-x} = \lim\limits_{x \to 2} \frac{\cancel{(x-2)}(x+2)}{-\cancel{(x-2)}} = \lim\limits_{x \to 2} -(x+2) = -(2+2) = -4$

d) $\lim\limits_{x \to 0} \frac{x^3+x^2-12x}{x^2-3x} = \lim\limits_{x \to 0} \frac{\cancel{x}(x^2+x-12)}{\cancel{x}(x-3)} = \lim\limits_{x \to 0} \frac{x^2+x-12}{x-3} = \frac{-12}{-3} = 4$

e) $\lim\limits_{x \to -3} \frac{(x+3)(x-2)}{x^2+6x+9} = \lim\limits_{x \to -3} \frac{\cancel{(x+3)}(x-2)}{(x+3)^{\cancel{2}}} = \lim\limits_{x \to -3} \frac{x-2}{x+3}$

$\Rightarrow$ Der Grenzwert existiert nicht, da für $x \to -3$ der Nenner gegen null und der Zähler gegen $-5 \neq 0$ geht. f(x) hat hier eine Polstelle.

133. • Rechtsseitiger Grenzwert von f an der Stelle 1:

$$\lim_{x \to 1+} \frac{x-1}{x^2-1} = \lim_{\mathbf{h \to 0}} \frac{\mathbf{(1+h)}-1}{\mathbf{(1+h)}^2-1}$$

x wird durch **1 + h**, der Ausdruck $x \to 1+$ durch **h → 0** ersetzt. Anschließend wird ausmultipliziert und zusammengefasst.

$$= \lim_{h \to 0} \frac{1+h-1}{1+2h+h^2-1}$$

$$= \lim_{h \to 0} \frac{h}{2h+h^2}$$

$$= \lim_{h \to 0} \frac{\cancel{h}}{\cancel{h}(2+h)}$$

Ausklammern von h im Nenner, **Kürzen** von $h \neq 0$

$$= \lim_{h \to 0} \frac{1}{2+h} = \frac{1}{2+0} = \frac{1}{2}$$

Grenzwertsatz **„Quotient"** anwenden

• Linksseitiger Grenzwert bei 1:

$$\lim_{x \to 1-} \frac{x-1}{x^2-1} = \lim_{h \to 0} \frac{1}{2+\mathbf{(-h)}}$$

$$= \lim_{h \to 0} \frac{1}{2-h} = \frac{1}{2-0} = \frac{1}{2}$$

In der vorhergehenden Rechnung wird h durch **–h** ersetzt und der Grenzwertsatz **„Quotient"** angewendet.

Die Grenzwerte bei links- und rechtsseitiger Annäherung an die Stelle 1 sind gleich, sodass der Grenzwert an der Stelle 1 existiert:

$\lim\limits_{x \to 1} \frac{x-1}{x^2-1} = \frac{1}{2}$ (Der Graph von f hat an der Stelle 1 ein Loch.)

• Rechtsseitiger Grenzwert von f an der Stelle –1:

$$\lim_{x \to (-1)+} \frac{x-1}{x^2-1} = \lim_{\mathbf{h \to 0}} \frac{\mathbf{(-1+h)}-1}{\mathbf{(-1+h)}^2-1}$$

x wird durch **–1 + h**, der Ausdruck $x \to (-1)+$ durch **h → 0** ersetzt. Anschließend wird ausmultipliziert und zusammengefasst.

$$= \lim_{h \to 0} \frac{h-2}{1-2h+h^2-1}$$

$$= \lim_{h \to 0} \frac{h-2}{h^2-2h}$$

$$= \lim_{h \to 0} \frac{\cancel{h-2}}{h\,(\cancel{h-2})}$$

Ausklammern von h im Nenner, **Kürzen** von $h-2 \neq 0$

$$= \lim_{h \to 0} \frac{1}{h} = +\infty$$

Der Zähler ist 1, der Nenner strebt gegen null (von der positiven Seite her). Die Funktionswerte gehen also gegen $+\infty$.

• Linksseitiger Grenzwert bei –1:

$$\lim_{x \to (-1)-} \frac{x-1}{x^2-1} = \lim_{h \to 0} \frac{1}{\mathbf{-h}}$$

$$= \lim_{h \to 0} \frac{-1}{h} = -\infty$$

h wird wieder durch **–h** ersetzt. Im letzten Term ist der Zähler –1, also < 0, während der Nenner gegen null strebt (von der positiven Seite her). Wegen **(–) : (+) = (–)** geht also der gesamte Bruch gegen **–∞**.

Die Grenzwerte bei links- und rechtsseitiger Annäherung an die Stelle –1 sind verschieden, der Grenzwert existiert nicht (Polstelle mit VZW). Alle Ergebnisse stimmen mit denen aus den Beispielen zur Kürzungsmethode überein.

134. Natürlich sind viele verschiedene Graphen denkbar, die diese Grenzwerte haben. An den angegebenen Stellen müssen Sie aber die geforderten Grenzwerte haben.

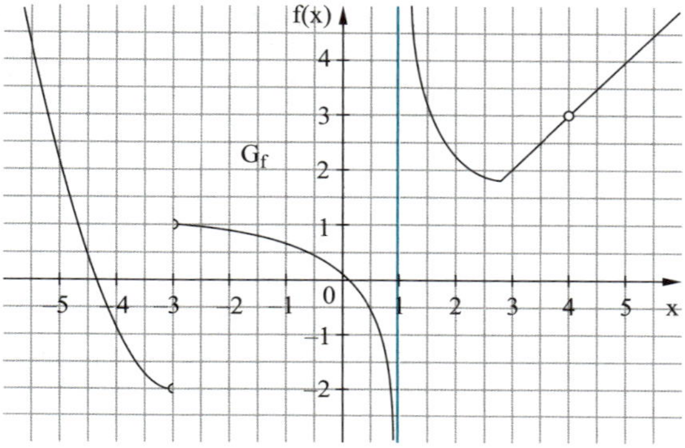

135. a) $\lim\limits_{x \to 0+} \frac{x^2}{2x} = \lim\limits_{h \to 0} \frac{(0+h)^2}{2(0+h)} = \lim\limits_{h \to 0} \frac{h^{\not 2}}{2\not h} = \lim\limits_{h \to 0} \frac{h}{2} = 0$

Ersetzen von h durch **−h**:

$\lim\limits_{x \to 0-} \frac{x^2}{2x} = \lim\limits_{h \to 0} \frac{-h}{2} = 0$

b) $\lim\limits_{x \to (-2)+} \frac{2(x+2)^2}{x^2+4x+4} = \lim\limits_{h \to 0} \frac{2(-2+h+2)^2}{(-2+h)^2+4(-2+h)+4}$

$= \lim\limits_{h \to 0} \frac{2h^2}{h^2-4h+4-8+4h+4} = \lim\limits_{h \to 0} \frac{2\not h^{\not 2}}{\not h^{\not 2}} = 2$

c) $\lim\limits_{x \to 0+} \frac{x^3+x^2-12x}{x^2-3x} = \lim\limits_{h \to 0} \frac{(0+h)^3+(0+h)^2-12(0+h)}{(0+h)^2-3(0+h)}$

$= \lim\limits_{h \to 0} \frac{h^3+h^2-12h}{h^2-3h} = \lim\limits_{h \to 0} \frac{\not h(h^2+h-12)}{\not h(h-3)}$

$= \lim\limits_{h \to 0} \frac{h^2+h-12}{h-3} = \frac{-12}{-3} = 4$

Ersetzen von h durch **−h**:

$\lim\limits_{x \to 0-} \frac{x^3+x^2-12x}{x^2-3x} = \lim\limits_{h \to 0} \frac{(-h)^2+(-h)-12}{-h-3} = \frac{-12}{-3} = 4$

d) Zunächst von rechts:

$$\lim_{x \to (-1)+} \frac{1}{x(x+1)}$$

$$= \lim_{h \to 0} \frac{1}{(-1+h)(-1+h+1)}$$

$$= \lim_{h \to 0} \frac{1}{(-1+h)h} = -\infty$$

Dass sich als Ergebnis plus oder minus unendlich ergeben muss, ist klar, weil der Nenner gegen null geht, während der Zähler $1 \neq 0$ ist.
Es geht noch darum, das Vorzeichen zu bestimmen: Der Zähler ist 1, also **positiv** und der Nenner wegen des Faktors $(-1+h)$ **negativ**. Man erhält daher $-\infty$.

Nun von links:

$$\lim_{x \to (-1)-} \frac{1}{x(x+1)}$$

$$= \lim_{h \to 0} \frac{1}{(-1+(-h))(-h)}$$

Ersetzen von h durch **–h**

$$= \lim_{h \to 0} \frac{1}{(-1-h)(-h)} = +\infty$$

Wegen $(-) \cdot (-) = (+)$ ist der Nenner hier **positiv**. Der Zähler ist auch **positiv**, man erhält daher $+\infty$.

136. Bei jedem Bild ist zu überprüfen, ob die Funktion an der Stelle x_0 definiert ist, ob der Grenzwert existiert und ob Funktionswert und Grenzwert sogar übereinstimmen.

a) f ist **stetig** an der Stelle x_0.

b) f ist **stetig** an der Stelle x_0.

c) f ist an der Stelle x_0 **weder stetig noch unstetig** (f ist an der Stelle x_0 nicht definiert).

d) f ist **unstetig** an der Stelle x_0.

e) f ist **unstetig** an der Stelle x_0.

f) f ist an der Stelle x_0 **weder stetig noch unstetig** (f ist an der Stelle x_0 nicht definiert).

137. Da es sich bei g_1, g_2 und g_3 um abschnittsweise definierte Funktionen handelt, müssen die einseitigen Grenzwerte bestimmt werden.

a) Einseitige Grenzwerte:

$$\lim_{x \to (-1)+} g_1(x) = \lim_{x \to (-1)+} x^2 = (-1)^2 = 1$$

$$\lim_{x \to (-1)-} g_1(x) = \lim_{x \to (-1)-} (x+1) = -1+1 = 0$$

$\Rightarrow\ 1 \neq 0$, der Grenzwert existiert nicht!
Da g_1 an der Stelle $x_0 = -1$ keinen Grenzwert besitzt, folgt:
g_1 ist an der Stelle $x_0 = -1$ unstetig.

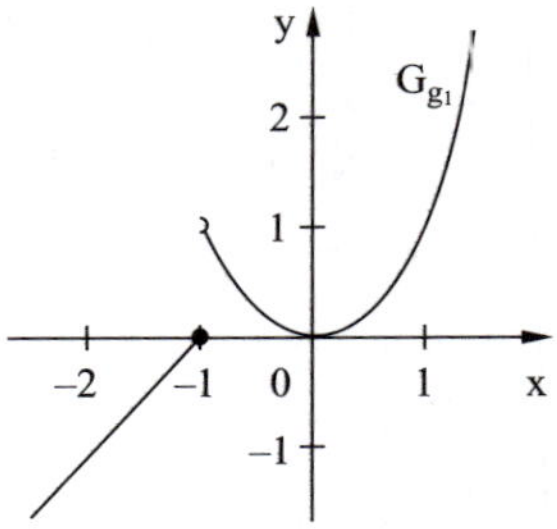

b) Einseitige Grenzwerte:

$$\lim_{x \to (-1)+} g_2(x) = \lim_{x \to (-1)+} x^2 = (-1)^2 = 1$$

$$\lim_{x \to (-1)-} g_2(x) = \lim_{x \to (-1)-} (x+2) = -1+2 = 1$$

Funktionswert: $g_2(-1) = -1 + 2 = 1$
(Achtung: –1 muss in den unteren Term eingesetzt werden!)

$\Rightarrow$ Der Grenzwert existiert, und zwar gilt: $\lim\limits_{x \to -1} g_2(x) = 1$

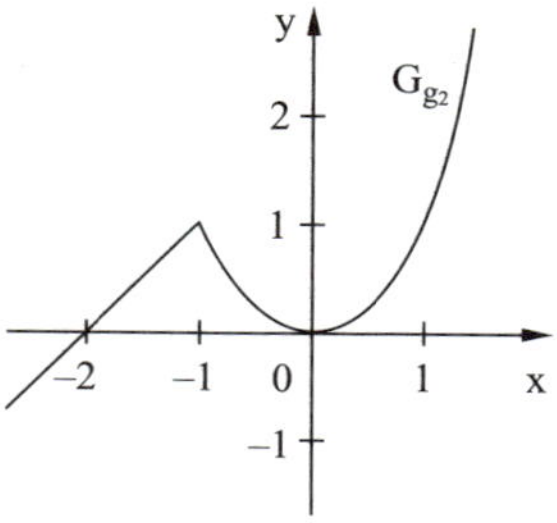

Da g_2 an der Stelle $x_0 = -1$ definiert ist und der Funktionswert mit dem Grenzwert übereinstimmt, folgt:
g_2 ist an der Stelle $x_0 = -1$ stetig.

c) g_3 ist an der Stelle $x_0 = -1$ nicht definiert und dort weder stetig noch unstetig.

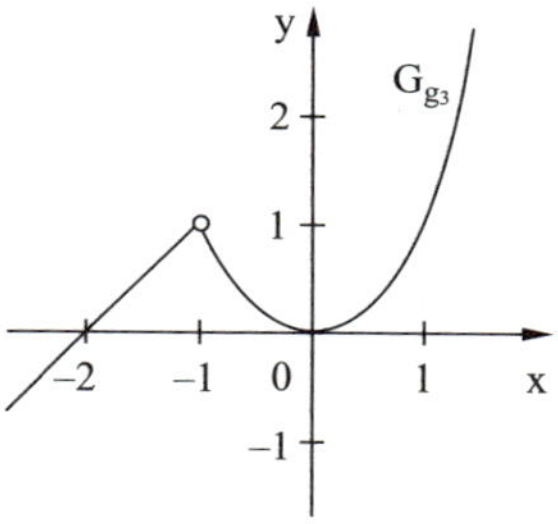

138. Einseitige Grenzwerte:

$$\lim_{x \to 1+} f_t(x) = \lim_{x \to 1+} \left(\tfrac{1}{2}x + t\right) = \tfrac{1}{2} \cdot 1 + t = \tfrac{1}{2} + t$$

$$\lim_{x \to 1-} f_t(x) = \lim_{x \to 1-} \frac{1}{x+2} = \frac{1}{1+2} = \frac{1}{3}$$

Der Grenzwert existiert nur dann, wenn linksseitiger und rechtsseitiger Grenzwert übereinstimmen:

$$\lim_{x \to 1+} f_t(x) = \lim_{x \to 1-} f_t(x)$$

$$\tfrac{1}{2} + t = \tfrac{1}{3}$$

$$\mathbf{t = -\tfrac{1}{6}}$$

Nur für $t = -\frac{1}{6}$ existiert der Grenzwert der Funktion f_t an der Stelle 1 und hat den Wert $\frac{1}{3}$.

Wegen $f_t(1) = \frac{1}{1+2} = \frac{1}{3}$ stimmt der Funktionswert mit dem Grenzwert überein.

Ergebnis: Für $t = -\frac{1}{6}$ ist f_t stetig an der Stelle 1. Für alle anderen t ist f_t an der Stelle 1 unstetig.

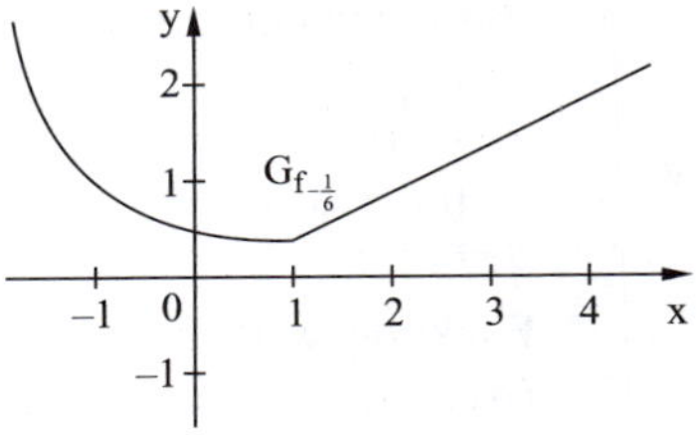

139. a) $\left.\begin{array}{l}\lim\limits_{x \to 0} f(x) = \lim\limits_{x \to 0} (-x^2) = 0 \\ f(0) = -0^2 = 0\end{array}\right\} \Rightarrow$ f ist stetig an der Stelle $x_0 = 0$.

b) Da f an der Stelle 0 nicht definiert ist, ist f dort weder stetig noch unstetig.

c) $\lim\limits_{x \to \frac{1}{3}} f(x) = \lim\limits_{x \to \frac{1}{3}} (-x^3 + 2x) = -\left(\frac{1}{3}\right)^3 + 2 \cdot \frac{1}{3} = -\frac{1}{27} + \frac{2}{3} = \frac{17}{27}$

$f\left(\frac{1}{3}\right) = -\left(\frac{1}{3}\right)^3 + 2 \cdot \frac{1}{3} = -\frac{1}{27} + \frac{2}{3} = \frac{17}{27}$

$\Rightarrow$ f ist stetig an der Stelle $x_0 = \frac{1}{3}$.

d) Wegen $-1 \notin D_f$ ist f weder stetig noch unstetig.

140. a) $f_1(x) = x \cdot |x| = \begin{cases} x^2 & \text{für } x \geq 0 \\ -x^2 & \text{für } x < 0 \end{cases}$

Einseitige Grenzwerte:

$\lim\limits_{x \to 0+} f_1(x) = \lim\limits_{x \to 0+} x^2 = 0$

$\lim\limits_{x \to 0-} f_1(x) = \lim\limits_{x \to 0-} (-x^2) = 0$

$\Rightarrow \lim\limits_{x \to 0} f_1(x) = 0$

Funktionswert: $f_1(0) = 0 \cdot |0| = 0$

$\Rightarrow$ f_1 ist an der Nahtstelle 0 stetig.

b) $f_2(x) = |2x-3| = \begin{cases} 2x-3 & \text{für } x \geq \frac{3}{2} \\ -2x+3 & \text{für } x < \frac{3}{2} \end{cases}$

Einseitige Grenzwerte:

$$\lim_{x \to \frac{3}{2}+} f_2(x) = \lim_{x \to \frac{3}{2}+} (2x-3) = 2 \cdot \frac{3}{2} - 3 = 0$$

$$\lim_{x \to \frac{3}{2}-} f_2(x) = \lim_{x \to \frac{3}{2}-} (-2x+3) = -2 \cdot \frac{3}{2} + 3 = 0$$

$$\Rightarrow \lim_{x \to \frac{3}{2}} f_2(x) = 0$$

Funktionswert: $f_2\left(\frac{3}{2}\right) = \left| 2 \cdot \frac{3}{2} - 3 \right| = 0$

$\Rightarrow$ f_2 ist an der Nahtstelle $\frac{3}{2}$ stetig.

c) $f_3(x) = \frac{|x|}{x} = \begin{cases} \frac{x}{x} & \text{für } x > 0 \\ \frac{-x}{x} & \text{für } x < 0 \end{cases} = \begin{cases} 1 & \text{für } x > 0 \\ -1 & \text{für } x < 0 \end{cases}$

Wegen $0 \notin D_{f_3}$ ist f_3 an der Stelle 0 nicht definiert. Es gibt deshalb keine Stetigkeitsaussage an dieser Stelle.

141. a) $g_1(x) = \begin{cases} x+2 & \text{für } x \in \,]2; \infty[\\ x^2 & \text{für } x \in \,]-\infty; 2[\end{cases}$

Einseitige Grenzwerte:

$$\lim_{x \to 2+} g_1(x) = \lim_{x \to 2+} (x+2) = 2+2 = 4$$

$$\lim_{x \to 2-} g_1(x) = \lim_{x \to 2-} x^2 = 2^2 = 4$$

$$\Rightarrow \lim_{x \to 2} g_1(x) = 4$$

Der Funktionswert $g_1(2)$ existiert nicht, denn g_1 ist an der Stelle 2 nicht definiert! $\Rightarrow$ keine Stetigkeitsaussage

Hinweis: Wenn Sie das gleich erkannt haben, brauchen Sie die Grenzwertrechnung vorher nicht ausführen.

b) $g_2(x) = \begin{cases} x+2 & \text{für } x \in \,]2; \infty[\\ 0 & \text{für } x = 2 \\ x^2 & \text{für } x \in \,]-\infty; 2[\end{cases}$

g_2 ist im Gegensatz zu g_1 an der Stelle 2 definiert, und zwar ist der Funktionswert $g_2(2) = 0$. Die Grenzwertrechnung für g_2 ist genau die gleiche wie bei g_1, d. h. es gilt $\lim\limits_{x \to 2} g_2(x) = 4$.

Damit stimmen Grenzwert und Funktionswert nicht überein, also ist g_2 an der Stelle 2 unstetig.

c) Der Funktionswert von g_2 an der Stelle 2 müsste gleich dem Grenzwert, also 4 sein. Die entsprechend modifizierte Funktion

$$g_2^*(x) = \begin{cases} x+2 & \text{für } x \in \,]2;\infty[\\ \mathbf{4} & \text{für } x = 2 \\ x^2 & \text{für } x \in \,]-\infty;2[\end{cases}$$

ist stetig in ganz $\mathbb{R}$ und stimmt mit g_2 bis auf die Nahtstelle 2 überein.

142. a) $f_a(x) = \begin{cases} x^2 & \text{für } x > 2 \\ ax^2 - 2 & \text{für } x \leq 2 \end{cases}$

Einseitige Grenzwerte:

$$\lim_{x \to 2+} f_a(x) = \lim_{x \to 2+} x^2 = 4$$

$$\lim_{x \to 2-} f_a(x) = \lim_{x \to 2-} (ax^2 - 2) = a \cdot 2^2 - 2 = 4a - 2$$

Der Grenzwert existiert nur dann, wenn rechtsseitiger und linksseitiger Grenzwert übereinstimmen:

$$\lim_{x \to 2+} f_a(x) = \lim_{x \to 2-} f_a(x)$$

$$4 = 4a - 2$$

$$\mathbf{a = \tfrac{3}{2}}$$

Funktionswert: $f_{\frac{3}{2}}(2) = \frac{3}{2} \cdot 2^2 - 2 = 4$

Für $a = \frac{3}{2}$ sind dann auch der Grenzwert und der Funktionswert identisch, d. h. $f_{\frac{3}{2}}$ ist an der Nahtstelle 2 stetig.

b) $g_k(x) = \begin{cases} kx^2 + x & \text{für } |x| \leq 2 \\ -\frac{1}{2}x + k & \text{für } |x| > 2 \end{cases}$

Die Nahtstellen von g_k liegen bei $x_{1/2} = \pm 2$, die **negative Nahtstelle** ist demnach $x_1 = -2$.

Einseitige Grenzwerte an der Stelle $x_1 = -2$:

$$\lim_{x \to (-2)+} g_k(x) = \lim_{x \to (-2)+} (kx^2 + x) = 4k - 2$$

$$\lim_{x \to (-2)-} g_k(x) = \lim_{x \to (-2)-} \left(-\tfrac{1}{2}x + k\right) = 1 + k$$

Beachten Sie, dass für die Annäherung $x \to (-2)+$ der „obere" Funktionsterm (x ist **betragsmäßig** kleiner als 2) und für die Annäherung $x \to (-2)-$ der „untere" Funktionsterm zuständig ist.

Der Grenzwert existiert nur dann, wenn rechtsseitiger und linksseitiger Grenzwert übereinstimmen:

$$\lim_{x \to (-2)+} g_k(x) = \lim_{x \to (-2)-} g_k(x)$$

$$4k - 2 = 1 + k$$

$$\mathbf{k = 1}$$

In diesem Fall hat man den Grenzwert $\lim\limits_{x \to -2} g_1(x) = 2$ und den Funktionswert $g_1(-2) = 1 \cdot (-2)^2 + (-2) = 2$.

Da Grenzwert und Funktionswert übereinstimmen, ist die Funktion g_1 an der Nahtstelle $x_1 = -2$ stetig.

Nun wird g_1 auf Stetigkeit an der **positiven Nahtstelle** $x_2 = 2$ untersucht. Einseitige Grenzwerte an dieser Stelle:

$$\lim_{x \to 2+} g_1(x) = \lim_{x \to 2+} \left(-\tfrac{1}{2}x + 1\right) = 0$$

$$\lim_{x \to 2-} g_1(x) = \lim_{x \to 2-} (x^2 + x) = 4 + 2 = 6$$

Der Grenzwert von g_1 an der Nahtstelle $x_2 = 2$ existiert nicht, d. h. g_1 ist an dieser Stelle unstetig. Im Graphen erkennt man die Stetigkeit bei –2 und die Unstetigkeit bei 2.

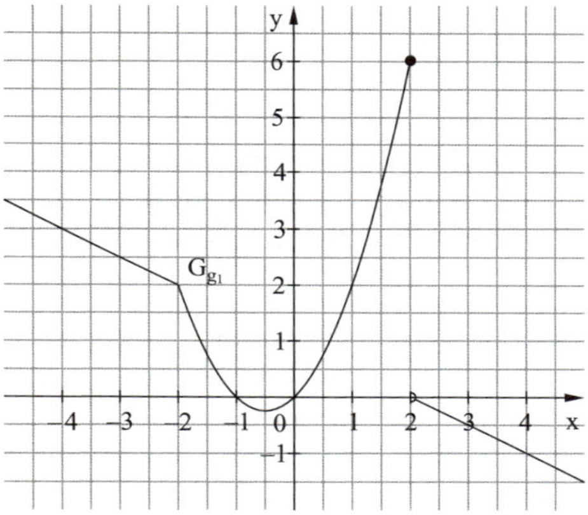

143. Einseitige Grenzwerte:

$$\lim_{x \to 2+} f(x) = \lim_{x \to 2+} \frac{1}{x} = \frac{1}{2}$$

$$\lim_{x \to 2-} f(x) = \lim_{x \to 2-} \frac{1}{4}x = \frac{2}{4} = \frac{1}{2}$$

$\Rightarrow$ Der Grenzwert existiert: $\lim\limits_{x \to 2} f(x) = \frac{1}{2}$

$\Rightarrow$ Die Definitionslücke bei $x = 2$ ist stetig behebbar.

Die stetige Fortsetzung von f lautet:

$$f^*(x) = \begin{cases} \frac{1}{x} & \text{für } x > 2 \\ \frac{1}{2} & \text{für } x = 2 \\ \frac{1}{4}x & \text{für } x < 2 \end{cases} = \begin{cases} f(x) & \text{für } x \neq 2 \\ \frac{1}{2} & \text{für } x = 2 \end{cases}$$

144. a) Die abgebildete Funktion hat an den jeweiligen Stellen die folgenden Eigenschaften:
$x_1=-1$: Definitionslücke (weder stetig noch unstetig)
$x_2=1$: Definitionslücke (weder stetig noch unstetig)
$x_3=2$: stetig
$x_4=3$: stetig

b) Nur die Definitionslücke $x_2=1$ lässt sich stetig beheben, weil dort der Grenzwert existiert. Man müsste an der Stelle 1 den Funktionswert $f(1)=-1$ ergänzen, dann wäre diese Lücke stetig geschlossen.
Bei der Definitionslücke $x_1=-1$ existiert kein Grenzwert, deshalb kann diese nicht stetig behoben werden.

145. $y=mx+t$ mit $m, t \in \mathbb{R}$ setzt sich mithilfe der Grundrechenarten „+" und „·" aus den stetigen Grundfunktionen **konstante** und **identische Funktion** zusammen. Nach den Stetigkeitssätzen ist die zusammengesetzte Funktion dann ebenfalls stetig. Entsprechendes gilt für die quadratische Funktion.

146. a) Die schräge Auffahrt ist ein Stück einer **Ursprungsgeraden**, also **$f(x)=mx$** mit der Steigung m. Damit das Geradenstück stetig an die Rampe anschließt, muss die zugehörige Ursprungsgerade den Punkt (2; 1,2) enthalten. Setzt man die Koordinaten ein, so ergibt sich:

$$1{,}2 = 2m$$

$$\mathbf{m = 0{,}6}$$

Die Funktionsgleichung lautet damit: $f(x)=0{,}6x$

b) Der Tangens des Neigungswinkels ist die Steigung:

$$\tan(\alpha) = 0{,}6$$

$$\alpha = \arctan(0{,}6) \approx 31{,}0°$$

c) $$f(x)=\begin{cases} 0{,}6x & \text{für } 0 \le x \le 2 \\ 1{,}2 & \text{für } x > 2 \end{cases}$$

d) Ansatz: **$g(x)=ax^2$** (Parabel mit Scheitel im Ursprung)
Einsetzen des Punktes (2; 1,2):

$$1{,}2 = 4a$$

$$\mathbf{a = 0{,}3}$$

Deshalb gilt: $g(x)=0{,}3x^2$

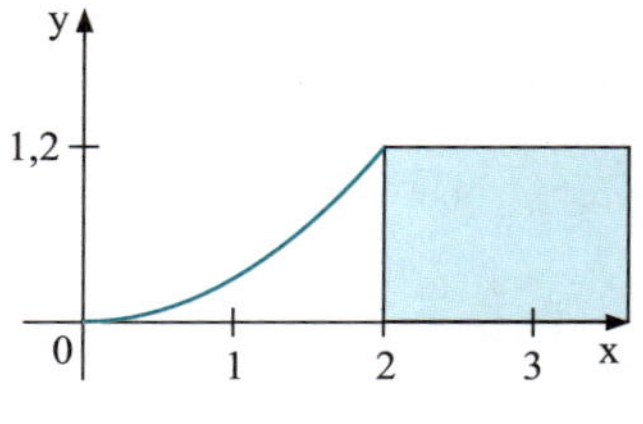

147. a) Stetigkeit muss nur an den Nahtstellen $x_1 = -2$ und $x_2 = 1$ hergestellt werden, an allen anderen Stellen ist f nach den Stetigkeitssätzen ohnehin stetig. Wegen

$$\lim_{x \to (-2)-} f(x) = \lim_{x \to (-2)-} (-x^2 - 4x - 3) = -4 + 8 - 3 = 1$$

muss die Gerade L durch den Punkt A(–2; 1) verlaufen und wegen

$$f(1) = -1^2 - \frac{11}{3} \cdot 1 + \frac{2}{3} = -4$$

auch noch durch B(1; –4) gehen.

Ansatz für L (lineare Funktion): **$L(x) = m \cdot x + t$**

Einsetzen der Punkte A(–2; 1) und B(1; –4):

(1) $1 = m \cdot (-2) + t$

(2) $-4 = m \cdot 1 + t$

Die Lösung des Gleichungssystems lautet: **$m = -\frac{5}{3}$; $t = -\frac{7}{3}$**

$\Rightarrow \quad L(x) = -\frac{5}{3}x - \frac{7}{3}$

b)

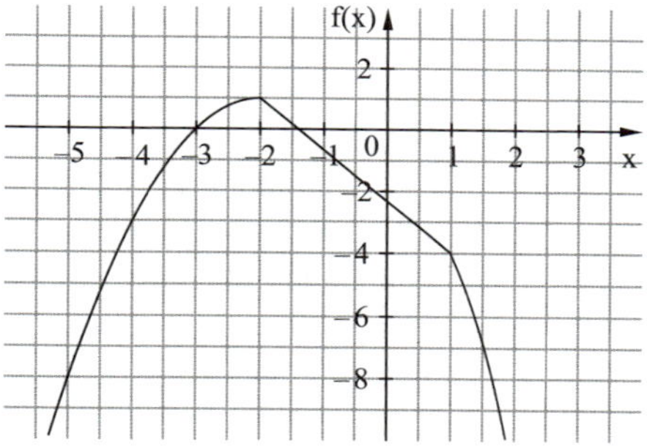

148. a) $\lim_{x \to 3+} f(x) = \lim_{x \to 3+} (-x + 3) = -3 + 3 = 0$

$\lim_{x \to 3-} f(x) = \lim_{x \to 3-} (-x^2 + 4x - 3) = -9 + 12 - 3 = 0$

$\Rightarrow \lim_{x \to 3} f(x) = 0$

$f(3) = -3 + 3 = 0$

$\Rightarrow$ f ist stetig an der Nahtstelle $x_0 = 3$.

Wegen der Stetigkeitssätze ist f auch an allen anderen Stellen stetig.

b) $f\left(\frac{3}{2}\right) = \frac{3}{4}$; $f(5) = -2$

Wegen des Vorzeichenwechsel der stetigen Funktion f muss es in $\left[\frac{3}{2}; 5\right]$ mindestens eine Nullstelle von f geben (Nullstellensatz!).

c) Als Kandidaten für Extremstellen kommen die Ränder des Definitionsbereichs und der Scheitel der Parabel in Frage:

$x_S = -\frac{4}{2 \cdot (-1)} = 2; \; y_S = f(2) = 1$

Ränder (siehe oben):

$f\left(\frac{3}{2}\right) = \frac{3}{4}; \; f(5) = -2$

$\Rightarrow$ absolutes Maximum $f(2) = 1$ bei $x = 2$
absolutes Minimum $f(5) = -2$ bei $x = 5$

d) 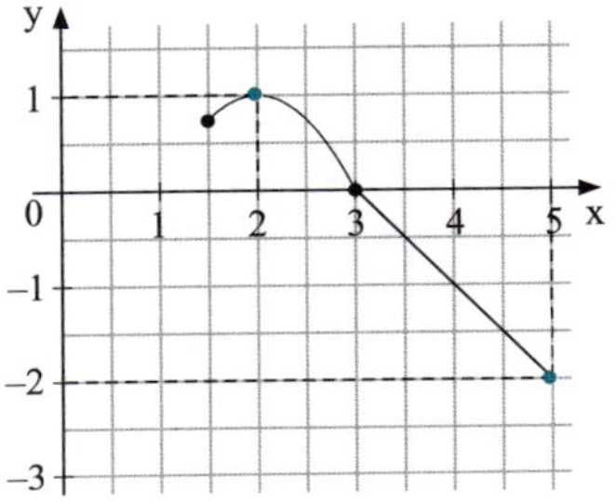

149. a) Bei der Funktion $f(x) = x^3 + x^2 - 1$ handelt es sich um eine ganzrationale Funktion, die in ganz $\mathbb{R}$ stetig ist. Außerdem ist ihr Grad ungeradzahlig, sodass sie für $x \to \pm\infty$ gegensätzliche uneigentliche Grenzwerte hat. Es gilt nämlich:

$\lim\limits_{x \to -\infty} f(x) = -\infty$ und $\lim\limits_{x \to \infty} f(x) = +\infty$

Nach dem Nullstellensatz muss deshalb der Graph von f die x-Achse mindestens einmal überqueren, also wenigstens eine Nullstelle besitzen.

b) Funktionswerte an den Rändern des Intervalls [0; 1]:

$f(0) = -1; \; f(1) = 1$

f(0) und f(1) haben unterschiedliche Vorzeichen. Nach dem Nullstellensatz muss wegen der Stetigkeit von f im Intervall [0; 1] mindestens eine Nullstelle sein.

c)
- Mitte des Intervalls [0; 1]: $m_1 = 0{,}5$
  Funktionswert: $f(m_1) = f(0{,}5) = -0{,}625$
  $f(m_1) \mathbf{< 0}$, $f(1) = 1 \mathbf{> 0} \Rightarrow$ Nullstelle liegt in [0,5; 1].
- Mitte von [0,5; 1]: $m_2 = 0{,}75$
  Funktionswert: $f(m_2) = f(0{,}75) \approx -0{,}0156$
  $f(m_2) \mathbf{< 0}$, $f(1) = 1 \mathbf{> 0} \Rightarrow$ Nullstelle liegt in [0,75; 1].
- Mitte von [0,75; 1]: $m_3 = 0{,}875$
  Funktionswert: $f(m_3) = f(0{,}875) \approx 0{,}4355$
  $f(0{,}75) \mathbf{< 0}$, $f(m_3) \mathbf{> 0} \Rightarrow$ Nullstelle liegt in [0,75; 0,875].

Die Nullstelle liegt also mit Sicherheit irgendwo im Intervall [0,75; 0,875]. Ein beliebiges $x \in [0{,}75;\ 0{,}875]$ kann höchstens noch um die Intervalllänge von der wahren Nullstelle abweichen, das entspricht einer Toleranz von $0{,}875 - 0{,}75 = 0{,}125$.

d) **Jede ganzrationale Funktion mit ungeradem Grad besitzt mindestens eine reelle Nullstelle.**
Begründung: Jede ganzrationale Funktion ist stetig, jede ganzrationale Funktion mit ungeradem Grad hat zudem für $x \to \pm\infty$ uneigentliche Grenzwerte mit unterschiedlichen Vorzeichen. Die Funktion geht also auf der „einen Seite" gegen $+\infty$ und auf der „anderen Seite" gegen $-\infty$, deshalb muss eine ganzrationale Funktion mit ungeradem Grad mindestens eine reelle Nullstelle besitzen.

Schrittweises Verfahren zur Nullstellenberechnung (Intervallhalbierungsverfahren, Bisektionsverfahren)
Vorgehensweise/Algorithmus: Man geht von einem Ausgangsintervall [a; b] aus, sodass f(a) und f(b) unterschiedliche Vorzeichen haben. Nun werden durch fortgesetzte Intervallhalbierung immer kleiner werdende Intervalle erzeugt, die stets die Nullstelle enthalten, was man an den unterschiedlichen Vorzeichen der Funktionswerte an den Intervallgrenzen erkennt.
Dieses Verfahren wird solange wiederholt, bis die Intervalllänge so klein geworden ist, dass die darin liegende Nullstelle ausreichend genau angenähert worden ist.

150. a) Da die Parabel symmetrisch zur y-Achse ist (Scheitel auf y-Achse), lautet der Ansatz $\mathbf{p_1(x) = ax^2 + 3}$. Dabei wurde bereits die y-Koordinate des Scheitels in der Höhe 3 berücksichtigt. Diese Parabel muss durch den Punkt Z(2; 2) gehen:

$$2 = a \cdot 2^2 + 3$$

$$\mathbf{a = -\frac{1}{4}}$$

Damit hat man die Funktionsgleichung des ersten Parabelstückes:

$$p_1(x) = -\frac{1}{4}x^2 + 3$$

b) Auch das Parabelstück $\mathbf{p_2(x) = a(x-5)^2 + 0{,}5}$ muss durch Z(2; 2) verlaufen. Eingesetzt liefert das die Bestimmungsgleichung für a:

$$2 = a(2-5)^2 + 0{,}5$$

$$\mathbf{a = \frac{1}{6}}$$

Damit erhält man:

$$p_2(x) = \frac{1}{6}(x-5)^2 + 0{,}5 = \frac{1}{6}x^2 - \frac{5}{3}x + \frac{14}{3}$$

c) $r(x) = \begin{cases} -\frac{1}{4}x^2 + 3 & \text{für } x \in [0;2] \\ \frac{1}{6}x^2 - \frac{5}{3}x + \frac{14}{3} & \text{für } x \in \,]2;5] \end{cases}$

d) Die „Rutschenfunktion" ist auf dem abgeschlossenen Intervall [0; 5] definiert und dort stetig (auch an der Stelle 2), deshalb sind die Voraussetzungen des Extremwertsatzes erfüllt.
Das absolute Maximum liegt bei $x = 0$ und hat den Wert 3, das absolute Minimum liegt bei $x = 5$ und hat den Wert 0,5. Beide sind Randextrema.

e) $W_r = [0{,}5;\ 3]$

Erfolgreich durchs Abitur mit den **STARK** Reihen

Abiturprüfung

Anhand von Original-Aufgaben die Prüfungssituation trainieren. Schülergerechte Lösungen helfen bei der Leistungskontrolle.

Abitur-Training

Prüfungsrelevantes Wissen schülergerecht präsentiert. Übungsaufgaben mit Lösungen sichern den Lernerfolg.

Klausuren

Durch gezieltes Klausurentraining die Grundlagen schaffen für eine gute Abinote.

Kompakt-Wissen

Kompakte Darstellung des prüfungsrelevanten Wissens zum schnellen Nachschlagen und Wiederholen.

Interpretationen

Perfekte Hilfe beim Verständnis literarischer Werke.

Und vieles mehr auf www.stark-verlag.de